전산응용건축제도기능사 실기

이찬서 저

동일출판사

일 러 두 기

■ 교재에 앞서

- 전산응용건축제도기능사의 시험에서 꼭 필요한 핵심요점과 년도별 바뀌는 캐드의 버전과 사양들에 처음 접하는 수험생들은 당황하고 어려워하는 경우가 많다.

 또한 한국산업인력공단에서는 지난 2020년부터 건축자격시험을 기존의 손으로 하는 제도와 2D로 하는 캐드의 한계를 느끼고 NCS의 기준에 맞도록 3D의 추가와 손 제도를 제외하고 캐드로 변화할 것을 준비하고 있었다. 이렇듯 급변하는 변화 속에 수업을 진행해보니 초보자가 책이나 영상만을 보고 따라 하기에는 설명이 원활하지 않아 어려워하는 부분들을 보며 늘 아쉬웠다.

 이에 초보자의 눈높이에 맞추는 교재로 혼자서 교재만 보고 따라 할 수 있는 초보자 중심 교재로 주요 핵심 내용만을 엮어 만들어야 할 필요성을 느끼게 되어 쉽게 따라할 수 있는 동영상과 함께 본 교재를 집필하게 되었다.

- 본 교재에서는 검정형 시험과 과정평가형 시험의 기본적 개념을 토대로 핵심만을 초보자의 눈높이로 간추렸으며, 실무에서 사용이 가능하도록 스케치업의 프로그램을 이용하여 자격증 도면을 평면으로 구성하여 3D 입면의 표현을 해보도록 작성하여 재질을 넣고 3차원을 이용하여 SECTION을 통한 단면구축을 해보도록 하여 건축을 시작하는 초보자가, 또 시험을 보고 자격증을 보유하기 위한 건축에 기초지식을 함량하기 위해 자격증 시험에 반드시 필요한 내용을 요약하고 집대성 하였다.

머 | 리 | 말

이 책을 쓰는데 도움을 주신 우리 학생들과 나의 사랑하는 가족 그리고 저와 함께 연구해 준 모든 분들께 진심으로 감사의 말씀 전합니다.

건축을 좋아하고 하고 싶은 사람들에게 수업을 하면서 우리 학생들이 건축도면을 처음 접했을 때, 당황해 하던 모습을 보고 어떻게 하면 이해하기 쉬울까를 고민했습니다.

그리고 제가 처음 건축을 접했을 때의 그 당황했었던 마음을 떠올리고 기억하고 그 마음으로 좀 더 이해하기 쉽도록 작업했습니다.

우리 학생들의 마음과 정성이 깃든 만큼 이 책을 구입하신 모든 분들께도 이 마음 널리 전파되어, 사용하시는데 어려움 없이 늘 편하고 쉽게 사용하는 교재였으면 합니다.

또한 현재의 검정형 시험은 한국산업인력공단에서 2020년부터 시험의 개정을 NCS의 기준에 맞춰 변경을 준비하고 있었으며, 이 내용을 큐넷(www.Q-net.or.kr)에 공표하고 나서부터 현재까지도 아직 시험은 개정되지 않고 있지만, 조만간 전산응용건축제도 기능사의 시험도 변화할 것을 예측이 됩니다. 이런 변화에 맞추어 3D입체도면을 스케치업을 통한 작업을 가능하도록 구성하여, 본 교재에 입체작업 유형을 넣어 변화하는 환경에 맞추고 실무에도 활용이 가능하게 구성을 진행하여 꼭 검정형 문제가 아니더라도 실무에서 가능하도록 스케치업을 통한 3D 작업유형을 포함하였습니다.

이제 여러분들의 늘 새롭게 도전하는 여러분들의 마음에 진심으로 경의를 드리며 첫 시작을 제 교재로 시작해 주심을 진심으로 감사드립니다.

오랜 세월 교육을 하며 시작의 마음을 끝까지 지니고 있으신 분들이 끝에서는 항상 성공하는 모습을 보아왔습니다.

여러분들도 시작하는 지금 그 마음 잊지 마시고 열심히 해주시기 바랍니다.

저의 또 하나의 책이 출간되는 이 좋은 소식을 전하고 또 함께 기쁨을 나누고 싶지만 지금 이 책이 나오도록 도와주셨지만 저와 이 소식을 함께 접할 수 없는 그 분들께 조심스럽게 바칩니다. 그동안 많이 도와주셔서 진심으로 감사드립니다.

앞으로도 캐드의 새로운 버전, 그리고 새로운 기술이 나올 때 마다 이 책은 더욱 더 업그레이드 하여 누구나 쉽게 건축을 입문할 수 있도록 많은 도움이 되게 늘 노력하겠습니다.

이 책을 구입하여 주셔서 진심으로 감사드립니다.
늘 행복하세요.

저자 이 찬 서 배상

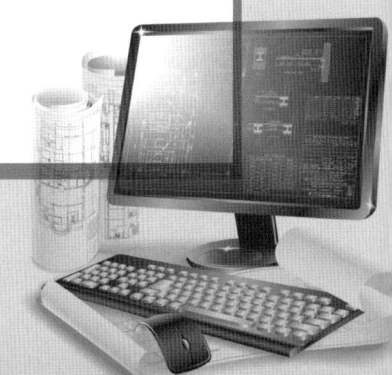

Contents • 목차

PART 01. 전산응용건축제도 실기시험 개론

Chapter 01 자주 사용하는 기초 명령
- Lesson 01 전산응용건축제도에서 자주 사용하는 기초 명령어 요약 ········ 12
- Lesson 02 단축키 모음 ·· 37

Chapter 02 자격증에 대한 기초 이론
- Lesson 01 CAD 자격증의 시동 ··· 42
- Lesson 02 도면테두리 만들기 ·· 50
- Lesson 03 Title 만들기 ·· 54

PART 02. 전산응용건축제도 단면상세도 작도하기

Chapter 01 자격증에 대한 기초 이론
- Lesson 01 전산응용건축제도 실기 출제조건 분석 ···························· 60
- Lesson 02 실별 제도기법 ·· 64
- Lesson 03 A부분 단면 상세도 기초 그리기 ···································· 65
- Lesson 04 실기시험에 사용하는 도면기호 ······································ 66
- Lesson 05 기초에 대한 용어 설명 ··· 71
- Lesson 06 도면 작도 기준에 맞는 외벽 1.5B 줄기초 만들기 ············· 75
- Lesson 07 현관 및 테라스 기초의 단면 작도 ································· 79
- Lesson 08 외벽 1.5B 공간쌓기 줄기초 및 내벽 1.0B 쌓기 줄기초 ····· 86
- Lesson 09 콘크리트 구조물 출제시 줄기초 작도법 ·························· 88
- Lesson 10 재료 기호표시 ·· 90
- Lesson 11 현관 (I.N.T) 도면 표현하기 ·· 98
- Lesson 12 1.0B 공간쌓기와 1.0B 내벽쌓기 작도법 ························ 101
- Lesson 13 방바닥 도면 표현하기 ·· 102
- Lesson 14 방바닥의 높이가 100mm 인 경우 ······························· 107
- Lesson 15 방과 방사이의 기초 표현 및 온수파이프 표현 ··············· 112
- Lesson 16 현관 내부 포치부분 도면 표현하기 ······························ 113

Lesson 17	방 하부 및 테라스 기초(무근으로 작도 할 경우) 도면 표현하기 ·· 116
Lesson 18	거실창(2,400mm) 창문틀 단면도 표현하기 ·············· 120
Lesson 19	현관문 단면도 표현하기 ························· 130
Lesson 20	테두리보 표현하기 ·························· 133
Lesson 21	캔틸레버 표현하기 ·························· 135
Lesson 22	지붕 슬라브 도면 표현하기 ····················· 137
Lesson 23	지붕 끝부분 마감 표현하기 ····················· 139
Lesson 24	손쉬운 단면기와 표현하기 ····················· 141
Lesson 25	용머리 기와 표현하기 ························ 144
Lesson 26	지붕 중앙 슬라브 보강 표현하기 ··················· 146
Lesson 27	지붕 내벽 슬라브 보강 표현하기 ··················· 147
Lesson 28	천장반자틀 표현하기 ························ 148
Lesson 29	단면도 마무리 표현하기 ······················· 155
Lesson 30	단면도에 문자·치수 넣기 ······················ 159

Chapter 02 단면 각 부분별 도면작도법 – 평면도별 변형기출 분석

Lesson 01	욕실 도면 표현하기 ························· 178
Lesson 02	지하실 상세도면 표현하기 ····················· 179
Lesson 03	부엌 단면 표현하기 ························· 183
Lesson 04	방문 단면 표현하기 ························· 192
Lesson 05	중문 단면 표현하기 ························· 196
Lesson 06	성토다짐 표현하기 ·························· 200
Lesson 07	실내 계단 단면 표현하기 ······················ 201
Lesson 08	단면도 예제 연습문제 ······················· 203
Lesson 09	연습문제 주요 포인트 ······················· 205
Lesson 10	연습문제 정답 ··························· 206

PART 03. 전산응용건축제도 입면도 작도하기

Chapter 01 남측면도 표현하기

- Lesson 01 남측 입면도 방향 잡기 ······ 210
- Lesson 02 남측 입면도 벽체 기준잡기 ······ 211
- Lesson 03 입면 창문 표현하기(1,500mm) ······ 216
- Lesson 04 거실 창문 표현하기(3,000mm) ······ 219
- Lesson 05 입면 캔틸레버 표현하기 ······ 223
- Lesson 06 남측입면 지붕 표현하기 ······ 225
- Lesson 07 입면 굴뚝 표현하기 ······ 228
- Lesson 08 조경 표현하기 ······ 229
- Lesson 09 입면 홈통 표현하기 ······ 233
- Lesson 10 입면도 마감 해치 표현하기 ······ 235

Chapter 02 입면도 각 부위별 표현하기

- Lesson 01 입면난간 표현하기 ······ 239
- Lesson 02 주방문 표현하기 ······ 241
- Lesson 03 현관문 표현하기 ······ 243
- Lesson 04 입면 방문 표현하기 ······ 247
- Lesson 05 입면 욕실 창문 표현하기 ······ 249
- Lesson 06 4짝 창문 변형하기 ······ 251
- Lesson 07 고정창문 변형하기 ······ 253
- Lesson 08 입면도 문자 표현하기 ······ 254
- Lesson 09 남측 입면도 연습문제 ······ 257
- Lesson 10 연습문제 주요 포인트 ······ 259
- Lesson 11 연습문제 정답 ······ 260

Chapter 03 동측면도 표현하기

- Lesson 01 동측 입면도 방향 잡기 ······ 262
- Lesson 02 동측 입면도 지붕 표현하기 ······ 264
- Lesson 03 동측 입면도 벽면 표현하기 ······ 267
- Lesson 04 지붕이 캔틸레버의 역할을 대신 하는 긴 지붕의 표현법 ······ 274
- Lesson 05 벽체에 아치문이나 아치창이 있는 표현법 ······ 275

Lesson 06	용머리가 2개 있을 경우(돌출지붕)의 표현법	277
Lesson 07	반대편 지붕의 안쪽이 보이는 경우의 표현법	279
Lesson 08	동측 입면도 연습문제	280
Lesson 09	연습문제 주요 포인트	282
Lesson 10	연습문제정답	283

Chapter 04 출력하기

Lesson 01	삽입명령 사용하여 도면테두리 삽입하기	287
Lesson 02	스케일 명령 사용하여 도면테두리 삽입하기	289
Lesson 03	도면출력하기	291

Chapter 05 과정평가형 단면도 핵심 포인트

Lesson 01	과정평가형 자격검정이란	298
Lesson 02	도면테두리 만들기	304
Lesson 03	Title 만들기	308
Lesson 04	과정평가형 전산응용건축제도 실기 출제조건 분석	310
Lesson 05	과정평가형 주요 도면 분석	313
Lesson 06	금속 지붕 표현하기	315
Lesson 07	금속 지붕 끝부분 마감 작도법	316
Lesson 08	금속 지붕 용머리 표현하기	318
Lesson 09	금속 지붕의 입면 마감 표현하기	319
Lesson 10	금속 지붕의 문자 마감하기	320
Lesson 11	과정평가형 기출문제 정답	321

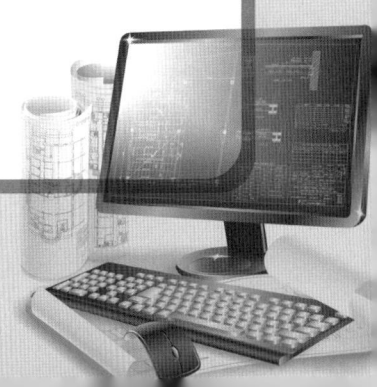

PART 04. 3D(스케치업)을 이용한 3차원 도면 작업하기

Chapter 01 스케치업으로 평면 작업하기
- Lesson 01 CAD에서 평면도면 작도하기 ········· 328
- Lesson 02 간단한 기초 작업하기 ········· 333
- Lesson 03 건축에 필요한 기본 스케치업 구성 ········· 335
- Lesson 04 캐드평면 스케치업으로 불러오기 ········· 342

Chapter 02 스케치업을 이용한 3D 입체 올리기
- Lesson 01 3D 바닥 구조 만들기 ········· 348
- Lesson 02 3D 벽체 올리기 ········· 353
- Lesson 03 3D 지붕마감 하기 ········· 355
- Lesson 04 문 창문 작업하기 ········· 364

Chapter 03 스케치업 재질 및 마감
- Lesson 01 재질 입히기 ········· 372
- Lesson 02 Section을 통한 단면구축하기 ········· 375
- Lesson 03 도면출력하기 ········· 379

PART 05. 기출문제 및 정답 / 385

PART 01

전산응용건축제도 실기시험 개론

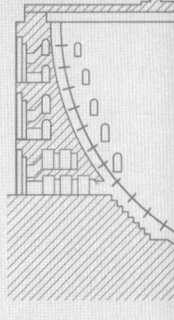
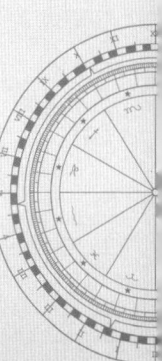

Memo

Chapter 01

자주 사용하는 기초 명령

Lesson 01 전산응용건축제도에서 자주 사용하는 기초명령어 요약

Lesson 02 단축키 모음

전산응용 건축제도 기능사실기

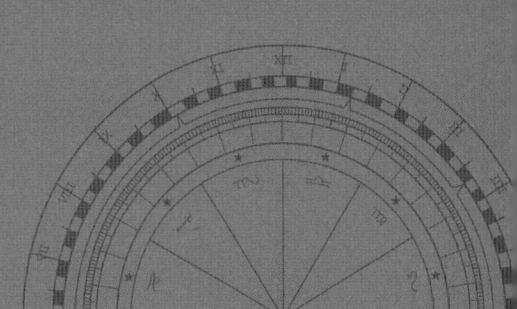

Lesson 01 전산응용건축제도에서 자주 사용하는 기초 명령어 요약

1 Autocad의 화면 구성

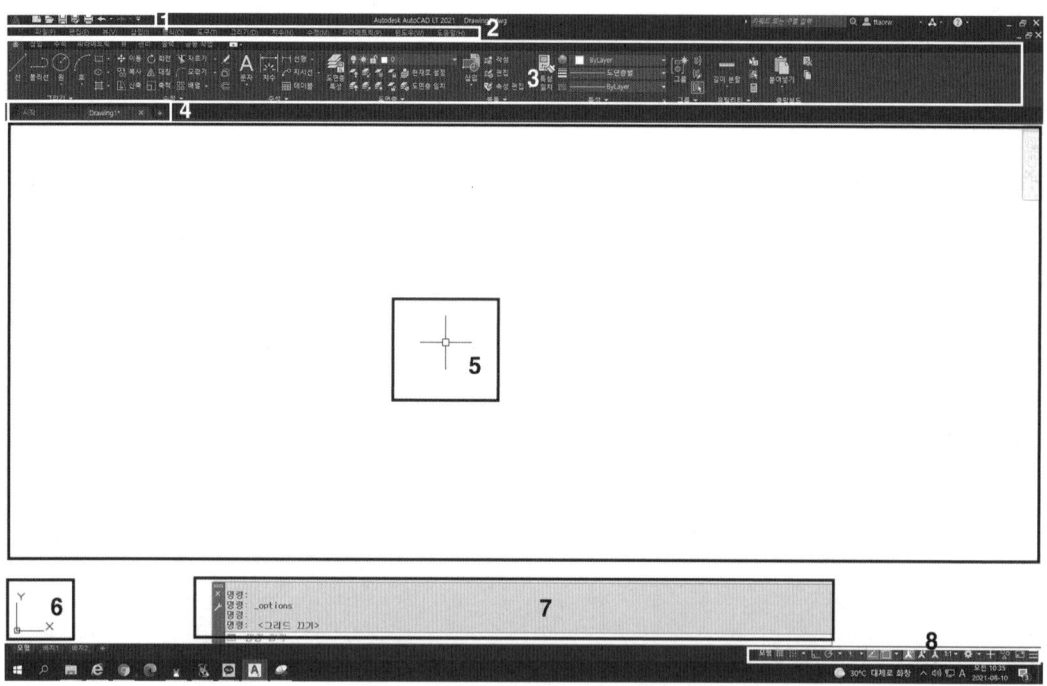

① 신속도구 막대

출력 및 저장을 신속하게 처리하기 위한 도구로서 맨 우측의 [▼] 표시를 눌러 메뉴바를 꺼내기 용이한 도구이다.

② 메뉴바

처음 캐드를 동작했을 때 나타나지 않는 도구이나 1의 신속도구막대를 이용하여 메뉴바를 꺼내서 사용하면 문자 및 치수스타일 등 여러도구를 신속하게 사용할 수 있는 장점을 가지고 있는 도구 이다.

③ 리본메뉴

메뉴바를 아이콘 모양으로 요약해 놓은 도구이며, 메뉴바와 함께 병행해서 사용하면 매우 편리한 도구이다.

④ 도면 분류창
현재 사용하고 있는 도면의 명칭이 나와 있는 분류창이다.

⑤ 크로스 바
도면을 그리는 삼각자이자 T자의 역할을 하는 도구이다.

⑥ UCS좌표
절대좌표값을 입력하는 도면의 기준 좌표이다.

⑦ 명령어창
명령어창은 명령어를 이용하여 사용하기 가장 좋은 도구이며, 명령어창에서 나타나는 지시를 보고 실행이 안되는 다음 명령을 구분할 수도 있는 장점이 있다.

⑧ 상황창
설정 값 및 객체스냅 등을 신속제어할 수 있는 좋은 도구이므로 객체스냅 및 직교모드, 극좌표값 입력 등은 전산응용건축제도기능사 시험에서 매우 많이 사용하는 도구 임을 감안하여 사용법을 익혀두는 것이 좋다.

2 도면의 크기

① 도면의 크기는 가로세로의 비율이 *2 또는 /2로 진행된다.
다시 말해 A3가 420 * 297 이면, A2의 크기는 가로 비율 297 * 2와 세로는 420을 그대로 되고 있다.

따라서 도면 크기는 A3 한가지의 크기만 기억을 해도 연산으로 A0, A1, A2, A4, A5까지 계산이 가능하다.

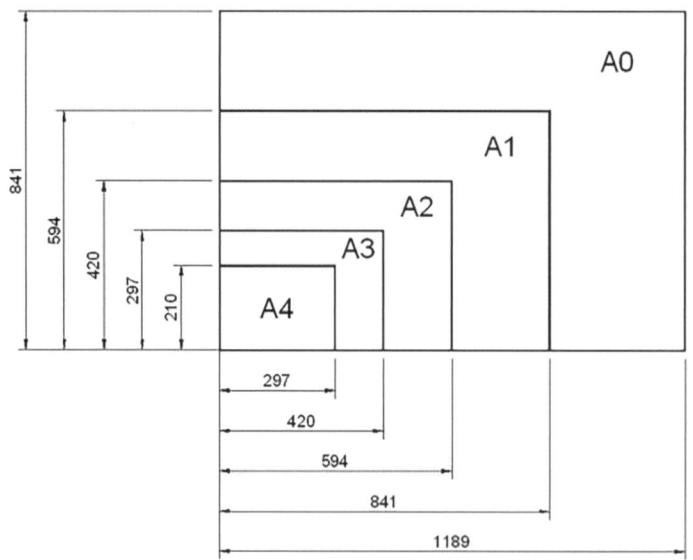

* 전산응용건축제도기능사에서 도면한계 설정시 많은 도움이 되므로 A3 도면의 크기를 반드시 기억해야 한다. (420 X 297)

3 새로운 도면 열기

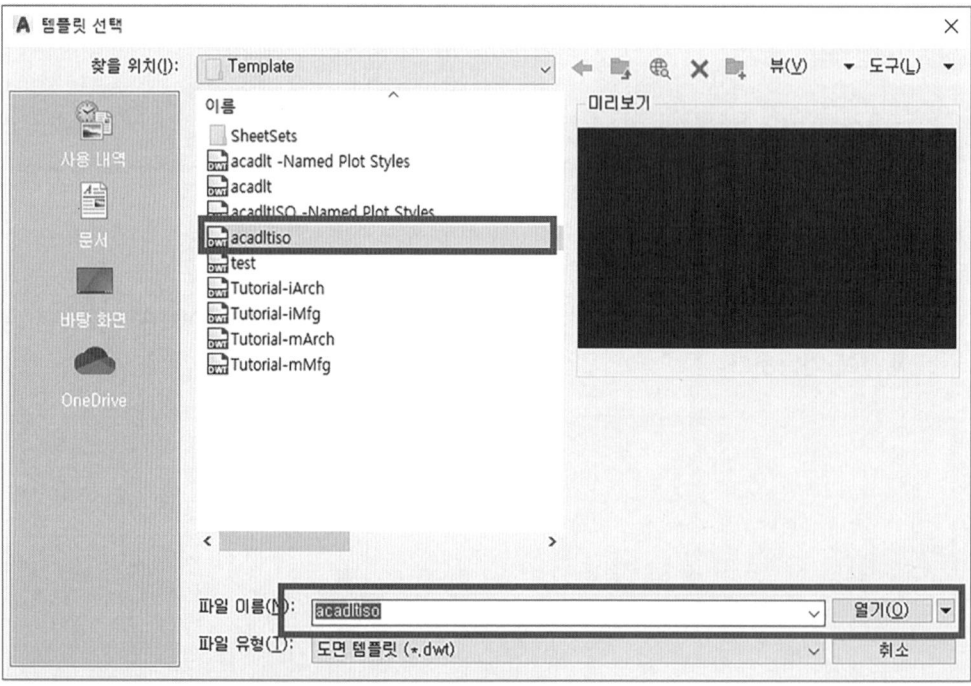

① 캐드화면에서 새로 만들기 (Ctrl+N)를 실행한다.

② 템플릿 설정에서 AutoCADISO파일을 선택하여 템플릿을 여는 것이 좋은데, 그 이유는 캐드가 외국 프로그램이라서 인치(inch)로 도면이 열리는 경우가 종종 있다. 따라서 도면을 열 때는 ISO파일로 시작을 하는 것이 국제규격인 mm로 열리기 때문에 도면 작도 완료 후 실수가 없다.

4 LIMITS (도면한계)

전산응용건축제도기능사는 1:1 비율로 도면이 작도되기 때문에 기본 범위 설정이 A3로 맞춰져 있어 작도 도중 화면이 한계점에서 벗어나지 않는 경우가 많다. 따라서 시험 시작 전 limits을 해 놓으면 작업범위에 제한이 걸리는 경우가 적다.

① 사용 방법
- [limits] 명령어 입력 후 엔터
- 좌 하단 (반드시 0,0), 우 상단(42000,29700)의 절대 좌표 값을 입력 한다.
- limits 설정 후에는 반드시 Zoom / All(화면 전체범위 확대)을 실행하여 화면에 작업 영역 전체가 보이도록 준비한다.

> **명령어창 사용법**
>
> 명령: limits ↵
>   모형 공간 한계 재설정:
>   왼쪽 아래 구석 지정 또는 [켜기(ON)/끄기(OFF)] <0.0000,0.0000>: ↵
>   (왼쪽좌표는 그냥 엔터)
>   오른쪽 위 구석 지정 <420.0000,297.0000>: 42000,29700 ↵
>   (변경하고자 하는 좌표 값을 입력 후 엔터)

② 도면 한계 영역 설정 (Defult : A3용지 - 420 x 297) - mm 단위 기준
   ※ 건축도면의 경우 A3로 limits를 설정하면 도면에 한계점이 작아져 마우스의 컨트롤에 제한이 발생한다.

따라서 신속한 도면의 작도를 위해 42000, 29700 의 절대좌표 값으로 변경하는 이유는 전산응용도면이 작도 될 때 횡축(가로축)의 mm가 출제문제 유형을 보았을 때, 보통 12,000 이상의 범위를 넘지 않으므로 한계치를 A3용지의 100배로 해놓으면 한계점에 제한을 받을 경우가 없다.

5 ZOOM (Z) (확대축소)

줌 명령은 화면을 확대·축소하는 명령어이다. 이 명령은 도면요소를 크게 또는 작게 하는 것이 아니라 도면을 신속하게 전체범위로 확대 하거나 일부를 자세히 보기 위해 시험에서 많이 사용한다.

> **명령어창 사용법**
>
> **명령:** Z (Zoom) ↵
> 윈도우 구석을 지정, 축척 비율 (nX 또는 nXP)을 입력, 또는
> [전체(A)/중심(C)/동적(D)/범위(E)/이전(P)/축척(S)/윈도우(W)/객체(O)] 〈실시간〉: A
> ↵ (전체확대)

① 옵션
- 많은 옵션이 있지만 실제로 마우스롤을 이용해서 축소 확대를 이용하기 때문에 도면 전체 범위를 사용하는 All명령을 주로 사용하므로 그 부분만 기억하면 된다.
- All(전체) : 도면 요소 전체와 limits 영역을 화면에 들어오도록 한다.

6 Funsion key (기능키)

기능키는 신속하게 도면을 작도하는데 많은 도움을 주기 때문에 가장 많이 쓰는 기능키는 숙지를 하는 것이 좋은데 보통 전산응용건축제도 기능사에서는 F8 (직교모드)과 F10(극좌표 추적하기)를 많이 사용한다.

① 기능키 목록

기능키	용어	세부내용	기능키	용어	세부내용
F1	도움말 창	캐드 도움말	F7	Grid ON/OFF	그리드 켜기/끄기
F2	Text windows	명령어창 크게 하기	F8	Ortho ON/OFF	직교모드 켜기/끄기
F3	Osnap ON/OFF	객체스냅 켜기/끄기	F9	Snap ON/OFF	스냅모드 켜기/끄기
F4	TABLET ON/OFF	타블렛판 켜기/끄기	F10	Polar on	각도모드 켜기/끄기
F5	Isoplane Right/Left/Top	ISO 조작하기	F11	Object Snap Tracking off	객체스냅 추적하기
F6	Coords ON/OFF	크로스 헤어 좌표 보이기			

7 명령어 이용방법

명령어를 입력하면 자동으로 아래 command Line(명령어창)에 입력된다.
따라서 위치에 상관없이 선(line)과 같은 명령을 입력하고 Enter 또는 Spacebar를 눌러 실행한다.
명령어의 종료는 Enter 또는 Spacebar를 눌러 종료할 수 있다.
명령어에 옵션이 있는 경우 마우스 오른쪽 버튼을 눌러 옵션을 선택하거나 옵션의 대문자만 입력하고 Enter 또는 Spacebar를 눌러 실행한다.

※ 명령을 치고 나서 작업 명령 종료 후 이어서 바로 엔터를 한 번 더 치게 되면 바로 앞서 선행되었던 명령이 다시 실행된다. 반복되는 작업진행시 엔터키 또는 스페이스바를 누르면 보다 신속하게 작업을 진행할 수 있다.

8 선 LINE (L)

선의 명령어는 가장 기본적인 도면요소로서 리본메뉴를 사용하는 것보다 신속하고 빠르게 도면의 작도가 가능한 부분에서 많이 사용한다.
또한 명령어를 실행 후 시작점을 마우스 좌 클릭한 다음 길이 값을 입력 후 엔터키를 치면 보다 신속하게 선을 그릴 수 있어 많이 사용하는 명령이다.

- 명령어창 사용법

Command : Line (단축키 : L) ↵
　　　　　선의 시작 점 지정 (마우스 좌클릭)
　　　　　선의 방향 지정 (마우스 이동)
　　　　　길이값 입력 : (키보드) 후 ↵

9 LINETYPE (LT)

우측의 그림과 같은 선타입을 도면 시작 전 미리 꺼내 놓으면 사용하기 편리하다. 시험은 레이어 설정 값만 포함 되어졌을 뿐 선의 유형은 포함되어져 있지 않기 때문에 미리 꺼내놓고 시험을 준비하면 시간절약이 되고 작도시에도 이용이 용이하므로 미리 준비하는 것이 많이 유리하다.

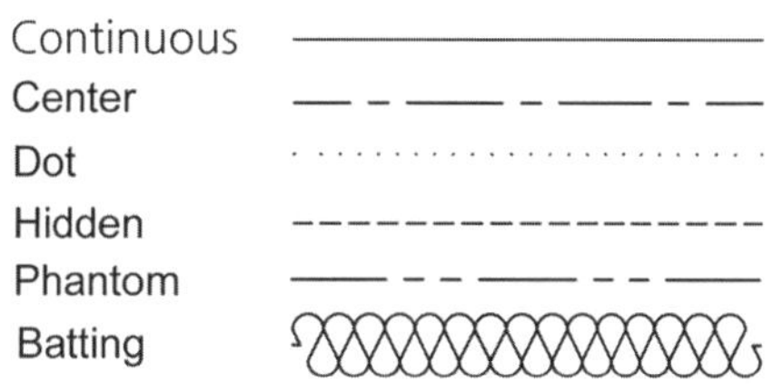

```
Continuous  ─────────────
Center      ─ ─ ── ─ ─ ──
Dot         ·················
Hidden      ── ── ── ── ──
Phantom     ─── ─ ─ ─── ─ ─
Batting     ∽∽∽∽∽∽∽∽∽∽
```

● 명령어창 사용법

Command : Linetype (단축키 : LT) ⏎

① 선 종류 관리자의 팝업창이 나타나면 오른쪽 상단의 네 개 아이콘 중 로드의 아이콘을 선택한다.

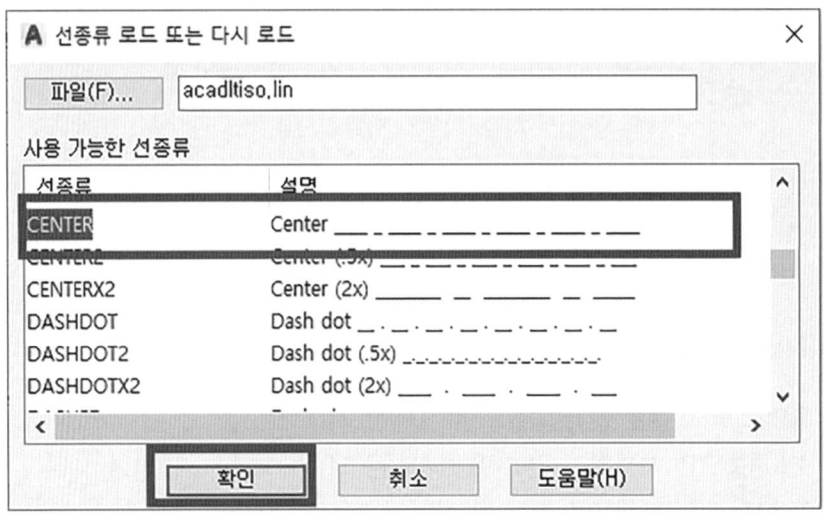

② 로드의 팝업창 위에 선종로를 로드하는 팝업창이 하나 더 나오는데 여기서 선종류 타입을 꺼내면 된다.

Point

▶ **선 종류 아이콘 설명**
- Load(로드) : 이미 만들어져 있는 선의 유형을 불러올 때 사용한다.
- Delete(삭제) : Load는 하였지만 한 번도 사용하지 않은 유형을 삭제 할 때 사용
- Current(현재) : Load한 여러 유형 중 현재 사용한 유형을 지정한다.
- Global scale factor(전역축척비율) : 화면에 사용 모든 유형의 패턴 크기를 지정한다.
- Current scale factor(현재객체축척) : 앞으로 사용할 유형의 패턴 크기를 상대 크기로 지정한다.

▶ **선 종류 로드 팝업창에서 쉽게 선 종류 선택하는 방법**

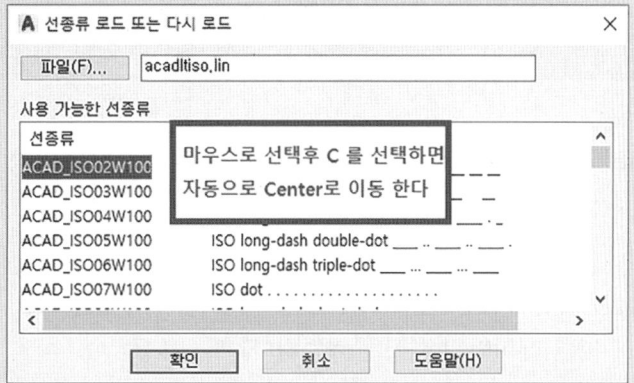

- 위의 그림과 같이 선 종류 아무 곳이나 선택하고 파랗게 선택된 부분이 나타났을 때, 선 종류의 앞글자인 "C"를 키보드로 치면 선 종류의 Center선으로 자동으로 이동한다.

10 LAYER (LA) 레이어 설정

전산응용 건축제도 기능사 시험문제에서 제일 중요한 조건 중 하나인 선의 두께 이다. 선두께를 레이어로 조정하여 출력시 별도의 설정을 하지 않고도 두께 조절을 자동으로 출력할 수 있어 신속히 작업이 가능한 요소로 매우 중요한 부분이라 할 수 있다.

그러므로 정확한 레이어의 설정방법을 알고 시험에 응해야 한다.

● 명령어창 사용법

명령: la (LAYER) ↵

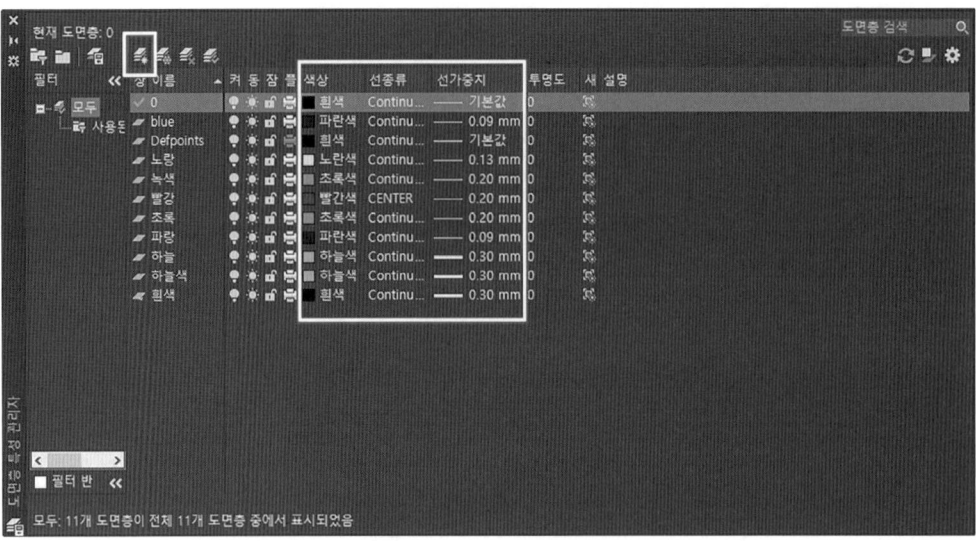

① 위 그림의 작은 사각형의 아이콘을 클릭하여 레이어를 새로 생성하는데, 이때 문제지에 기재된 레이어의 개수는 필수로 만들어 져야 한다.

② 색상과 선종류 및 가중치(선의 두께)를 각각 문제에 제시된 조건대로 기입하고, 그 외의 선종류에 따른 레이어의 설정은 가능하다.
단, 색상은 임의로 삽입해서는 안된다.

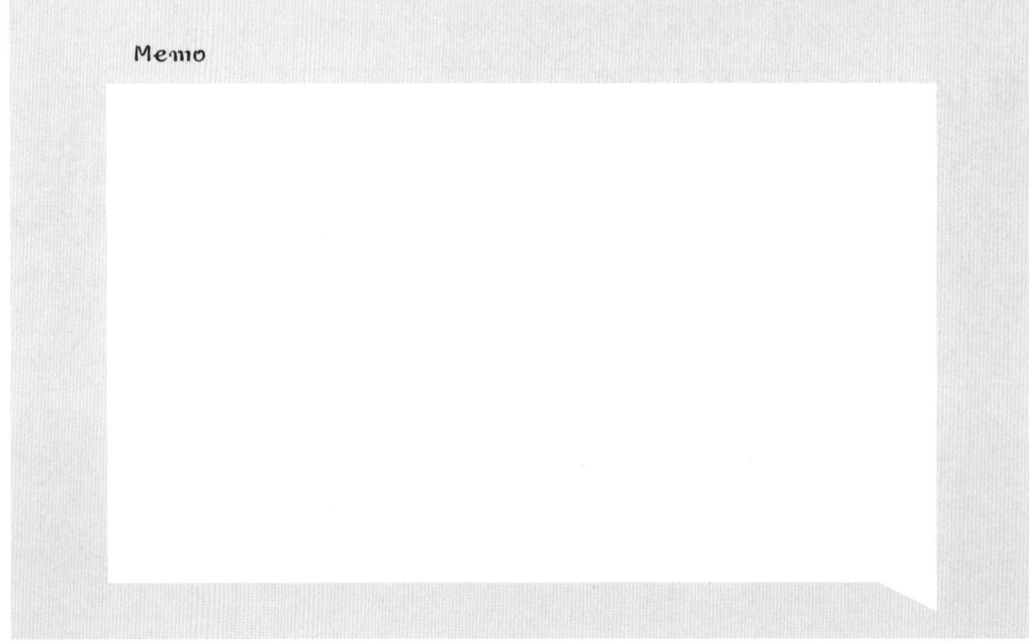

11 PROPERTIES (CH) (Ctrl + 1) (특성)

이미 그려진 도면 요소의 일반적인 특성과 위치, 크기, 각도 등 도면요소에 맞는 특성을 신속히 변경 할 때 매우 유용하게 사용하는 명령이다.

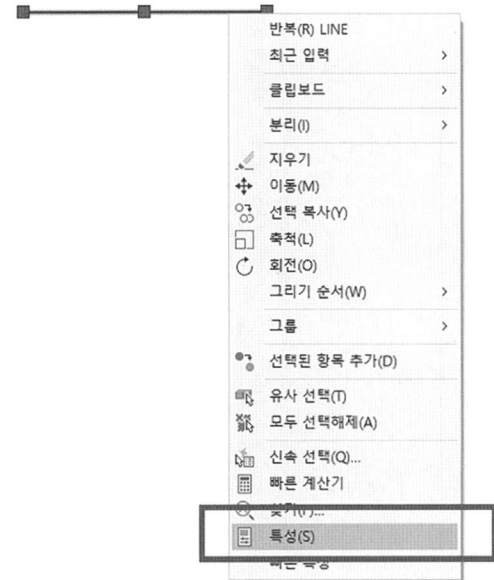 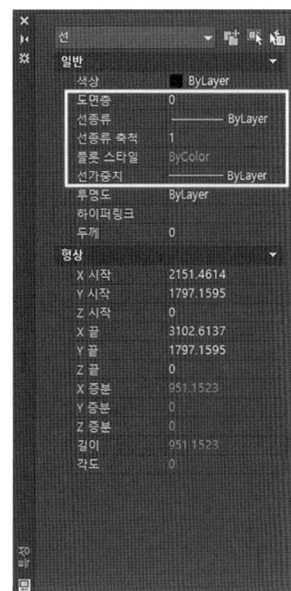

특성을 사용할 때는 명령어의 사용보다는 위의 그림과 같이 해당 객체를 선택한 후 마우스 우클릭 하면 자동으로 나타나기 때문에 별도로 명령어 사용을 할 필요 없이 신속히 특성을 꺼낼 수 있다.

① 위 그림의 좌측과 같이 객체를 선택한 후 마우스를 우 클릭하면 작은 창이 나타나는데 사각형의 박스와 특성을 선택한다.

② 특성 선택 후 위 그림의 우측과 같이 미리 만들어진 선의 종류 및 축척 등을 조절 할 수 있는데 시험에서는 단열재의 베팅선의 두께를 조절하기 위한 용도로 많이 사용되므로 알아둬야 한다.

● 명령어창 사용법

명령: ch (PROPERTIES) ↵

12 MATCHTPROP (MA) (특성일치)

▶ 이미 그려진 도면의 기본적 특성요소 전부를 복사하여 다른 객체 요소에 상속(전이) 시켜 동등화 하는 명령이다. 예를 들어 노란색의 선을 "MA" (단축키)의 명령을 이용하면 빨간색의 선으로 쉽게 변경시킬 수 있다는 장점이 있어 시험에서 속도를 높이는데 매우 유용한 명령이라 할 수 있다.

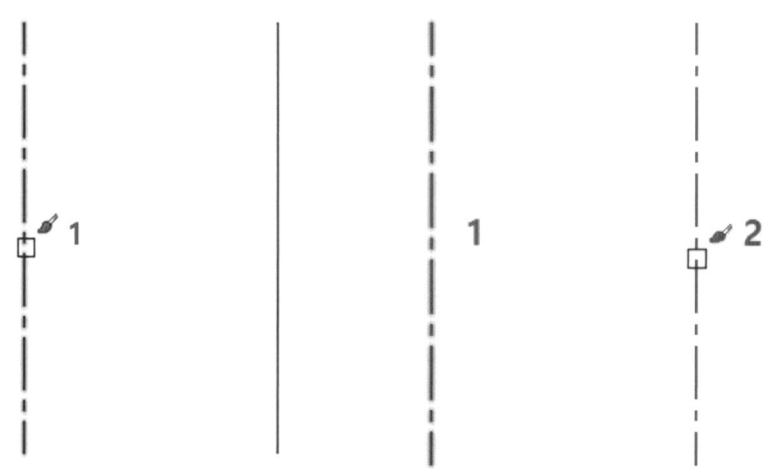

● 명령어창 사용법

명령: ma (MATCHPROP) ↵
원본 객체를 선택하십시오: (특성 상속시킬 객체를 마우스로 선택)
현재 활성 설정: 색상 도면층 선종류 선축척 선가중치 두께 플롯 스타일 치수 문자 해치 폴리선 뷰포트 테이블 재료 그림자 표시 다중 지시선
대상 객체를 선택 또는 [설정(S)]: (특성 상속 될 객체를 마우스로 선택)
• 옵션을 이용하여 여러 가지 특성 중 일부만을 복사할 수도 있다.

① 명령을 입력한 후 엔터
② 위의 그림과 같이 속성을 복사할 객체(1)를 마우스로 선택한다.
③ 위의 그림처럼 선택된 객체 옆에 붓 모양의 아이콘이 보여지면 복사된 속성이 준비되었다는 의미이며 이를 전이시키고자 하는 객체(2)에 마우스를 선택하면 완료된다.

13 CIRCLE (C) (원)

> ● 명령어창 사용법
>
> 명령: c (CIRCLE) ↵
>   CIRCLE 원에 대한 중심점 지정 또는 [3점(3P)/2점(2P)/Ttr – 접선 접선 반지름(T)]:
>   (마우스로 중심점을 클릭)
>   원의 반지름 지정 또는 [지름(D)] ⟨10.0000⟩: d ↵
>   원의 지름을 지정함 ⟨20.0000⟩: 10 ↵ (지름 치수 키보드 입력 후 ↵)

14 OSNAP (Object Snap/객체스냅)의 모드의 사용

객체스냅은 사람이 찾기 어려운 끝선 또는 중심선을 자동으로 정확하게 찾아주는 옵션으로 시험에서의 속도를 더욱 높이는 요소이다.

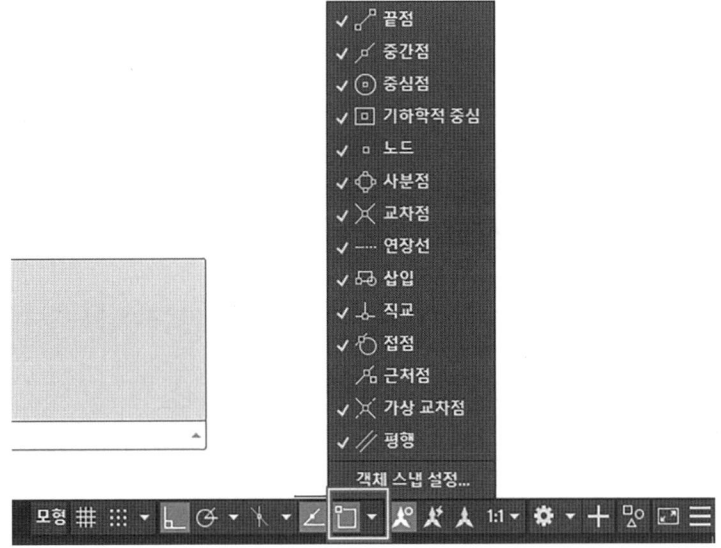

① 캐드화면 우측 하단부 상황창에서 객체스냅을 선택하여 위 그림의 사각형에 있는 ▼표시를 클릭하면 객체스냅의 선택상황이 나타난다. 맨 아래 객체스냅설정을 선택하면 다음과 같은 팝업창이 나타나지고 팝업창의 클릭유무에 따라 선택이 되어 편리하게 사용할 수 있다.

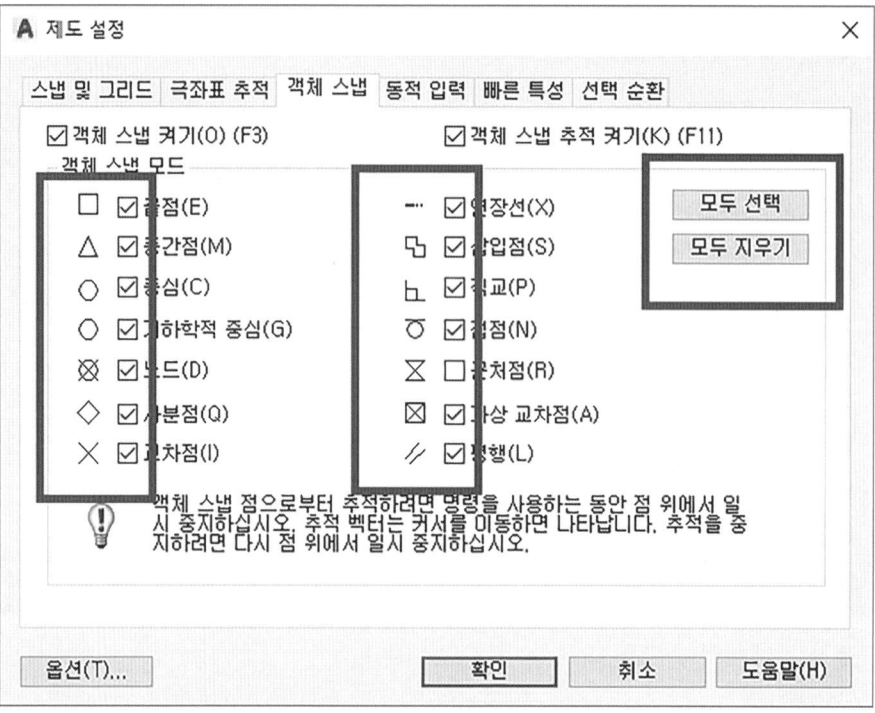

> **Point**
>
> ▶ 객체스냅 요소별 특징
> - ENDPoint(끝점) : 가까운 선 또는 호의 끝점
> - MIDpoint(중간점) : 선 또는 호의 중간 점
> - CENter(중심점) : 원 또는 호의 중심점
> - NODE (노드) : POINT의 중심점
> - QUAdrant(사분점) : 원 또는 호의 중심으로부터 4방향(0,90,180,270도)에 존재하는 4분점
> - INTersection (교차점): 그려진 도면요소간의 교차점
> - Extention (연장선) : 지정된 점에서 선택된 요소의 연장점을 찾는다.
> - Insertion (삽입점): Text, Block, Shape(문자, 블록, 속성) 등의 시작점이나 삽입 점
> - PERpendicular(수직) : 다른 점과 수직으로 만나는 한 점
> - TANgent(접점) : 원 또는 호와 같이 곡선을 가진 도면요소에 접하는 점
> - NEArest(근처점) : 마우스 포인트로부터 가장 가까운 선상의 한 점
>   ※ 근처점은 자칫 치수의 오류를 범 할 수 있으므로, 필요시에만 선택해서 사용할 것을 권장한다.

15 Move (M) (이동)

원래의 도면 객체들을 현재의 위치에서 원하는 위치로 이동시키는 명령어이다.

> **● 명령어창 사용법**
>
> 명령: m (MOVE) ↵
> 　　객체 선택 : 객체선택
> 　　기준점 지정 또는 [변위(D)] 〈변위〉: P1 ↵ (100,100 - 절대좌표일 경우)
> 　　두 번째 점 지정 또는 〈첫 번째 점을 변위로 사용〉: P2 ↵
> 　　　　　　　　　　　　　　　　　　　　(200,200 - 절대좌표일 경우)

16 COPY (CO 또는 CP) (복사)

도면 객체를 복사 할 때 사용하는 명령어이다.

> **● 명령어창 사용법**
>
> 명령: co (COPY) ↵
> 　　객체 선택 : 객체선택 (마우스로 객체선택)
> 　　현재 설정 : 복사 모드 = 다중(M)
> 　　기본점 지정 또는 [변위(D)/모드(O)] 〈변위(D)〉: P1 ↵ (100,100 - 절대좌표일 경우)
> 　　두 번째 점 지정 또는 [종료(E)/명령 취소(U)] 〈종료〉: P2 ↵
> 　　　　　　　　　　　　　　　　　　　　(200,200 - 절대좌표일 경우)

17 OFFSET (O) (간격띄우기)

전산응용건축제도 시험에서 가장 많이 사용하는 명령으로서 선 또는 원이나 호 등에 거리 값을 지정하거나 통과 점(Through)을 지정하여 나란하게 복사로 이동 하는 명령이다.

> **● 명령어창 사용법**
>
> 명령: o (OFFSET) ↵
> 　　현재 설정: 원본 지우기=아니오 도면층=원본 OFFSETGAPTYPE=0

간격띄우기 거리 지정 또는 [통과점(T)/지우기(E)/도면층(L)] <6.0000>: 30 ↵
(간격설정)
간격띄우기할 객체 선택 또는 [종료(E)/명령 취소(U)] <종료>: (객체선택클릭)
간격띄우기할 면의 점 지정 또는 [종료(E)/다중(M)/명령 취소(U)] <종료>:
(간격띄우기 할 방향선택 클릭)

거리값 입력 후 띄우고자
하는 면을 클릭

① 명령어 실행 후 P1의 객체를 선택 후 간격띄우기 할 거리 값을 키보드로 입력 후 엔터
② 마우스로 이동한 면을 선택하면 간격띄우기가 완료된다.

18 ROTATE (RO) (회전)

도면의 객체를 부분 또는 전체를 지정된 기준점을 중심으로 일정한 각도만큼 회전시키는 명령어이다.

● 명령어창 사용법

명령: ro (ROTATE) ↵
　현재 UCS에서 양의 각도: 측정 방향=시계 반대 방향 기준 방향=0
　객체 선택: (객체 선택 후 마우스클릭) ↵
　기준점 지정: (회전 중심점 마우스 클릭) ↵
　회전 각도 지정 또는 [복사(C)/참조(R)] <0>: r ↵
　참조 각도를 지정 <0>: 20 ↵ (현재각도)
　새 각도 지정 또는 [점(P)] <0>: 40 (새로운각도) ↵
• 참조각도를 넣지 않고도 바로 변경하고자 하는 각도만 넣어도 반시계 방향으로 객체가 회전된다.

19 MIRROR (MI) (대칭)

> **● 명령어창 사용법**
>
> 명령: MIRROR (단축키 : mi) ↵
> 　　객체 선택 : P1 (마우스로 클릭)
> 　　객체의 구석점 지정 : P2 (마우스로 클릭)
> 　　대칭선의 첫 번째 점 지정: P3 (마우스로 클릭)
> 　　대칭선의 두 번째 점 지정: P4 (마우스로 클릭)
> 　　원본 객체를 지우시겠습니까? [예(Y)/아니오(N)] ⟨N⟩:
> 　　　　　　　　　(원본 객체를 지울거면 Y ↵, 안 지울거면 그냥 ↵)

20 TRIM (TR) (자르기)

하나 또는 그 이상의 선이나, 원, 호등으로 지정된 경계를 이용하여 도면요소를 잘라 낼 때 사용하는 명령어이다. 전산응용건축제도기능사 실기시험에서 거의 전부분에 걸쳐 사용되는 명령으로 매우 많이 사용하는 명령이기 때문에 활용성이 매우 높다.

> **● 명령어창 사용법**
>
> 명령: tr (TRIM)
> 　　현재 설정: 투영=UCS 모서리=없음
> 　　절단 모서리 선택
> 　　객체 선택 : (마우스로 자를 객체의 기준이 되는 선 클릭)
> 　　자를 객체 선택 또는 Shift 키를 누른 채 선택하여 연장 또는
> 　　[울타리(F)/걸치기(C)/프로젝트(P)/모서리(E)/지우기(R)/명령 취소(U)]:
> 　　　　　　　　　　　　　　　　　　(마우스로 자를 객체 클릭)

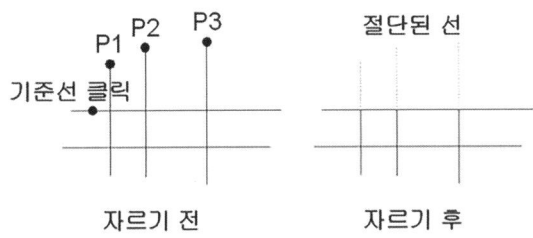

- 드래그로 해서 한꺼번에 절단도 가능하고, 기준선을 2개 이상 클릭한 후 절단해도 무방하다.
- 자르기 전 기준선이 반드시 있어야만 한다.

21 EXTEND (EX) (연장)

하나 또는 그 이상의 선이나, 원, 호 등으로 지정된 경계를 이용하여 도면요소를 연장 할 때 사용하는 명령어이다. TRim과 사용방법은 유사하다.

● **명령어창 사용법**

명령: ex (EXTEND) ↵
　　현재 설정: 투영= UCS 모서리=없음
　　경계 모서리 선택
　　객체 선택 : (늘릴 기준이 되는 선 마우스로 클릭)
　　연장할 객체 선택 또는 Shift 키를 누른 채 선택하여 자르기 또는
　　[울타리(F)/걸치기(C)/프로젝트(P)/모서리(E)/명령 취소(U)]: (늘릴 객체 마우스로 클릭)

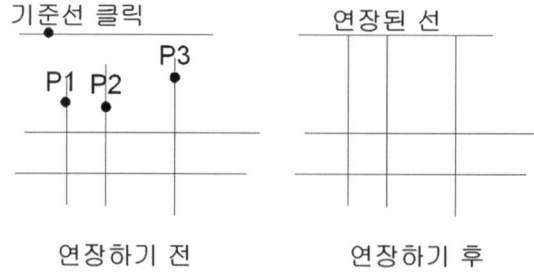

- 반드시 연장할 선을 연장할 방향으로 1/2 이상을 클릭해야만 선이 연장되어진다.
- 연장하기 전 기준선이 반드시 있어야만 한다.

22 FILLET (F) (모깎기)

선택된 두 선 혹은 원이나 호의 모서리를 주어진 직각 또는 반지름을 이용한 곡면라운드로 처리하는 명령으로 전산응용건축제도 시험에서 가장 많이 사용하는 명령이다.
신속하게 직각으로 선을 연결하는데 사용하는 대표적 명령으로 계단 및 기초, 지붕 등 거의 모든 부분에서 TRim과 더불어 가장 많이 사용하는 명령어이므로 반드시 사용방법을 숙달하고 시험에 참여해야 한다.

명령어창 사용법

명령: f (FILLET) ↵

1. 폴리선을 모깎기 할 경우
   첫 번째 객체 선택 또는 [명령 취소(U)/폴리선(P)/반지름(R)/자르기(T)/다중(M)]: p ↵
   2D 폴리선 선택: (마우스로 폴리선을 클릭)
2. 반지름 값을 입력 후 모깎기 할 경우 (가장 많이 사용함)
   첫 번째 객체 선택 또는 [명령 취소(U)/폴리선(P)/반지름(R)/자르기(T)/다중(M)]: r ↵
   모깎기 반지름 지정 〈0.0000〉: 10 ↵ (반지름 값 입력 후 ↵)
3. 자르기(Trim) 조절
   첫 번째 객체 선택 또는 [명령 취소(U)/폴리선(P)/반지름(R)/자르기(T)/다중(M)]: t ↵
   자르기 모드 옵션 입력 [자르기(T)/자르지 않기(N)] 〈자르기〉:
   (자르기를 원하면 그냥 엔터, 원하지 않을시 N을 누르고 ↵)

- 폴리선이 아닌 일반 선일 경우 반지름 값만 입력하고 마우스를 클릭해도 Fillet이 되므로 꼭 위의 명령어 입력과 같이 단계별로 하지 않아도 된다.

사용 예제

첫 번째 객체 선택 또는 [명령 취소(U)/폴리선(P)/반지름(R)/자르기(T)/다중(M)]: P1 ↵
(마우스로 클릭해서 이을 선을 선택)
두 번째 객체 선택 또는 Shift 키를 누른 채 선택하여 구석 적용: P2 ↵
(마우스로 클릭해서 이을 선을 선택)

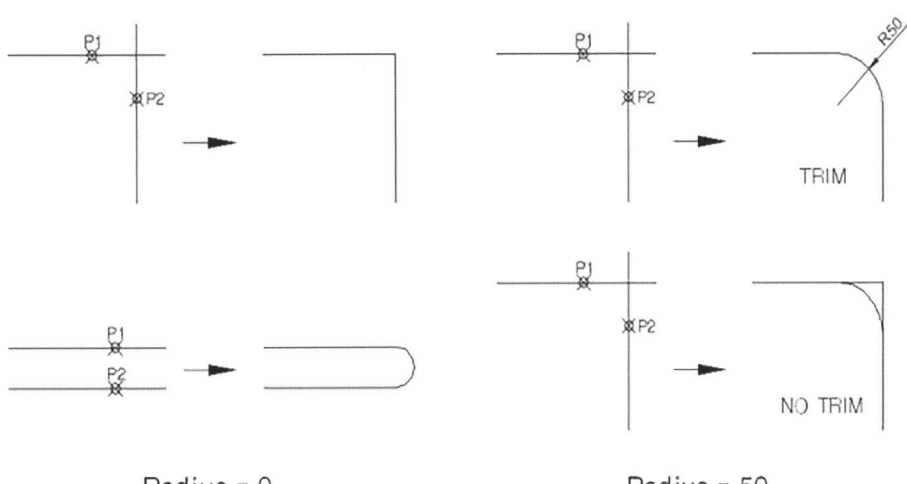

23 SCALE (SC) (축척)

도면 객체의 크기를 바꾸는 명령어로 , 도면 객체 및 도면테두리 등을 확대할 때 사용한다.

> **● 명령어창 사용법**
>
> 명령: sc (SCALE) ↵
> 　객체 선택: (마우스로 클릭해서 객체를 선택)
> 　기준점 지정: (마우스로 선택된 객체의 확대 또는 축척을 할 기준이 될 부분을 클릭)
> 　축척 비율 지정 또는 [복사(C)/참조(R)] ⟨1.0000⟩: 10 ↵ (축척비율 치수입력 후 ↵)
> 　• 비율로 확대 또는 축소된다. (치수 기입이 아님)

24 STRETCH (S) (신축)

객체의 연결 상태를 그대로 유지하면서 가로 또는 세로로 객체를 늘이거나 수축시킬 때 사용한다. 전산응용건축제도기능사에서는 창문 및 문에서 주로 사용된다.

> **● 명령어창 사용법**
>
> 명령: s (STRETCH) ↵
> 　걸침 윈도우 또는 걸침 다각형만큼 신축할 객체 선택
> 　객체 선택: (B.P에서 N.P까지 드래그로 선택 후 ↵ – 하단 그림참조)
> 　기준점 지정 또는 [변위(D)] ⟨변위⟩: P1 ↵ (마우스로 클릭 후 드래그)
> 　두 번째 점 지정 또는 ⟨첫 번째 점을 변위로 사용⟩: P2 ↵ (마우스로 클릭)

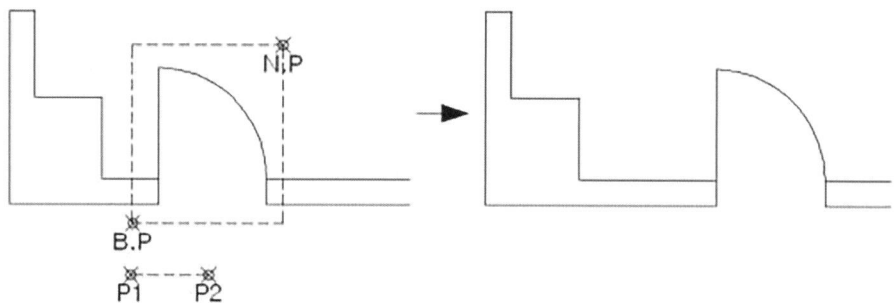

- 위의 그림과 같이 반드시 마우스를 이용하여 드래그로 선택하여야 하는데 4면 중 1면은 선택해서는 안된다.
  4면을 모두 선택시는 신축이 아닌 이동이 된다.

25 XLINE (XL) (무한직선)

수평, 수직, 또는 지정한 기울기 값을 갖는 무한대의 직선을 그린다.
지붕의 경사각 (4/10물매)를 그려 넣거나, 계단 캔틸레버 기초의 경사각을 잡는데 매우 유용하게 사용된다.

> ● 명령어창 사용법
>
> 명령: xl (XLINE) ↵
>   점을 지정 또는 [수평(H)/수직(V)/각도(A)/이등분(B)/간격띄우기(O)]:
>   통과점을 마우스로 클릭 후 ↵

26 PLINE (PL) (폴리라인)

객체를 하나의 그룹화된 모양으로 그릴 때 매우 유용한 명령이며, 계단선을 하나의 객체로 만들어 간격띄우기 할 때 시간을 절약하기에 매우 유용하다. 사용방법은 Line의 명령어와 동일하다.

> ● 명령어창 사용법
>
> 명령: pl (PLINE) ↵
>   시작점 지정: (마우스로 첫 점 클릭)
>   현재의 선 폭은 0.0000임
>   다음점 지정 또는 [호(A)/반폭(H)/길이(L)/명령 취소(U)/폭(W)]: P1 (마우스로 클릭)
>   다음점 지정 또는 [호(A)/닫기(C)/반폭(H)/길이(L)/명령 취소(U)/폭(W)]:
>   P2 (마우스로 클릭)
>   다음점 지정 또는 [호(A)/닫기(C)/반폭(H)/길이(L)/명령 취소(U)/폭(W)]:
>   P3 (마우스로 클릭)
>   다음점 지정 또는 [호(A)/닫기(C)/반폭(H)/길이(L)/명령 취소(U)/폭(W)]: c ↵

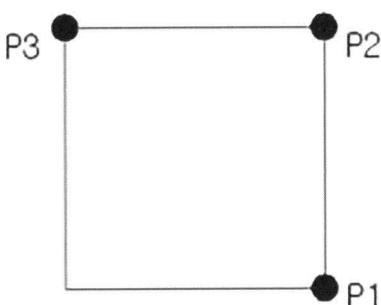

27 RECTANG (REC) (사각형)

대각선 방향의 두 점을 사용하여 정사각형이나 직사각형을 그리는 명령어이다. 빠른 속도로 사각형을 그리기에는 아주 좋은 명령이며, 보통은 치수를 이용한 사각형을 그리는 방법을 가장 많이 사용한다.
주로 각재 및 지붕 물매, 구조재 및 인방 등의 사용시 많이 사용한다.

> **● 명령어창 사용법**
>
> 명령: rec (RECTANG) ↵
>   첫 번째 구석점 지정 또는 [모따기(C)/고도(E)/모깎기(F)/두께(T)/폭(W)]:
>   마우스로 시작점 클릭 ↵
>   직사각형의 선 폭 지정 〈0.0000〉: @100, 200 ↵ (@가로, 세로)
>   마우스로 끝점 클릭하면 완료

28 EXPLODE (X) (분해)

Polyline, Block 등을 분해하는 명령어이다.
신속한 작업을 위해 폴리라인으로 작업한 객체를 쉽게 분해할 수 있다.

> **● 명령어창 사용법**
>
> 명령: x (EXPLODE) ↵
>   객체 선택: 반대 구석 지정: ↵ (분해할 객체선택)

29 ARRAY (AR) (배열)

선택한 도면 요소를 사각이나 원형 형태로 여러 번 복사 하고자 할 때 사용하는 명령어로서 배열은 워낙 많이 사용하는 명령어이므로 본문에서 사용법이 자세히 기록되어 있으므로 별도의 설명은 하지 않는다.
다만 버전별로 Arrayclassic을 사용해야 팝업창이 나오는 버전이 있으므로 두가지를 모두 기억하는 것이 좋겠다.

● **명령어창 사용법**

명령: ar (ARRAY) ↵

30 join (결합)

객체가 따로 분리되어져 있는 선을 하나의 폴리라인처럼 결합시키는 명령어이다.
작업 중 계단선과 같이 분리되어진 선을 하나로 결합한 후 간격을 띄우기하면 시간절약을 할 수 있어 매우 편리한 기능이다.

● **명령어창 사용법**

명령: join ↵
    원본 객체 선택:
    원본으로 결합할 선 선택: P1 (마우스로 만 클릭)
    원본으로 결합할 선 선택: P2 (마우스로 만 클릭)
    1 개의 선이 원본으로 결합됨

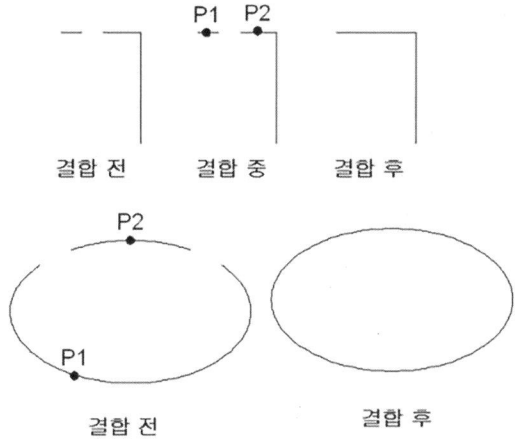

31 BREAK (BR) (끊기)

선택한 객체를 지정하는 두 지점의 사이를 삭제하거나, 지정한 길이값을 기준으로 분리하는 명령어이다.
치수선 및 중심선과 같이 길게 나온 선을 신속하게 잘라내는데 매우 유용한 명령어이다.

● 명령어창 사용법

명령: Break (단축키 : br) ↵
　　　BREAK 객체 선택: (마우스로 클릭)
　　　두 번째 끊기점을 지정 또는 [첫 번째 점(F)]: f ↵
　　　첫 번째 끊기점 지정: P1 ↵
　　　두 번째 끊기점을 지정: P2 ↵

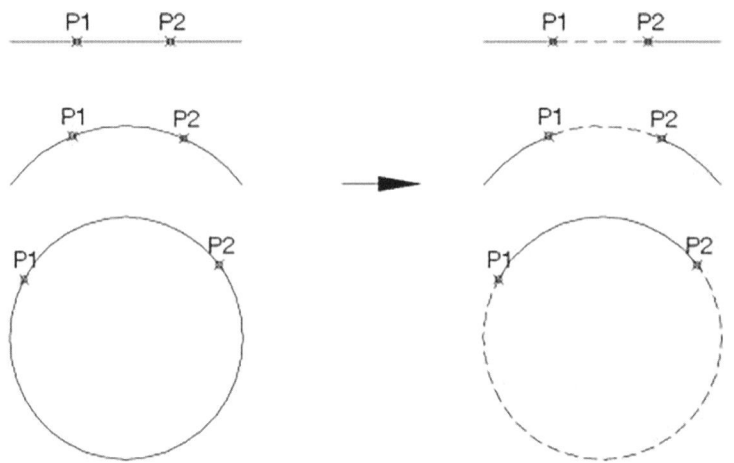

32 DONUT (DO) (도넛)

안이 채워진 형태의 도넛같이 중앙부가 비어있는 원이나 링을 그릴 때 사용하는 명령이다. 재료문자를 기입하기 전 지시선의 끝부분을 표기할 때 주로 사용하는 명령이다.

● 명령어창 사용법

명령: do (DONUT) ↵
　　　도넛의 내부 지름 지정 〈0.5000〉: 0 ↵ 안쪽 지름
　　　도넛의 외부 지름 지정 〈1.0000〉: 50 ↵ 바깥쪽 지름
　　　도넛의 중심 지정 또는 〈종료〉: ↵ 도넛의 위치를 마우스로 클릭

※ 안쪽이 꽉 채워진 원을 그릴 경우는 inside diameter의 값을 0으로 하면 된다.

33 STYLE (ST) (문자스타일)

문자의 기본 높이 및 글자체를 설정하는 명령어로서 문자의 크기가 그때그때 다르므로 설정법은 본문에서 자세히 기록되어 있다.
여기서는 명령어만 기억하면 된다.

34 MTEXT (MT) (M문자)

문자의 사용을 하는 명령어로서 설정법은 본문에서 자세히 기록되어 있다.
여기서는 명령어만 기억하면 된다.

35 HATCH (H) 해치

선택된 도면요들이 이루고 있는 경계 안쪽을 지정한 Pattern으로 채워주는 명령이며 경계는 반드시 닫혀진 상태이어야 한다.
여기서는 명령어와 주의점만 기억하면 된다.

◎ 캐드 계산기 사용하기 (cal)
시험문제 중 급하게 계산을 해야 하는 상황이 오면 아래의 그림과 같이 계산기가 캐드 내부에 있으므로 미리 알아두고 시험때 당황하지 않도록 하는 것이 좋다.

● 명령어창 사용법

명령: cal
　　　계산입력 : 1+2 (입력)
　　　　　　　　3 (결과계산)

▶ (+) (−) (x) (÷) 및 괄호도 사용이 가능하다.
▶ 세부 내용
　: 명령어의 방법도 있지만 아래의 그림과 같은 리본메뉴를 이용하여 계산기의 팝업창을 꺼내어 사용 하는 방법도 있다.

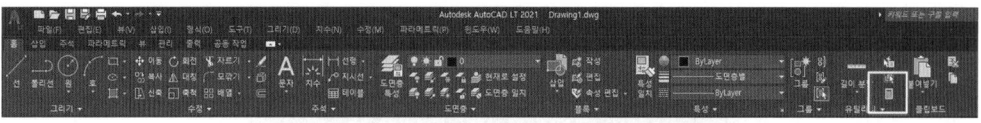

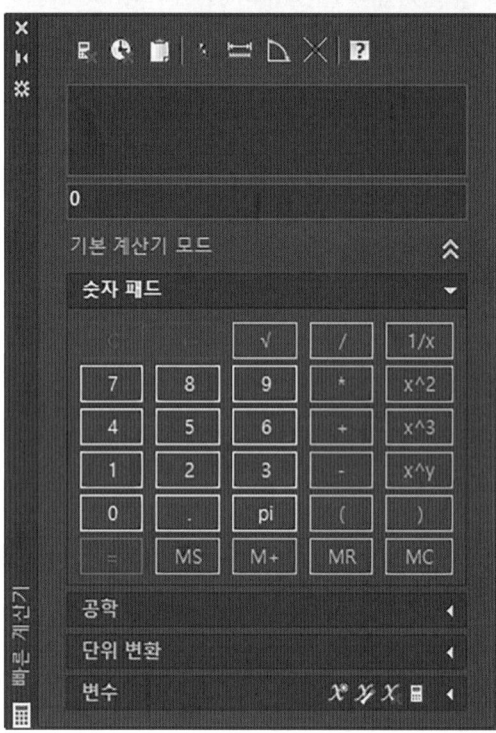

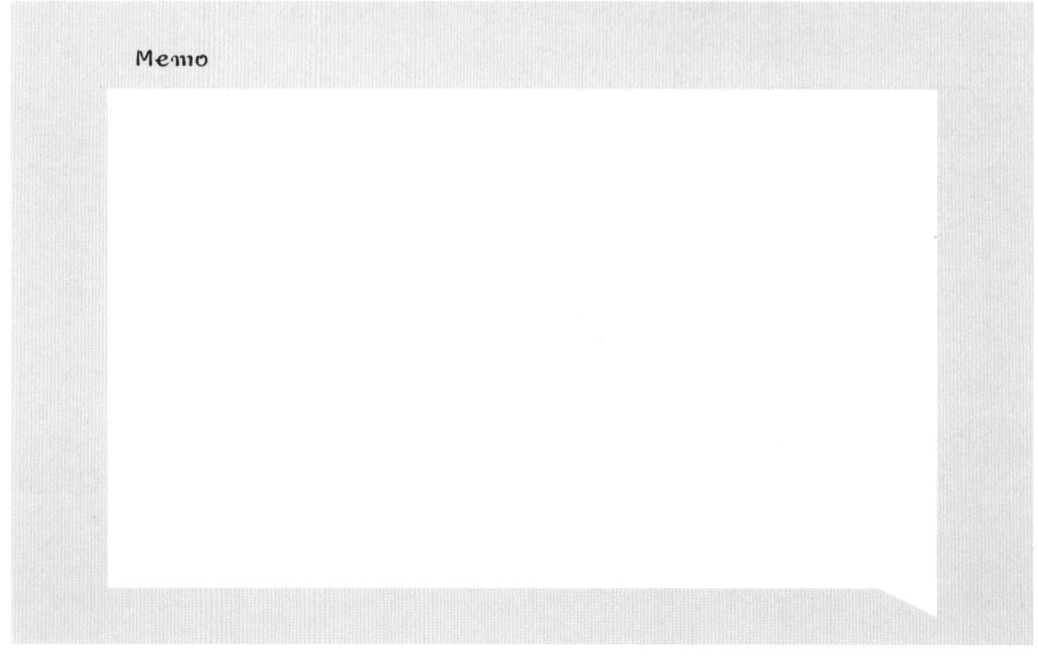

Lesson 02 단축키 모음

캐드 기능키

F2	문자 윈도우
F3	객체 스냅(OSNAP)의 ON/OFF
F8	직교(ORTHO)의 ON/OFF수평이동과 수직이동을 통제한다.
F10	극좌표(Polar)의 ON/OFF(Setting에서 45°에 놓는다)

준비 명령

OPTION (선택 상자)		개인 옵션 선택을 조절한다.
SAVETIME (자동저장)		(1~5분마다) 자동저장기능을 조절한다. 초기 값 10분
PAN (초점 이동)	(P)	도면을 상하좌우로 움직인다. (손바닥 모양)
U(명령 취소)	(U)	명령취소를 한다.
REDO		재실행 한다.
REGEN	(RE)	도면환경을 깨끗이 한다.
LIMITS(한계)		작업범위를 정한다.
ZOOM (줌)	(Z)	도면이 화면에 보여 지는 크기조절
OSNAP (Object Snap 객체스냅)	(OS)(F3)	객체스냅을 조절한다.

그리기 명령

LINE (선)	(L)	선을 그린다.
ERASE (지우기)	(E)	객체를 지운다. (DEL키로 가능)
LINETYPE (선종류)	(LT)	선종류를 불러온다.
LTSCALE (선 종류 축척)	(LTS)	선의 축척을 조절한다.
LAYER (도면층)	(LA)	도면층 만들기
CIRCLE (원)	(C)	원을 그린다.
ARC (호)	(A)	호를 그린다.
ELLIPSE (타원)	(EL)	타원을 그린다.
PLINE (폴리선)	(PL)	폴리선을 그린다.
PEDIT (폴리선 편집)	(PE)	폴리선을 편집한다.

그리기 명령		
EXPLODE (분해)	(X)	결합된 객체 분해하기
RECTANG (직사각형)	(REC)	사각형을 그린다.
POLGON	(POL)	다각형을 그린다.
PROPERTIES (특성)	(CH)(MO)	객체의 특성(색, 레이어, 선종류 등)을 변경하기
MATCHPROP (특성일치)	(MA)	객체의 특성 닮기

편집에 관한 명령		
COPY (복사)	(CO)	복사하기
MOVE (이동)	(M)	이동하기
GRIPS		그립을 이동 축소 및 확대한다.
OFFSET (간격 띄우기)	(O)	평행선 그리기
TRIM (자르기)	(TR)	교차된 선 자르기
EXTEND (연장)	(EX)	선을 연장하기
ROTATE (회전)	(RO)	회전하기
MIRROR (대칭)	(MI)	대칭하기
FILLET (모깎기)	(F)	모서리를 둥글게 깎기, (R=0)으로 하면 직각이 된다.
CHAMFER	(CHA)	모서리를 각지게 절삭하기
SCALE (축척)	(SC)	객체의 크기 변화하기
STRETCH (신축선)	(S)	선을 늘이고 줄이기
ARRAY (배열)	(AR)	가로세로나 원형으로 한꺼번에 복사하기
DONUT (도넛)	(DO)	도넛과 점을 그린다.
POINT	(PO)	포인트 점을 그린다.
DIVIDE (등분할)	(DIV)	선을 같은 간격으로 분할하기
BLOCK (블록)	(B)	현재의 도면 내에 블록 만들기
WBLOCK (블록 쓰기)	(W)	하드나 플로피에 블록 만들기
INSERT (삽입)	(I)	만들어진 블록 삽입하기
HATCH	(H)	해칭선 채우기

치수에 관한 명령		
DIMLINEAR (선형 치수)	(DLI)	수평 수직 치수선 그리기
DIMCONTINUE (연속 치수)	(DCO)	연속된 치수선 그리기
DIMBASELINE (기준선 치수)	(DBA)	치수선과 평행한 치수선(전체치수선)그리기

치수에 관한 명령

DIMCENTER (치수 중심)	(DCE)	원의 중심 표시하기
DIMSTYLE (DDIM) (치수유형 관리자)	(D)	치수선, 치수보조선, 치수의 모양 정하기
DIVIDE (등분할)	(DIV)	선을 같은 간격으로 분할하기
DIMEDIT (치수 편집)	(ED)	문자나 치수 고치기
LEADER (지시선)	(LE)	지시선 그리기

조회 명령

DIST (거리)	(DI)	두 점 사이의 거리를 알려 준다.
LIST (리스트)	(list)	선의 모든 이력을 조회한다.
AREA (면적)	(AA)	다각형의 각 꼭지점을 입력하여 면적 산출

기타 명령

MVSETUP (용지설정)	(MVSETUP)	A3용지 크기 - 420 × 297mm
UCS (사용자 좌표계)	(UCS)	주로 3D에서 사용. X,Y의 좌표를 변경(2D에서 OB사용)

Memo

Memo

Chapter 02

자격증에 대한 기초이론

Lesson 01 CAD 자격증의 시동
Lesson 02 도면테두리 만들기
Lesson 03 Title 만들기

전산응용
건축제도
기능사실기

Lesson 01 CAD 자격증의 시동

우리가 전산응용건축제도 시험으로 그리는 주택의 구조는 보통 1970년대 후반부터 80년대 초반까지 많이 축조했던 형태의 건축물을 모델로 그린다.
따라서 현대식 주택의 구조설계 방향과는 다소 차이가 있지만, 현대 건축에서 사용하는 기본적인 골조의 형태나 구조 등의 크기 및 규격이 바탕이 되므로 외장재를 제외한 기본적 골격은 거의 유사하다.

다시 말해 컴퓨터를 배우는 사람이 윈도우만 배우지 않고 Dos를 배워서 윈도우나 리눅스를 동시에 실행 가능 하듯이, 건축물 역시 과거의 기본적인 구조체 대부분은 현대 구조물과 그 유형이 같거나, 오히려 현대구조물의 기초를 과거의 구조물에 따라 발전시킨 부분이기 때문에 과거의 구조를 명확히 이해하고 사용하면 실무에서 사용하는 현대 건축에 대한 이해도도 더욱 높아진다.

그런 까닭으로 전산응용건축제도기능사를 단지 시험이라는 이유로 외우거나 이해가 되지 않은 상태에서 단순히 그리는 시험을 위한 건물이라 쉽게 생각하거나 현대에서는 필요 없다고 생각해서도 안된다.
또한 전산응용건축제도기능사는 과거 손으로 그리는 수(手)제도의 방식에서 벗어나 컴퓨터 그래픽 프로그램인 캐드(CAD)를 이용해서 정확히 그려내는 작업으로 바뀌어 매우 정밀하게 설계되어 진다.

현재 전산응용건축제도기능사 시험은 건축분야에서 캐드를 이용해서 설계되는 유일한 자격증이고, 전산응용건축제도기능사를 취득 했을 때, 건축분야에서 캐드를 이용해서 건축물을 설계를 인증할 수 있는 능력이 검증되기 때문에 실무 업체에서 인정되어 지는 부분 매우 크다.

그러므로 자격증의 중요성은 더 설명하지 않더라도 충분히 이해 할 거라 생각된다.

1 우리가 그리는 전산응용건축제도 기능사의 실제 축조된 건물사진

왼쪽의 사진은 많은 수험생들이 그리는 전산응용건축제도에서 사용하는 도면을 기초로 실제 이 도면으로 건축물을 만들었고, 실제 시험문제로 기출되는 건축물과 비슷한 평면 설계요소를 가진 실제의 건축물 사진이다.

현관과 테라스를 가지고 있고 상부에는 캔틸레버로 빗물 유입을 방지한 것이 특징적이다. 또, 지붕에는 환기구를 설치하여 통풍 및 지붕구조물의 부식방지를 위해 사용했고 거실과 안방은 채광을 위해 4짝의 창문을 주로 사용했다.

건물후면에는 굴뚝을 두어 연탄보일러 및 주방에서 사용되는 연기의 환기용도로 사용하였고 콘크리트의 부족으로 인한 기초 부분(줄기초) 및 테두리보 부분에만 콘크리트를 사용한 것이 특징적이다. 벽체부분은 내부에 시멘트벽돌, 외부에는 적벽돌로 치장 마감을 하는 구조가 많이 사용되었다.

2 전산응용건축제도의 검정형문제 출제 기준

자료출처 : Q-net

직무 분야	건 설	중직무 분야	건 축	자격 종목	전산응용건축제도기능사	적용 기간	2019.1.1. ~ 2021.12.31

○ 직무내용 : 건축물의 기본설계도 또는 계획설계도에 따라 컴퓨터를 사용하여 건축설계에서 의도하는 바를 현장에 필요한 도면으로 표현하는 등의 직무 수행

○ 수행준거 : 1. CAD소프트웨어를 시스템에 설치하고 활용할 수 있다.
     2. CAD에 의한 건축물의 부분별(기초, 벽체, 바닥, 지붕, 반자, 계단, 창호 등)상세도면을 작성할 수 있다.
     3. 단독주택의 도면을 작성할 수 있다.
     4. 공동주택의 도면을 작성할 수 있다.
     5. 도면을 작성하여 출력하고 파일을 보관할 수 있다.
     6. 도면작성시 기호에 의한 표준화 작업을 할 수 있다

실기검정방법	작업형	시험시간	4시간 정도

3 전산응용건축제도의 채점 기준

자료출처 : Q-net

구분	세부내용	채점방법	배점
각종 도면의 기능도 및 미관	도면의 배치	• 도면의 테두리선을 하지 않았거나 칠할 경우로 작도 했을 경우 1항 결격시 1점 감점 • 도면이 한쪽으로 치우치면 1점 감점, 많이 치우치거나 배치가 일정치 못하면 2점 감점	3
	각종 선의 작도 및 구분	• 용도에 따른 선의 굵기 및 진하기의 구별이 미숙하면 2점 감점 • 선과 선의 교차부의 오차가 1mm 이상 1개소마다 1점 감점 • 치수선 및 인출선의 인출각도 및 배치가 미숙하면 2점 감점 • 중심선 표시가 1점 쇄선이 아니거나 1개소 이상누락 되었을 경우 1점씩 감점	7
	문자 및 숫자	• 크기와 간격이 일정치 않을 때 1점 감점 • 숙달정도가 미숙할 때 2점 감점 • 꼭 필요한 개소에 표기되지 않았을 경우 1개소당 1점씩 감점	4
	단면 및 입면상의 재료 표현	• 재료의 표현이 누락되었거나 틀렸을 경우 1개소당 2점씩 감점 • 재료의 표현이 정결하지 못할 경우 1개소당 1점 감점	3
	각종 도면의 청결도	• 도면이 부분적으로 파기된 곳 1개소당 1점 감점 • 표기되어야할 사항이 누락되었거나 2중으로 명기되어 표현이 불분명할 때 1개소당 1점 감점	3

1) 입면도 채점기준

구분	세부내용	채점방법	배점
입면도	입면도 주위의 배경 표현	• 배경 표현이 없으면 3점, 미숙하면 1점 감점	3
	건물의 높이 및 구조	• 처마높이 및 건물높이, 벽체두께 등이 단면도와 일치하지 않을 경우 2점 감점 • 처마나옴의 간격이 단면도와 일치하지 않을 때 2점 감점 • 굴뚝 표기가 잘못되었거나 표기가 없으면 2점 감점 • 개구부 및 창호와 인방설치가 누락되었거나 틀리면 2점 감점	12
	각종 기초 구조	• 동결선 이하(900~1,100mm)로 안되었을 경우 2점 감점 • 기초 크기 지정의 표현이 미숙할 경우 2점 감점	4
	각종 벽체 구조	• 벽체의 두께가 조건과 다른 경우 2점 감점 • 벽체 마무리와 마무리 재료 선정이 타당치 못하면 1개소마다 2점 감점	4

2) 단면도 채점기준

구분	세부내용	채점방법	배점
단면도	각종 창호 및 개구부의 크기와 구조	• 높낮이 위치의 타당성이 없을 때 1점 감점 • 개구부 및 창호의 크기가 법규상 환기면적 및 채광면적 규정에 틀릴 때 2점 감점 • 창과 출입문 틀의 끝마무리 간격이 미숙할 때 2점 감점 • 각종 부재의 단면치수가 타당성이 없을 때 2점 감점	7
	현관 구조	• 단면 두께, 기능적, 구조적, 경제적으로 합리적이지 못할 때 3점 감점 • 재료 마감표현이 맞게 작도되었는지 불합리할 때 1개소당 2점 감점	5
	각종 반자 구조	• 각종 부재의 단면 재료 크기 및 표현법 등이 미숙할 경우 1개소당 2점씩 감점 • 표기되어야 할 사항이 누락되었거나 표현이 불분명할 때 1개소당 2점씩 감점	4
	테라스 위 캔틸레버 구조	• 구조적으로 불합리하거나 물끊기 홈 등의 표현이 미숙하거나 틀리면 5점 감점	5
	처마 높이 및 건물 높이	• 조건과 틀리거나 기능적으로 불합리할 때 2점 감점	2

구분	세부내용	채점방법	배점
단면도	반자 높이	• 조건과 틀리거나 기능적으로 불합리할 때 2점 감점	9
	부분단면상의 입면처리	• 부분 단면 상세도상에 표현되어야 할 입면 표현이 누락되면 실격, 부분적으로 누락되었을 때 1개소당 5점 감점	10
	출력상태	• 스케일에 맞게 정확하게 작도 또는 출력물이 스케일에 맞게 출력되었는지에 대하여 확인하고 스케일에 맞지 않을 경우 실격으로 간주한다. • 단면, 입면, 각종 선들이 제도 통칙에 준하여 작도 되었는지 불합리할 때 1개소당 5점 감점	15

4 시험 전 잊지 말고 해야 할 일

1) Layer 설정

시험 전에 반드시 시험의 출제기준에 맞게 Layer(LA)를 설정해야 한다.
Layer(LA)가 설정이 되어 있지 않으면 출력시 선의 두께가 다르게 나오기 때문에 감점으로 인한 탈락의 사유가 되므로 Layer(LA)를 설정해야 하는 것을 잊지 않도록 해야 한다.

2) Limits 설정

도면의 한계 설정인 Limits는 전산응용건축제도기능사와 같이 큰 도면을 그릴 때에는 반드시 설정을 해줘야 도면이 한계치에 벗어나는 일이 없도록 해야 한다.

큰 도면이 한계치를 벗어 낫을 때 화면의 ZOOM 동작에 제한이 있고, 화면의 확대 축소를 할 때마다 Zoom(Z) 명령을 사용해야 하는 부분이 발생하므로 시험 시간의 단축을 위해 필요한 부분이다.

(영문판) Command : limits ↵
　　　　　Specify lower left corner or [ON/OFF] ⟨0.0000,0.0000⟩: ↵
　　　　　Specify upper right corner ⟨420.0000,297.0000⟩: 42000,29700 ↵

(한글판) 명령: limits ↵
　　　　　모형 공간 한계 재설정:

왼쪽 아래 구석 지정 또는 [켜기(ON)/끄기(OFF)] ⟨0.0000,0.0000⟩: ↵
오른쪽 위 구석 지정 ⟨420.0000,297.0000⟩: 42000,29700 ↵

> **Point**
>
> ▶ **LIMITS를 사용하는 이유**
>   ▸ 보통 A3의 규격 @420,297으로 Limits가 설정되어 있다. 하지만 전산응용건축제도 기능사는 건물의 면적이 A3의 규격보다는 큰 도면을 그리기 때문에 화면에 제한이 걸려 마우스의 롤이 확대에 제약이 생기는 경우가 종종 발생한다.
>   그런 제약이 발생할 경우 신속 작도를 요구하는 시험에서 불편함을 초래하기에 @42000, 29700으로 도면 한계를 크게 키워 놓는 것이 신속히 도면을 확대·축소하기에 편리하여 사용을 권장한다.
>
> ▶ **전역축척 비율 설정**
>   ▸ 전산응용건축제도기능사는 전역축척비율을 10으로 조정하여 선의 간격을 조정해야 한다.
>   선의 간격이 조정되지 않을 시에는 Center 선 및 Hidden 선의 간격이 좁아서 직선으로 보이기 때문에 채점시 감점의 소지가 발생하므로 반드시 해야 한다.

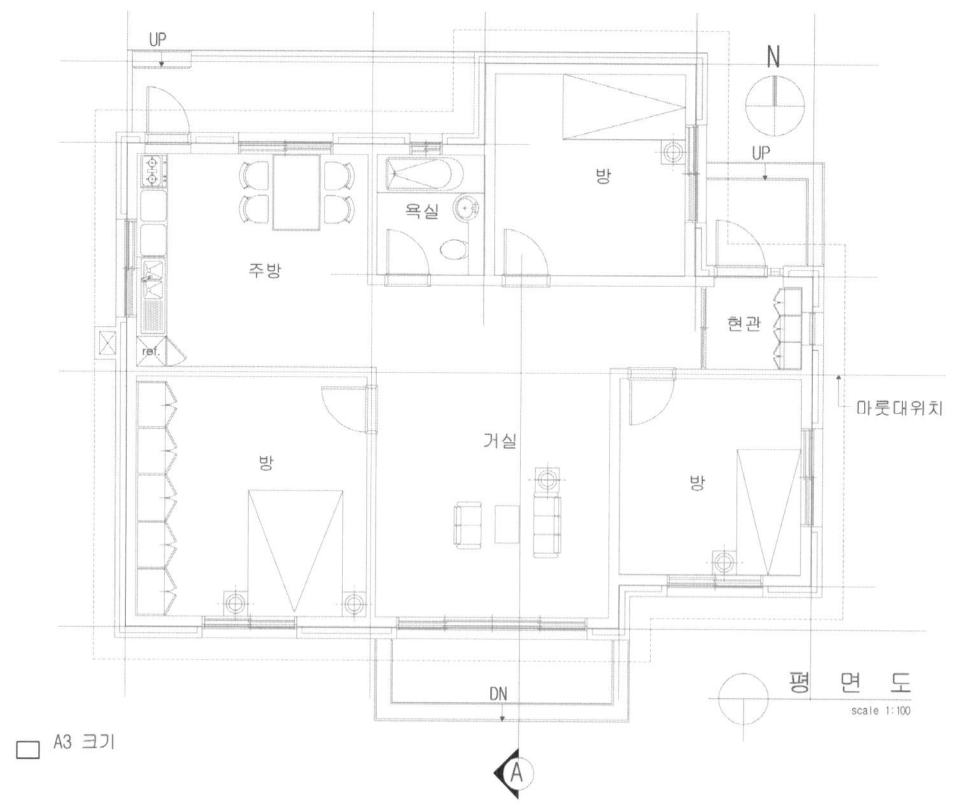

Limits 설정의 이유 : A3 사이즈와 실제도면 크기 비교

5 시험시 주의사항

① 명기되지 않은 조건은 건축법, 건축제도 원칙에 따른다.
- 건축물은 명기되지 않은 부분이 발생 할 수 있다. 그렇기 때문에 그런 경우를 만나게 되었을 때는 건축표준 법규를 준수하여 그린다.
  (예 : 테라스의 크기가 없을 경우 – 테라스에 사람이 설수 있는 공간으로 작도)

② 시험 시작전 바탕화면에 본인 비번호로 폴더를 생성하고, 폴더 안에 작업내용을 저장하도록 한다.
- 반드시 바탕화면에 폴더를 만들어 넣어야 한다. (비번호는 시험 당일 지급)

③ 정전 및 기계고장 등에 의한 자료손실을 방지하기 위하여 수시로 저장한다.
- 정전 및 기계고장은 본인의 책임이므로 수시 저장하는 습관을 드려야 한다. 만일 정전과 같은 상황이 발생하여도 저장이 안 되었을 경우는 민원제기를 해도 소용

이 없음을 알아 둬야 한다.

④ 다음과 같은 경우는 부정행위로 처리한다.
- 노트 및 서적, 디스켓을 소지하거나 주거 받는 행위
- 건물의 구조부분의 상세글씨 등을 사전에 블록으로 설정하여 지참, 사용하는 경우

⑤ 작업이 끝나면 감독위원의 확인을 받은 후 문제지를 제출하고 본부요원 입회하여 본인이 직접 A3용지에 흑백으로 도면을 출력하도록 한다.
이때 수험자의 작도 잘못으로 도면이 출력이 안 되는 경우, 출력시간이 30분을 초과할 경우는 실격 처리된다. (출력시간은 시험시간에서 제외한다.)
- 보통 시험시간 안에 출력이 포함 되어 져 있는 줄 아는데 시험시간과 별도로 출력시간이 주어진다.
그러므로 출력 시간까지 계산하여 시험을 조급해 할 필요는 없다.

⑥ 장비조작 미숙으로 장비의 파손 및 고장을 일으킬 염려가 있을 경우 실격된다.

⑦ 다음과 같은 경우에는 오작 및 미완성으로 채점 대상에서 제외한다.
- 주어진 조건을 지키지 않고 작도 한 경우
- 요구한 전 도면을 작도 하지 않은 경우
- 건축제도 통칙을 준수하지 않거나 건축CAD의 기능이 없는 상태에서 완성된 도면
  - 전산응용건축제도의 시험은 보통 일반 실업계고등학교 또는 대학교에서 주중에 수업을 하는 전산실 등에서 보기 때문에 AutoCAD외에 캐드파워, OR CAD 등 사양이 다른 캐드가 있을 수 있다.
  다른 사양이 있다고 그 사양으로 작도를 하면 채점대상에서 제외 되므로 절대 주의를 해야 한다.

⑧ 감독위원은 시험 시작 후 수검자에게 표제란을 우선 작도 후 도면을 작도 하도록 하여야 하며 수검자가 감독위원의 동지시를 따르지 않을 경우 실격한다.

⑨ 테두리선의 여백은 10mm로 한다.

Lesson 02 도면테두리 만들기

도면테두리는 도면의 테두리선을 만드는 것이며 출력에 영향을 미치고, 출력에 문제가 생기면 채점의 기준에서 제외가 되므로 정확한 치수로 만들어져야 한다.

도면테두리는 별도의 dwg파일로 만들어 놓는 것이 중요하며, 단면도 입면도 역시 각각의 dwg파일에 만든 후 나중에 insert 명령을 이용하여 합한 후 출력하는 것을 권장한다.

1 도면테두리 만들기

① AutoCAD를 먼저 실행한 상태에서 Rectang(REC)의 명령을 사용하여 @420,297의 크기로 사각형을 만든다.

② Offset(O)의 명령으로 안으로 10mm 간격을 띄우고 Explode(X)의 명령으로 안쪽 사각형을 분해한다.

③ 문자스타일(ST)을 실행시키고 왼쪽의 그림과 같이 문자체는 [굴림체], 문자높이는 [3]으로 맞춘다.

• 도면테두리.dwg 파일로 바탕화면에 미리 저장하는 것이 좋다

④ 분해한 안쪽 선으로 테두리선의 오른쪽 상단에 Offset(O)명령을 사용하여 세로선은 25mm, 25mm, 50mm의 순서로 간격을 우측과 같이 선을 띄우고

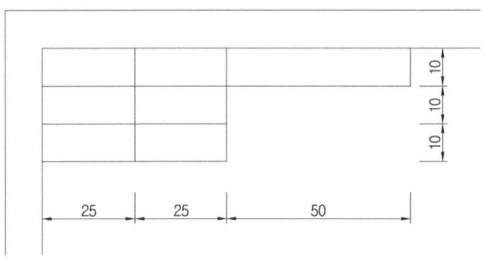

⑤ 가로선은 10mm씩 3번을 아래로
Offset(O)명령을 사용하여 간격을 띄워 그림과 같이 도면테두리를 작성한다.

⑥ Mtext (MT)의 명령을 사용하여 그림과 같이 왼쪽 상단에서 오른쪽 하단으로 드래그를 해서 표 안에 정확히 맞도록한다.

⑦ 도면테두리의 글자체는 사각형의 정 가운데로 오도록 작성하여 도면의 위치선정 항목의 감점의 사유를 만들어서는 안된다.

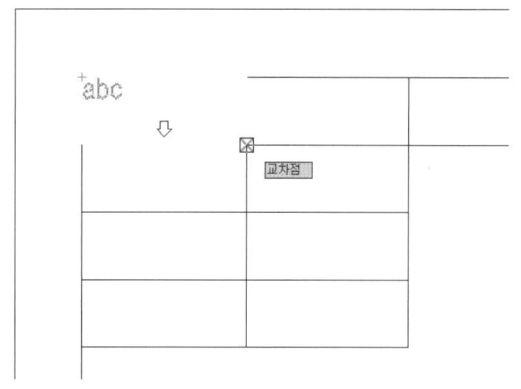

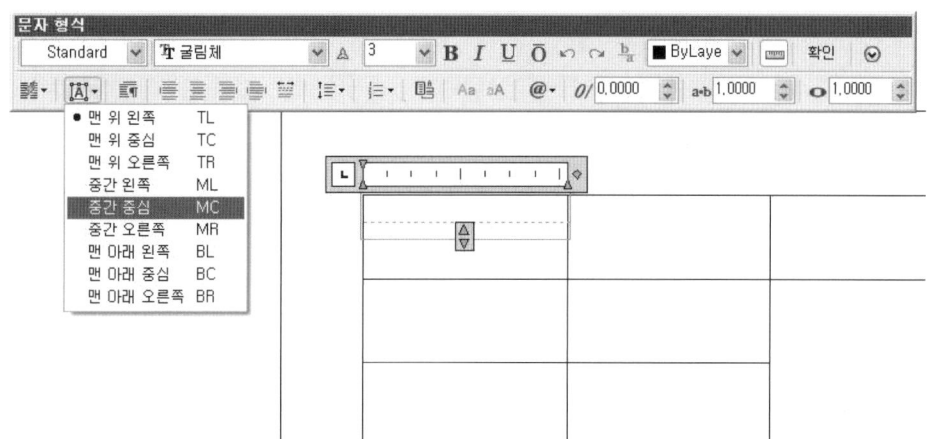

⑧ 텍스트 상자에서 문자열 맞추기를 중심에 중심으로 맞춰서 표 상자 안에 가운데 위치하도록 하여야 한다.

⑨ 우측의 그림과 같이 수험번호, 성명, 감독확인 순으로 표제를 작성하고 수험번호와 성명을 미리 기입하여 미 기입으로 출력하는 일이 발생하지 않도록 해야 한다.

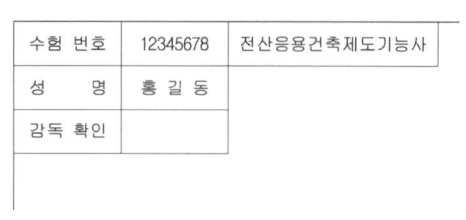

🏵 Point

▶ 문자편집기가 안 나올 때 설정하기
- 마우스 오른쪽 버튼을 눌러 메뉴막대 보이기를 누르면 텍스트 상자가 보이게 된다. 이때 마우스 커서가 깜박이는 부분에 대고 (아래그림의 빨간색 네모박스 부분) 오른쪽 버튼을 눌러야 나오므로 유의해야 한다.

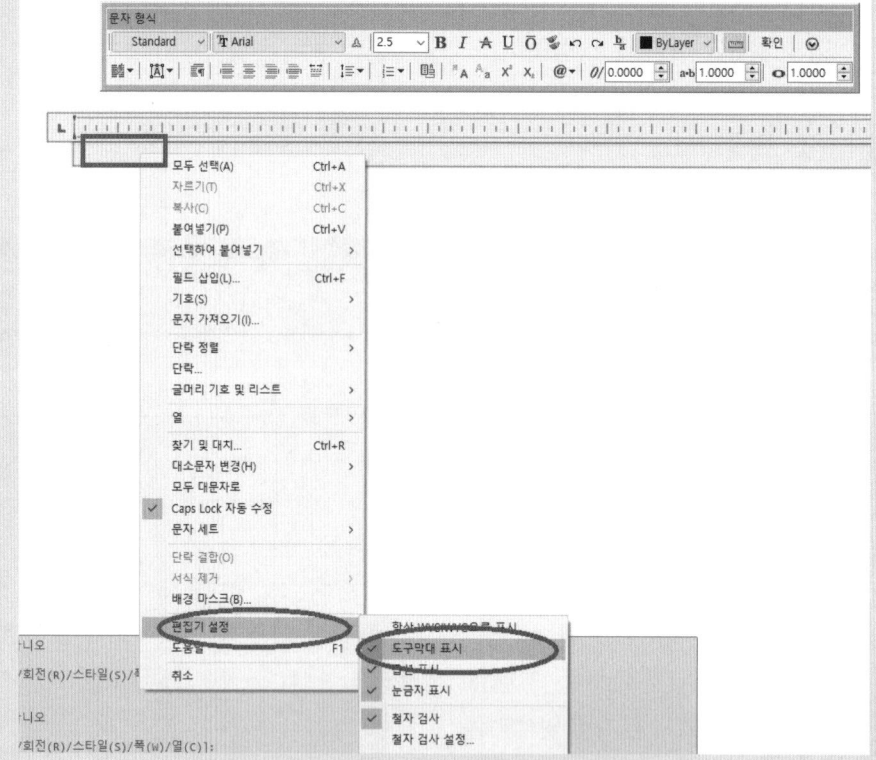

▶ 문자편집기 사용
- 그리는 방법은 리본메뉴의 작도방법과 문자편집기를 사용하는 방법 두 가지 중 어떤 방법을 써서 작도를 해도 무방하다.

▶ 입면도 설정 비율 설정
- 1/100의 축척으로 도면테두리가 만들어지므로, 아래의 출력하기를 참조하여 테두리 삽입 시 축척으로 변경하고 마우스를 더블클릭하여 문자 수정을 입면도로 바꾸면 시간을 절약할 수 있다.

- 시험 종목명이 틀렸을 때, 감점이 발생할 수 있으므로 정확히 [전산응용건축제도기능사]로 정확히 입력하는 것이 중요하다.
  (틀린 예 : 전산응용기능사, 전산제도기능사, 전산건축기능사 등)

도면테두리는 단면도에서도 사용하지만 입면도에서도 사용하기 때문에 기본적으로 하나만 만들어 바탕화면에 저장해 놓고 입면도 작성 후 다시 사용하여 두 번 작업하지 않도록 한다.
그러므로 다른 이름으로 저장하여 별도의 [도면테두리.Dwg] 파일로 폴더에 저장해 놓는 것이 좋다.

- 도면테두리 삽입 방법은 교재 후반부의 "출력하기"에 포함되어져 있으므로 교재 출력 페이지를 참고하면 된다.

Memo

Lesson 03 Title 만들기

도면 타이틀은 도면의 테두리선 안에 작도되어지며, 도면 전체의 배치점수에 영향을 미치고, 출력 시에 배율이 맞지 않으면 감점이 되므로 정확한 치수로 만들어지는 것이 중요하다.

타이틀은 도면테두리와 같이 진행되어지기 때문에 별도의 dwg파일로 바탕화면에 미리 만들어 놓는 것이 좋으며, 단면도 입면도 역시 각각의 dwg파일에 만든 후 나중에 Insert(I) 명령을 이용하여 도면에 삽입 후 출력하는 것을 권장한다.

1 타이틀 만들기

① 작성되어 있는 A3크기(420mm X 297mm)의 용지에 위의 그림과 같이 작도를 하는데, 그 작도법은 다음과 같다.

② Line(L)의 명령을 사용하여 임의의 수평선을 그린다.

③ 그어진 수평선의 끝부분에서 반지름 14mm의 원과 반지름 9mm의 원을 위의 그림과 같이 작도한다.

④ 원의 중심점을 기준으로 Line(L)의 명령을 사용하여 수직선을 작도한다.

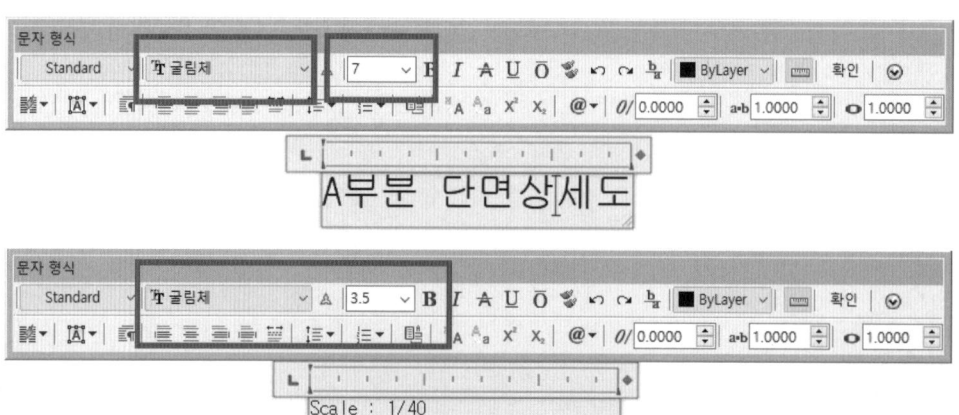

문자편집기 이용 작도방법

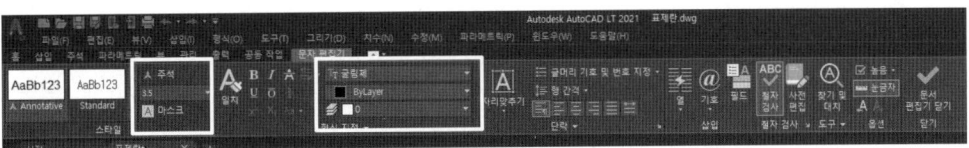

리본메뉴 이용 작도방법

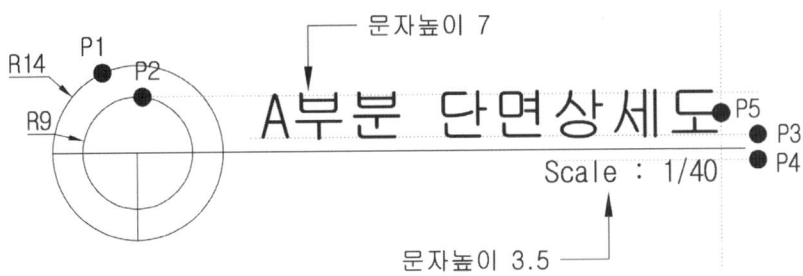

⑤ MText(MT)의 명령을 이용하여 위의 그림과 같이 글꼴 굴림체와 문자높이 "7"로 [A부분 단면상세도]의 타이틀 명을 P2의 높이를 기준하여 작성한다.

⑥ 아래의 축척 역시 MText(MT)의 명령을 이용하여 위의 그림과 같이 글꼴 굴림체와 문자높이 "3.5"로 [Scale : 1/40]의 타이틀 명을 P3와 대칭되는 높이로 위의 그림의 P4 높이를 기준하여 작성한다.

Memo

PART

02

전산응용건축제도 단면상세도 작도하기

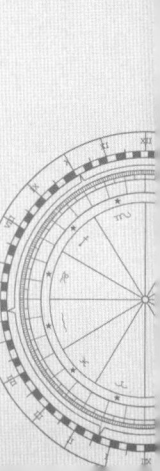

Memo

Chapter 01

요소별 부분 단면상세도 그리기

- **Lesson 01** 전산응용건축제도 실기 출제조건 분석
- **Lesson 02** 실별 제도기법
- **Lesson 03** A부분 단면 상세도 기초 그리기
- **Lesson 04** 실기시험에 사용하는 도면기호
- **Lesson 05** 기초에 대한 용어 설명
- **Lesson 06** 도면 작도 기준에 맞는 외벽 1.5B 줄기초 만들기
- **Lesson 07** 현관 및 테라스 기초의 단면 작도
- **Lesson 08** 외벽 1.5B 공간쌓기 줄기초 및 내벽 1.0B 쌓기 줄기초
- **Lesson 09** 콘크리트 구조물 출제시 줄기초 작도법
- **Lesson 10** 재료 기호표시
- **Lesson 11** 현관 (I.N.T) 도면 표현하기
- **Lesson 12** 1.0B 공간쌓기와 1.0B 내벽쌓기 작도법
- **Lesson 13** 방바닥 도면 표현하기
- **Lesson 14** 방바닥의 높이가 100mm 인 경우
- **Lesson 15** 방과 방사이의 기초 표현 및 온수파이프 표현
- **Lesson 16** 현관 내부 포치부분 도면 표현하기
- **Lesson 17** 방 하부 및 테라스 기초 (무근으로 작도 할 경우) 도면 표현하기
- **Lesson 18** 거실창 (2,400mm) 창문틀 단면도 표현하기
- **Lesson 19** 현관문 단면도 표현하기
- **Lesson 20** 테두리보 표현하기
- **Lesson 21** 캔틸레버 표현하기
- **Lesson 22** 지붕 슬라브 도면 표현하기
- **Lesson 23** 지붕 끝부분 마감 표현하기
- **Lesson 24** 손쉬운 단면기와 표현하기
- **Lesson 25** 용머리 기와 표현하기
- **Lesson 26** 지붕 중앙 슬라브 보강 표현하기
- **Lesson 27** 지붕 내벽 슬라브 보강 표현하기
- **Lesson 28** 천장반자틀 표현하기
- **Lesson 29** 단면도 마무리 표현하기
- **Lesson 30** 단면도에 문자 · 치수 넣기

전산응용
건축제도
기능사실기

Lesson 01 전산응용건축제도 실기 출제조건 분석

1. 전산응용건축제도기능사 문제의 요구사항 분석하기
(원형출제문제 기준)

1) 주어진 평면도를 보고 CAD를 이용하여 다음 도면을 작도한 후 지급된 용지에 본인이 직접 흑백으로 출력하여 USB에 저장하여 함께 제출하시오.

   : 전산응용건축제도기능사는 도면을 본인이 작성 완료하고 나서 직접 출력을 단면도 1부 입면도 1부를 각각 출력하고 작도한 파일은 USB로 저장하여 제출하는 방식을 따른다.

2) A부분 단면 상세도를 축척 1/40로 작도하시오.

   : 부분 단면상세도는 1/40의 축척으로 작도됨을 기억해야 한다.

3) 입면도를 축척 1/50로 작도하되 벽면재료 표시 및 주위의 배경 등 도면효과를 충분히 고려하시오.

   : 입면도는 1/50으로 작도되며 도면효과는 약간의 조경 및 외벽에 대한 입면의 표기 정도의 수준으로 작도하면 된다.
   - 입면도는 반드시 방향을 확인해야 된다. (예 : 동측, 서측, 남측, 북측)

4) 기초 및 지하실 벽체 : 철근콘크리트 구조로 하고 1층 슬래브는 기초와 일체식이 되게 하시오.

   : 이 부분이 과거 2014이전 문제와 현재의 문제에 차별점이 생기는 부분이다.
   과거는 줄기초의 도면으로 작도되었으나 2014년도 이후의 문제부터는 슬래브와 기초가 일체식으로 유지되는 철근콘크리트 구조로 도면이 작도되어 기초와 바닥 슬래브가 하나의 구조로 이루어짐을 확인해야 한다.

5) 벽체 : 외벽 – 외부로부터 붉은벽돌 0.5B, 단열재 120mm, 시멘트벽돌 1.0B로 하고
         외부마감은 제물치장으로 하시오.
         내부 – 두께 1.0B 시멘트벽돌 쌓기로 하시오.

: 0.5B = 90mm + 단열재 120mm + 1.0B = 190mm (합계 : 400mm) 또는 재물치장의 두께에 대한 시공의 오차를 감안하여 0.5B = 100mm + 단열재 120mm + 1.0B = 200mm (합계 : 420mm)로 작도도 가능하다는 것을 알아둬야 한다. 두가지 방법 모두 틀린 내용이 아니다.

주의하여야 할 점은 단열재는 문제에 따라 두께가 달라짐으로 반드시 미리 확인을 해야 한다.

본 교재에서는 시공의 오차를 구분하지 않는 방식으로 설명한다.

6) 단열재 : 지붕 180mm, 외벽 120mm 바닥 85mm로 하시오.
: 이 부분 또한 과거 2014이전 문제와 현재의 문제에 차별점이 생기는 부분이다. 과거는 단열재가 전체가 공통으로 도면으로 작도되었으나 2014년도 이후의 문제부터는 지붕, 외벽, 바닥의 단열재 두께가 상이하다.
주의하여야 할 점은 단열재는 문제에 따라 두께가 달라짐으로 반드시 미리 확인을 해야 한다.

7) 지붕 : 철근콘크리트 경사슬래브 위 시멘트 기와잇기 마감 (물매 3.5/10 이상)

: 물매는 아래의 사진과 같이 가로가 10mm일 경우 세로가 4mm면 4/10물매 3.5mm면 3.5/10물매로 지붕의 경사각을 나타낸다.
지붕 경사각 작도에 매우 중요한 부분이며 문제에 따라 지붕의 물매가 달라짐을 반드시 확인해야 한다.

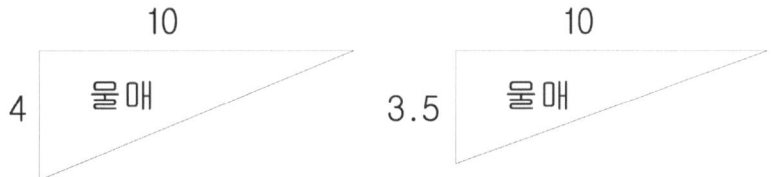

8) 처마나옴 : 벽체중심에서 600mm
9) 반자높이 : 2,400mm, 처마반자 설치

10) 창호: 목재 창호로 하되 2중창인 경우 외부창호는 알루미늄 새시로 하시오.
11) 각 실의 난방 : 온수파이프 온돌난방으로 하시오
12) 기타 각 부분의 마감, 치수등 주어지지 않은 조건은 일반적인 사용수준으로 하시오.

13) 선의 통일을 기하기 위하여 아래와 같이 선의 색을 정리하여 출력한다.

흰색-(7-white) - 0.3mm	녹색-(3-green) - 0.2mm
노랑-(2-yellow) - 0.4mm	하늘색-(4-cyan) - 0.3mm
빨강-(1-red) - 0.2mm	파랑-(5-blue) - 0.1mm

: 전산응용건축제도 기능사의 경우 선의 색과 두께가 표기 되는데 선의 색상이 변경되어 나오는 경우가 있으므로 반드시 문제를 확인하고 문제에서 제시하고 있는 레이어(Layer)의 표기방식을 따라야 한다.

3 수험자 유의사항

※ 다음 유의사항을 고려하여 요구사항을 완성하시오.
① 명기되지 않은 조건은 건축법, 건축구조 및 건축제도 원칙에 따릅니다.
② 시험 시작 전 바탕화면에 본인 비번호로 폴더를 생성하고, 폴더 안에 작업내용을 저장하도록 합니다.
③ 정전 및 기계고장 등에 의한 자료 손실을 방지하기 위하여 수시로 저장합니다.
④ 다음과 같은 경우는 부정행위로 처리됩니다.
　가) 노트 및 서적, 디스켓을 소지하거나 주고받는 행위
　나) 건물의 구조부분의 상세나 글씨 등을 사전에 블록으로 설정하여 지참해 사용하는 경우
⑤ 작업이 끝나면 감독위원의 확인을 받은 후 문제지를 제출하고 본부요원 입회하에 본인이 직접 A3용지에 흑백으로 도면을 출력하도록 합니다. 이때 수험자의 운영 미숙으로 도면이 출력되지 않는 경우나 출력시간이 20분을 초과할 경우는 실격처리 됩니다.

⑥ 장비조작 미숙으로 장비의 파손 및 고장을 일으킬 염려가 있을 경우 실격됩니다.

⑦ 다음과 같은 경우에는 채점대상에서 제외됩니다.
　가) 시험 중 시설·장비의 조작 또는 재료의 취급이 미숙하여 위해를 일으킬 것으로 시험위원 전원이 합의하여 판단한 경우
　나) 미완성 시험시간 내에 요구사항을 완성하지 못한 경우

다) 오작
　(1) 시험시간 내에 제출된 작품이라도 다음과 같은 경우
　　㉮ 주어진 조건을 지키지 않고 작도한 경우
　　㉯ 요구한 전 도면을 작도하지 않은 경우
　　㉰ 건축제도 통칙을 준수하지 않거나 건축 CAD의 기능이 없는 상태에서 완성된 도면으로 시험위원 전원이 합의하여 판단한 경우

⑧ 수험번호, 성명은 도면 좌측상단에 아래와 같이 표제란을 만들어 기재합니다.

⑨ 감독위원은 시험시작 후 수검자에게 표제란을 우선 작도 후 도면을 작도하도록 하여야 하며, 수험자가 감독위원의 동지시를 따르지 않을 경우 실격처리 됩니다.

⑩ 테두리선의 여백은 10mm로 합니다.

Memo

Lesson 02 실별 제도기법

전산응용건축제도기능사는 각 실별로 단면이 부분단면상세도로 나오기 때문에 각 실별도 도면의 제도 기법을 알아둬야 한다.

- 본 도면은 산업인력공단의 원형출제 문제를 토대로 풀이를 진행합니다.
  공개도면으로 하는 풀이 문제임을 밝힙니다.

[2014년 게재된 산업인력공단 원형출제문제]

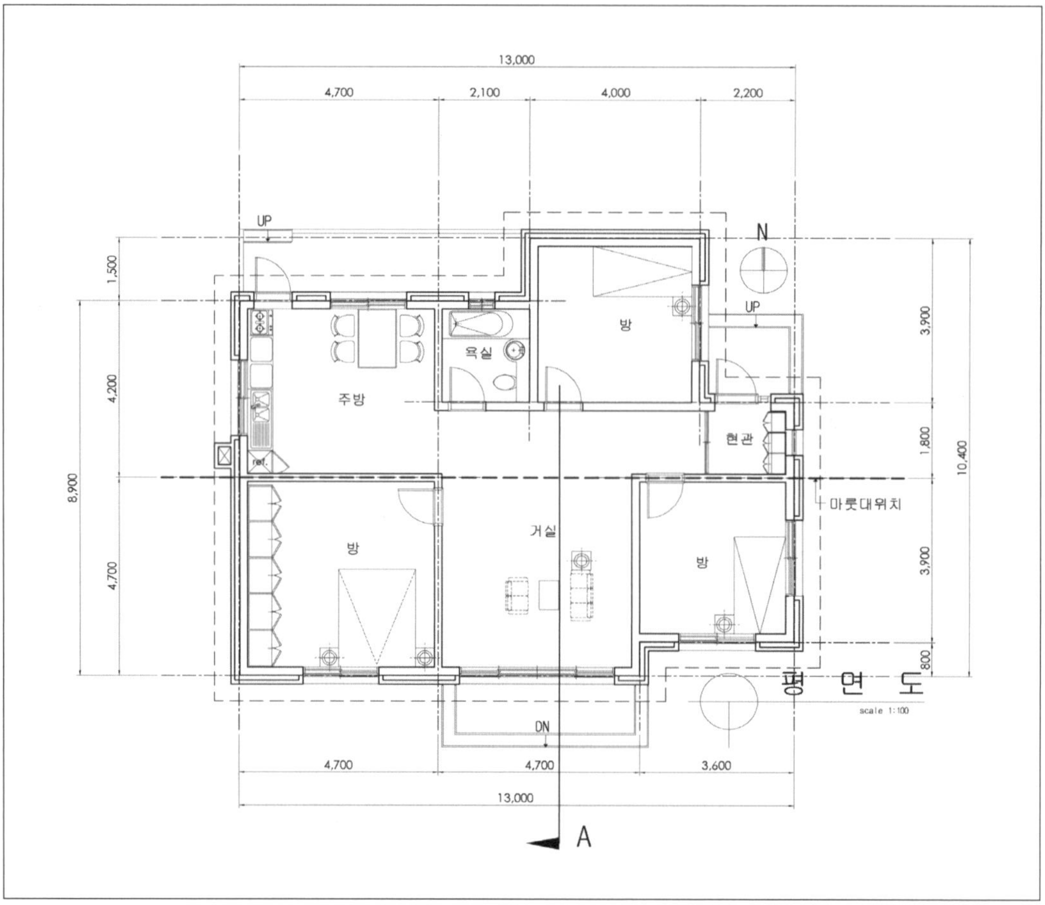

Lesson 03 A부분 단면 상세도 기초 그리기

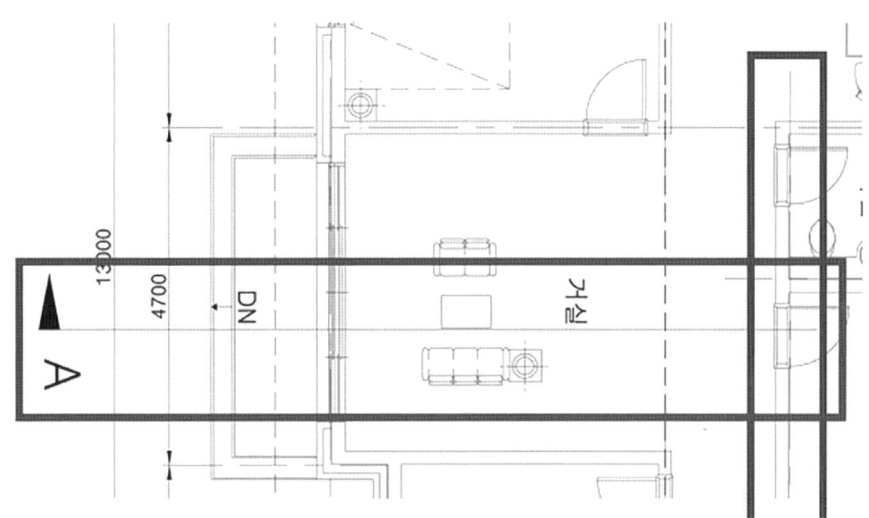

문제도면을 지급 받으면 먼저 평면도에서 A부분 단면의 화살표가 어느 부분을 향하고 있는지를 확인하고 절단 되는 끝선의 위치가 어느 부분 까지 단면에서 보여 져야 하는지를 확인해야 한다. 따라서 위의 도면에 있는 가로로 긴 사각형 안에 있는 부분과 같이 A부분의 절단 부분이 걸쳐져 있는 구간을 파악해야 하는데, 거실의 테라스 계단을 시작으로 거실 창과 거실의 횡단면 그리고 거실을 지나 작은 방의 방문을 조금 넘은 부분까지 단면이 절단된 것을 확인해야 한다. 절단의 끝선에 따라 단면상세도 역시 작은방의 방문까지 포함하여 도면이 작도되어야 할지 하지 말아야 할지가 결정되기 때문에 매우 중요한 사항이라고 할 수 있다.

Point

➡ 함정 찾기

- ▶ 작은 방의 벽체의 중심선 위치를 확인해야 한다. (사각형 세로로 긴 부분)
  중심선 위치가 벽체의 중심을 통과하고 있지 않다. 이는 작은방의 벽체는 중심선보다 좌측으로 도면이 그려져야 하고, 잘못 작도시 도면의 이해도가 부족하다는 큰 감점 사유로 발생할 소지가 있다.

- ▶ 계단의 개수파악해서 실내의 단차 확인하기
  계단의 개수로 실내의 단차를 확인해야 한다. 즉 테라스 앞 계단이 2계단 이므로 계단의 높이 150mm X 2개 + 현관에서 한 계단을 더 올라오므로 450mm가 실내의 바닥 높이가 된다.

Lesson 04 실기시험에 사용하는 도면기호

표기방법	(벽돌단면 해치 이미지)		
기호명	벽돌단면	사용명령어	Hatch / 사용자정의
사용방법	HPDLGMODE[2]에서 [1]로 변경 후 사용 (사용방법 본문 활용) 가로선 : H↵ 후 사용자정의 → 각도 0도 → 간격두기 60 (선두께 0.3mm) 사선 : H↵ 후 사용자정의 → 각도 45도 → 간격두기 40 (선두께 0.09mm)		
표기방법	(벽돌입면 패턴 이미지)		
기호명	벽돌입면	사용명령어	Hatch / 패턴(미리정의)
사용방법	HPDLGMODE[2]에서 [1]로 변경 후 사용 (사용방법 본문 활용) H↵ 후 미리정의 → AR816 (선두께 0.09mm) 　　　　　　　(축척비율 적용은 선 두께에 따라 다르게 조정하도록 한다.)		
표기방법	(단열재 베팅선 이미지)		
기호명	단열재 선	사용명령어	Line(L) / 베팅선
사용방법	선의 중간에 Line을 긋고 LT(선타입)을 Batting선으로 변경 / 더블클릭 후 축척 지정 (선두께 0.09mm)		
표기방법	(격자 해치 이미지)		

기호명	질석보온재	사용명령어	Hatch / 사용자정의
사용방법	HPDLGMODE[2]에서 [1]로 변경 후 사용 (사용방법 본문 활용) H↵ 후 사용자정의 → 각도 45도 → 간격두기 20 → 이중체크 (선두께 0.09mm) • 질석 보온재와 단열재의 차이는 바닥시공시 일반 단열재는 온수파이프의 열기에 녹을 우려가 있어 알루미늄으로 도포된 질석보온재를 많이 사용한다. (해치축척 2.5)		
표기방법			
기호명	철근콘크리트 기호	사용명령어	Hatch / Line(L) 및 미리정의
사용방법	철근표시 45도의 Line을 긋고 Offset(O)의 명령으로 20간격띄우기 실시 (선두께 : 중간선 0.4mm, 양쪽선 0.09mm) 자갈표시 HPDLGMODE[2]에서 [1]로 변경 후 사용 (사용방법 본문 활용) H↵ 후 미리정의 → ARCONC 선택 (선두께 0.09mm)		
표기방법			
기호명	잡석기호	사용명령어	Line(L) 및 MIrror(MI)
사용방법	자세한 사항은 본문참고 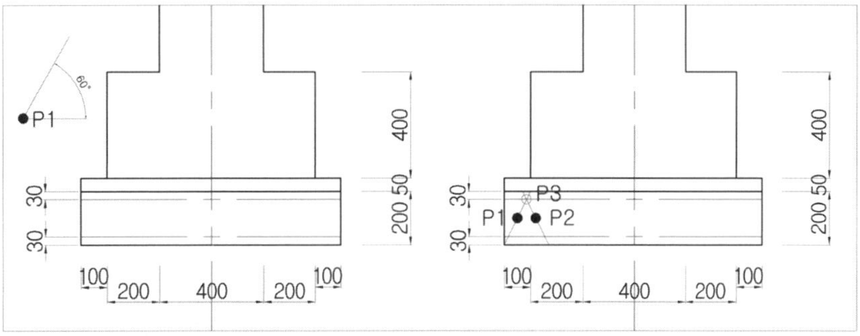 60도의 Line을 긋고 잡석 두께 아래위의 선을 Offset(O)의 명령으로 30mm 간격띄우기 실시/ Mirror의 명령으로 30mm부분 지각으로 교차되게 대칭 시키고 Trim명령을 사용하여 그림과 같이 절삭		

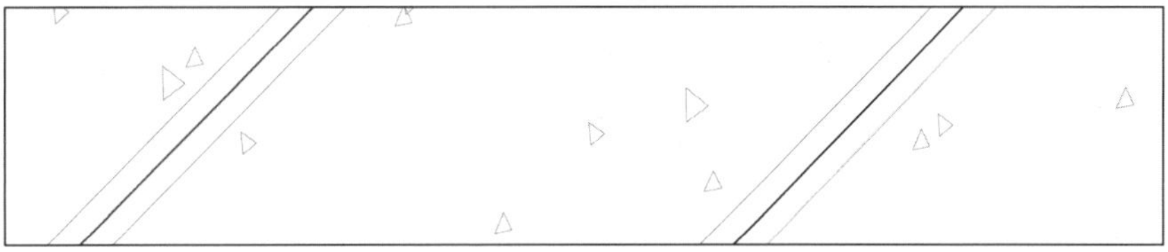

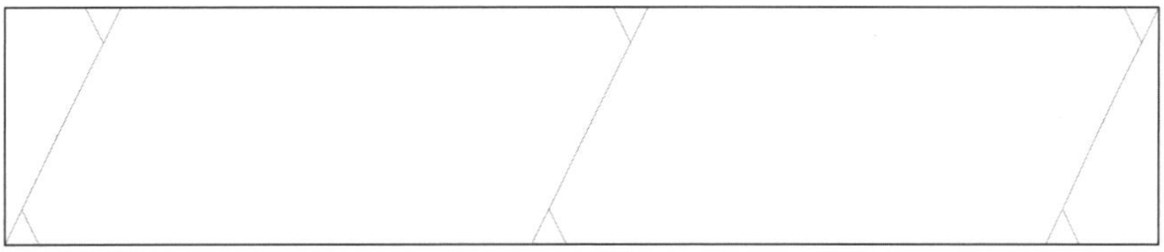

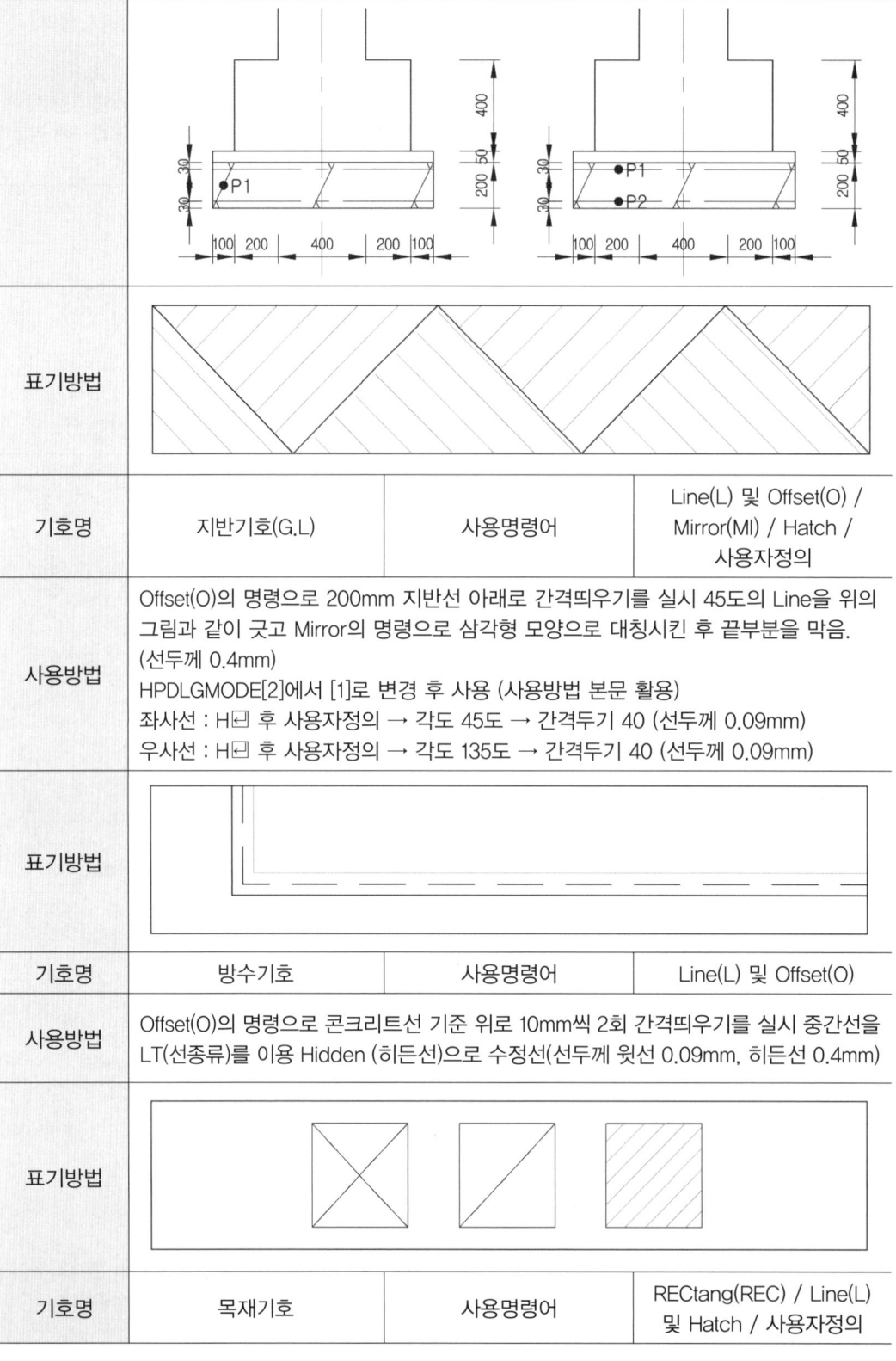

기호명	지반기호(G.L)	사용명령어	Line(L) 및 Offset(O) / Mirror(MI) / Hatch / 사용자정의
사용방법	Offset(O)의 명령으로 200mm 지반선 아래로 간격띄우기를 실시 45도의 Line을 위의 그림과 같이 긋고 Mirror의 명령으로 삼각형 모양으로 대칭시킨 후 끝부분을 막음. (선두께 0.4mm) HPDLGMODE[2]에서 [1]로 변경 후 사용 (사용방법 본문 활용) 좌사선 : H↵ 후 사용자정의 → 각도 45도 → 간격두기 40 (선두께 0.09mm) 우사선 : H↵ 후 사용자정의 → 각도 135도 → 간격두기 40 (선두께 0.09mm)		

기호명	방수기호	사용명령어	Line(L) 및 Offset(O)
사용방법	Offset(O)의 명령으로 콘크리트선 기준 위로 10mm씩 2회 간격띄우기를 실시 중간선을 LT(선종류)를 이용 Hidden (히든선)으로 수정선(선두께 윗선 0.09mm, 히든선 0.4mm)		

기호명	목재기호	사용명령어	RECtang(REC) / Line(L) 및 Hatch / 사용자정의

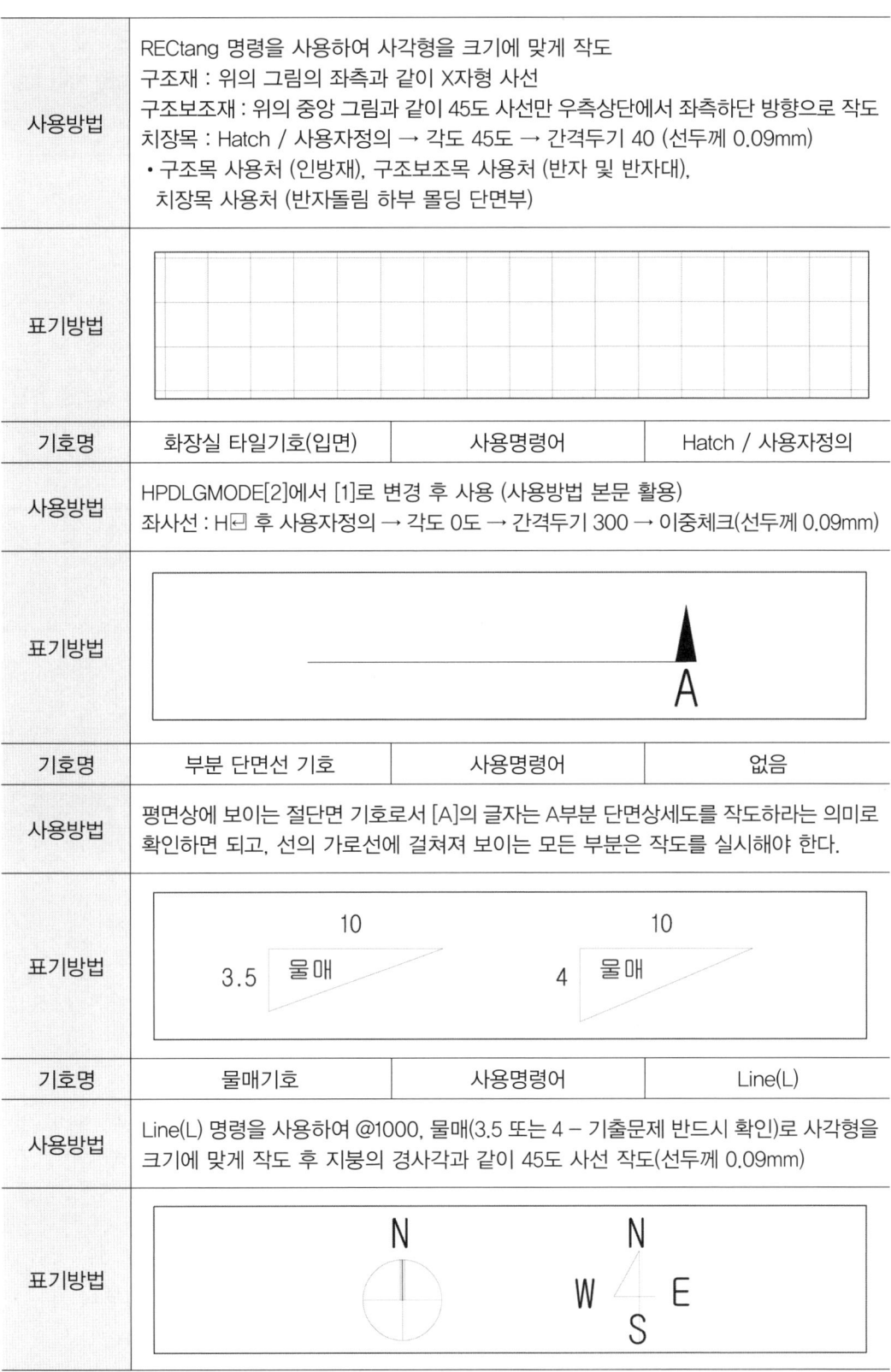

사용방법	RECtang 명령을 사용하여 사각형을 크기에 맞게 작도 구조재 : 위의 그림의 좌측과 같이 X자형 사선 구조보조재 : 위의 중앙 그림과 같이 45도 사선만 우측상단에서 좌측하단 방향으로 작도 치장목 : Hatch / 사용자정의 → 각도 45도 → 간격두기 40 (선두께 0.09mm) • 구조목 사용처 (인방재), 구조보조목 사용처 (반자 및 반자대), 치장목 사용처 (반자돌림 하부 몰딩 단면부)		
표기방법			
기호명	화장실 타일기호(입면)	사용명령어	Hatch / 사용자정의
사용방법	HPDLGMODE[2]에서 [1]로 변경 후 사용 (사용방법 본문 활용) 좌사선 : H⏎ 후 사용자정의 → 각도 0도 → 간격두기 300 → 이중체크(선두께 0.09mm)		
표기방법			
기호명	부분 단면선 기호	사용명령어	없음
사용방법	평면상에 보이는 절단면 기호로서 [A]의 글자는 A부분 단면상세도를 작도하라는 의미로 확인하면 되고, 선의 가로선에 걸쳐져 보이는 모든 부분은 작도를 실시해야 한다.		
표기방법			
기호명	물매기호	사용명령어	Line(L)
사용방법	Line(L) 명령을 사용하여 @1000, 물매(3.5 또는 4 - 기출문제 반드시 확인)로 사각형을 크기에 맞게 작도 후 지붕의 경사각과 같이 45도 사선 작도(선두께 0.09mm)		
표기방법			

기호명	방위기호	사용명령어	없음
사용방법	문제의 평면도에 나타나는 기호이며, 북쪽 방향을 기준하여 그려지기 때문에 입면도의 방향(남측, 동측 등)을 결정하는 주요한 요소이다.		
표기방법	UP ▼ DN ▼		
기호명	계단기호	사용명령어	없음
사용방법	문제의 평면에 나타나는 기호로서 위의 그림 좌측과 같이 UP으로 표기되어 있으면, 현관 또는 테라스 방향에서 G.L(지반선)보다 위로 올라오는 계단을 의미하며, DN(Down)으로 표기되어 있으면 부엌 및 테라스 방향 하부로 내려가는 계단을 의미하므로, 지하실이 있는지에 대한 유무를 반드시 확인해야 한다.		

Memo

Lesson 05 기초에 대한 용어 설명

1 기초와 지정

기초 : 외력을 받아 안전하게 지반에 전달하는 건축물의 하부 구조

지정 : 기초판 밑면의 아래 부분으로서 기초판을 받치기 위해서 설치하는 구조물

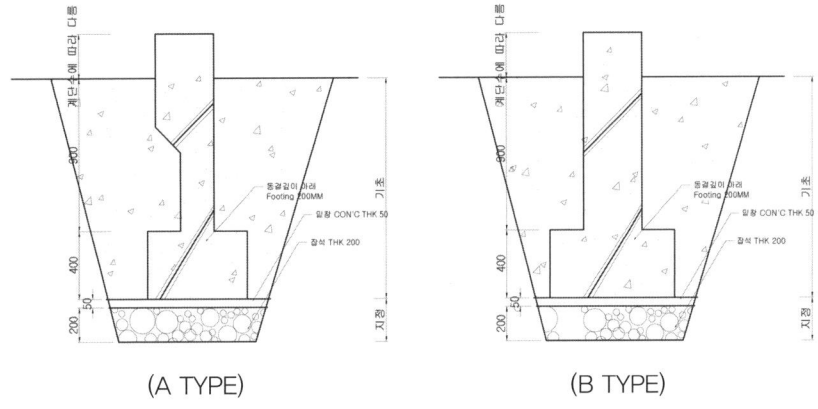

(A TYPE)　　　　　　(B TYPE)

기초의 두께는 400mm로 작도한다. – 국토부 권장사항에 따라 도면 작도

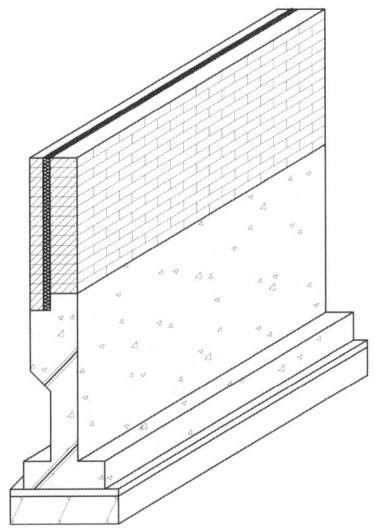

줄기초(좌)의 형태와 일체식 구조의 형태의 온통기초(우)

2 기초

① 중부지방의 동결선 (겨울철 땅이 얼어붙는 깊이) 900~1200mm이나 전산응용건축제도기능사에서는 보통 900mm의 깊이로 사용한다. (서울, 경기권 기준)

② 동결선의 위치
땅이 겨울철에 일정깊이 이상으로 내려갔을 때, 땅의 보온효과로 인해서 그 아래의 땅 속은 더 이상 얼지 않는 깊이를 말한다.
기초 부분은 얼지 않은 곳에 위치해야 해빙기시 건물의 균열 및 파손을 방지하기 때문에 중부지방인 경우 900~1200mm를 기본으로 하고, 남부지방은 400~600mm로 하는데, 시험은 중부지방을 기준으로 900mm 아래에서부터 *푸팅의 기초를 작도하게 된다.
또한 전산응용건축제도기능사는 조적벽체의 시공으로 이루어짐을 고려하여 *줄기초로 작도한다.

③ 푸팅 (footing) : 건물의 무게가 지반에 고루 퍼지게 하기 위하여 벽, 기둥, 교각 따위의 아래쪽을 넓게 만든 부분

* 연속기초 : (=줄기초) 벽 또는 1열 기둥을 받치는 기초 (조적식 기초에 많이 사용)

3 외벽과 내벽과의 차이

외벽에는 건물의 단열 및 습기의 차단을 목적으로 하는 단열재가 반드시 들어간다.
우리가 시험을 준비하는 전산응용건축제도기능사에서는 주로 1.5B 공간쌓기를 많이 사용하며, 예전의 기출문제에서는 시공에 문제 없는 범위에서 재료의 절약과 하중의 기초전달을 정확히 하기 위해 아래의 그림과 같이 지반선(G.L)에서 250mm ~ 300mm 정도 간격 띄우기를 하여 45도의 경사각도를 주고 상부의 하중을 기초로 전달시키도록 작도를 하였다.

그러나 2014년부터 개정된 국토부 권고사항에 근거하면, 기초의 두께는 국토부 권장사항인 400mm가 되도록 작도하는 것이 기초의 하중을 더욱 견고히 하고, 재료의 절약 및 하중을 견고히 하기 위한 45도의 경사각도 사용은 큰 의미가 없는 것을 확인되어 지반(G.L)아래로 부터 동결깊이 900mm 이후 일체식 구조의 철근콘크리트 두께를 400mm로 하여 푸팅의 기초가 설치되고, 철근콘크리트 기초 아래 무근 50mm, 그 아래로 잡석 200mm를 시공하여 도면을 그리면 된다.
따라서, 아래의 좌측 그림과 같이 경사지지 않고 수직이 되는 기초의 설계 작도가 가능하다.

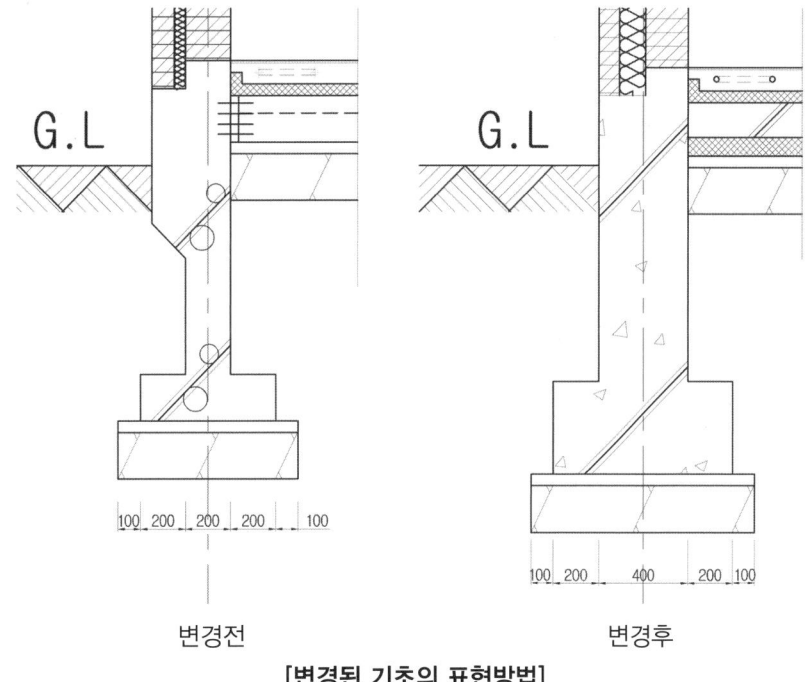

변경전   변경후

[변경된 기초의 표현방법]

※ 콘크리트의 재료표현 방법도 기존에 해치사용을 인정하지 않아 원으로 표현하던 방식을 해치사용의 표기 인정으로 변경된 것이 특징적이다.

5 지반 위 외부로 보이는 기초의 높이 측정방법

지반(G.L) 상단부터 지반 밖으로 나오는 기초의 높이가 얼마인지를 확인하기 위해서는 시험문제로 나온 평면도에서 지반(G.L)으로 부터 현관 입구까지의 계단수를 세어보고 높이를 예상 계측한다.

즉, 보통 계단 한단의 높이는 보통 150mm, 폭은 300mm로 그려지는데, 방의 높이는 현관으로 들어와서 거실로 들어오는 부분(포치)에서 (신발 및 모래 등이 실내로 유입을 차단하기 위한) 한 계단을 더 올라오게 그려지게 되기 때문에, 현관 앞 계단이 2계단이라 가정 했을 때, 계단 두개의 계단 높이인 300mm에 현관 앞 계단 하나의 높이인 150mm를 더해져 450mm가 실내의 바닥 높이가 되므로 기초는 지반(G.L) 450mm가 더 나오게 되는 것을 KS건축통칙에 의해 예상 계측할 수 있다.
(2계단 150mm X 2 + 현관 포치 150mm = 450mm)
- KS건축통칙 : 계단의 폭 150~200mm, 너비 200~300mm)

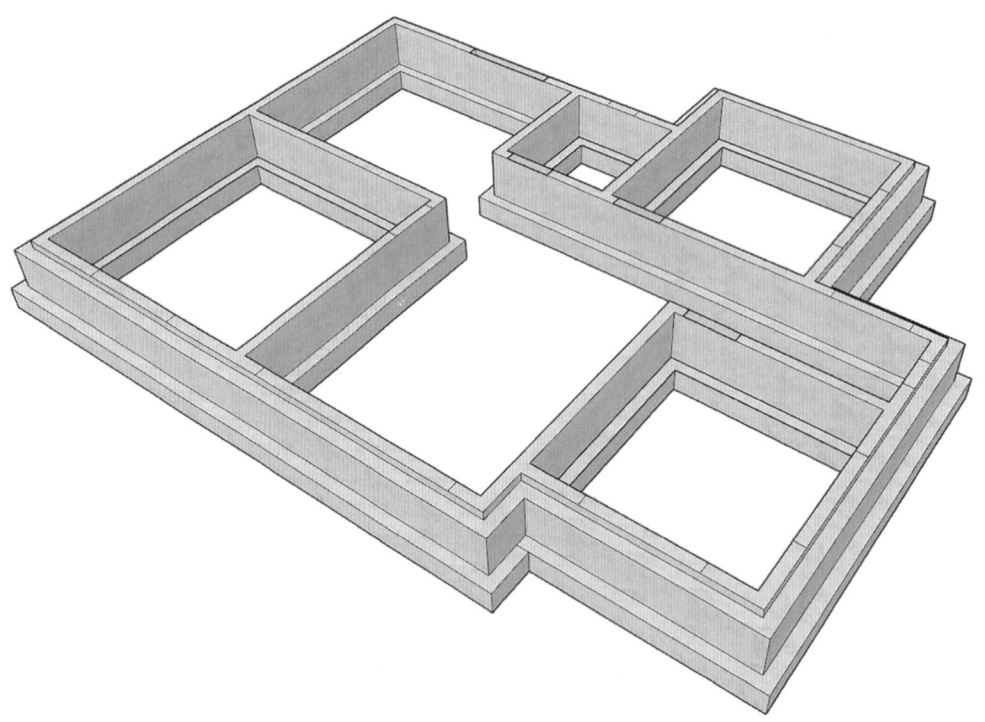

Lesson

06 도면 작도 기준에 맞는 외벽 1.5B 줄기초 만들기

전산응용건축제도기능사 실기

단면도의 시작은 가로선과 세로선을 직각으로 교차하는 부분으로부터 시작한다.
시험문제에 따라 시작위치는 왼쪽으로 시작하거나 오른쪽 외벽부분부터 시작하는 것이나 좌우측 어느 부분 마찬가지로 세로선은 벽체의 기준선, 그리고 가로선은 지반(G.L)선으로 아래의 그림과 같이 교차가 되도록 선을 긋고 작도를 해야 시작한다.

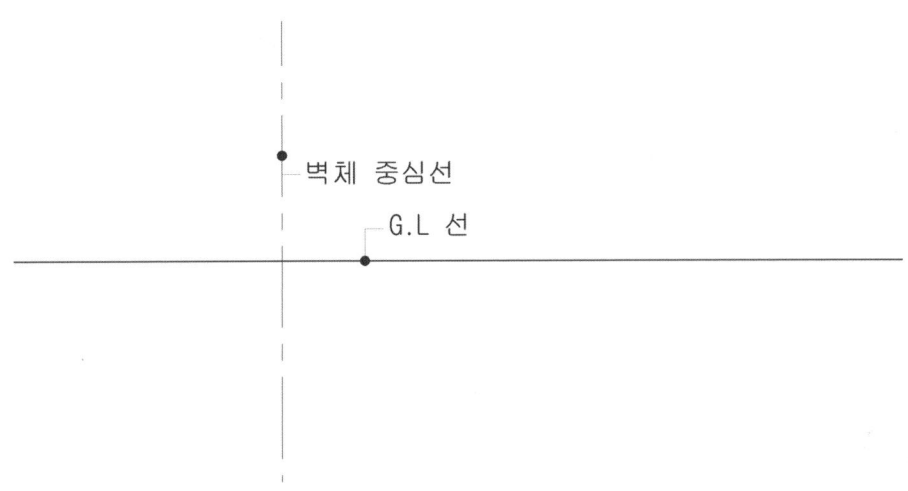

세로의 벽체중심선을 기준으로 Offset(O) 명령을 이용하여 벽체의 두께 (350mm기준)를 작도하고(중심선 기준 오른쪽 90mm, 왼쪽 90mm, 단열재 50mm, 적벽돌 90mm순으로 작도) G.L선 기준으로 위쪽으로 450mm 아래로 동결깊이인 900mm 푸팅부분인 철근콘크리트 부분 400mm 밑창콘크리트 50mm 잡석다짐 200mm 순으로 작도를 한다.

벽체가 1.5B 공간쌓기 인지 단열재의 두께는 얼마인지, 콘크리트 벽체로 되어 있는지 등은 해당 시험의 조건의 기준을 보고 명확히 파악해 한다.

기초의 작도는 국토부의 강제사항이 아닌 권고사항으로서 외벽의 크기에 따라 기초의 크기가 변경되는데, 기초의 작도의 경우 아래의 그림과 같이 A·B type의 두 가지 경우가 있다.

A type의 경우는 국토부 권장사항을 따른 기준으로 지반(G.L)아래로 부터 동결깊이 900mm 이후 일체식 구조의 철근콘크리트 두께를 400mm로 하여 푸팅의 기초가 설치되고,

철근콘크리트 기초 아래 무근 50mm, 그 아래로 잡석 200mm를 시공하여 도면을 그린다.

B type 경우 G.L선 아래로 250mm를 내려서 45도 각도로 꺾어주기 선을 넣고 그 아래의 기초 두께는 200mm로 그려 아래 그림의 가운데 기초와 같이 작도하는 것이다.
그러나 B type의 경우는 시험의 시간단축을 위하여 방식 가급적 사용하지 않을 것을 권장한다.

- 시간절약 및 튼튼한 구조물을 위하여 A TYPE의 도면 작도방법으로 사용하기를 권장한다.

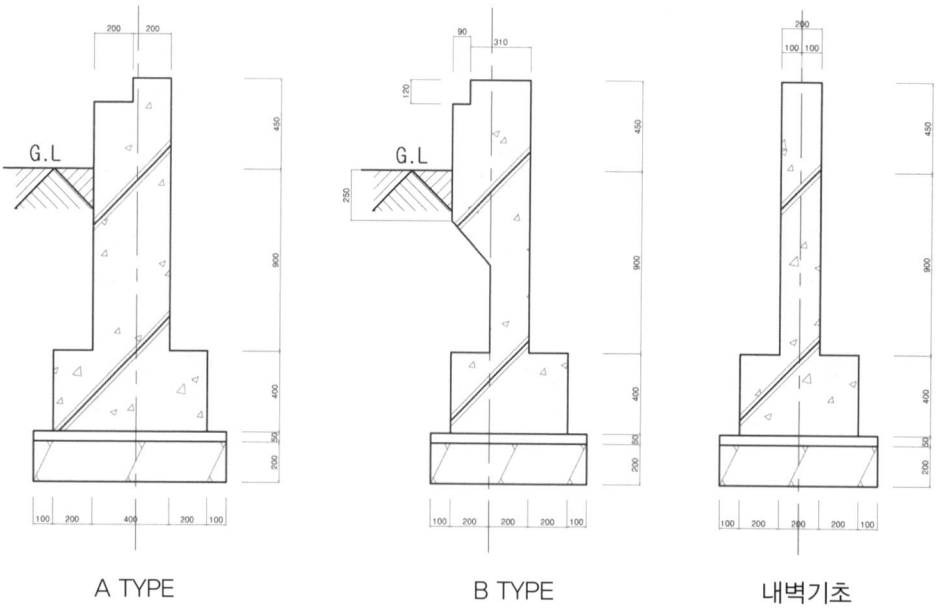

A TYPE   B TYPE   내벽기초

- 벽체를 중단열 기준으로 단열재 두께 120mm가 기준일 경우, 기초 선의 두께는 기초의 절단면이 되기 때문에 G.L선과 기초의 단면선은 모두 제시된 선 중 가장 두꺼운 선인 0.4mm의 레이어로 선의 두께를 조절하는 것이 좋다.

Point

➡ 2014년 개정
▶ 바닥(슬래브)와 기초를 일체형으로 하라고 출제될 경우 바닥을 콘크리트 구조로 그린다. 이때 기초의 두께는 400mm로 작도한다. - 국토부 권장사항

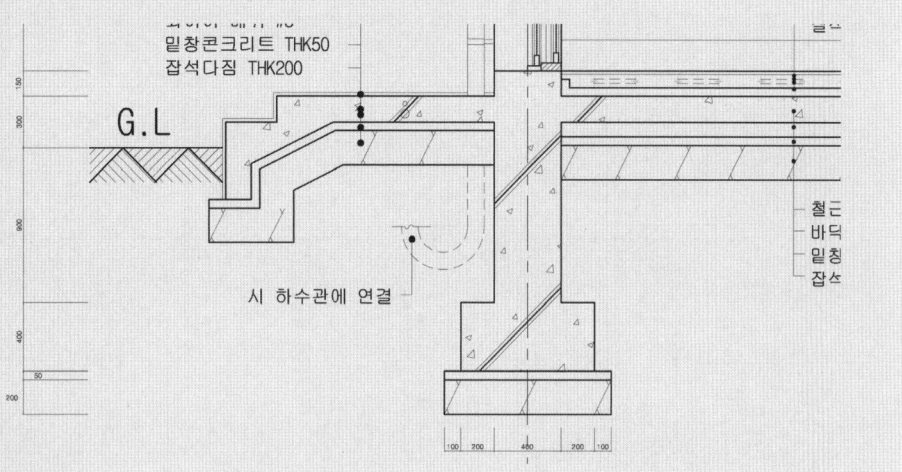

Point

➡ 함정 찾기
▶ 벽체의 방식이 중단열, 외단열을 명확히 해야 한다. 또한 벽체는 외벽용과 내벽용으로 나누어진다. 외벽용에는 외부의 기온을 차단하기 위해 단열재가 들어가는 공간벽 쌓기를 한다. 시험에 잘나오는 외벽체는 1.5B 공간쌓기이다.
내벽용은 단열재가 들어가지 않으며 1.0B쌓기와 0.5B쌓기가 있다.
시험에 잘 나오는 내벽은 1.0B 쌓기법이다.

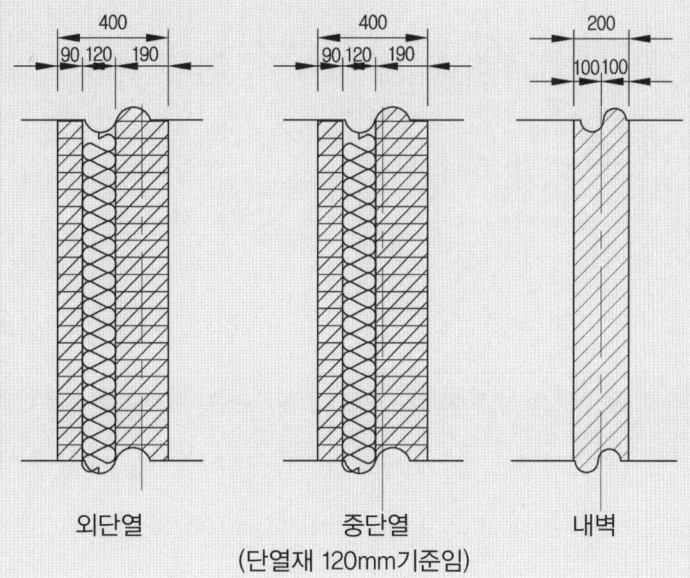

Point

▶ 외단열과 중단열 확인하기

문제의 평면을 보고 확인하는데 문제의 평면이 아래의 그림 좌측과 같이 중심선의 위치가 1.0B가운데 있으면 외단열, 우측처럼 전체벽선의 중심에 있으면 중단열임을 확인 할 수 있다.

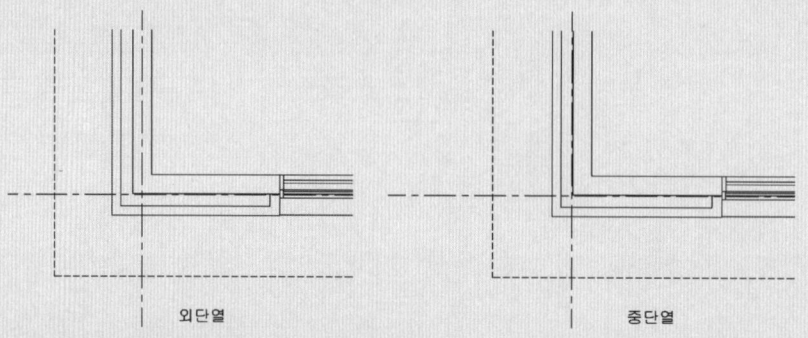

▶ 외단열과 중단열 확인하기

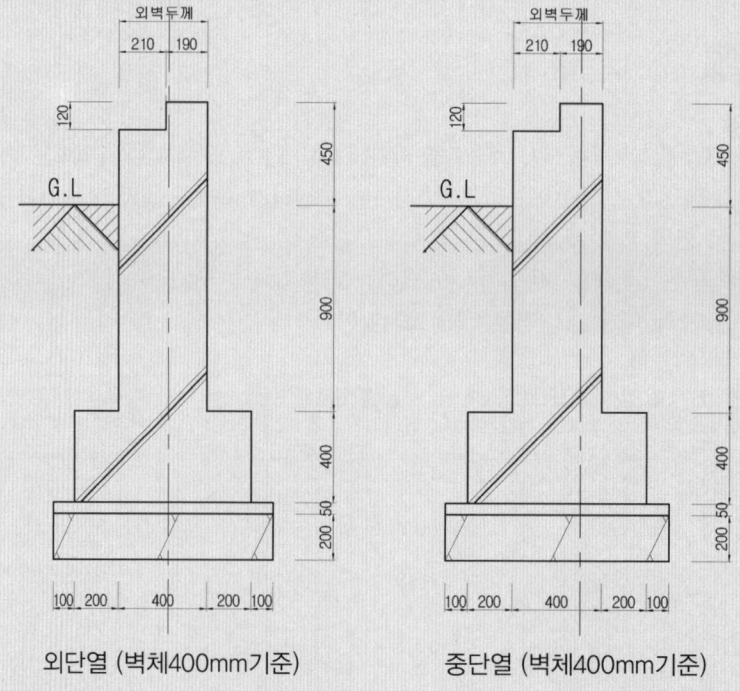

외단열 (벽체400mm기준)   중단열 (벽체400mm기준)

선의 두께는 기초의 단면이 보여지므로 G.L선과 기초의 단면선은 모두 0.4mm로 하는 것이 좋다.

- 단열재 두께 120mm, 거실 높이 450mm를 기준한 도면을 작도함.

Lesson 07 현관 및 테라스 기초의 단면 작도

현관 및 테라스는 내부에서 외부로 나가는 부분에 위치하고 있으며, 계단과 접해져 있거나 계단이 없는 상태에서 외부전경 또는 화단을 설치하기 위해서 만들어지기도 하는 공간이다.

현관과 만드는 방법은 동일하나 테라스 부분은 계단이 없는 경우가 있기 때문에 평면에 따라 현관과 같이 계단이 보이기도 또는 안보이기도 하기 때문에 유의 하여 작도를 해야 한다.

1) 테라스 높이 설정의 경우 기출 평면도 체크포인트

테라스 높이 설정할 때, 문제로 나온 평면도에서 아래의 그림과 같이 계단이 있는지의 여부를 반드시 확인해야 한다.

계단이 있다면 계단의 개수를 파악해야 하고, 계단이 없을 경우는 거실 실내의 높이와 외부 테라스의 높이를 동일하게 구성할지 한 계단 낮도록 시공할지를 결정해야 한다.

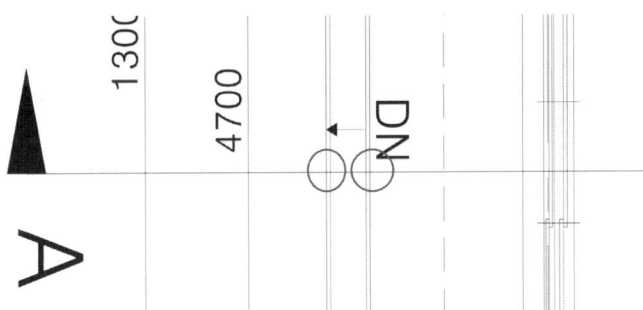

제시된 원형문제 평면도에서 계단의 표기는 위의 그림에서 동그라미 친 부분을 말하며 계단의 개수를 세어서 계단이 두 계단으로 되어 있음을 육안으로 확인 할 수 있다.

즉, 계단이 두 계단이라는 것은 기출 평면도에서 별도의 바닥레벨 표기가 없을 경우, 건축 표준시공 규칙에 따라 한 계단의 높이를 150mm로 계산하여 두 계단의 높이 300mm으로 테라스의 높이는 300mm라는 것을 알 수 있다.

- 계단의 높이가 150mm~200mm인 이유는 르꼬르뷔지에의 인체공학적 모듈에 근거하여, 평균신장을 가진 사람이 계단을 오르기 적정한 높이를 말하며, 전산응용건축제도 기능사 시험에서는 150mm~200mm중의 기준에서 한계단의 높이를 150mm으로 기준하여 설계하는 것이 좋다.

Point

➡ 함정 찾기

▶ 실의 높이는 평면도에서 계단수를 보고 확인해야 한다.
계단을 두 단 올라가서 현관문을 열고 신을 벗은 다음 거실로 들어서게 된다.
계단 한 단은 일반적 시공수준인 높이 150mm, 폭 300mm로 설정된다.
현관의 계단 수에 따라 높이가 달라지므로 현관의 계단수를 정확히 세야 한다.

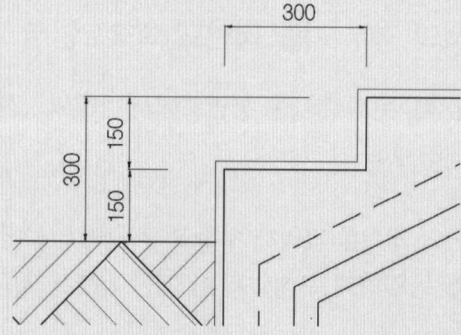

단, 기출 평면도에 실의 높이 표시가 있을 때는 그 높이에 따른다.
(예를 들어 G.L ±0, 거실 +450으로 표기가 되어 있을 경우, 계단의 개수가 3개라고 가정하면, 총 높이 450mm / 4계단(현관 포치포함) = 112.5mm가 높이가 된다.

또한 거실창문과 테라스 쪽 계단의 첫 시작과의 거리는 아래의 그림으로 설명할 수 있다.

사람이 내부에서 외부로 나가기 위해 신발을 신으려 고개를 숙일 때, 계단의 경사면이 900mm 이하의 경우 떨어질 수 있는 불안감이 조성될 수 있다.

따라서 외벽 끝부터 계단의 첫 시작선이 1,200mm 이상을 유지하면 시각적으로 안정적인 상태에서 신발을 신는 사람에게 부담감을 주지 않는 거리를 유지 할 수 있다.

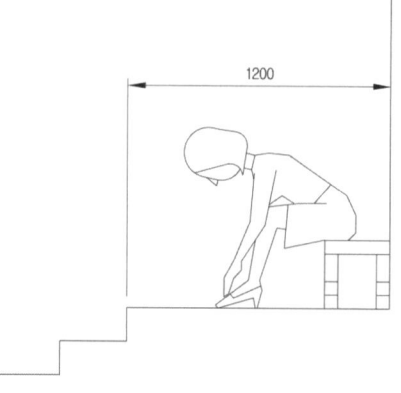

그러므로 도면은 중심선을 기준하였을 때, 벽체두께가 400mm인 중단열의 경우 중심선부터 외벽까지의 거리가 200mm이므로 1,500mm의 거리를 Offset(O) 명령을 이용하여 띄우면 외벽선으로 부터 계단의 첫 시작선이 1,200mm 이상을 만족하게 되는 점을 고려해서 설계하면 된다.

따라서 작도법은 다음과 같다.

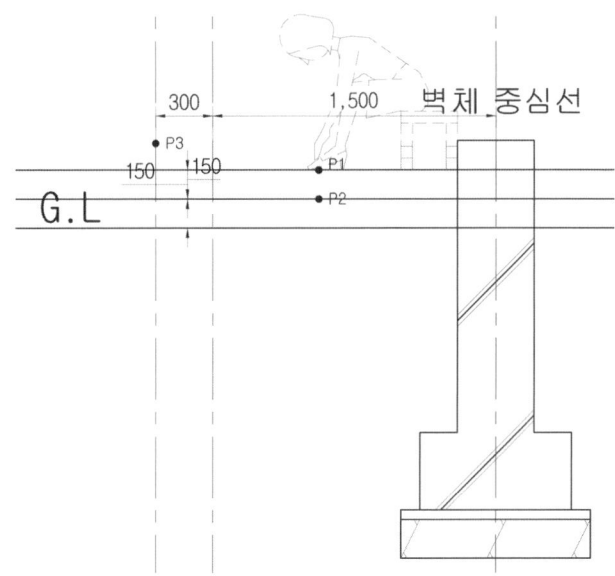

① 벽체 중심선으로부터 1,500mm로 Offset(O) 명령을 이용하여 간격을 띄우고 다시 300mm(P3지점)의 간격을 띄워 계단의 세로선을 기준선으로 둔다.
또 G.L선으로부터 상부로 계단의 높이인 150mm를 두 번을(P1,P2) Offset(O) 명령을 이용하여 G.L선 위쪽으로 간격을 띄운다.

② 간격띄우기 한 선을 기준으로 계단의 모양대로 Trim(T), 또는 Fillet(F)의 명령을 이용하여 절단한다.

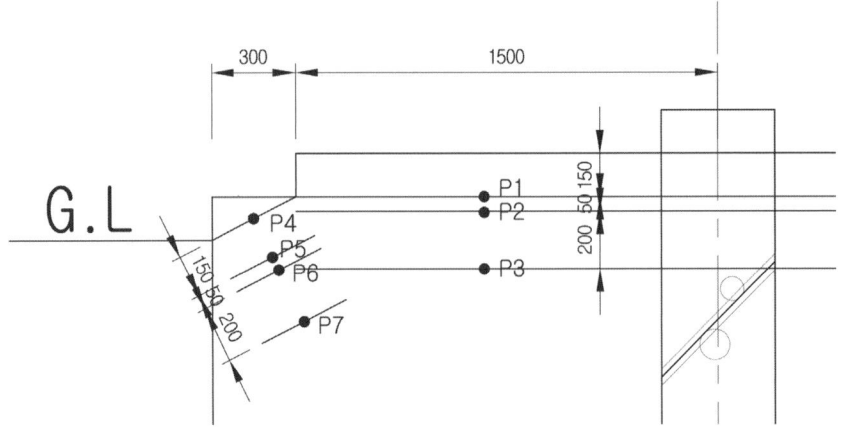

③ Offset(O) 명령을 사용하여 철근콘크리트(P1) 150mm, 밑창콘크리트(P2) 50mm, 잡석다짐(P3) 200mm 순서로 내려서 띄운다.

④ 계단의 기울기를 기준으로 Line(L) 명령을 이용하여 모서리를 이어 긋는다. (P4)

⑤ Offset(O) 명령을 사용하여 철근콘크리트(P5) 150mm, 밑창콘크리트(P6) 50mm, 잡석다짐(P7) 200mm 순서로 내려서 띄운다.

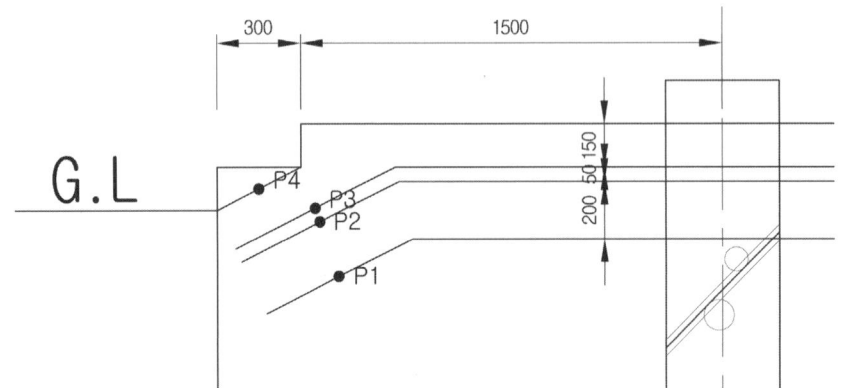

⑥ Fillet(F)의 명령을 이용하여 잡석다짐(P1) 200mm, 밑창콘크리트(P2) 50mm, 철근콘크리트(P3) 150mm 순서로 아래서부터 그림과 같이 이어지도록 그린다.
단, 이때 Fillet(F)의 명령의 각도는 반드시 0도가 되어 있어야 한다.

⑦ Erase(E) 명령 또는 Delete(키보드)를 이용하여 P4의 선을 지운다.

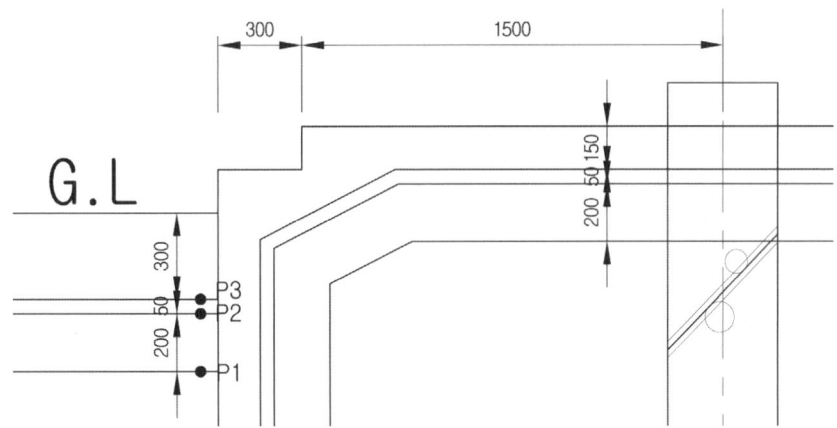

⑧ 세로선 역시 Offset(O) 명령을 사용하여 철근콘크리트 150mm, 밑창콘크리트 50mm, 잡석다짐 200mm 순서로 세로로 띄운다.

⑨ Fillet(F)의 명령을 이용하여 잡석다짐 200mm, 밑창콘크리트 50mm, 철근콘크리트 150mm 순서로 아래서부터 그림과 같이 이어지도록 그린다.
단, 이때 Fillet(F)의 명령의 각도는 반드시 0도가 되어 있어야 한다.

⑩ G.L선 아래로 Offset(O) 명령을 사용하여 철근콘크리트 부분 (P3) 300mm, 밑창콘크리트(P2) 50mm, 잡석다짐(P1) 200mm 순서로 내려서 띄운다.
- 여기서는 G.L선 하부로 내려가는 폭이 300mm임을 기억해야 한다.

⑪ Fillet(F)의 명령을 이용하여 잡석다짐(P1) 200mm, 밑창콘크리트(P2) 50mm, 철근콘크리트(P3) 150mm 순서로 아래서부터 그림과 같이 이어지도록 그린다. 단, 이때 Fillet(F)의 명령의 각도는 반드시 0도가 되어 있어야 한다.

Point

➡ 함정 찾기

▶ 테라스의 기초의 깊이
테라스와 현관 등의 기초는 벽체의 기초와 다르게 구조적 하중을 고려하지 않는 켄틸레버 기초이므로 동결선 깊이를 고려하지 않아도 된다.

켄틸레버 기초란 벽체의 기초는 주요구조체로 힘을 지반에 전달하는 역할을 하지만 계단의 이용 및 주요 구조부의 힘을 받는 부분이 아닌 보조의 용도로 사용되는 구조체로서 테라스와 현관 등과 같이 커다란 힘을 받지 않는 기초를 말한다.

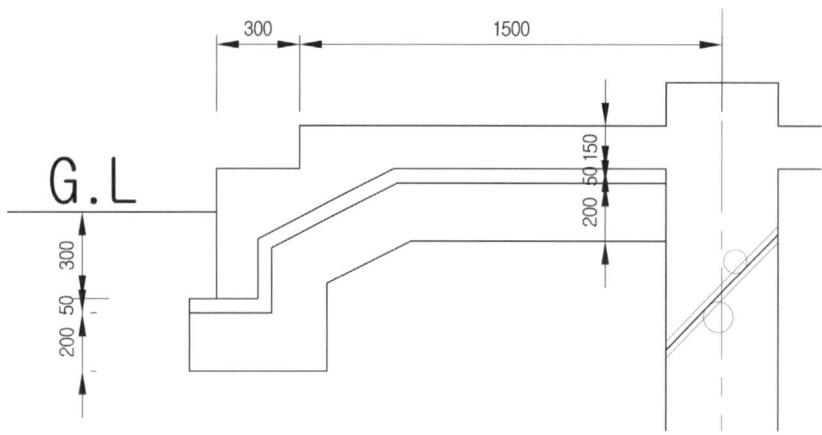

⑫ 푸팅의 모양대로 Trim(T), 또는 Fillet(F)의 명령을 이용하여 그림과 같이 작도한다.

- 단, 푸팅의 밖으로 나오는 폭은 100mm이며, 철근콘크리트 부분은 그대로 두고 밑창 콘크리트와 잡석부분만 푸팅이 이루어진다.
- 선의 두께는 기초와 마찬가지로 기초부분이 단면이므로 0.4mm로 그려 주면 된다.

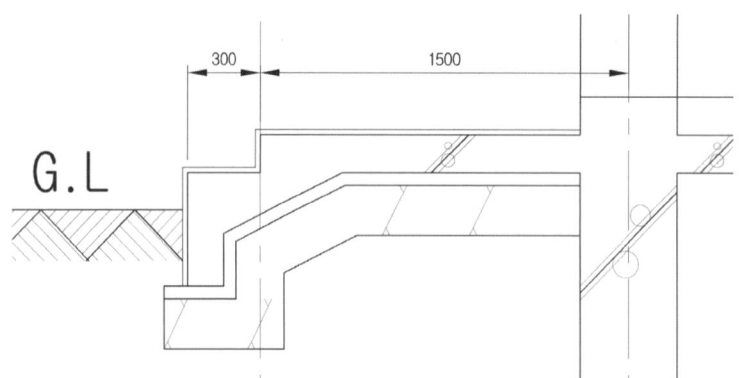

⑬ 재료표현 및 글자를 넣어주고 마감으로 인조석 물갈기를 20mm의 도면을 작도한다.

- 인조석물갈기 선은 단면선이기는 하나 철근콘크리트의 선의 두께가 0.4mm로 두 선이 겹칠 때 하나의 선으로 두껍게 출력이 되는 경우가 발생하여 그로 인한 감점을 방지하기 위하여 가는 선인 0.1mm(0.09mm)로 해주는 것이 좋다.

Point

▶ 이렇게 그려도 됩니다.

▸ 테라스의 기초의 작도법

기존의 테라스와 현관 등의 기초의 작도법도 가능하며 아래의 그림과 같이 채점기준에서 조적조는 줄기초의 방식에 준하여 무근과 와이어메쉬로 시공하던 방식이 현대식 건축구조와 맞지 않는 것으로 판단하여 2014년부터는 일체식 구조로 변경되어 사용하는 것도 맞는 것으로 인정하고 구조적으로 역시 무리가 없다고 판단되기 때문에 아래의 그림과 같이 무근과 잡석의 시공을 굳이 하지 않아도 맞는 도면으로 인정 된다.

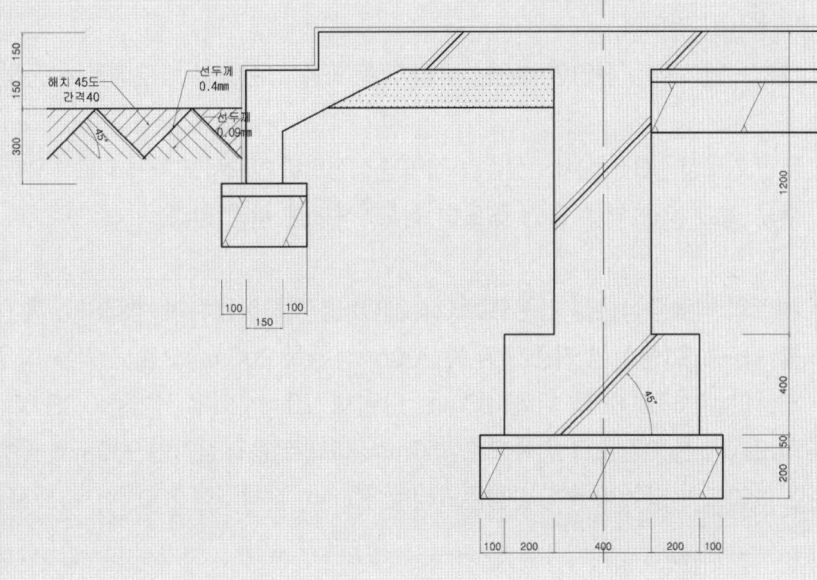

Lesson 08 외벽 1.5B 공간쌓기 줄기초 및 내벽 1.0B 쌓기 줄기초

 외벽 1.5B 공간쌓기 줄기초

외벽이 1.5B의 공간쌓기로 나오는 경우는 단열재의 두께가 벽두께를 결정짓는데 매우 중요한 요인으로 작용한다. 따라서 단열재의 두께에 따른 벽두께의 치수 분석이 선행되어 이루어져야 될 것이다.
본 예제도면에서는 산업인력공단의 공개 문제를 기준하여 벽두께를 선정하였다.

① 우선 가로선은 G.L선, 세로선은 벽체의 중심선으로 반드시 교차가 되도록 먼저 선을 그어 기준을 잡고 (기초부분 도면 작도법 참고) 작도를 시작 한다.

② 세로의 벽체중심선을 기준으로 Offset(O) 명령을 이용하여 벽체의 두께 (400mm기준)를 작도하고(중심선 기준 오른쪽 200mm, 왼쪽 200mm으로 간격을 띄우고 오른쪽부터 시멘트벽돌 1.0B의 두께 190mm, 단열재 120mm 외부 적벽돌 0.5B 90mm의 순서로 작도) G.L선 기준으로 위쪽으로 450mm, 아래로 동결깊이인 900mm, 푸팅부분인 철근 콘크리트 부분 400mm, 밑창콘크리트 50mm, 잡석다짐 200mm, 순으로 작도를 한다.

- 벽체가 1.5B 공간쌓기 인지 1.0B 공간쌓기 인지 콘크리트 벽체로 되어 있는지 시험 조건을 명확히 파악해야 한다. 1.0B 공간쌓기는 현재 시험에서는 거의 등장하지 않는다.

- 외벽이 1.5B 공간쌓기 일 경우 단열재의 두께에 따라 벽체 두께에 영향이 매우 크다.

③ 외부와 내부의 경계점에서 150mm(계단 1개의 높이) 아래로 선을 넣어 반턱을 주어 아래의 그림과 같이 만든다.
- 반턱을 만드는 이유는 외부로부터 빗물 및 습기, 병충해의 유입을 막기 위해 만든다.

2 내벽 1.0B 쌓기 줄기초

평면상 제시하는 조건이 내벽의 두께로 시공되어지나 특별한 시험조건이 없을 경우 내벽용 벽체 및 기초 두께는 보통 200mm가 많이 사용된다.

① 외벽 1.0B 공간쌓기와 마찬가지로 가로선은 G.L선, 세로선은 벽체의 중심선으로 교차가 되도록 먼저 선을 그어 기준을 잡고 (기초부분 도면 작도법 참고) 작도를 시작 한다.

② 세로의 벽체중심선을 기준으로 Offset(O)명령을 이용하여 벽체의 두께 (400mm기준)를 작도하고(중심선 기준 오른쪽 190/2mm, 왼쪽 190/2mm 순으로 작도) G.L선 기준으로 위쪽으로 450mm, 아래로 동결깊이인 900mm, 푸팅부분인 철근콘크리트 부분 400mm, 밑창콘크리트 50mm, 잡석다짐 200mm 순으로 작도를 한다.

- 내벽은 실내이기 때문에 습기방지용 턱이 필요 없다.

선의 두께는 기초의 단면으로 보여지기에 G.L선과 기초의 단면선은 모두 0.4mm로 하는 것이 좋다.

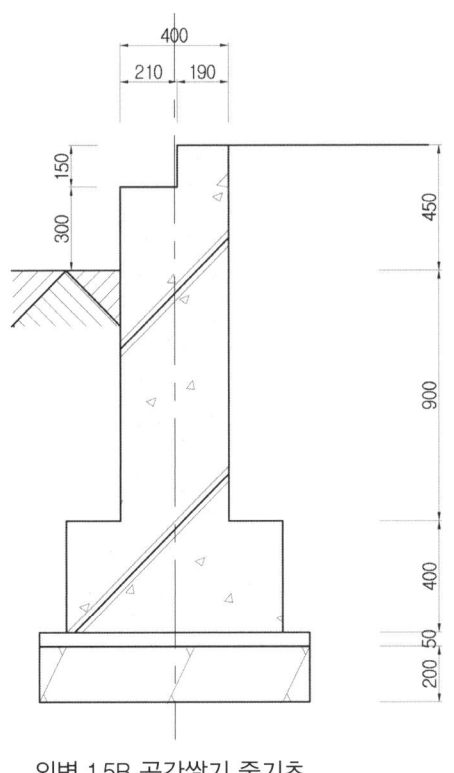
외벽 1.5B 공간쌓기 줄기초

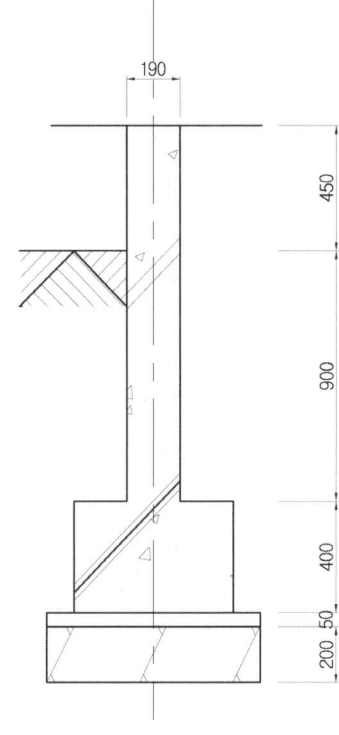
내벽 1.0B 쌓기 줄기초

콘크리트 구조물 출제시 줄기초 작도법

시험조건에서 공간벽 구성기준이 내부가 시멘트벽돌이 아닌 내부콘크리트, 외부 붉은벽돌 0.5B로 기출이 되는 경우가 있다.

이런 경우의 도면을 봤을 때 많은 수험생들이 당황하는 경우가 많은데, 오히려 이런 내용의 도면은 이해만 하면 크게 어렵지 않다. 내벽 시멘트 벽돌 1.0B의 두께가 190mm가 콘크리트 두께인 150mm로 다르다는 것만이 그 차이가 있을 뿐이다.

① 가로선은 G.L선, 세로선은 벽체의 중심선으로 교차가 되도록 먼저 선을 그어 기준을 잡고 작도를 시작한다.

② 세로의 벽체중심선을 기준으로 Offset(O)명령을 이용하여 단열재의 두께(50mm기준)를 작도하고(중심선 기준 오른쪽 290/2, 왼쪽 290/2 순으로 간격을 띄운다),

③ 왼쪽부터 Offset(O)명령을 이용하여 시멘트 벽돌 0.5B의 길이인 90mm, 단열재 50mm, 철근콘크리트 벽체 두께 150mm를 간격 띄운다.

④ G.L선 기준으로 위쪽으로 450mm, 아래로 동결깊이인 900mm, 푸팅부분인 철근콘크리트 부분 400mm, 밑창콘크리트 50mm, 잡석다짐 200mm 순으로 간격띄우기를 한다. 그 외의 작도방법은 다른 기초와 동일하다.

⑤ 선의 두께는 기초의 단면으로서 강조되게 보여지기 때문에 G.L선과 기초의 단면선은 모두 가장 두꺼운 레이어인 0.4mm로 하는 것이 좋다.

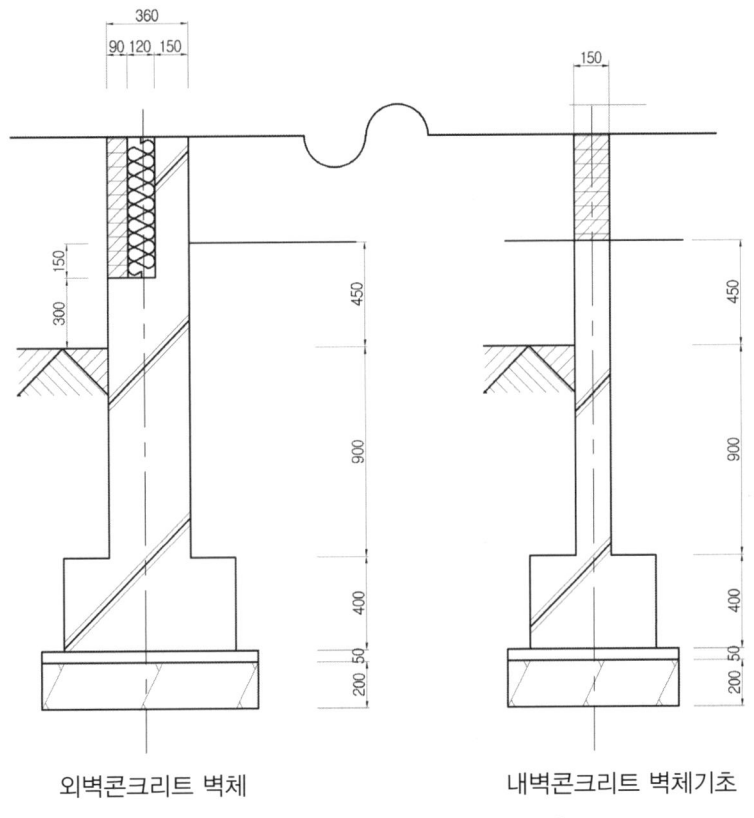

외벽콘크리트 벽체 　　　　내벽콘크리트 벽체기초

[외부와 내부의 콘크리트 기초 차이]

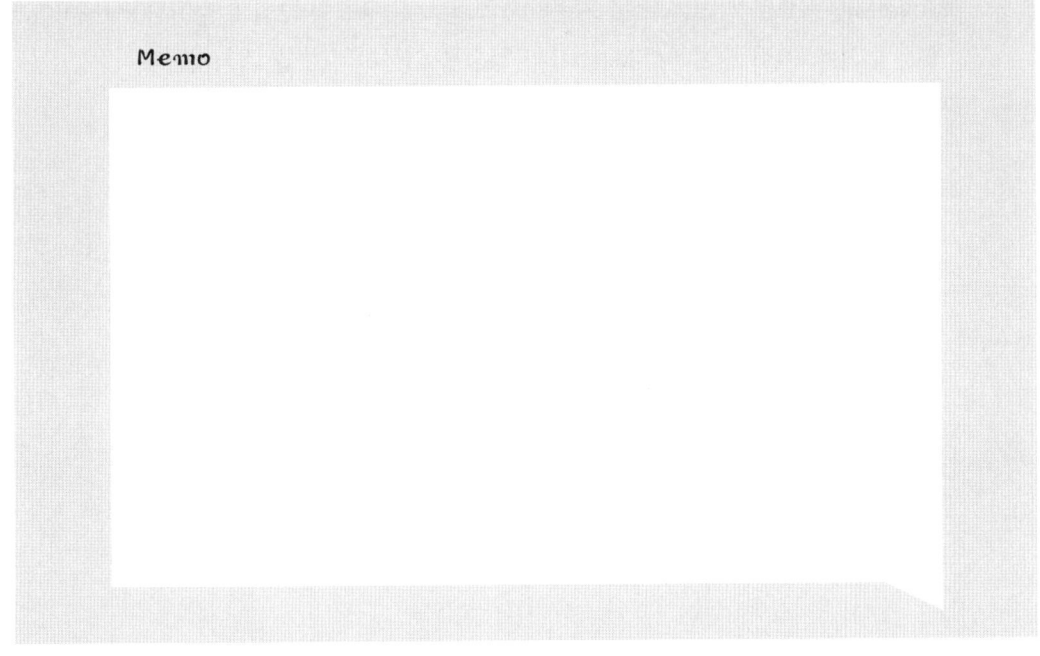

Memo

Lesson 10 재료 기호표시

1 잡석기호 만들기

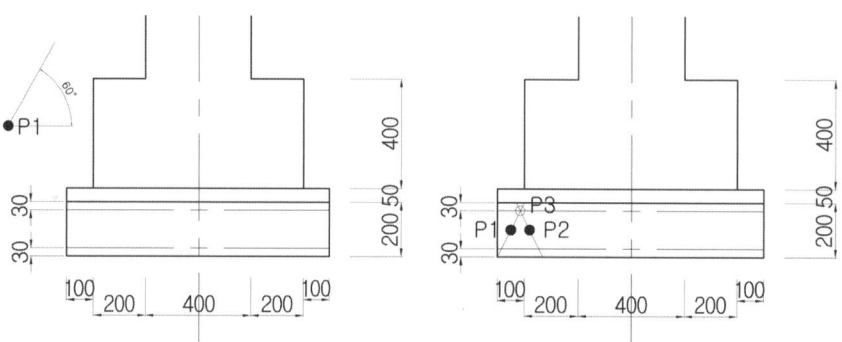

① 잡석부분 사각형 안에서 Offset(O) 명령을 사용하여 왼쪽의 그림과 같이 아래위로 30mm를 간격을 띄우기를 한 후 Line(L)의 명령을 사용하여 수평선을 그리고 위의 그림과 같이 P1을 기준으로 Rotate(RO)의 명령으로 60도의 경사각을 주어 좌측의 그림처럼 사선을 만든다.

② Move(M)명령으로 사선을 P1을 기준해서 이동시켜 우측의 그림과 같이 30mm선 아래쪽에 붙여놓고 P3 지점에서 Mirror(MI) 명령을 이용하여 선을 대칭시킨다.
이때, 직교(F8)가 켜져 있어야 수직으로 정확히 대칭된다.

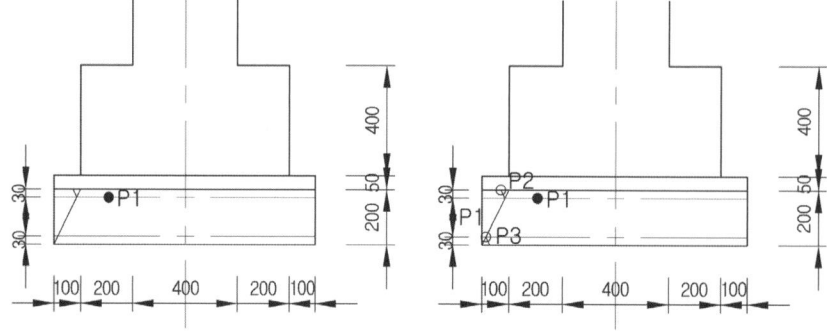

③ Trim(TR) 명령을 이용해서 아래 좌측의 그림과 같이 잘라내고 우측의 그림과 같이 P2를 기준하여 P3에 복사를 붙여 넣는다.

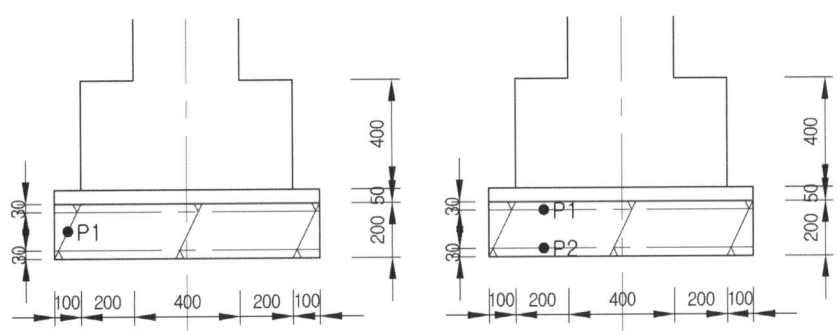

④ 좌측의 그림에 있는 선(P1)을 우측의 그림과 같이 세 부분으로 복사하여 붙여 넣는다. 이때 가급적 정확한 간격으로 복사하여야 도면의 균형감이 있어 감점이 적다.
- 재료의 선의 두께는 가장 얇은 선으로 하는 것이 좋다.
  따라서 선의 두께는 재료의 기호 표시이므로 0.1mm(0.09mm)로 해주는 것이 좋다.

Point

➡ 잡석기호만 60도로 하는 이유
▸ 과거에는 건축제도기능사의 시험이 지금처럼 캐드가 아닌 실내건축기능사와 같이 손으로 그려지는 건축도면으로 작도 되었다.
그러다보니 콘크리트의 기호와 잡석의 기호가 기초에서 같이 붙어있어 45도 자로 재료 표현시 비슷하게 보여 자칫 채점에서 감점의 사유가 발생하기도 하였다.
그래서 아래의 그림과 같이 삼각자의 특성을 이용하여 60도 자로 표현을 달리하였고 잡석의 역삼각형 부분을 30mm으로 내리는 이유는 특별한 이유가 없지만 잡석 두께 200mm의 1/3정도에 역삼각형을 넣으려다보니 30mm로 평준화 되었다.
따라서 반드시 30mm일 필요는 없는 것이다.

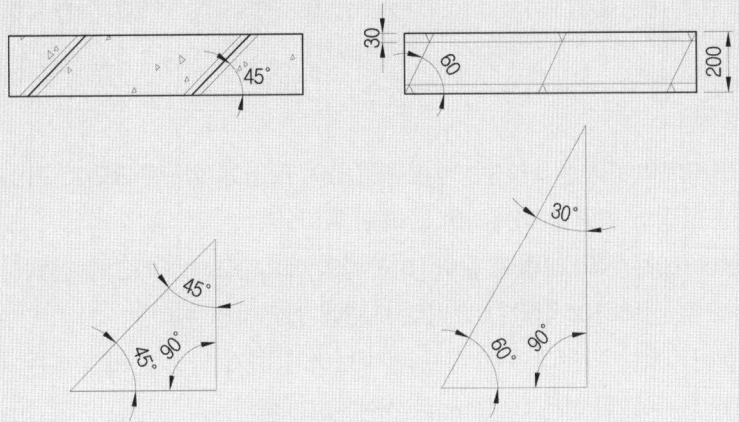

❷ 철근콘크리트 기호 만들기

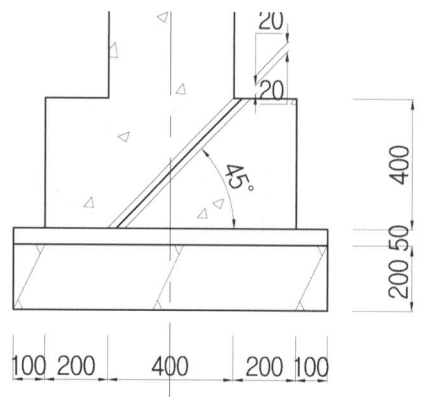 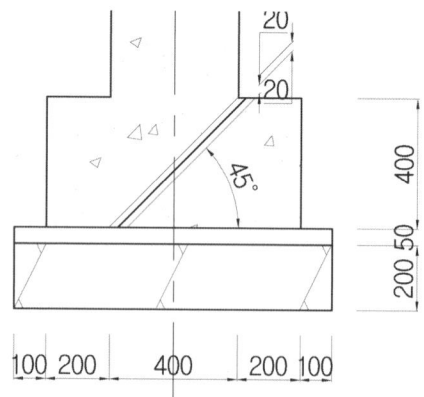

① 철큰콘크리트 기호는 좌측의 그림과 같이 적당한 위치에 Line(L)의 명령을 이용하여 45도 선을 (극좌표(F10)사용 가능) 이용해서 그려 넣고, Offset(O) 명령을 사용하여 20mm씩 두 번 간격띄우기를 한다.

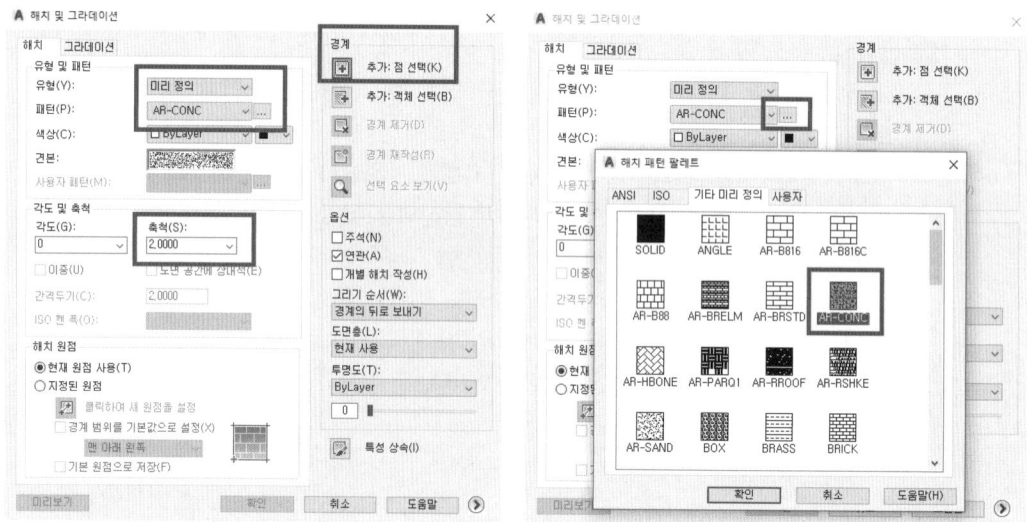

② 콘크리트의 표시는 과거는 원을 사용하여 도면에 철근콘크리트 기호를 삽입하였으나 Hatch(H)의 명령을 이용하여 넣어도 된다.

Hatch(H)는 위의 그림과 같이 [미리정의]에서 [AR-CONC]를 선택하고, 축척[2] 또는 [3]으로 선택하여 적당한 크기로 도면에 삽입하면 된다.

- 철근기호는 가운데 선이 두드러져 보이게 하기 위해 선의 두께는 가운데가 0.4mm, 아래 위쪽 두 선은 0.09mm로 하는 것이 좋다.
- 해치는 재료의 기호이므로 선의 두께는 가는 선의 레이어인 0.09mm로 하는 것이 좋다.

3 지반선 기호 만들기

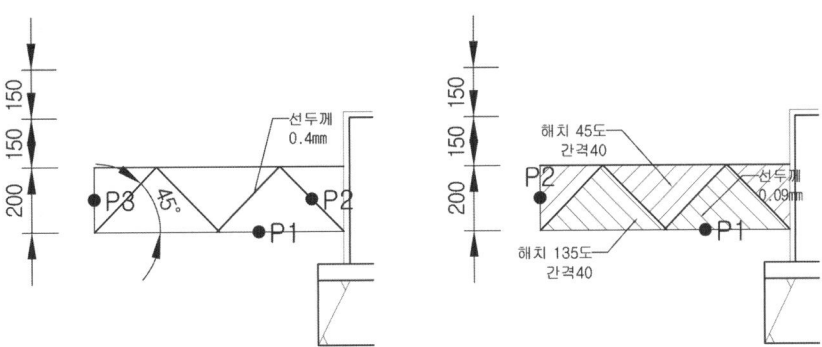

① 그림과 같이 지반선 아래로 Offset(O) 명령을 사용하여 200mm를 내려 기준 선(P1)을 긋고 45도가 되도록 사선(P2)을 그리고 Mirror(MI) 명령을 이용하여 교차 복사를 한다. 이때 삼각형은 개수의 제한은 없지만 그림(좌)과 같이 두 개 정도만 그려 넣는 것이 보기 좋다.

② Line(L) 명령을 이용하여 끝부분에 세로선(P3)을 넣어 해치가 들어갈 수 있도록 공간을 막는다.

③ 해치를 그림(우)과 같이 서로 어긋나게 넣는다. (해치의 간격은 그림 참조)
  • 선의 두께는 기준이 되는 사선이 0.4mm, 해치가 0.1mm(0.09mm)로 해주는 것이 좋다.

> **Point**
>
> ▶ 지반선의 기호에서 사선부분 40mm의 간격을 유지하는 이유
>   ▶ 과거에는 건축제도기능사의 시험이 지금처럼 캐드가 아닌 실내건축기능사와 같이 손으로 그려지는 건축도면으로 작도 되었다.
>   아래의 그림과 같이 1/40의 스케일 자에서 20mm 간격을 손으로 작도하기는 많은 어려움이 있었다.
>   그래서 좀 더 넓게 표현하기 위해 1/40 스케일자의 특성상 40mm로 작도하게 되었다.

Point

➡ 해치를 이용한 단면기호(사용자 정의를 이용한) 기입 방법
아래 그림의 빨간 테두리를 친 부분을 이용하여 해치의 간격을 직접 입력하여 조정한다.

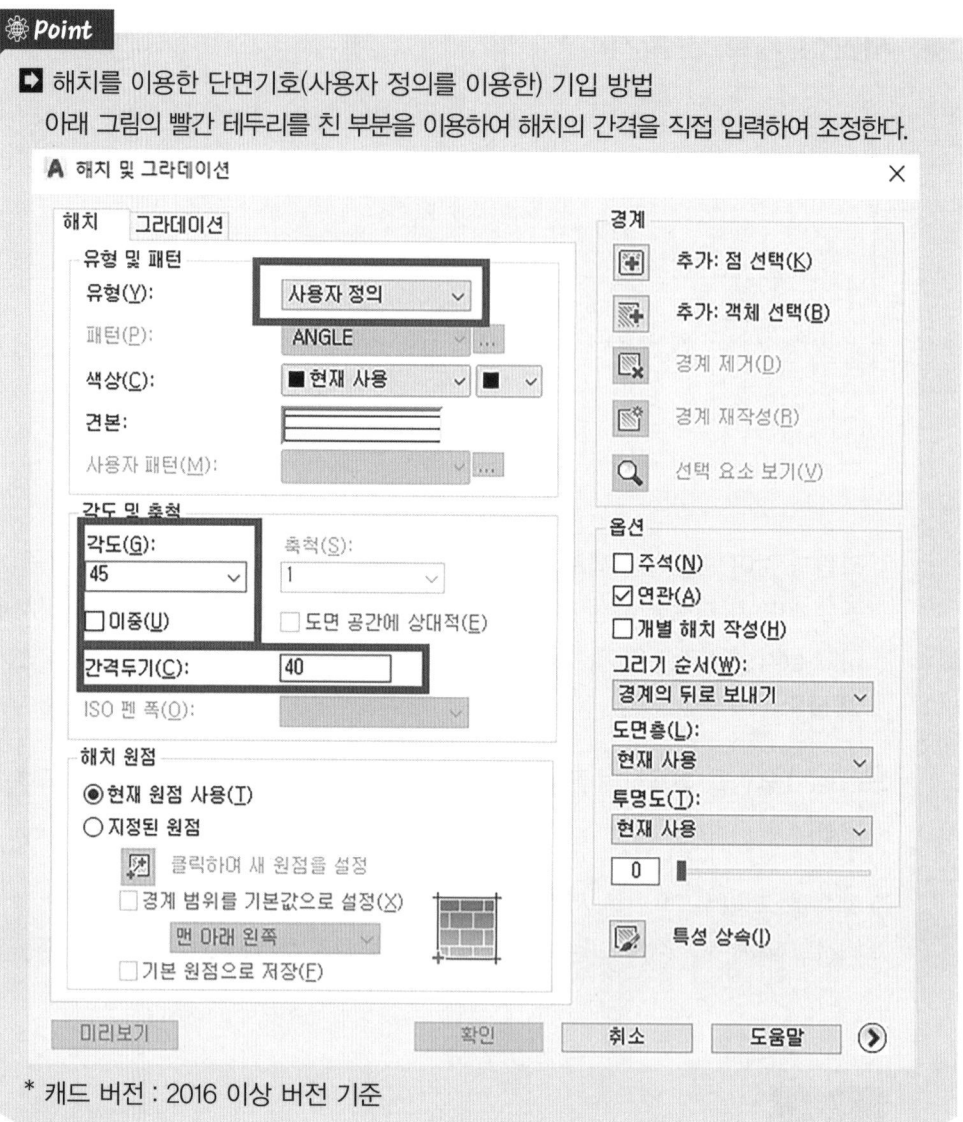

* 캐드 버전 : 2016 이상 버전 기준

Point

➡ 해치 팝업창 꺼내기:
- 2011~ 2013버전 : bhatch 명령을 입력
- cmddia가 [0]으로 되있어도 안보이므로 [1]로 변경
  (명령 대화상자와 관련된 시스템 변수는 cmddia)
- 2014~이후 버전
  HPDLGMODE 엔터 후 [2]로 된 것을 1을 누르고 엔터치면 팝업창으로 나온다.

4 벽돌 기호 만들기

벽체는 외벽용과 내벽용 벽체를 구분할 수 있어야 하며 내벽에는 단열재가 들어가지 않는 점을 유의하여 작도해야 한다.

실외의 경우 붉은 벽돌 0.5B쌓기를 하고 단열재가 실외 즉, 바깥쪽에 위치한다.

단열재는 기출문제에서 지정된 단열재로서 기출문제마다 두께가 다른 점을 유의해야 하고 그 단열재로 인하여 벽체의 두께 또한 달라짐을 유의해서 작도해야 한다.

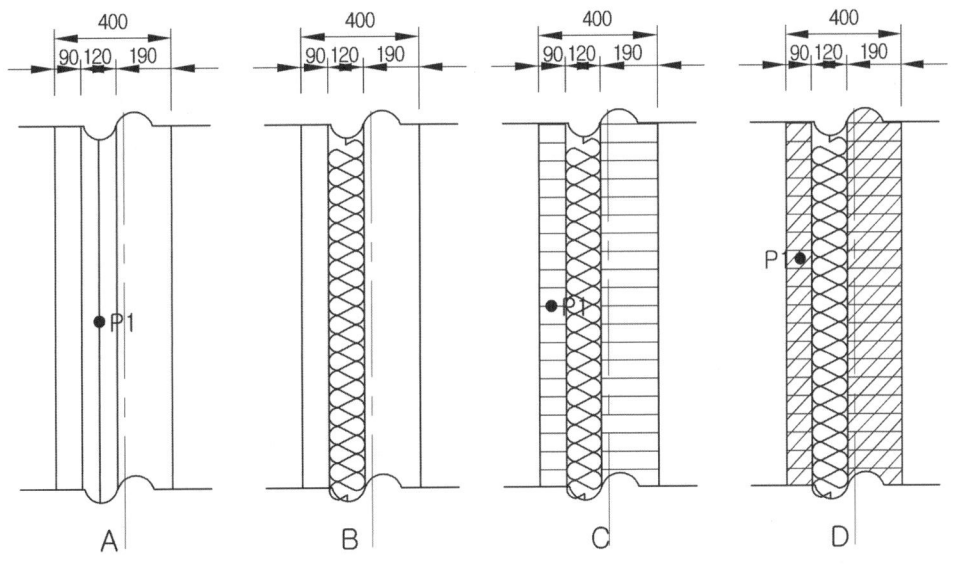

[중단열 벽체 기준]

① 단열재의 기호표기는 단열재선을 기준으로 Offset(O) 명령을 이용하여 120mm/2 (단열재 두께/2)를 누르고 엔터를 쳐서 단열재 선의 중심에 선을 하나 간격을 띄우기 해놓는다.

② 위의 그림 A와 같이 P1선을 클릭하여 마우스 우클릭을 하고 Properties(특성)를 선택한 후 나타나는 팝업창에서 선 종류를 batting선으로 변경하고 선가중치를 0.14(단열재의 두께마다 가중치는 달라진다)로 설정한다.

- 단열재 기호의 선의 두께는 기준이 되는 0.1mm(0.09mm)로 해주는 것이 좋다.

🔬 Point

▶ OFFSET (O) (간격띄우기)를 이용한 등분 분할하기 / 명령어창

[영문판]

Command : OFFSET (단축키 : of) ↵
    Specify offset distance or [Through] ⟨10.0000⟩: **120/2** ↵ (간격설정)
    Select object to offset or ⟨exit⟩: **(객체선택클릭)**
    Specify point on side to offset: **(간격띄우기 할 방향 선택클릭)**

[한글판]

명령: o (OFFSET) ↵
    현재 설정: 원본 지우기=아니오 도면층=원본 OFFSETGAPTYPE=0
    간격띄우기 거리 지정 또는 [통과점(T)/지우기(E)/도면층(L)]⟨6.0000⟩: **120/2** ↵
    (간격설정)

    간격띄우기할 객체 선택 또는 [종료(E)/명령 취소(U)] ⟨종료⟩: **(객체선택클릭)**
    간격띄우기할 면의 점 지정 또는 [종료(E)/다중(M)/명령 취소(U)] ⟨종료⟩:
    (간격띄우기 할 방향선택 클릭)

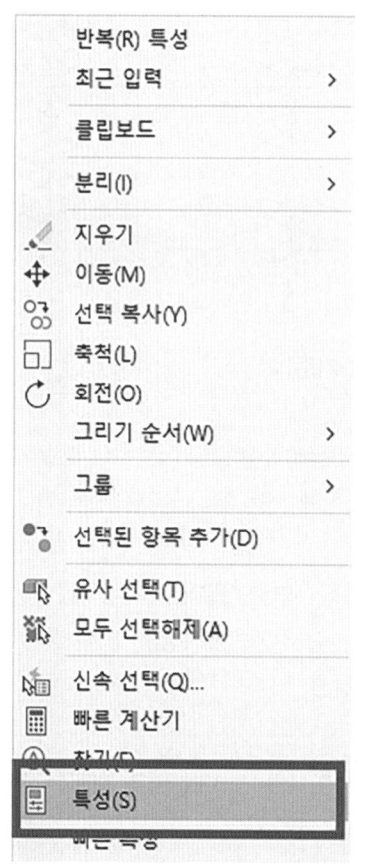
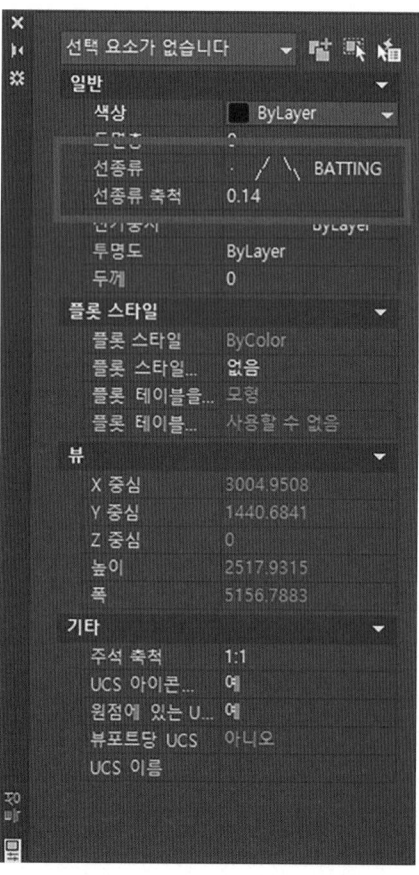

③ 벽돌의 가로선 표현은 그림 C와 같이 P1의 높이를 설정해야 하는데 해치를 이용하여 [사용자 정의 – User defined] 옵션을 이용하여 간격두기 값을 60(벽돌 세로의 높이), 각도를 0도를 한다.

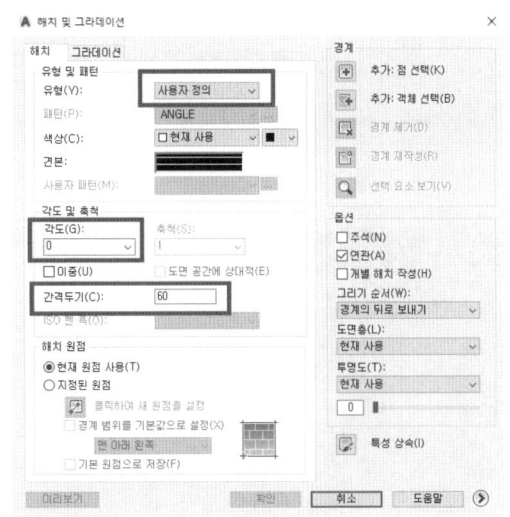

④ 벽돌의 사선 표현은 그림 D와 같이 P1의 높이와 각도를 설정해야 하는데 해치를 이용하여 [사용자 정의 – User defined] 옵션에서 간격두기 값을 40, 각도를 45도로 그림과 같이 한다.

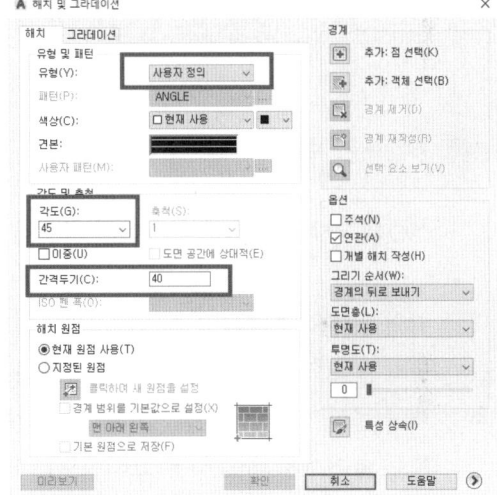

- 가로의 해치는 벽돌의 쌓기 줄눈선이며, 사선의 해치는 벽돌의 기호표시이다. 따라서 해칭선은 두 번 겹쳐지게 그려야 한다.

- 선의 두께는 단면선 0.4mm, 벽돌의 가로선은 사선과의 구분을 위하여 0.3~0.2mm로 하는 것이 좋고 사선 및 Batting선은 가장 가는 선인 0.1mm(0.09mm)로 해주는 것이 좋다.

✦ Point

▶ **단열재 두께에 따라 달라지는 선가중치**
단열재의 두께에 따라 선가중치는 달라지는데 그 내용은 다음과 같다.
단열재의 두께 : 85mm - 0.04mm
단열재의 두께 : 120mm - 0.14mm
단열재의 두께 : 180mm - 0.2mm

Lesson 11 현관 (I.N.T) 도면 표현하기

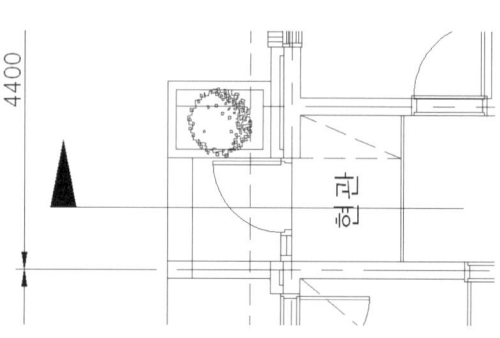

1 현관의 높이

현관의 높이는 평면도에서 현관의 계단수를 보고 확인한다.

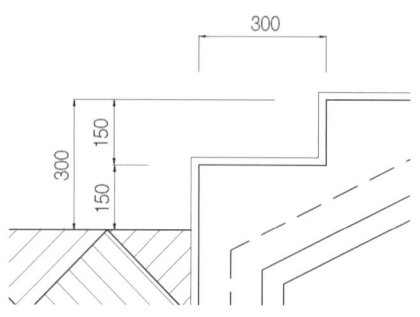

위의 평면의 예제처럼 계단이 2계단이 있을 경우 우리가 실의 높이를 계산할 때 현관의 계단을 두 계단 올라가서 현관문을 열고 신을 벗은 다음 거실로 들어서게 되는 것을 고려하여, 계단 한 단은 일반적 시공수준인 높이 150mm, 폭 300mm로 계산하고 신발을 벗고 실내로 들어오는 현관 포치 부분의 높이를 계단의 한 계단 높이인 150mm를 추가하여 실내 높이는 450mm로 작성된다.
다만, 평면상 바닥의 고저차가 표현 되어 있을 경우는 달라진다.

하지만 보기의 예제 도면과 같이 별도의 고저차 표시가 없을 경우에는 현관의 계단 수에 따라 실내 높이가 달라지므로 현관의 계단수를 정확히 세어서 도면을 그려야 한다.

2 현관 기초 그리기

현관의 기초는 벽체의 줄기초와 다르게 동결선 깊이를 고려하지 않아도 된다.
그 이유는 벽체의 줄기초는 지붕 및 벽체, 그리고 건물의 주요구조체로부터 받는 힘(하중)을 지반에 전달하는 역할을 하지만 현관의 기초는 계단을 올라가기 위한 발판의 역할을 할 뿐 구조체 자체의 하중을 받지 않으므로 굳이 동결깊이를 고려하여 깊이 시공을 할 필요가 없다.

그러므로 재료가 줄기초와 다르게 무근콘크리트 150mm만 설치되고, 현관 바닥면의 균열을 방지하기 위하여 와이어 메쉬(#8)등으로 보강만을 고려하여 설계 된다.

다만, 무근콘크리트 및 와이어 메쉬의 방법이 아닌 철근 콘크리트로 작도할 경우 와이어 메쉬는 표현하지 않아도 되므로 시간의 절약을 위해 철근콘크리트 작도방법으로 권장한다.

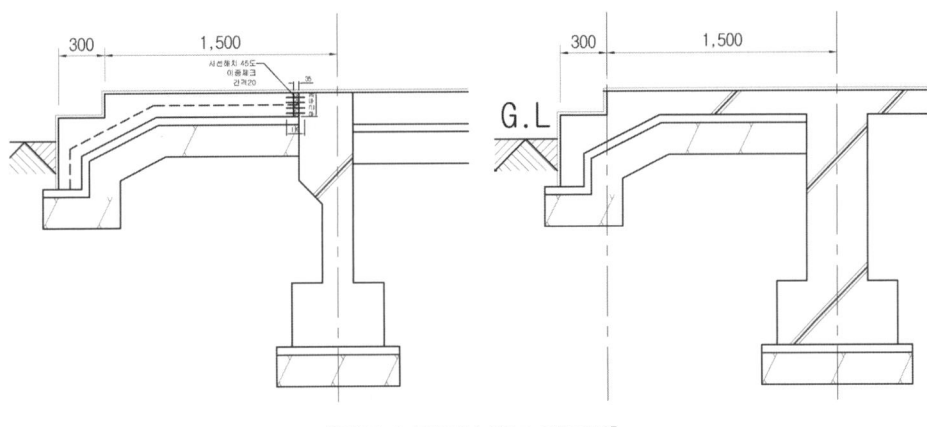

[무근과 철근의 비교 작도법]

3 현관 하부 익스펜션 조인트 부분의 표현 (무근으로 설계시)

① 왼쪽의 그림과 같이 Rectang(REC) 명령어를 이용하여 @35,150(무근두께)로 사각형을 그린다.

② Hatch(H)의 명령어를 사용하여 아스팔트 컴파운드의 재료표시를 기입하는데 그림과 같이 해칭선의 사용자 정의에서 각도 45도 간격20 및 해칭선 이중으로 체크하여 재료기호를 표시해 준다.

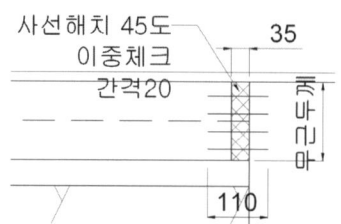

Point

▶ 타이바의 역할

　타이바는 재질이 다른 벽체, 즉 철근콘크리트와 무근 콘크리트 사이에 발생하는 조인트부분의 결합을 돕고자 콘크리트사이에 철근을 박아 넣어 지지하는 방법이다.

　전산응용건축제도기능사에서는 현관의 포치 부분과 실내 줄기초와 연결되는 접합부분에서 아스팔트 컴파운드로 철근을 4개를 박아 켄틸레버를 보강하는 역할을 한다.

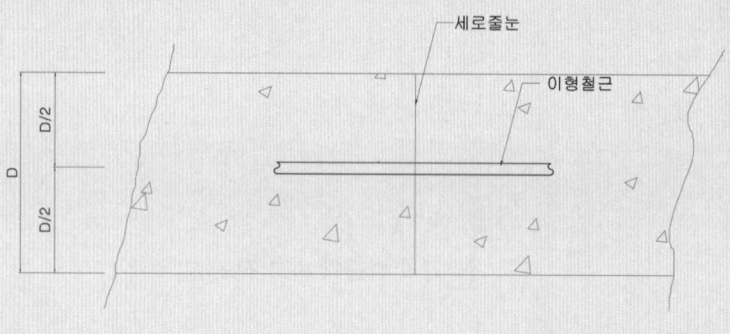

Lesson 12 1.0B 공간쌓기와 1.0B 내벽쌓기 작도법

1 1.5B 공간쌓기 법과 같으나 벽체의 크기가 다르다

외벽과 내벽 모두 100mm씩 Offset(O) 명령을 이용하여 선을 그리고 중간에 단열재 50mm를 만든다.

2 1.0B 공간쌓기 법에서 단열재의 치수만 제외된다.

내벽에 많이 사용하는 방법이니 반드시 숙지해야 한다.

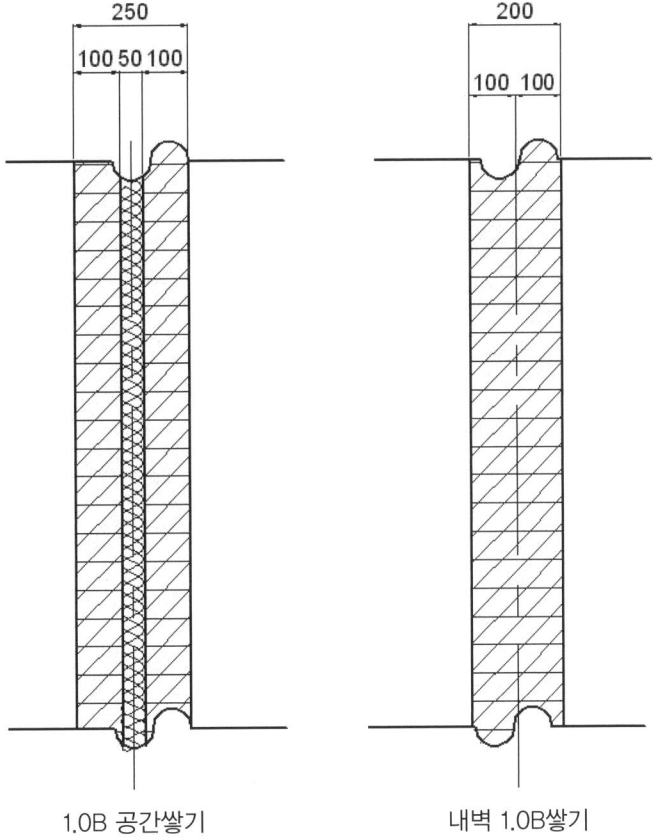

1.0B 공간쌓기 　　　　내벽 1.0B쌓기

Lesson 13 방바닥 도면 표현하기

우리나라의 방바닥은 온수난방을 기초로 한다. 과거의 건축물에는 아궁이 난방을 주요 난방법으로 사용하였지만, 도시화와 현대화에 따른 보일러를 이용한 난방법의 개발로 인해 난방법이 바뀌면서 방바닥 하부에 파이프를 이용한 온수난방법을 사용하게 되었다.

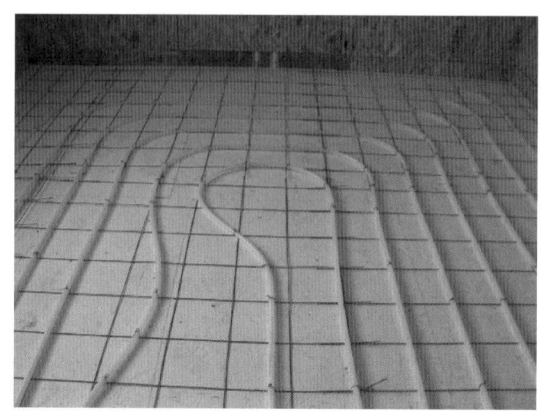

온수난방은 아래서부터 올라오는 냉기를 차단하고 물에 의한 열의 전도를 이용한 난방법으로 현재 국내·외에서도 보편화 되어 사용되고 있는 뛰어난 보온 방법이다.

원형문제를 기준으로 하여 도면을 분석했을 때 각 실의 난방은 온수난방으로 하도록 되어 있으며 기출문제 역시 온수난방방법을 사용하고 있음을 반드시 확인하고 도면을 작도해야 한다.

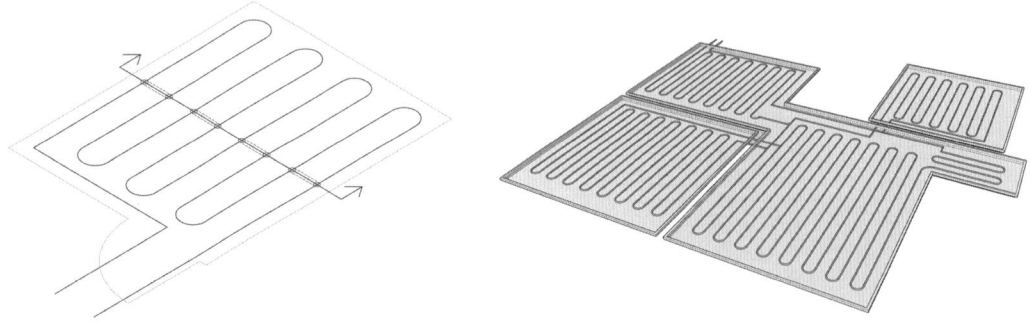

온수파이프의 간격은 보일러 온수의 온기 전달을 위해 보통 200mm~250mm(@250)로 되어 있다.
즉 벽면 끝선에서 125mm 미만으로 설계되어지면 어려움 없이 온수파이프의 시작점을 파악할 수 있다.
또한 Hidden선이 온수파이프의 하나 건너 하나씩 떨어지게 설계하는 이유는 위의 그림과 같이 설치되는 온수파이프가 끊어지지 않고 위의 그림과 같이 아래·위로 휘어지며 시공되어지기 때문이다.

따라서 온수파이프의 도면은 아래와 같이 작도된다.

1 온수파이프 그리기

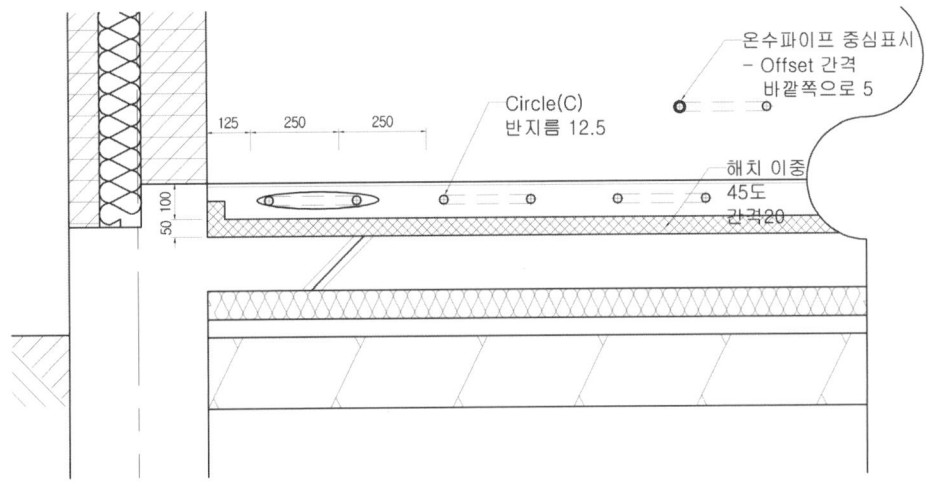

① 가로 선의 방의 높이(원형문제 기준 450mm기준)에서 Offset(O) 명령을 이용하여 아래로 간격띄우기를 하는데, 그 순서는 콩자갈층 100mm, 질석보온재 50mm, 철근콘크리트 150mm, 하부단열재 85mm(시험기준에 따라 다르다.), 밑창콘크리트 50mm, 잡석다짐 200mm 순으로 작도한다.(온수파이프 하부 기초 작도법은 테라스 기초부분에서 확인)

② Line(L)의 명령을 사용해서 벽체 선으로부터 임의의 선을 긋고 Offset(O)의 명령으로 125mm~150mm(본 예제는 125mm 사용)의 간격을 띄우고, 다시 Offset(o)의 명령으로 250mm만큼 간격을 띄운다.

③ Circle(C) 명령을 이용하여(Circle의 2Point 기능을 사용하면 편리하다.) ∅25의 원을 그려 온수파이프를 표현한다.

④ 온수파이프의 중심선 표시는 Offset(O)의 명령을 사용하여 그려진 ∅25의 원의 바깥쪽으로 5mm만큼 간격띄우기를 한 후 Line(L)의 명령을 사용해서 위의 그림과 같이 +가 되도록 긋는다.

⑤ 선의 두께는 25mm 파이프는 단면으로 보여지므로 0.4mm가 적당하고, 파이프를 잇는 연결선은 보이지 않으나 가상으로 있다는 것을 표현하기 위해 Hidden 선으로 표현하되 선의 두께는 가는 선인 0.1mm(0.09mm)로 조정 하는 것이 적당하다.

⑥ 질석보온재의 재료의 기호는 0.1mm(0.09mm)로 해주는 것이 좋다.

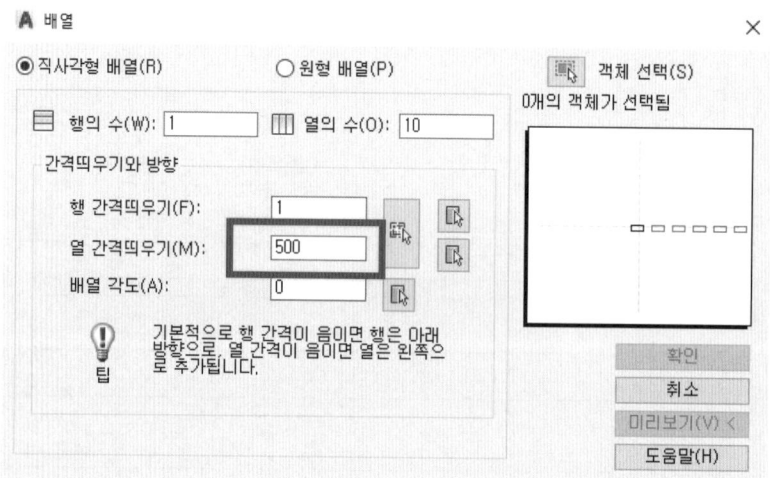

⑦ Array(AR) 명령을 이용하여 열의 간격을 500mm로 해서 배치하면 온수파이프간의 간격이 250mm로 그려지게 된다.

- 배열간격이 250mm 일거라고 생각해서 간격 배열을 하는 경우가 있는데, Array(AR) 명령은 왼쪽 하단부가 시작점으로 되어 있으므로 다음 왼쪽 하단부까지의 거리를 고려하여 온수파이프 두 개의 간격이 250mm 씩 2개이므로 간격은 500mm로 되어야 한다.

2 질석보온재 그리기

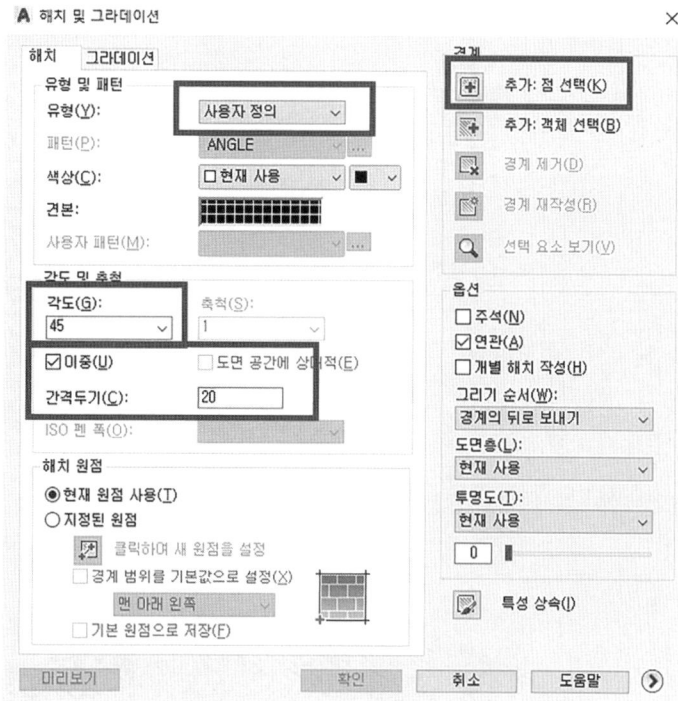

① 질석 보온재는 Hatch(H)의 명령에서 유형을 사용자 정의(User defined)로 놓고 각도(Angle)를 45도로 이중을 체크하고 간격두기를 20mm로 하면 질석 보온재의 기호가 표시된다.

② 각도(Angle) 표식아래 이중체크를 안하면 질석보온재의 기호가 평행선으로만 나오기 때문에 반드시 이중(Double)으로 박스를 그림과 같이 체크를 해야 한다.

③ 질석보온재의 선의 두께는 재료의 기호이므로 0.1mm(0.09mm)로 해주는 것이 좋다.

3 방의 미장 몰탈 선 긋기

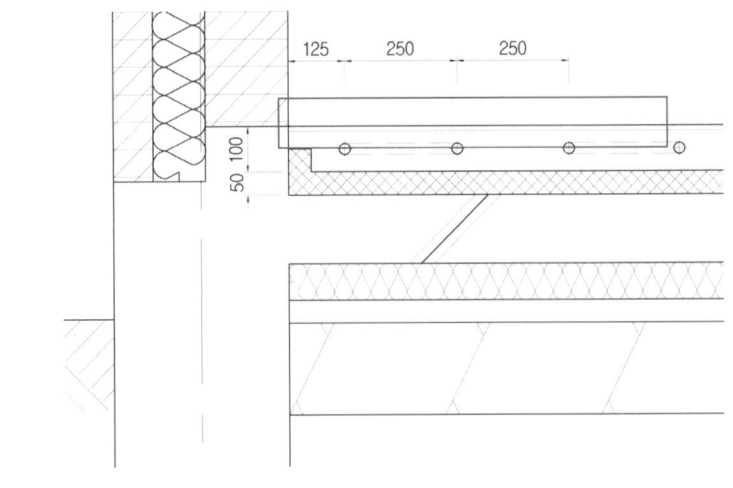

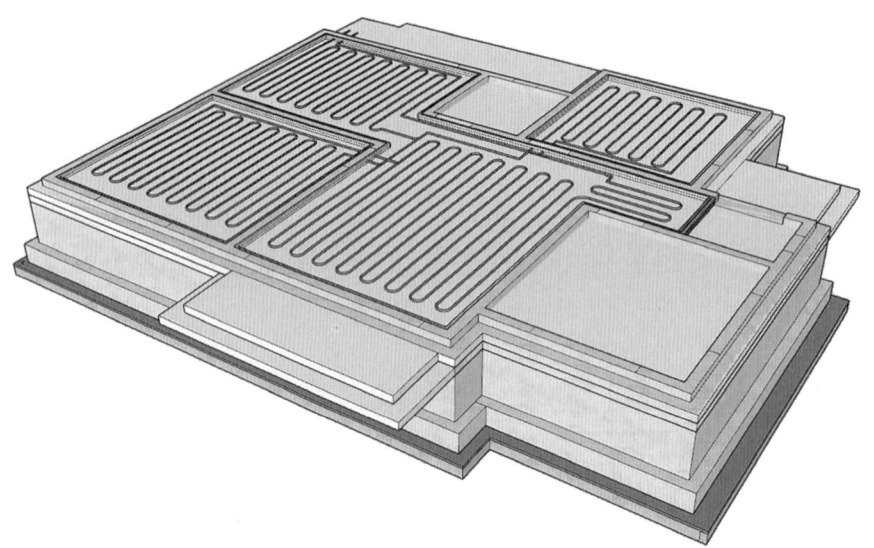

① 450mm 방의 맨 윗선에서 마지막으로 Offset(O) 명령을 이용하여 10mm~20mm를 내려 몰탈의 마감선을 긋고 선의 두께는 가장 가는 선인 0.1mm(0.09mm)로 해주는 것이 좋다.

Lesson 14 방바닥의 높이가 100mm 인 경우

전산응용건축제도기능사 실기

방의 고저차가 평면에 표기되어 있어 계단이 부득이하게 150mm가 아닌 100mm로 설계 되어야 할 경우가 종종 있다. 이런 기출문제를 접하게 되었을 경우 당황하지 말고 Offset(O) 명령의 등분 나누기 방법을 사용해서 문제를 해결하면 된다.

1 온수파이프 그리기

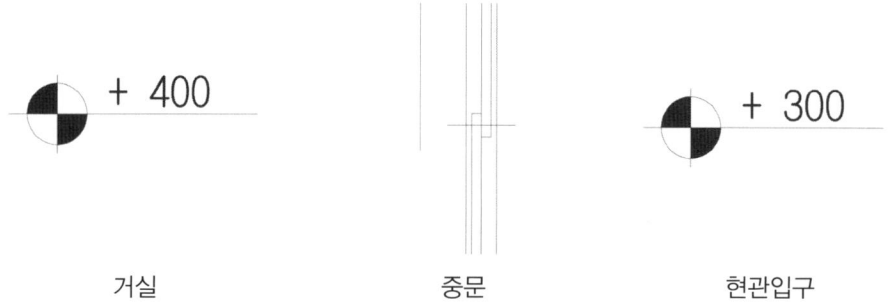

거실   중문   현관입구

위의 그림과 같이 현관과 거실의 높이가 1계단의 높이인 150mm가 아닌 100mm 만의 단차가 발생했을 때 온수파이프와 질석보온재의 높이를 설정하기가 매우 어렵다.
이럴 때는 Offset(O) 명령을 이용하여 전체 100mm에서 아래로 콩자갈층 100/3mm, 온수파이프 부분 100/3mm, 질석보온재 100/3mm, 무근콘크리트 200mm, 밑창콘크리트 50mm, 잡석다짐 200mm 순으로 작도한다.

> **Point**
>
> ▶ OFFSET (O) (간격띄우기)를 이용한 등분 분할하기 / 명령어창
> Command : OFFSET (단축키 : of) ↵
>   Specify offset distance or [Through] ⟨10.0000⟩: 100/3 ↵ (간격설정)
>   Select object to offset or ⟨exit⟩: (객체선택클릭)
>   Specify point on side to offset: (간격띄우기 할 방향 선택클릭)
> 명령: o (OFFSET) ↵
>   현재 설정: 원본 지우기=아니오 도면층=원본 OFFSETGAPTYPE=0
>   간격띄우기 거리 지정 또는 [통과점(T)/지우기(E)/도면층(L)]⟨6.0000⟩: 100/3 ↵
>   (간격설정)
>   간격띄우기할 객체 선택 또는 [종료(E)/명령 취소(U)] ⟨종료⟩: (객체선택클릭)
>   간격띄우기할 면의 점 지정 또는 [종료(E)/다중(M)/명령 취소(U)] ⟨종료⟩:
>   (간격띄우기 할 방향선택 클릭)

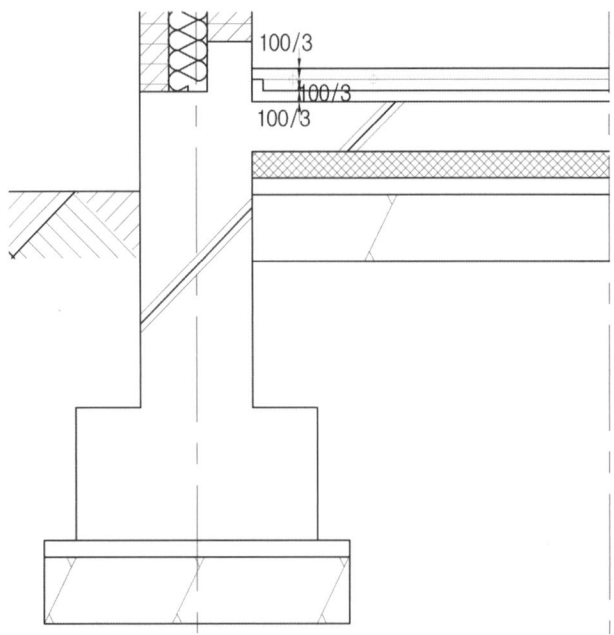

① Circle(C) 명령을 이용하여(Circle의 2Point 기능을 사용하면 편리하다.) ⌀25의 원을 그려 온수파이프를 표현한다.

② 질석보온재 역시 단면선이므로 두께로는 0.4mm가 좋고, 질석보온재의 선의 두께는 0.1mm(0.09mm)로 해주는 것이 좋다.

③ 400mm 방의 맨 윗선에서 마지막으로 Offset(O) 명령을 이용하여 10mm만을 내려야 적당한 간격이 유지된다.

④ Circle(C) 명령을 이용하여(Circle의 2Point 기능을 사용하면 편리하다.) ⌀25의 원을 그려 온수파이프를 표현한다.

⑤ 선의 두께는 25mm 파이프는 단면으로 보여지므로 0.4mm가 적당하고, 파이프를 잇는 연결선은 보이지 않으나 가상으로 있다는 것을 표현하기 위해 Hidden 선으로 표현하되 선의 두께는 가는 선인 0.1mm(0.09mm)로 조정하는 것이 적당하다.

⑥ 질석보온재의 재료의 기호는 0.1mm(0.09mm)로 해주는 것이 좋다.

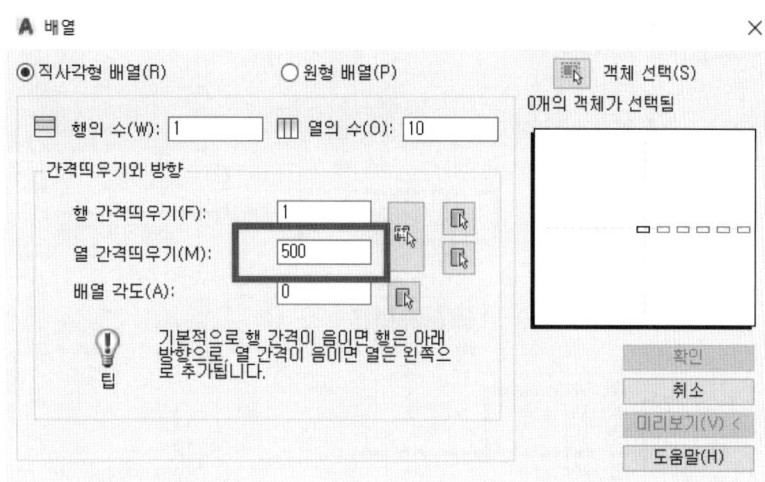

⑦ Array(AR) 명령을 이용하여 열의 간격을 500mm로 해서 배치하면 온수파이프간의 간격이 250mm로 그려지게 된다.

- 배열간격이 250mm 일거라고 생각해서 간격 배열을 하는 경우가 있는데, Array(AR) 명령은 왼쪽 하단부가 시작점으로 되어 있으므로 다음 왼쪽 하단부까지의 거리를 고려하여 온수파이프 두 개의 간격이 250mm 씩 2개이므로 간격은 500mm로 되어야 한다.

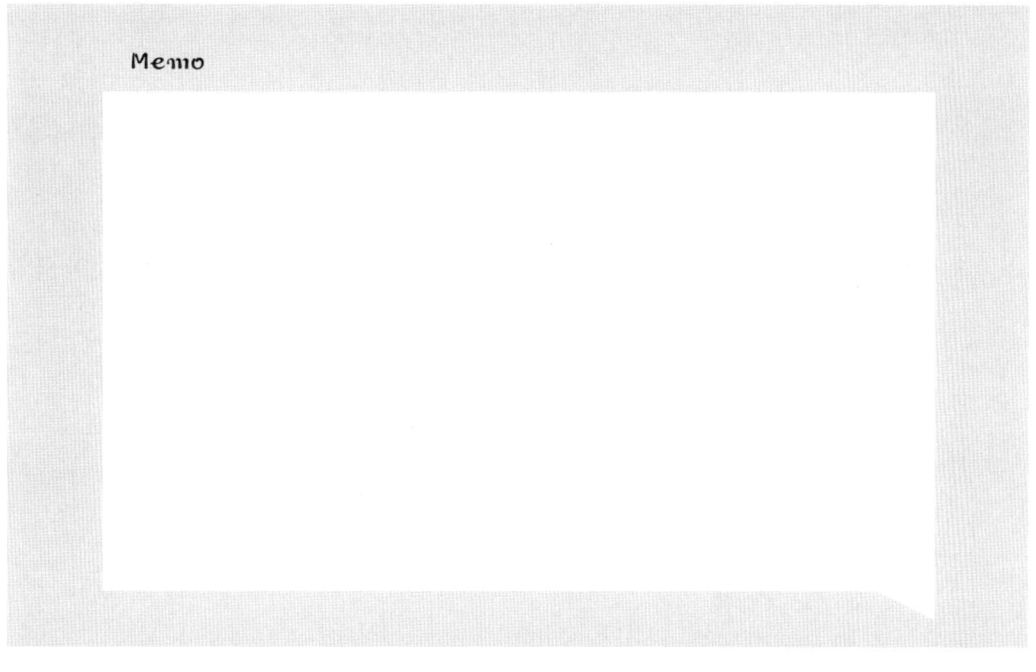

2 질석보온재 그리기

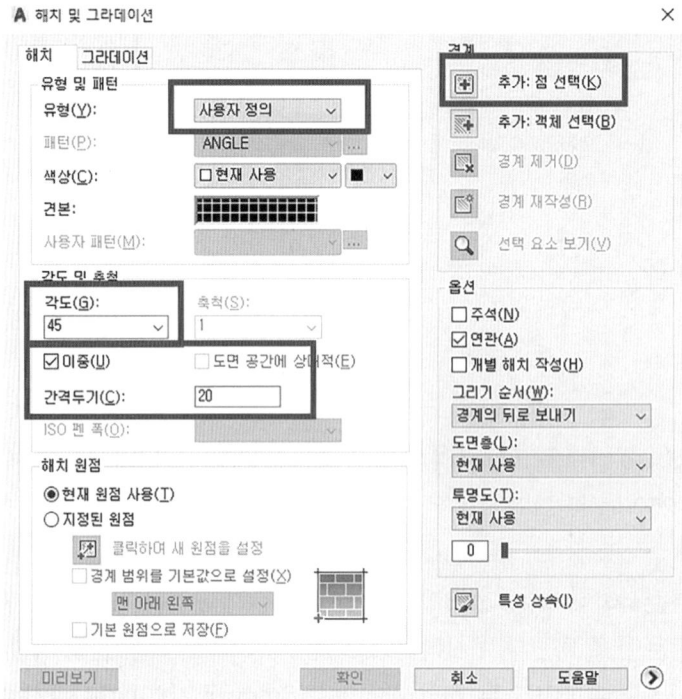

① 질석 보온재는 Hatch(H)의 명령에서 유형을 사용자 정의(User defined)로 놓고 각도(Angle)를 45도로 이중을 체크하고 간격두기를 20mm로 하면 질석 보온재의 기호가 표시된다.

② 각도(Angle) 표식아래 이중체크를 안하면 질석보온재의 기호가 평행선으로만 나오기 때문에 반드시 이중(Double)으로 박스를 그림과 같이 체크를 해야 한다.

③ 질석보온재의 선의 두께는 재료의 기호 이므로 0.1mm(0.09mm)로 해주는 것이 좋다.

3 방의 미장 몰탈 선 긋기

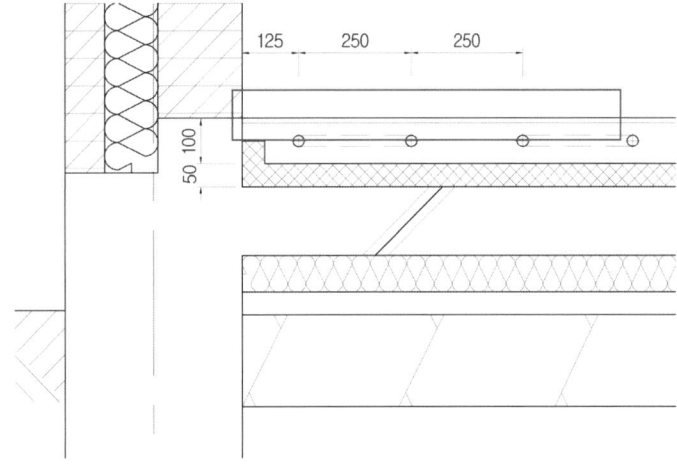

① 450mm 방의 맨 윗선에서 마지막으로 Offset(O) 명령을 이용하여 10mm~20mm를 내려 몰탈의 마감선을 긋고 선의 두께는 가장 가는 선인 0.1mm(0.09mm)로 해주는 것이 좋다.

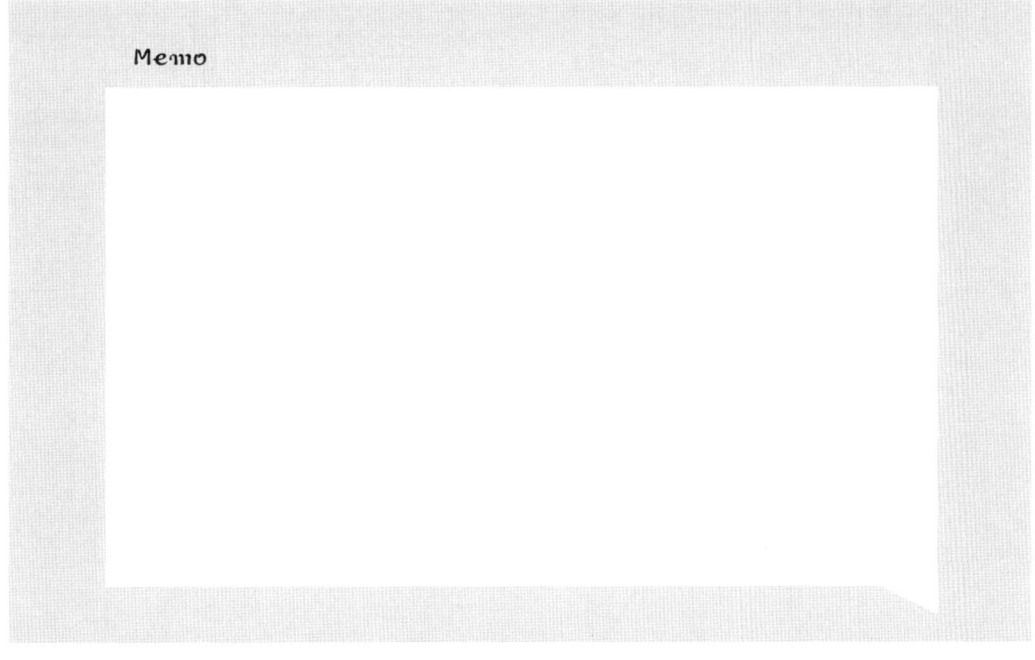

Lesson 15 방과 방사이의 기초 표현 및 온수파이프 표현

기출문제중 방과 방사이 또는 방과 거실사이에 단면작도 부분이 발생하기도 한다. (아래의 평면 원형부분) 이때는 아래와 같이 작도를 하면 된다.

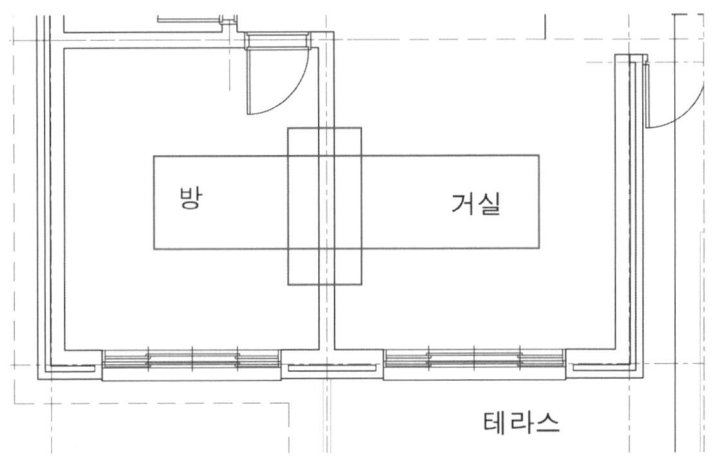

① 먼저 한 쪽을 그려 놓고 Mirror(MI)의 명령을 사용하여 반대쪽을 그리면 된다.
그 외의 방법은 방의 온수파이프 설계방식과 동일하므로 더 이상 설명하진 않는다.
- 현관 기초 및 테라스 기초를 그렸을 때는 기초를 복사해서 부분 편집을 하면 시간을 많이 절약할 수 있으므로 복사 명령을 사용하는 것이 좋다.
- 내벽의 기초는 벽체가 있는지 없는지를 반드시 문제유형에서 확인을 해야 한다. 벽체가 있을 때에는 벽체의 단면도 표현을 해주어야 한다.
- 재료의 표현은 다른 기초의 방법과 동일하게 한다.

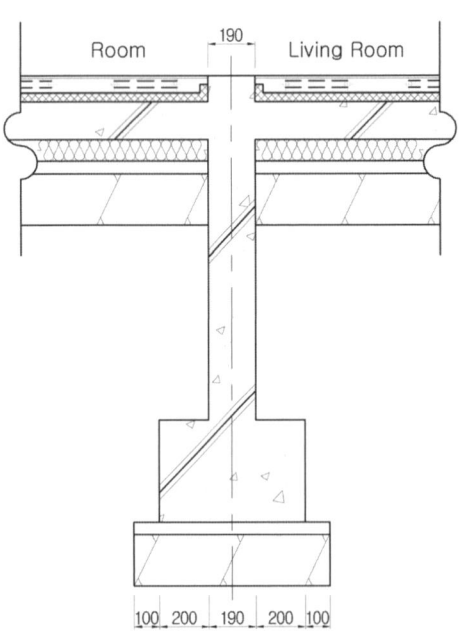

Lesson 16 현관 내부 포치부분 도면 표현하기

현관 포치라 함은 현관문을 열고 들어와서 신발을 벗는 부분, 즉 외부로 부터 들어와서 거실로 진입하는 경계부분을 말하며 이 부분에 중문이 설치가 되기도 한다.

이 현관 포치 부분은 외부와 내부의 경계로서 난방이 안되는 외부와 난방이 되는 내부에 대한 경계가 발생되고 신발을 벗고 들어오기 때문에 외부로부터 흙먼지 등의 오염을 차단하고 내부에 온수파이프와 경계가 되는 부분으로 인한 단차 발생부분에 대한 재료의 마감이 중요한 부분이다.

보통 현관포치부분의 경계 높이는 계단의 한 계단 높이인 150mm로 발생되어지나, 평면의 조건에 따라 높이의 차가 다르게 기출 되기 때문에 시험 평면도면을 정확히 숙지하고 시험에 임해야 한다.

Point

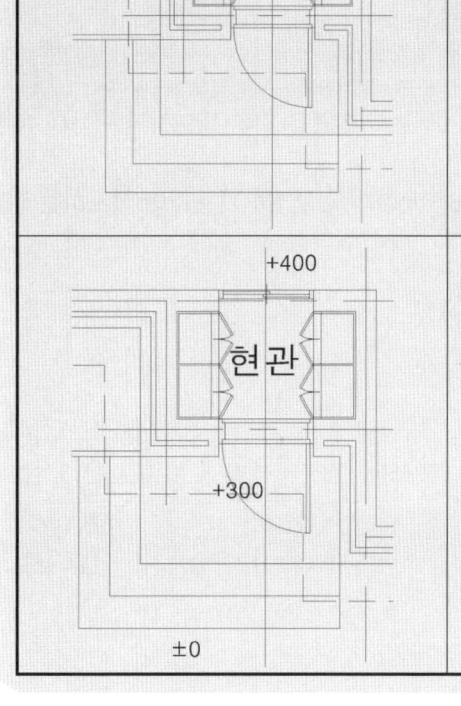

- 현관과 거실의 높이가 평면도에 표시가 되지 않았을 경우 한 계단 높이인 150mm로 계산하여 도면작도
  - 콩자갈층 100mm, 질석보온재 50mm를 하고 온수파이프는 25짜리를 @250 간격으로 한다.

- 현관과 거실의 높이가 평면도에 표시 되었을 경우 왼쪽의 그림과 같이 현관포치에서부터 거실의 높이 단차가 100mm로 표현되었을 경우 Offset(O) 명령의 1/3분할을 이용하여 온수파이프를 분할 작도한다.
  - 콩자갈층, 질석보온재 부분을 1/3으로 간격분할 작도하고 온수파이프는 25짜리를 @250 간격으로 한다.

1 현관포치 작도(거실의 높이가 평면도에 표시가 되지 않았을 경우 작도하기 – 계단 높이 150mm)

① Rectang(REC) 명령어를 이용하여 벽돌 한 장의 크기로 @90,60으로 사각형을 그린다.

② 복사하여 두 개의 벽돌을 그림과 같이 겹치게 올리고 그 위 상단부분에 나무의 재료분리대를 그림과 같이 Rectang(REC) 명령어를 이용하여 @90,30으로 사각형을 그린다.

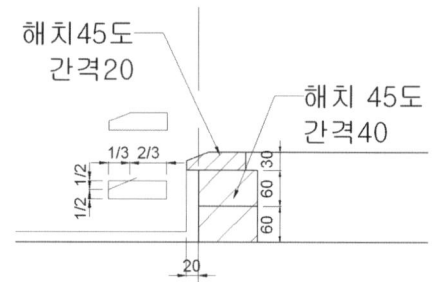

③ 사각형에서 사선을 그림과 같이 Line(L)의 명령으로 이용 그려넣고 Trim(T)명령으로 사선으로 잘라 낸다.

④ Hatch(H)의 명령어를 사용하여 벽돌의 재료표시를 하고 (각도 45도 간격40) 사선으로 잘라낸 나무의 재료분리대는 나무의 재료표시를 한다 (각도 45도 간격20)

⑤ Move(M)의 명령을 이용하여 나무 재료분리대를 벽돌보다 20mm 앞으로 이동시켜 현관 마감재와 동일한 위치로 맞추면 된다.

2 현관포치 작도(거실의 높이가 평면도에 표시 되었을 경우 작도하기 – 높이 100mm)

* 이 경우는 두 가지의 작도법이 있는데 B Type의 작도법을 기준하여 작도하는 법을 설명한다.

① Rectang(REC) 명령어를 이용하여 벽돌 한 장의 크기로 @90,60으로 사각형을 그린다.

② 그 위 상단부분에 나무의 재료분리대를 그림과 같이 Rectang(REC) 명령어를 이용하여 @90,40으로 사각형을 그린다.

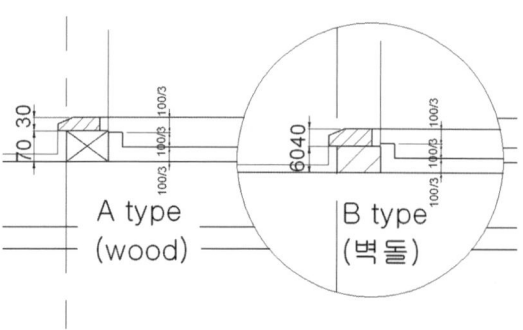

③ 사각형에서 사선을 그림과 같이 Line(L)의 명령으로 이용해서 작도하고 Trim(T)명령으로 사선으로 잘라 낸다.

④ Hatch(H)의 명령어를 사용하여 벽돌의 재료표시를 하고 (각도 45도 간격40) 사선으로 잘라낸 나무의 재료분리대는 나무의 재료표시를 한다. (각도 45도 간격20)

⑤ Move(M)의 명령을 이용하여 나무 재료분리대를 벽돌보다 20mm 앞으로 이동시켜 현관 마감재와 동일한 위치로 맞추면 된다.

- A Type의 목재사용은 장기간 사용시 부식으로 인한 마모의 우려가 있으므로 가급적 B type으로 설계하는 것을 권장한다.

선의 두께는 보여지는 재료 분리대 및 벽돌 부분이 단면이므로 굵은 선인 0.4mm로 하고, 재료기호는 가장 가는 선인 0.1mm(0.09mm)로 하는 것이 좋다.

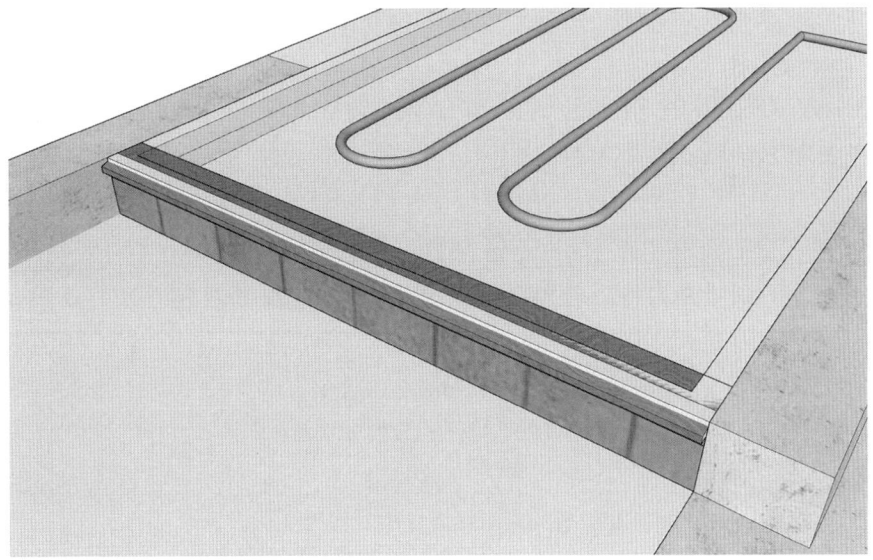

Lesson 17 방 하부 및 테라스 기초(무근으로 작도 할 경우) 도면 표현하기

최근 기출문제에서는 무근콘크리트의 시공은 거의 진행되지 않는다. 다만 무근을 사용해야 하는 캔틸레버의 경우 간혹 사용하는 경우가 있으므로 참고적으로만 알아두면 좋을 듯하다.

1 Bend up

방의 길이가 길 경우 보강을 위해 기초 부분에 가까운 곳에 무근 콘크리트 50mm를 추가해서 Band up을 한다.

Bend up은 방 하부 및 거실부분에 사용하고 또, 현관, 발코니 부분도 1,500mm 이상일 경우는 구조체의 하중을 버티기 위한 힘의 전달 방법인 Bend up을 사용한다.

Band up의 위치는 현관 전체길이의 1/4지점에서 45도 선을 그린다. 방과 거실의 경우는 반드시 Band up을 해야 한다.

벽체 쪽으로 약하기 때문에 보강을 위한 무근콘크리트를 50mm 추가로 시공해서 벽체부분을 단단하게 보강하고 기초로 힘을 전달하는 역할을 하게 한다.

주 근	• 인장 응력(보 하단)과 압축응력(보 상단)을 부담하기 위해 사용 • 단근 : 인장력에만 배근(단순보에서), 복근 : 압축력까지 배근(중요한 보에서) • D13 이상을 사용한다.
굽힘 철근	• 늑근과 병행하여 사용, 전단응력을 보강 • 응력에 따라 상하주근수량을 변화시킴에 유리하다. • 반곡점은 순지간의(안목길이) 1/4지점, 각도는 30~45°로 한다.
늑 근 (스트럽)	• 보의 전단응력 보강을 위해서 넣는 철근(양단부 끝부분에 많이 넣는다) • 철근 위치 정착, 피복두께 유지, 사인장 균열 방지 • ∅6 이상의 철근을 사용하고 간격은 보춤의 3/4 이하 또는 45cm 이하로 한다.

- 전단력 : 부재를 직각으로 자를 때 생기는 힘.
- 물체의 하중에 따른 힘의 구조 분포도

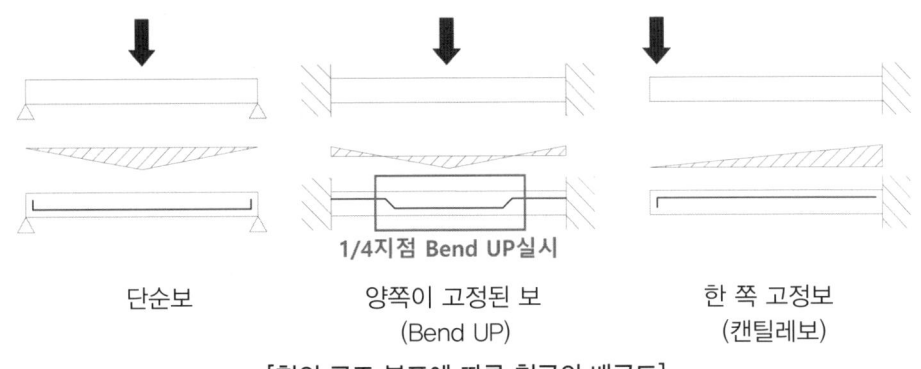

[힘의 구조 분포에 따른 철근의 배근도]

위의 그림과 같이 평(平)슬라브의 구조상 반곡점이 일어나는 위치의 최적은 1/4 지점이며, 기초의 전달까지의 가장 좋은 각도는 45도 이다.
그러므로 전산응용건축제도의 Bend UP의 각도는 45도로 하고 위치는 1/4지점에서 이루어지는 것을 기억해야 한다.

그러나 실제 도면에서는 단면부분이 잘려져서 보일경우는 반곡점, 즉, Bend up이 그려진 것을 보여지기 위해서 간혹 1/4지점이 아닌 곳에서 나타내어지기도 하는데 그 이유는 채점시 수험자가 Bend up이 채점 기준에 포함되기 때문에 절단 부분 안쪽으로 Bend up을 그려 넣기도 하기 때문이다.

2 Bend up의 그리는 순서

1) 주택은 현관의 기초에서 실의 끝 기초까지 1/4지점에서 Bend up이 생긴다.

2) 중심선으로부터 1,000mm를 Offset(O) 명령을 사용하여 사선의 Bend up이 일어나도록 시작점을 잡는다.
   - 방의 크기 전체가 보여 지는 단면의 경우 방의 크기에 비례하여 1/4지점에서 Bend up을 설정하면 되지만 방의 크기가 잘려진 부분으로 보여 지는 경우는 보통 2)와 같이 간격을 띄우기를 한다.

3) 거실 무근콘크리트 상부의 선을 기준으로 Offset(O) 명령을 사용하여 450mm로 간격을 띄운다.

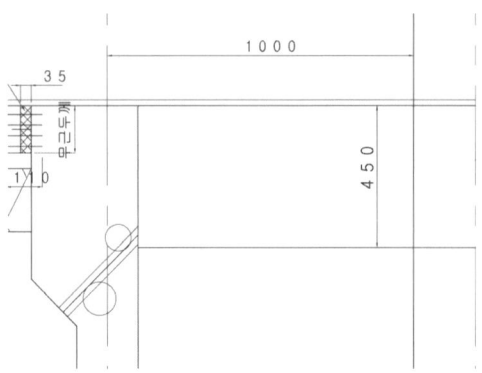

4) 상황창의 극좌표 추적하기를 선택하고 각도를 45도로 사선을 긋고 Offset(O) 명령을 사용하여 아래 선부터 50mm로 위쪽으로 간격을 띄운다.

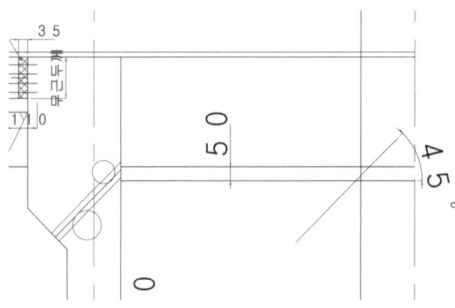

5) 아래 그림과 같이 P1부터 P2까지 join(J) 명령을 사용하여 결합시킨다.

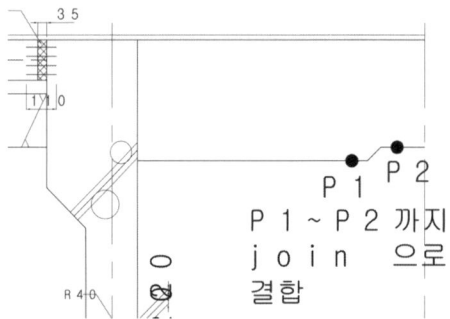

6) 아래 그림과 같이 P1부터 P2까지 Offset(O) 명령을 사용하여 각각 200mm, 50mm씩 위쪽으로 간격을 띄워 Bend up을 완성한다.

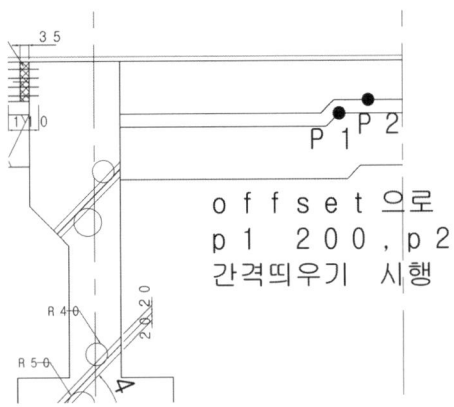

Lesson 18 거실창(2,400mm) 창문틀 단면도 표현하기

1 알루미늄 창호 단면 그리기

① 알루미늄 창에서 밑틀 프레임은 어느 한 점을 선택하여 기준점으로 하고 다음 점을 사각형인 Rectang(REC) 명령어를 사용하여 @100,30의 사각형을 그린다.

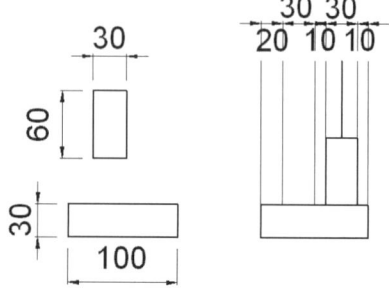

② 알루미늄 창틀 프레임도 어느 한 점을 선택, 기준점으로 하고 다음 점을 Rectang(REC) 명령어를 사용하여 @30,60의 사각형을 그린다.

③ 그런 다음 사각형을 그림과 같이 맞추고 Offset(O) 명령을 이용하여 각각 그림과 같은 간격으로 선을 그어 단면창의 선과 입면창의 선을 왼쪽의 그림과 같이 만들어 준다. 이때 왼쪽의 mm를 암기하여 작도하는 것이 좋다.

④ 단면도는 1/40으로 출력할 것이기 때문에 너무 자세히 그린다고 해서 출력의 도면에 표현되어지지 않으므로 작은 부분에는 많이 신경을 쓰지 않아도 된다.
따라서 신속히 그리기 위해 정확한 창틀의 모양과 상관없이 형틀의 모양인 사각형의 모양만으로 그린다.

⑤ 유리의 프레임은 단면의 표시이므로 두꺼운 선인 0.4mm가 좋으며 창틀 및 프레임 역시 단면선인 0.4mm로 하고 그 외의 창문 부분은 두꺼운 선이 겹쳐서 보이지 않을 것을 고려하여 모두 0.1mm(0.09mm)로 하는 것이 좋다.

2 목재창호그리기

① 목재 창에서 밑틀 프레임은 어느 한 점을 선택하여 기준점으로 하고, 다음 점을 Rectang(REC) 명령어를 사용하여 @150,45의 사각형을 그린다.

② 알루미늄 창틀 프레임도 어느 한 점을 선택 기준점으로 하고 다음 점을 Rectang(REC) 명령어를 사용하여 @30,60의 사각형을 그린다.

③ 그런 다음 사각형을 그림과 같이 맞추고 Offset(O) 명령을 이용하여 각각 그림과 같은 간격으로 선을 그어 단면창의 선과 입면창의 선을 만들어 준다.
이때 왼쪽의 mm를 암기하여 작도하는 것이 좋다.

④ 단면도는 1/40으로 출력할 것이기 때문에 너무 자세히 그린다고 해서 출력의 도면에 나타나지지 않으므로 작은 부분에는 많이 신경을 쓰지 않아도 된다.

- 유리의 프레임은 단면의 표시이므로 두꺼운 선인 0.4mm가 좋으며, 창틀 및 프레임 역시 단면선인 0.4mm로 하고 그 외의 창문 부분은 두꺼운 선이 겹쳐서 보이지 않을 것을 고려하여 모두 0.1mm (0.09mm)로 하는 것이 좋다. (해치선 포함)

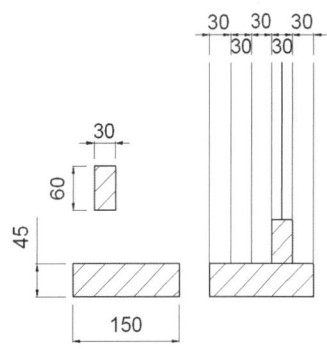

Memo

Point

➡ 목재 창호의 경우 재료의 표시가 있어야 한다.

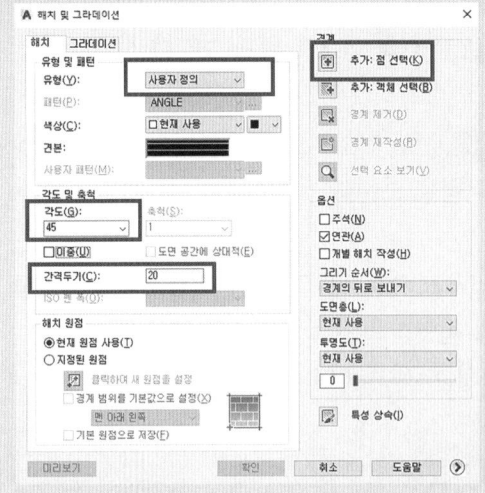

목재창호는 반드시 Hatch(H)를 왼쪽의 그림과 같이 45도 각도로 20간격으로 넣어줘야 한다.

플라스틱창호일 경우는 해치Hatch(H)만 제외하면 된다.

그러나 목재 창호의 사선 해치는 도면 내 모든 목재 부분에 들어가는 해치이므로 한 번에 해치를 넣어도 좋으나, 해치를 누락하고 작도할 수 있는 우려가 있으니 그 때 그 때 넣는 것도 시간을 소모하지만 누락을 방지할 수 있어 좋은 점도 있다.

➡ 창틀은 목재의 특성으로 32mm(과거 목재의 치수인 (材)를 기준으로한 치수)의 목재를 사용하다 보니 1/40 축척의 도면에서 32mm의 표기가 매우 어렵다.

그런 이유로 목재 창틀은 30mm와 60mm를 표준으로 작도를 한다.

※ 건축자재의 특징은 3의 배율로 많이 들어가진다.
  30mm, 45mm, 60mm, 90mm, 12mm, 150mm등 판재의 크기가
  910mm X 1820mm(톱으로 재단시 잘려나가는 mm포함)이다 보니 거의 모든 형태가 3의 배율로 작도되므로, 창틀 역시 3의 배율만 기억하면 작도에는 큰 어려움이 없다.

3 플라스틱 창호그리기

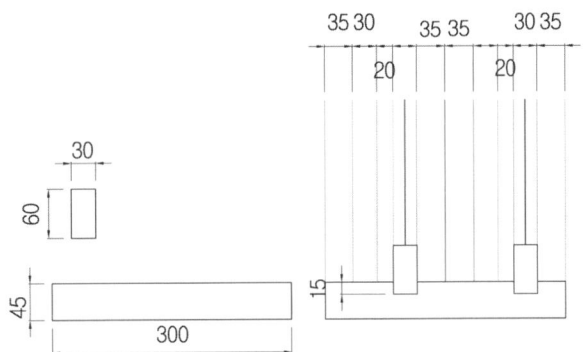

① 플라스틱 창호는 밑틀 프레임은 어느 한 점을 선택하여 기준점으로 하고, 다음 점을 Rectang(REC) 명령어를 사용하여 @300,45의 사각형을 그린다.

② 창틀 프레임도 어느 한 점을 선택 기준점으로 하고 다음 점을 Rectang(REC) 명령어를 사용하여 @30,60의 사각형을 그린다.

③ 그런 다음 사각형을 그림과 같이 맞추고 Offset(O) 명령을 이용하여 각각 그림과 같은 간격으로 선을 그어 단면창의 선과 입면창의 선을 만들어 준다. 이때 왼쪽의 mm를 암기하여 작도하는 것이 좋다.

④ 왼쪽 부분이 작도가 되면 복사하여 오른쪽으로 붙여넣기 하여 마무리 한다.

⑤ 유리의 프레임은 단면의 표시이므로 두꺼운 선인 0.4mm가 좋으며 창틀 및 프레임 역시 단면선인 0.4mm로 하고 그 외의 창문 부분은 두꺼운 선이 겹쳐서 보이지 않을 것을 고려하여 모두 0.1mm(0.09mm)로 하는 것이 좋다.

4 알루미늄창호와 목재창호의 접합

① 그려진 알루미늄 창과 목재창의 틀을 그림과 같이 맞추고 Line(L) 명령을 사용하여 창틀의 맨 아래 선을 임의로 가로로 긋는다.

② Offset(O)의 명령을 사용하여 1,200mm로 간격을 띄운다.

③ 그런 다음 간격을 띄운 1,200mm선을 기준으로 아래 창문과 프레임들을 마우스로 영역을 선택 후 Mirrir(MI) 명령을 사용하여 위쪽 부분으로 대칭복사 하여 반대쪽 창문틀을 완성시킨다.

5 중간 유리 보호틀 만들기

거실창은 사이즈가 가늘고 길기 때문에 중간에 틀을 대어 유리의 파손에 대비하게 되어 있다.

따라서 안전과 파손을 막기 위해서는 중간 틀을 만들어 주어야 한다.

① 먼저 Line(L) 명령을 사용하여 창틀의 맨 아래 선을 임의로 가로로 긋고, Offset(O)의 명령을 사용하여 900mm로 간격을 띄운다.

② 그런 다음 간격을 띄운 900mm선을 기준으로 아래 프레임을 선택하여 Copy(CO)의 명령을 사용하여 위쪽 부분으로 복사시켜 창문의 중간 틀을 만든다.

③ Trim(TR) 명령으로 창문의 중간틀 사이의 유리 선 및 입면선을 절단하면 완성된다.

- 목재의 중간틀 및 상하부에는 해치Hatch(H)를 안 넣으면, 감점의 우려가 있으므로 반드시 해치Hatch(H)가 들어가야 한다.

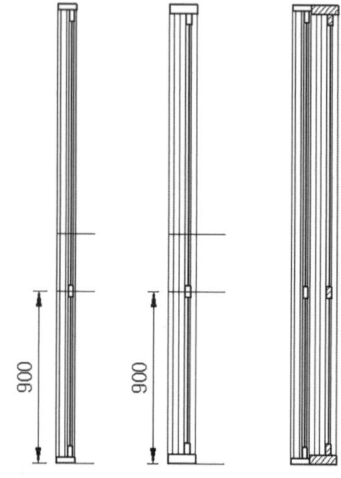

- 단면에서 중간틀을 그렸을 경우 입면에서도 중간틀이 반드시 그려져야 한다. 단면에서 그려지지 않거나 입면에서 그려지지 않았을 경우 입면과 단면이 상이하므로 감점의 소지가 있다.

④ 알루미늄 창과 목재창은 Move(M) 명령을 이용하여 벽체에 그림과 같이 붙여 넣으면 된다.

테라스의 창틀 옆면에 그림과 같은 벽돌이 입면으로 보여 지므로 해치의 사용자 정의에서 각도 0도 간격60으로 해치를 넣어준다.

- 단면이 아니므로 사선은 넣지 않는다.

Memo

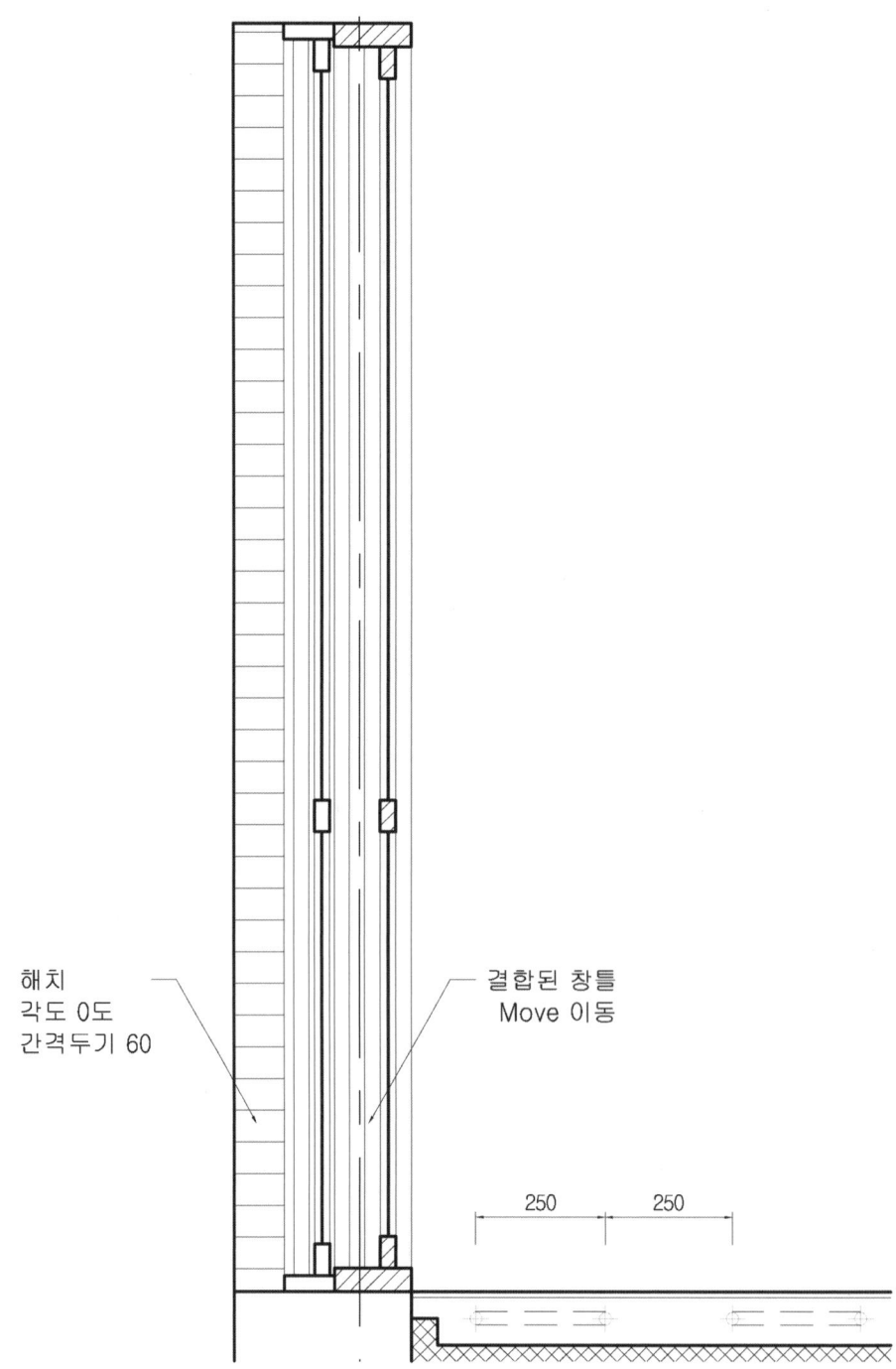

[거실 창문 합체도]

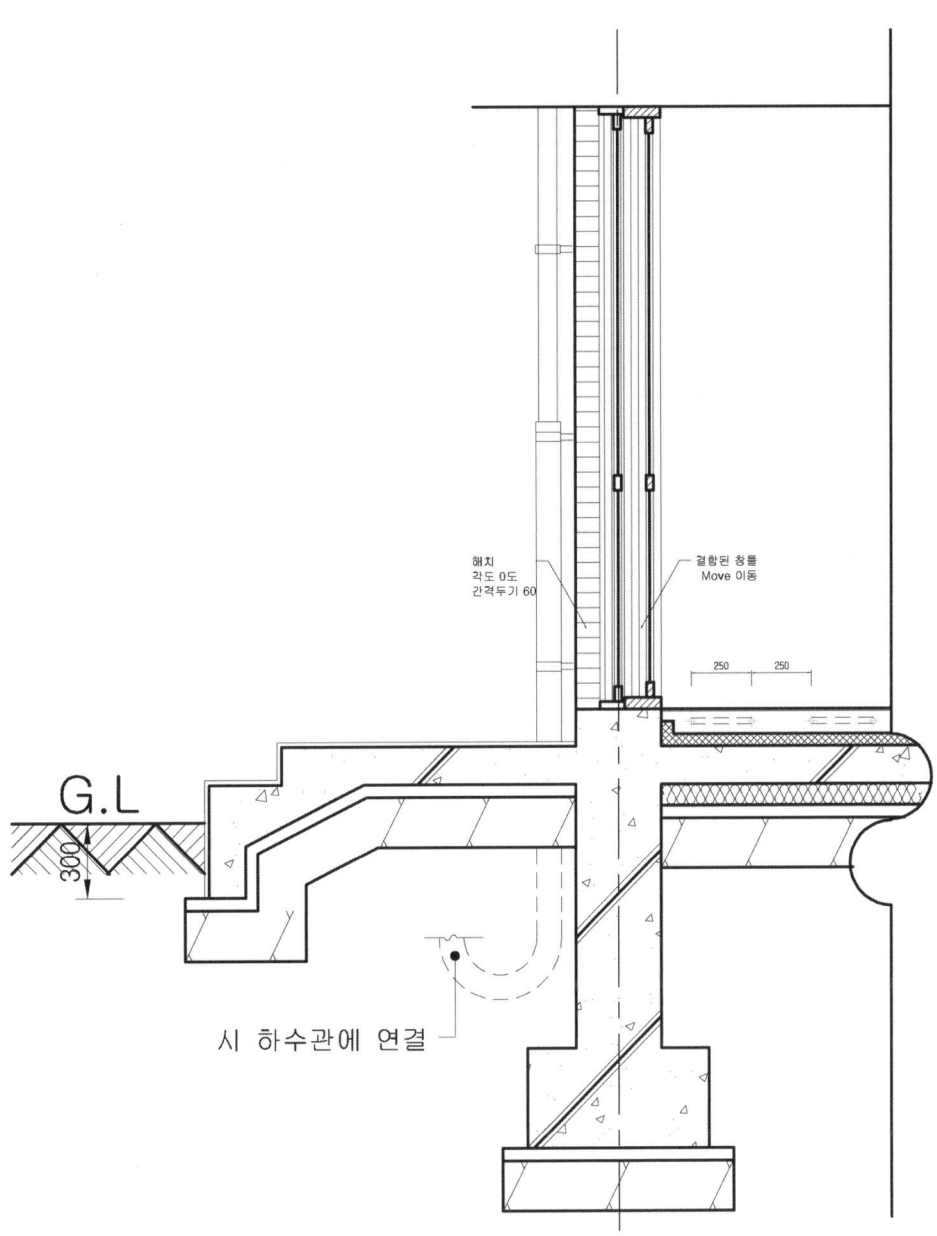

[테라스 기초 및 창문틀 완성도]

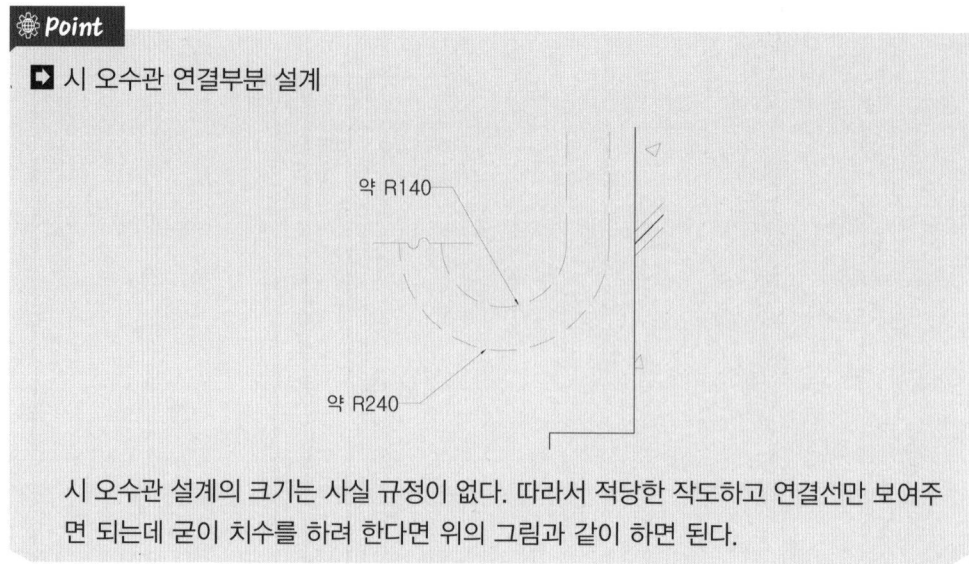

시 오수관 설계의 크기는 사실 규정이 없다. 따라서 적당한 작도하고 연결선만 보여주면 되는데 굳이 치수를 하려 한다면 위의 그림과 같이 하면 된다.

6 테라스에서 계단이 없을 경우의 테라스 마감하기기

아래의 그림과 같이 출제 문제 유형에서 테라스 앞 부분에 계단이 없이 난간으로 마감이 되어질 경우 테라스 하부의 마감은 계단이 있을 경우와 거의 같다.

다만 난간의 마감 및 추가적인 부분이 있으므로 작도법을 숙지해야 한다.

[테라스에 계단이 없을 경우의 기출문제 평면 유형]

① 먼저 테라스의 끝선에서 아래의 그림과 같이 Line(L) 명령을 사용하여 위를 향하도록 수직선을 긋고 Offset(O)의 명령을 사용하여 바닥 하부 마감선에서 부터 900mm로 간격을 띄운다.

② 난간동자(난간 세로선 부분)의 간격은 30mm명령을 Offset(O)의 사용하여 간격을 띄우고 다시 Circle(C)의 명령을 사용하여 난간두겁 (손잡이 부분의 명칭)을 그려넣는다.

③ 그 외의 모든 다른 방법은 테라스 작도법과 동일하다.

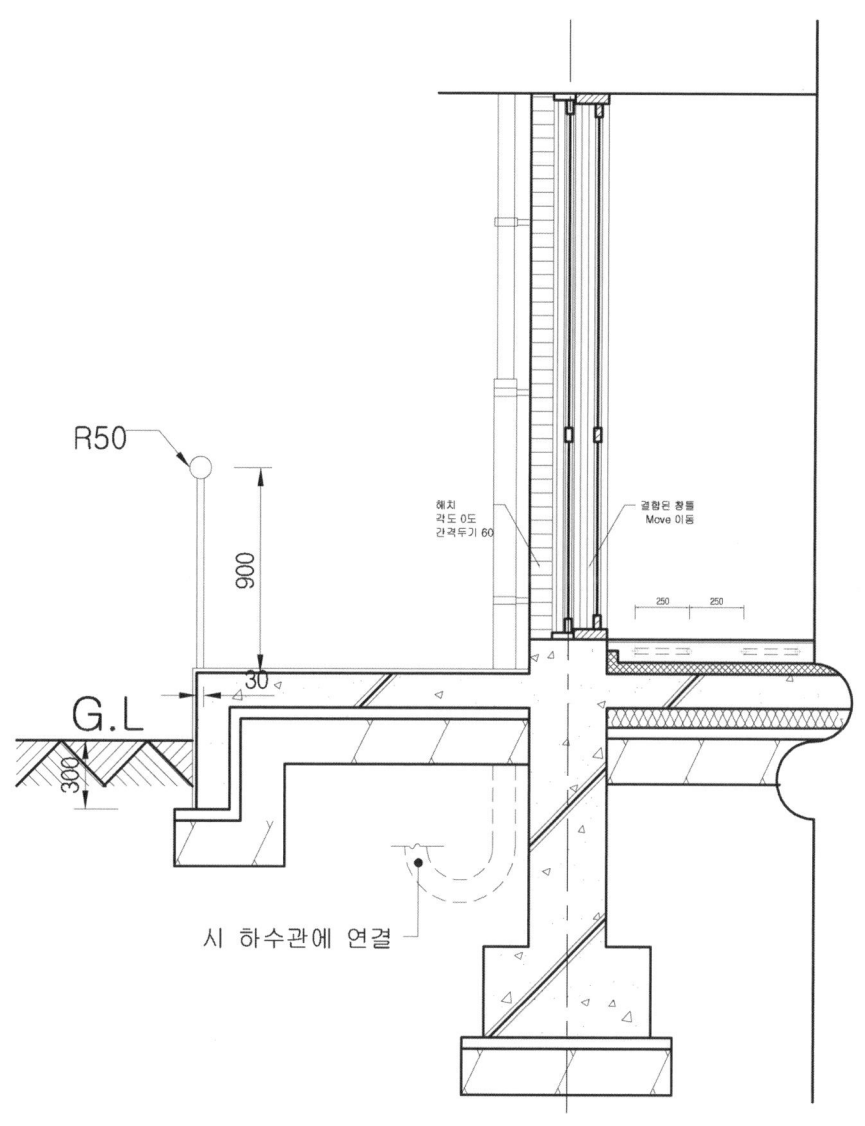

[테라스에 계단이 없을 경우 난간의 단면 표기법]

Lesson 19 현관문 단면도 표현하기

현관문은 출제기준 및 출제도면에 따라 상부의 고정창이 문제의 유형별로 조금 다르다. 출제 기준에서 반자의 높이가 얼마냐에 따라서 문의 높이 (@900,2100 또는 @1000,2100)는 같으나 위쪽 고정창의 길이가 각각 달라지므로 현관문에서 고정창의 높이는 항상 같지 않다.

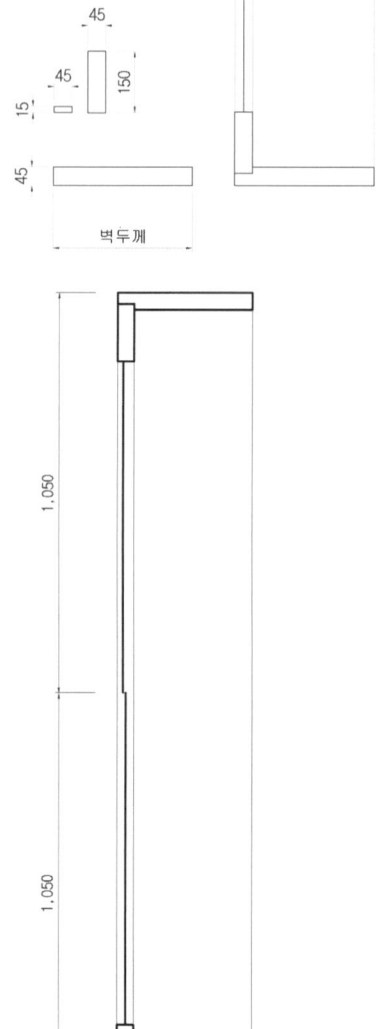

① 먼저 Rectang(REC)의 명령을 사용하여 @벽두께,45의 문틀을 만들고, (벽두께는 출제기준에 따라 단열재의 두께에 따라 변하므로, 출제기준에 준한다.)

② 다시 Rectang(REC)의 명령을 사용하여 @45,15의 사각형을 만들어 문의 열리는 방향 끝부분에 Move(M)의 명령으로 붙여 넣는다.

③ Trim(TR)의 명령으로 끝부분을 우측의 그림과 같이 잘라 낸다.

④ 그런 다음 간격을 띄운 900mm선을 기준으로 아래 프레임을 선택하여 Copy(CO)의 명령을 사용하여 위쪽 부분으로 복사시켜 창문의 중간 틀을 만든다.

⑤ Rectang(REC)의 명령을 사용하여 문선대인 @45,150의 사각형을 그려 넣고 잘려진 @30,15부분에 Move(M)의 명령으로 끝점을 기준하여 맞추어 넣는다.

⑥ Line(L)의 명령을 이용하여 45mm 부분의 양쪽에 선을 임의의 선을 그려 넣고 가운데 중간선(유리의 단면선)을 그려 넣는다.

⑦ 문틀의 맨 아래 임의의 가로선을 Line(L)의 명령을 이용하여 긋고 Offset(O)의 명령을 사용하여 문의 높이 2,100mm의 가운데인 1,050mm로 간격을 띄우고 나서 Mirror(MI)의 명령으로 문틀 및 문선대를 그림과 같이 대칭복사 한다.

⑧ 문틀 및 문선대는 단면선이므로 0.4mm가 적당하고, 문의 끝부분에 보이는 문틀선은 입면 부분이므로 0.1mm(0.09mm)로 하고 유리의 단면선 역시 잘려진 유리로서 단면선의 기준인 0.4mm가 적당하다.

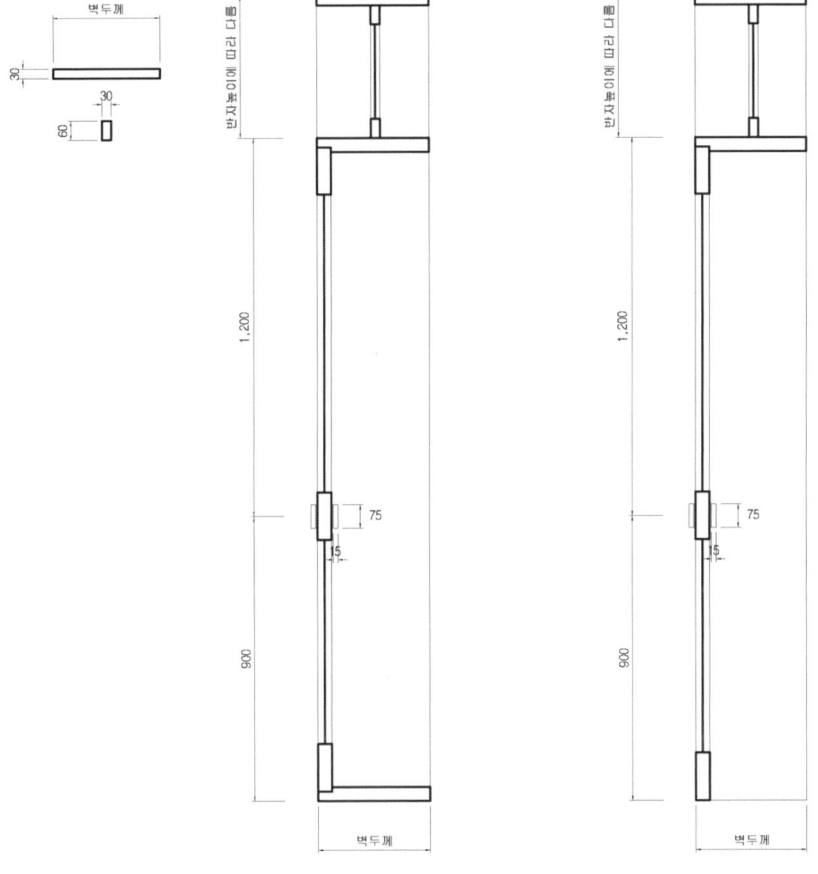

하부에 문틀이 있는 경우   하부에 문틀이 없는 경우

① 현관문 상부 고정창은 Rectang(REC)의 명령을 사용하여 문틀인 @벽두께,30으로 사각형을 긋고, 문선대인 @30,60 의 사각형을 그려 넣고 가운데 부분에 Move(M)의 명령으로 위쪽의 그림과 같이 맞추어 넣는다.

② Line(L)의 명령을 이용하여 30부분의 양쪽에 선을 그려 넣고 가운데 중간선을 그려 넣는다.

③ 문틀의 맨 아래 임의의 가로선을 Line(L)의 명령을 이용하여 긋고 Offset(O)의 명령을

사용하여 고정창의 정 가운데로 간격을 띄우고 나서 Mirror(MI)의 명령으로 문틀을 그림과 같이 대칭복사 한다.

④ 문의 손잡이는 문틀의 맨 아래 임의의 가로선을 Line(L)의 명령을 이용하여 긋고, Offset(O)의 명령을 사용하여 900mm의 간격으로 띄우고 나서 문선대의 @30,150을 Copy(co)의 명령으로 문선대를 그림과 같이 복사 한다.

⑤ 다시 Rectang(REC)의 명령을 사용하여 문틀인 @15,75로 사각형을 만들고, 문선대인 @30,150의 사각형 가운데 부분에 Move(M)의 명령으로 그림과 같이 맞추고 Mirror(MI)의 명령을 이용하여 그림과 같이 다른 방향에도 그려 넣는다.

※ 현관문의 손잡이는 원의 명령을 사용하지 않는 이유는 당시 건축물에서는 사각형의 손잡이를 이용한 섀시의 현관문이 기성품으로 많이 출시되었다. 현재는 원형 손잡이도 많이 있어 방문과 같은 방법으로 원형 손잡이로 작도를 해도 무방하다.

⑥ 문의 중간선대는 단면선이므로 0.4mm가 적당하고, 양쪽에 있는 손잡이 부분은 중요한 부분이 아닌 입면 부분이므로 0.1mm(0.09mm)가 적당하다.

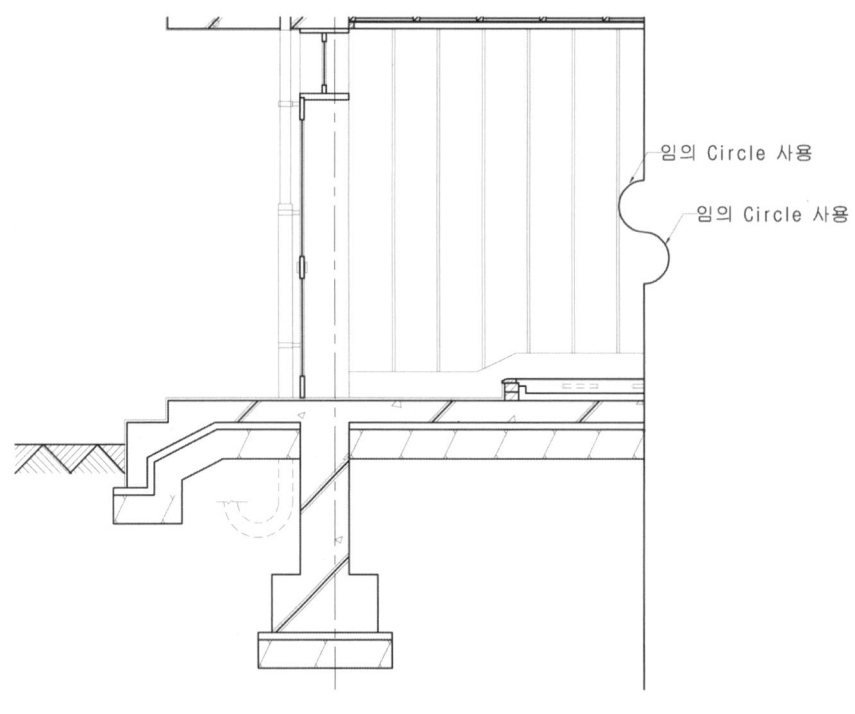

[현관문 완성도면 예제]

Lesson 20 테두리보 표현하기

테두리보는 조적식 구조에서 횡력(수평, 지진, 풍력)에 약한 조적벽체의 약점을 보완하기 위해 수직 하중의 힘을 이용하여 횡력을 보강하는 구조적으로 매우 중요한 부분이다.

최근 현대식 주택건물은 철근콘크리트 일체식 구조 사용되어 테두리보의 역할은 조적식 벽체와는 다르게 그 의미가 작아졌지만, 구조물을 하나의 축으로 구성하고 힘을 받도록 고정하는 역할의 일체식 구조에 한 부분으로 매우 중요한 조건을 지니고 있다.

또한 현관 하부 또는 테라스 하부에 빗물이 유입되는 것을 방지하고 외장의 아름다움을 위해서 캔틸레버의 지지대로서의 역할도 중요하기 때문에 구조적인 부재로서 아래의 반드시 조건을 지켜서 설계가 되어져야 한다.

1 테두리보의 규격

조적조에서는 나비(가로)는 내력벽 두께보다 같거나 커야 하고, 폭(세로)는 내력벽 두께의 1.5배 이상이면서 30cm이상이여야 한다.]는 것이 힘을 받는 조적조에서의 테두리보에 대한 건축규칙이다.

이를 근거하여 일체식 구조에서 벽체의 두께가 400mm이하 일 때는 테두리보의 폭은 600mm 이상이여야 하고, 벽체의 두께가 400mm이상일 경우는 700mm이상으로 작도하여 횡력에 약한 조적조를 보강하기 위해 수직으로 하중을 내려 벽체를 누르도록 작도하여 구조적으로 안정되게 그리는 것이 중요하다.
(예 : 벽 두께 400mm : 테두리보 600mm / 벽 두께 420mm : 테두리보 700mm)

2 테두리보 그리는 방법

① 방 바닥에서 반자 높이 2,400mm를 Offset(O)한 선에서 부터 테두리보의 높이를 시작한다. 임의의 가로선을 긋고 Offset(O)명령을 이용하여 600mm의 간격을 띄운다. 단, 벽체가 400mm일 경우 600mm를 Offset(O)하지만 400mm이상일 경우 구조적 안정성을 위하여 650~700mm의 높이로 간격을 띄워 선을 긋는다.

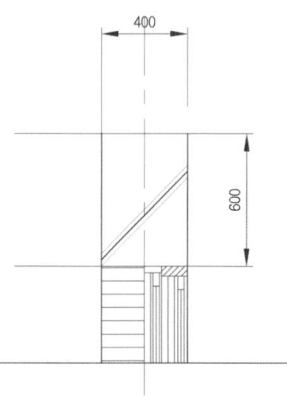

Point

▶ 테두리보는 두 가지의 type으로 그려질 수 있다.

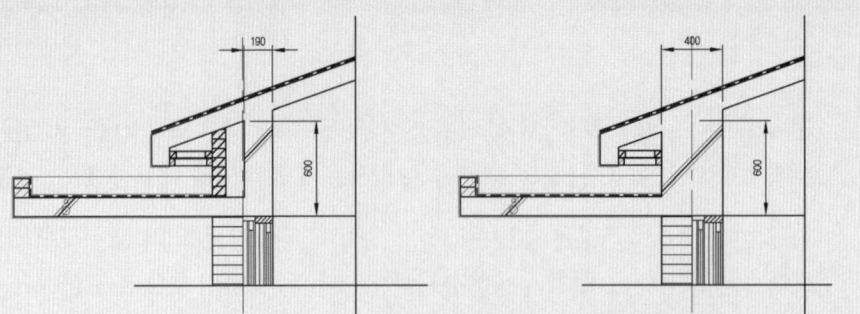

앞서 설명한 바와 같이 일체식 구조에서는 테두리보의 역할이 조적조처럼 크지 않다. 따라서 두께 역시 조적조의 두께와 같이 벽체두께와 동일하게 시공되지 않아도 무방하다. 따라서 그림(좌)과 같이 1.0B의 두께의 콘크리트와 그 외는 조적 및 단열재 시공을 작도하여도 무방하다.

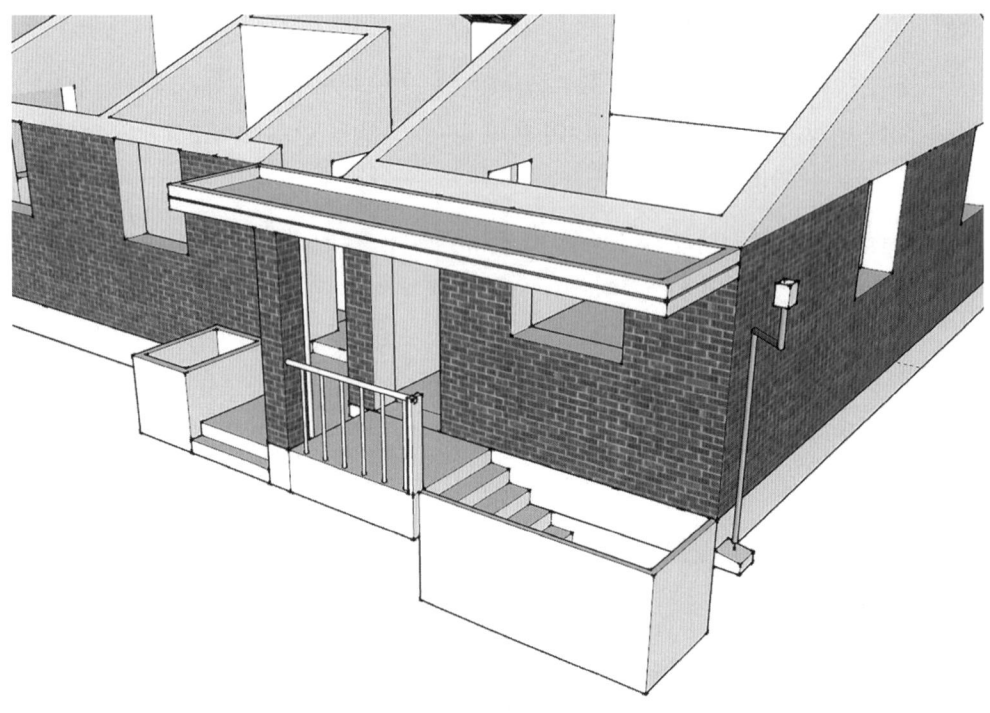

Lesson 21 캔틸레버 표현하기

캔틸레버는 현관이나 테라스의 상단에 만들어지며, 차단의 목적으로 만들어지기 때문에 빗물이 현관이나 테라스로 들어오는 것을 막는데 그 목적이 있다.

캔틸레버는 벽면에 접한 한부분만 힘을 받는 내민 보 이므로 1,500mm이상으로 설치가 되었을 경우는 보강 벽체 및 헌치 및 기둥을 작도하여 보강 지지대를 반드시 만들어줘야 한다.

캔틸레버는 내민보의 상단에 벽돌을 2장 길이쌓기 하여 캔틸레버에서 물이 넘치는 것을 방지하고, 중앙부분에 배수구를 뚫어 홈통으로 연결하는 구조로 되어 있다.

캔틸레버 상단부분 모양

또한 빗물의 방지역할을 하므로 캔틸레버 상단에는 방수가 포함되어져야 하며, 하부에는 물끊기 홈을 이용하여 빗물이 캔틸레버를 타고 현관을 침입하는 것도 방지를 해줘야 하는 부분이다.

건물의 구조부분에서 필요부분을 명확히 설계하는 것도 설계자의 기본자세이므로 채점기준으로 포함되어진다고 볼 수 있다.

캔틸레버의 거리는 실내 쪽으로 바라보고 거실 쪽 또는 현관계단의 끝선에서부터 선을 그어 상단부에 보통 많이 사용된다. 하지만, 평면상 문제지에 나와 있는 캔틸레버가 길 경우는 문제의 유형에 맞도록 캔틸레버의 길이를 조정 하면 된다.(평면도상에서 캔틸레버의 길이가 표현되어져 있거나, 테라스의 면적으로 캔틸리버의 길이를 유추할 수 있는 경우)

① 현관문 고정창 상단에서 Line으로 선을 그어 계단의 끝선 까지 만들고, Offset(O)명령으로 캔틸레버의 두께인 120mm 만큼 간격띄우기를 해서 그림(아래)과 같이 만든다.

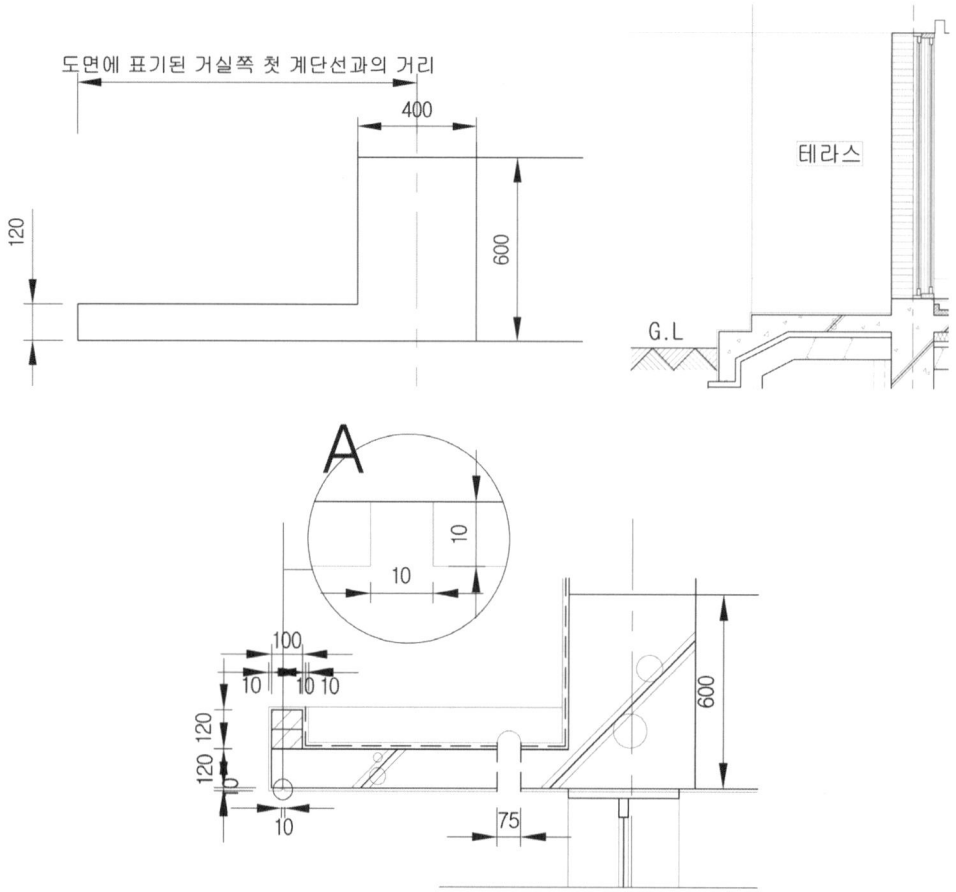

② Rectang(REC)으로 길이쌓기 벽돌의 크기인 @100,60을 2개를 만들어서 그림과 같이 겹쳐지게 작도하고, 미장 마감선 10mm를 Offset(O)명령을 이용하여 캔틸레버를 감싼다.

③ 캔틸레버의 상단에는 방수층을 20mm로 만들어서 그림과 같이 넣고 배수구 ∅75mm를 그림과 같이 뚫어준다.

- A부분과 같이 캔틸레버 하단에 @10,10으로 된 물끊기 홈을 넣어서 빗물이 캔틸레버를 타고 현관이나 테라스 상단에 떨어지지 않도록 하는 표현을 해준다.

Lesson 22 지붕 슬라브 도면 표현하기

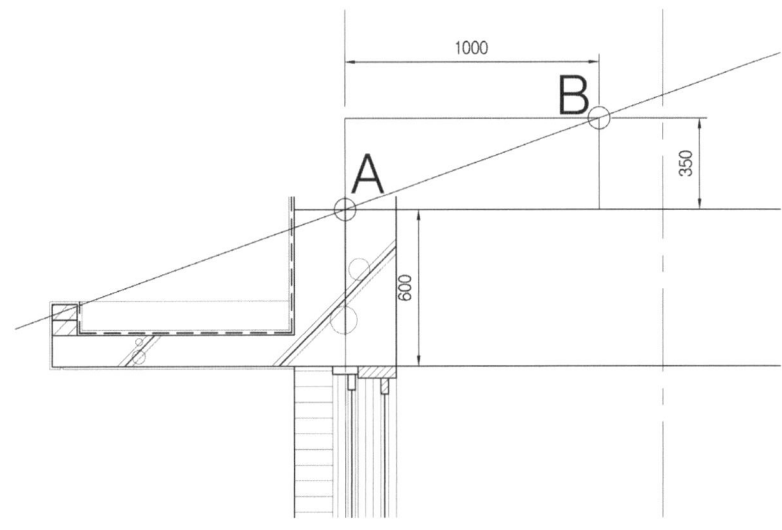

① 테두리보가 끝나는 벽체 중심점에서 부터 Rectang(Rec)명령을 이용하여 문제에 나와 있는 지붕의 물매인 @1000, 350의 사각형을 지붕의 용머리가 있는 방향으로 그려 넣는다.

② Xline(XL)명령으로 사각형의 경사진 꼭지점 (A와 B)을 이어주면 지붕의 경사각인 3.5/10의 경사진 지붕의 물매가 나타난다.

Point

▶ 지붕 물매의 시작점을 주의해야 한다.
지붕물매의 시작은 반드시 벽체의 중심점에서부터 시작해야 한다.
테두리보의 바깥쪽 선이나 안쪽 선에서 부터 시작하면 물매가 맞지 않으므로 주의해야 한다.

- 물매란 빗물을 흘러내리게 하는 경사의 정도를 뜻한다.
  시험문제에서 4/10이면 Rectang(Rec)명령으로 @1000,400으로 3.5/10이면 @1000,350 등으로 변형되므로 시험문제에서 출제기준을 반드시 확인해야 한다.

Point

➡ 매우 중요한 주의 사항 (지붕의 물매는 반드시 지붕의 긴 쪽을 시작으로 해야 한다.)

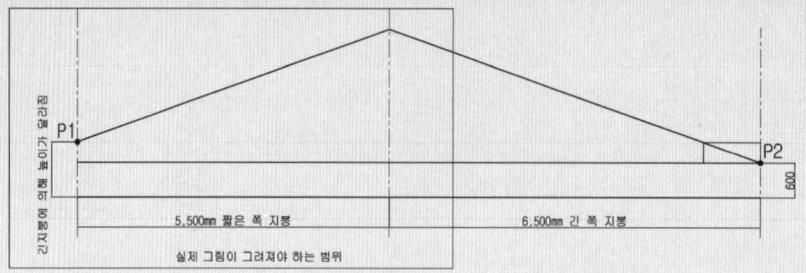

P2의 긴 지붕부터 물매를 시작하면 P1의 지점에서는 테두리보의 구조적 한계인 600mm 가 넘는 치수로 나타나지만 P1의 짧은 지붕부터 물매를 시작하면 P2의 테두리보는 물매가 짧아지거나 거의 나타나지 않게 되기 때문에 구조적으로 심각한 오류를 범하게 된다. 따라서 지붕은 반드시 그림과 같이 치수가 긴 쪽의 지붕부터 시작하여야 한다.

지붕의 물매는 구조적으로 매우 중요한 부분이므로 잘못 설계치 탈락의 대상이 될 수 있다.

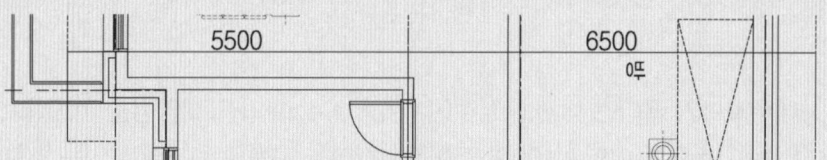

· 문제가 출제되었을 경우 평면상에서 지붕의 크기를 자세히 보아야 한다.
용머리를 기준으로 평면도에서 벽체와 다르게 지붕의 모양을 나타내는 경우도 있으며 지붕의 모양이 벽체와 동떨어지게 길게 구성되어져 있는 출제가 되기 때문이다.

➡ 평면에서 외벽체 보다 지붕이 기형적으로 클 경우의 시작 방법

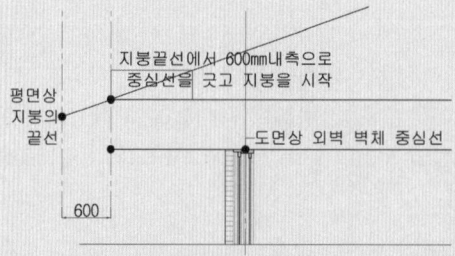

평면도를 잘 살펴보고 지붕의 길이가 기형적으로 길게 표현되는 경우는 지붕의 시작은 지붕 끝부분이 우선이 되므로 가장 긴 지붕을 찾아서 처마나옴의 길이 안쪽으로 가상의 중심선을 그림과 같이 긋고 지붕의 물매를 시작해야 한다.

Lesson 23 지붕 끝부분 마감 표현하기

지붕 끝선의 마감은 테두리보 600mm부터 지붕 슬라브인 120mm가 올려 그려진 부분의 끝 쪽 처마나옴 부분을 말한다.

지붕의 끝선은 시험지의 출제 문제 중 처마나옴의 거리에 따라 달라지므로 반드시 출제조건을 확인하고 처마나옴의 거리에 맞도록 해야 한다.

- 출제문제에서 처마나옴 거리가 500mm으로 표기된 경우는 Offset(O) 500mm 이동 후 마감이 되어지고 처마나옴 거리가 600mm일 표기된 경우는 Offset(O) 600mm가 되므로 반드시 출제문제를 확인하고 작도를 해야 한다.

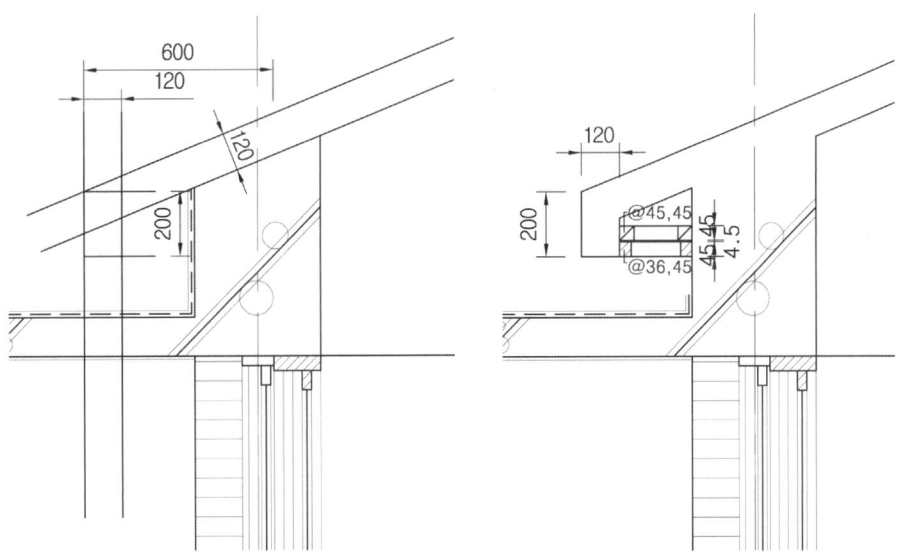

① 벽체의 중심선에서 Offset(O) 명령을 이용해서 처마나옴의 거리 (600mm 인 경우)만큼 간격을 띄우고 그 띄운 거리에서 지붕의 안쪽으로 120mm를 다시 간격 띄운다.

② 지붕선과 120mm의 교차되는 부분에서 Line(L)으로 선을 그어 아래로 다시 Offset(O)의 명령으로 200mm를 내려 긋고 Fillet(F) 명령으로 서로 연결한다.

③ 지붕의 반자돌림과 반자는 그림의 규격과 같이 반자돌림 @36,45, 무늬합판 4.5mm, 반자 @45,45로 Rectang(REC)명령으로 만들어 넣는다.

- 캔틸레버의 방수층은 반자돌림의 하부에서 마무리 되어져야 한다.
- 반자돌림 36 X 45의 경우 치장목이므로 목재 재료표시가 되어야 한다.
- 반자 45 X 45의 경우는 구조재 이므로 사선표시의 재료표시를 해야 한다.

④ 지붕의 끝부분이 완료가 되었으면 콘크리트 슬라브 상부에서 우측의 그림과 같이 10mm 만큼 Offset(O) 명령을 이용해서 간격띄우기를 하고 콘크리트 바로 위에 있는 선은 방수재료 표시를 위해 0.4mm의 두꺼운 hidden 선으로 변경하고 그 윗선은 지붕마감 끝선으로 얇은 선인 0.09mm로 변경 한다.

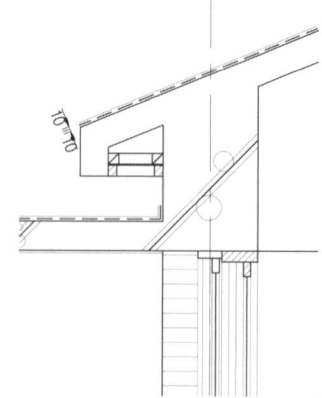

Memo

Lesson 24 손쉬운 단면기와 표현하기

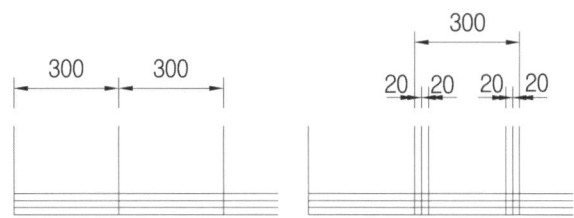

① 도면 옆쪽 공백 부분에 작도를 시작하며 Line(L)의 명령을 이용하여 수평선을 긋고 20mm로 그림과 같이 3선을 Offset(O)명령을 사용하여 간격을 띄운다.

② 다시 Line(L)의 명령을 이용하여 그림(좌)과 같이 수직선을 긋고 그림(우)과 같이 20mm로 2선을 Offset(O)명령을 사용하여 간격을 띄운다.

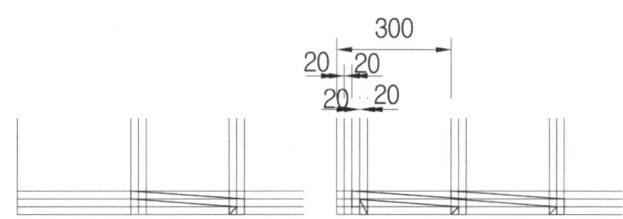

③ Line(L)의 명령을 이용하여 그림(좌)과 같이 선을 잇는다.

④ 기와의 앞부분은 다시 Line(L)의 명령을 이용하여 그림(우)과 같이 수직선을 긋고 20mm로 4선을 Offset(O)명령을 사용하여 간격을 띄운다.

⑤ Line(L)의 명령을 이용하여 그림(우)과 같이 기와모양 대로 선을 잇는다.

⑥ 기와를 그리기 위한 보조선을 지우고, 뒤쪽의 기와를 선택하여 Array(ar)의 명령으로 배열삽입을 한다.
여기서 Array(ar)의 수량은 위의 그림과 같이 20개를 하는데 그 이유는 통상적으로 단면으로 출제되는 지붕 경사각의 길이가 5,000mm 미만으로 출제되기 때문에 20개의 간격이면 충분하다.

- 버전에 따라 ARRAYCLASSIC을 사용해야 팝업창으로 사용되는 버전이 있으므로, 명령어 선택시 주의해야 한다.

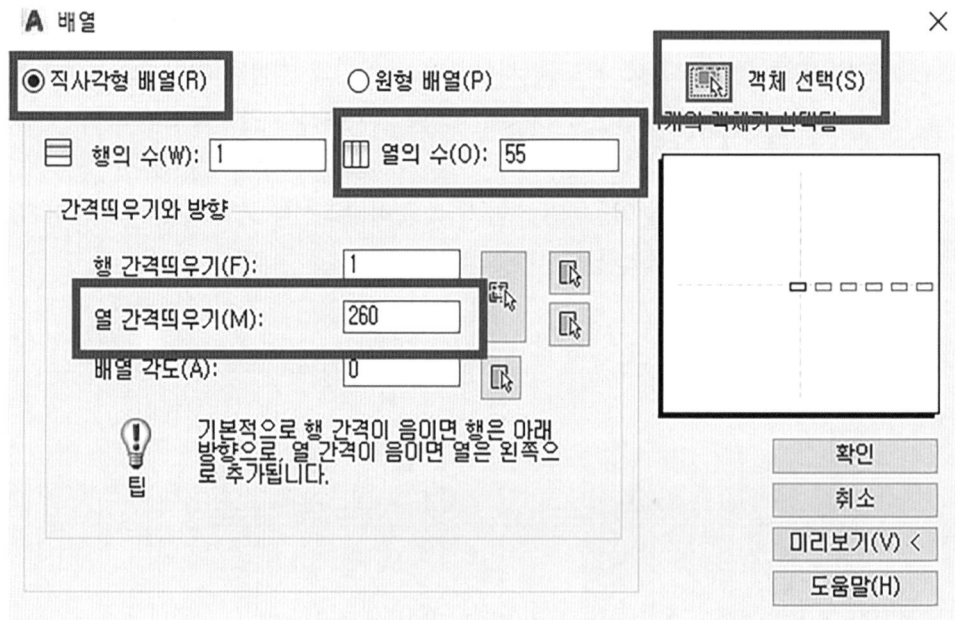

⑦ 지붕의 경사각에 맞추어 move(m) 명령을 이동하여 지붕의 끝선에 붙여 넣는다.

- 기와는 지붕 슬라브 위에 방수층 상단에 그려진다.

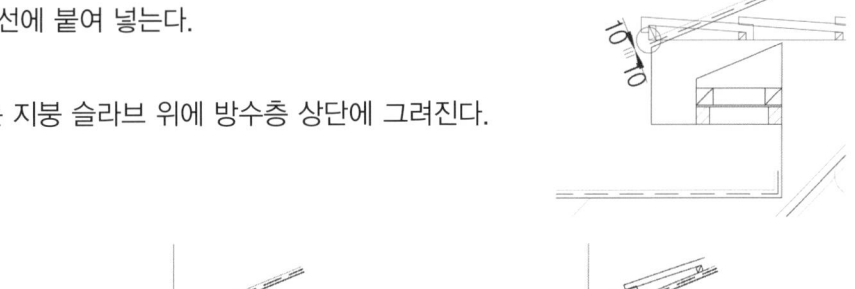

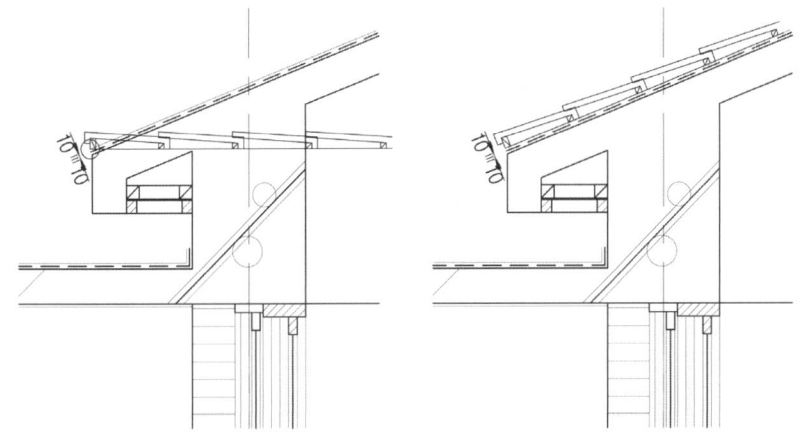

⑧ Rotate(ro)명령을 사용하여 기와를 지붕의 경사각도와 동일하게 이동시킨다.

⑨ 기와의 마무리는 Offset(O)명령을 사용하여 10mm씩 그림과 같이 마감 하고 하단에는 @10,10의 사각형으로 물끊기 홈을 만들어 준다.

- 지붕의 끝선에 물끊기 홈이 작도 되지 않았을 시에도 감점의 사유가 되므로 반드시 그려줘야 한다.

- 물끊기 홈은 캔틸레버가 먼저 작도 되어있을 경우 Copy(CO)의 명령을 사용해서 복사해 붙여 넣기 하는 것도 시간을 단축시키는 방법이라 할 수 있다.

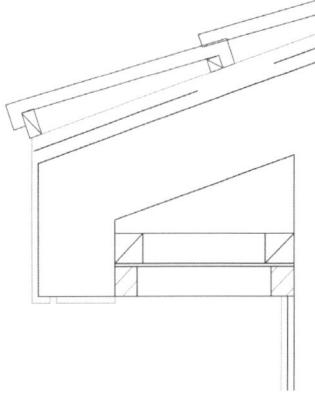

⑩ 물끊기 홈과 미장 마감선은 주요부분이 아니므로 0.1mm(0.09mm)로 그려지면 좋고 기와는 0.2mm 또는 0.3mm 어느 선이든 무방하다. 단, 진한 단면선인 0.4mm는 사용하지 않는 것이 좋다.

Lesson 25 용머리 기와 표현하기

- 용머리는 지붕의 가장 꼭대기에 그려진다. 시작은 방수층 상단에서 시작하는 것이 좋다.

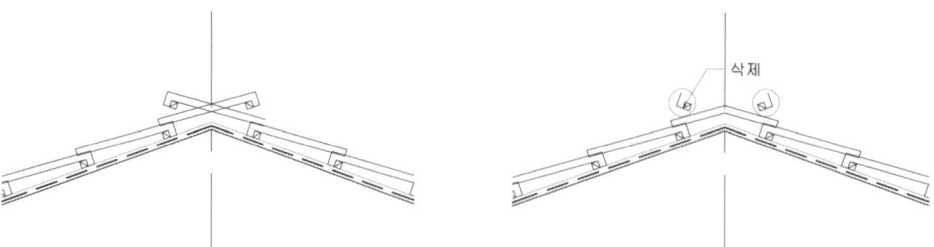

① 먼저 기와의 연장선 마무리를 위의 그림과 같이 Fillet(f)의 명령을 사용하여 서로 잇고, 남는 부분은 지운다.

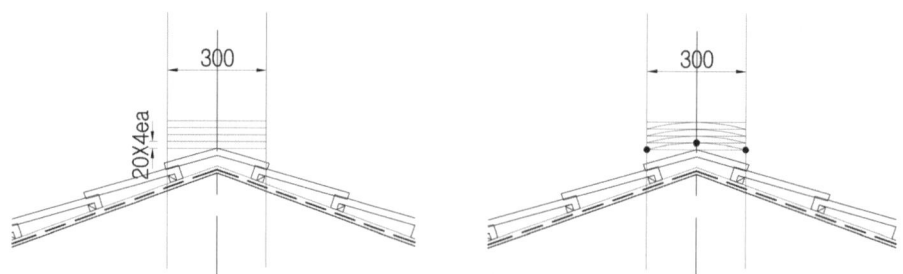

② 지붕의 끝선에서 중심점을 기준으로 양쪽으로 150mm씩 Offset(O)명령을 사용하여 간격을 띄우고 방수층의 맨 윗선을 기준으로 20mm씩 네 번을 다시 Offset(O)명령을 사용하여 간격을 띄워 선을 긋는다.

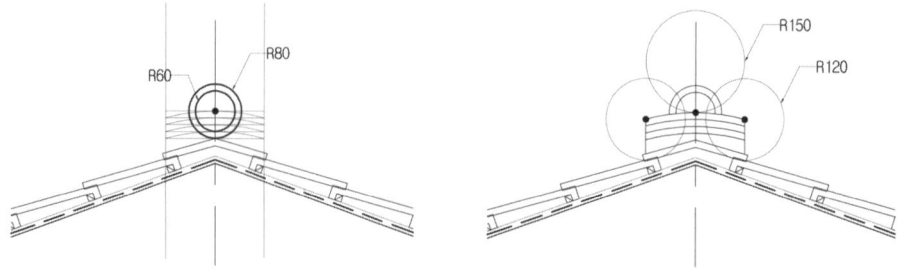

③ Arc(A)의 명령으로 사용하여 그림과 같이 암기와를 그리고 Circle(C)의 명령으로 반지름 80mm과 반지름 60mm의 원을 그림과 같이 그린다.

④ Circle(C)의 명령을 이용하여 그림과 같이 중심점을 정확히 클릭하여 반지름 150mm의 원을 그려 중앙의 용머리 윗부분을 작성한다.

⑤ 다시 Circle(C)의 명령을 이용하여 좌우측의 용머리를 반지름 120mm의 원을 그리는데, 위의 오른쪽 그림과 같이 중심점 선택을 암기와 맨 끝 부분에서부터 중심을 잡고 그리면 된다.

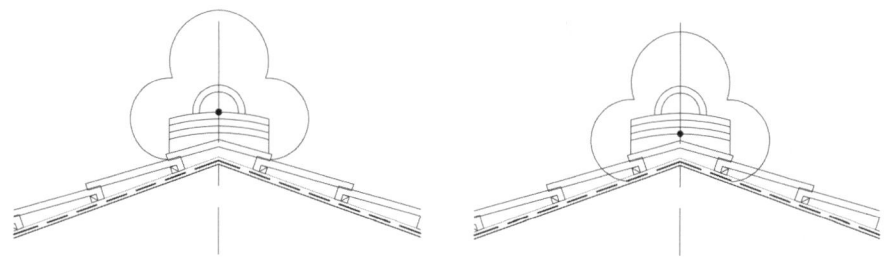

⑥ Move(M)의 명령을 이용하여 용머리의 중심점을 위의 그림과 같이 암기와의 맨 아래 하단으로 이동하고 Trim(Tr)의 명령으로 각 원의 교차점을 잘라내면 된다.

- 용머리의 선두께는 기와부분으로서 0.2mm 또는 0.3mm 어느 선이든 무방하다. 단, 진한 단면선인 0.4mm는 사용하지 않는 것이 좋다.

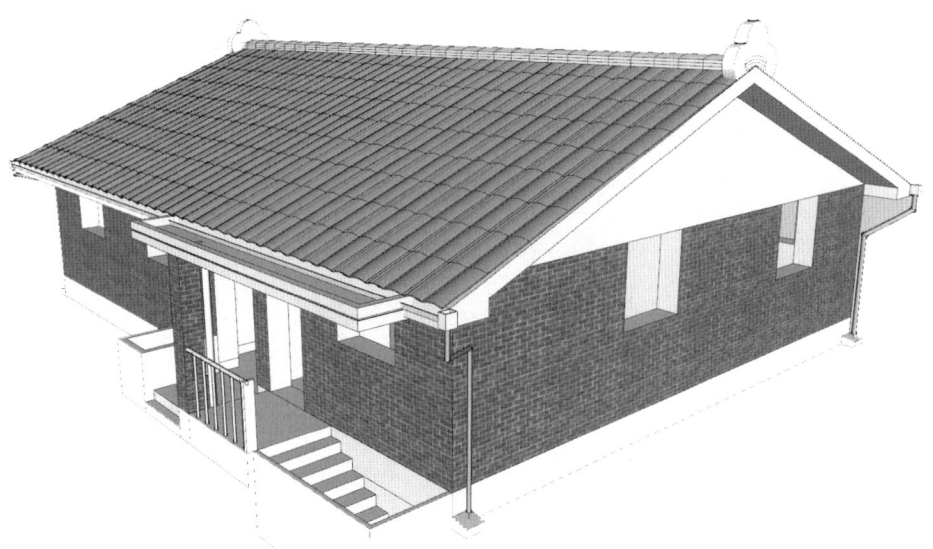

Lesson 26 지붕 중앙 슬라브 보강 표현하기

지붕의 최상단 부분이 구조적으로 힘의 전달의 시작으로 보기 때문에 슬라브의 보강을 해서 기초까지 고루 하중을 전달하게 하는 역할을 한다.
따라서 힘을 벽체로 균등하게 전해주는 역할을 하기 위해서는 그림과 같이 지붕이 보강되어 지면 자칫 약해질 수 있는 슬라브에 보강이 되어 안전한 구조물로 형성이 되는데 무리가 없다.

① 지붕의 끝선에서 임의의 가로선을 Line(L)의 명령을 이용하여 긋고, 그은 선을 기준으로 Offset(O)의 명령을 사용하여 간격을 300mm 띄운다.

② 간격을 띄운 선을 지붕슬라브 아래 선과 Fillet(F)의 명령을 사용하여 서로 우측의 그림과 같이 접합 시키면 된다.
구조체로 중요한 부분이므로 0.4mm로 그려지면 된다.

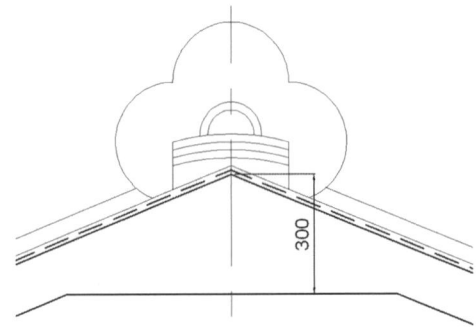

Lesson 27 지붕 내벽 슬라브 보강 표현하기

내벽의 조적이 지붕의 상단 부분에 접해질 경우 내벽의 조적에 수직력을 이용하여 벽체의 흔들림을 보강하기 위해서 내벽 기초가 지붕 슬라브 까지 닿았을 때 지붕슬라브에서 테두리보를 내려 벽체의 흔들림을 방지하는 역할을 한다.
따라서 힘을 벽체로 균등하게 전해주는 역할을 위해서는 아래의 그림과 같이 지붕이 보강 되어 지면 자칫 약해질 수 있는 조적조의 보강이 되어 안전한 구조물로 형성이 되는데 무리가 없다.

① 지붕의 중심에서 임의의 선을 내려 긋는 것이 맞으나 벽체의 흔들림을 방지하기 위한 용도를 감안하여 테두리보의 기준인 600mm를 맞추어 그릴 필요가 없다. 따라서 우측의 그림과 같이 벽체의 끝선에서 가로선을 Line(L)의 명령을 이용하여 긋고, 그은 선을 기준으로 Offset(O)의 명령을 사용하여 간격을 500mm 띄운다.

② 간격을 띄운 선을 지붕슬라브 아래 선과 Fillet(F)의 명령을 사용하여 서로 우측의 그림과 같이 접합 시키면 된다.
구조체로 중요한 부분이므로 0.4mm로 그려지면 된다.

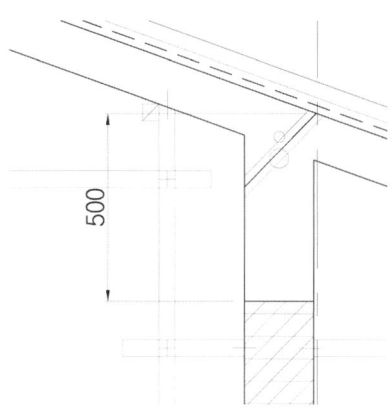

Lesson 28 천장반자틀 표현하기

지붕의 내부에는 반자와 반자틀, 달대 및 보강재가 들어가는데, 반자의 흔들림과 처짐의 방지에 매우 중요한 구조체로 작용하기 때문에 시험에 반드시 기출 된다.

그러므로 간격 및 반자의 구조틀에 대해 정확히 이해하고 있어야 한다.

① 반자의 높이 2,400mm에서부터 Offset (O)명령을 사용하여 반자돌림 45mm, 합판 4.5mm, 반자틀 45mm를 차례대로 Offset(O)명령을 사용하여 위로 올려 선을 그은 다음, Rectang(Rec)의 명령으로 반자돌림 @36,45, 반자틀 @45,45 를 각각 우측의 그림과 같이 만든다.

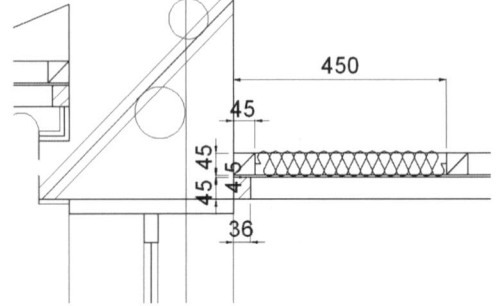

② 반자돌림의 선의 두께는 단면으로 보여 지므로 0.4mm로 보여 져야 하고, 반자돌림의 안쪽 해치는 0.09mm로 목재기호가 보여 지면 된다.

③ 반자틀 역시 단면으로 보여 지는 부분이므로 0.4mm로 하며, 반자틀은 보강재 이므로 구조재의 기호는 사선표시를 반드시 해주어야 한다.

④ 완성된 반자돌림은 목재의 해치hatch(H) (사용자 정의, 각도 45도, 간격두기20)로 넣고, 반자돌림은 45도의 선을 Line(L)의 명령으로 선을 긋는다.

⑤ 완성된 반자돌림은 Array(AR)의 명령을 사용하여 아래의 그림과 같이 열의 수 및 간격을 450mm로 하여 Array(AR)의 명령을 이용하여 배열 시킨다.

- 반자돌림안에 들어가는 단열재는 과거 기출유형에서는 천장 내부에 단열재가 시공되지 않았기 때문에 두께 45mm안에 단열재를 표기하였다. 그러나 현재의 기출문제를 보면 지붕 내부에 단열재를 표현하도록 조건이 주어지므로 굳이 다시한번 단열재를 넣지 않아도 된다.

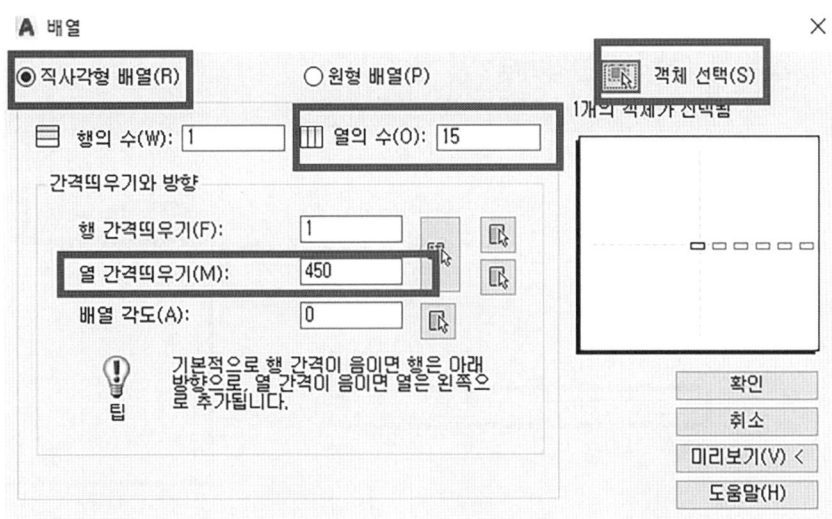

⑥ 단열재는 Offset(O)의 명령으로 45mm 반자의 중간부분인 22.5mm부분에 선을 긋고 선을 Lintype(LT)을 이용하여 Batting 선으로 변경해주면 반자 위 단열재의 표현까지 마무리가 된다.

⑦ 단열재는 재료의 기호 표시 이므로 선의 두께는 0.1mm(0.09mm)로 그리면 좋다.

• 반자돌림의 내부 천장의 끝부분에 맞지 않으면 반드시 450mm가 안되더라도 Move(M)의 명령으로 반자돌림의 위치를 수정할 수 있다.

단, 너무 거리가 멀 경우에는 반자돌림을 하나 더 넣어준다.

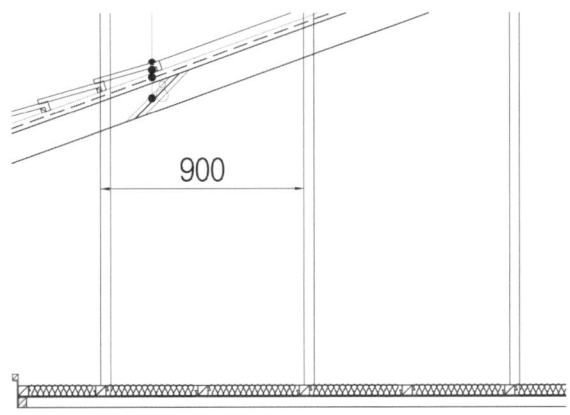

⑧ 달대는 반자돌림의 중심점부터 Line(L)의 명령으로 임의의 선을 긋고 Offset(O)명령을 사용하여 45mm로 간격띄우기를 한다.

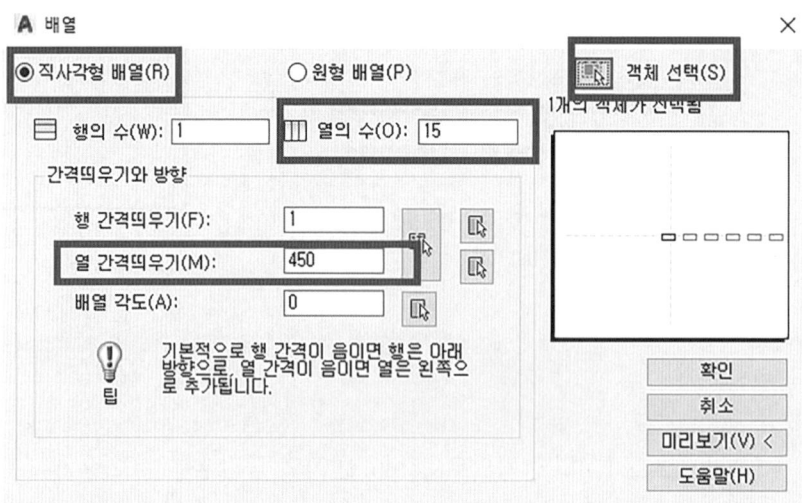

⑨ Array(AR)의 명령을 사용하여 그림과 같이 열의 수 및 간격을 900mm로 하여 배열 시킨다.

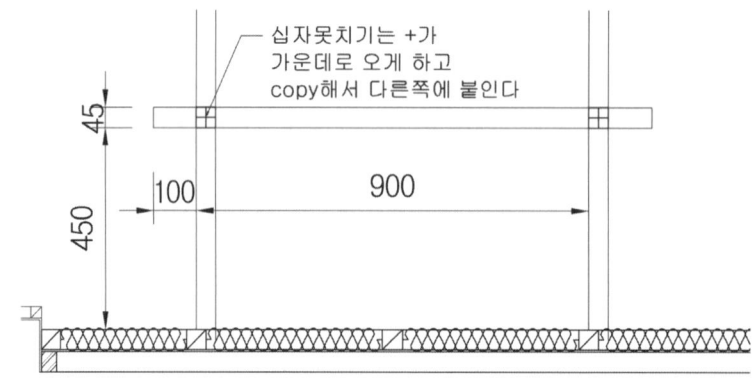

⑩ 수평꿸대는 달대의 뒤틀림을 방지하기 위한 목적으로 만들어지며, 달대의 보조재 역할이므로 달대와는 직각방향으로 놓이게 된다.
그림과 같이 반자돌림 선으로부터 Offset(O)명령을 사용하여 450mm로 간격띄우기를 하고 다시 45mm로 올려 수평꿸대를 그린다.
이때 수평꿸대의 달대로 부터의 이격거리는 100mm로 하면 적당하다.

⑪ 십자못치기는 Rectang(REC)의 명령을 사용하여 @45,45의 사각형을 그려 넣고 가운데 Line(L)의 명령을 이용하여 +의 모양이 되게 선을 긋고 Copy(c)의 명령을 사용하여 반대쪽에 복사한다.

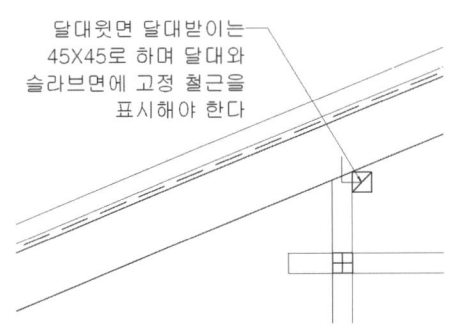

달대윗면 달대받이는 45X45로 하며 달대와 슬라브면에 고정 철근을 표시해야 한다

⑫ 달대의 윗면에는 반자틀과 같은 크기인 Rectang(REC)의 명령을 사용하여 @45,45의 사각형을 그림과 같이 붙이고 Line(L)의 명령을 이용하여 선을 그어 철근의 접착표시를 하면 된다.

- 반자돌림과 크기가 같으므로 시간의 절약을 위해서 반자돌림을 Copy(CO)의 명령을 이용하여 복사하여 붙여 넣기를 하고 반자돌림의 연결앵커볼트 표시도 함께 만들어서 Copy(CO)의 명령을 이용하여 각기 붙여 넣으면 빠르다.

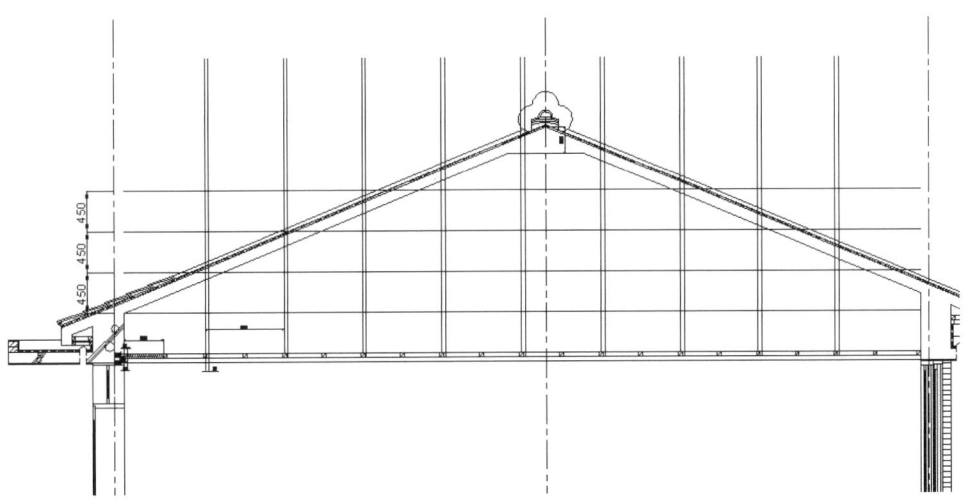

⑬ 완료가 되었으면 그림(위)과 같이 Offset(O)명령을 사용하여 450mm 간격으로 반자틀의 선에서부터 각 부분의 보조선을 띄워 주고 완성된 수평펠대를 Copy(CO)의 명령으로 복사해 각 부분에 붙여넣기 해주면 된다.

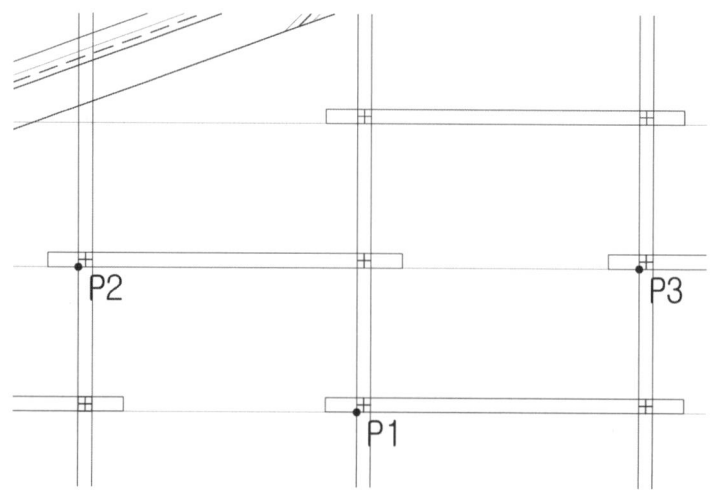

⑭ P1을 기준으로 해서 Copy(CO)의 명령으로 이용하여 서로 교차되게 복사하여 주면 수평펠대(지붕펠대)의 틀이 완성된다.

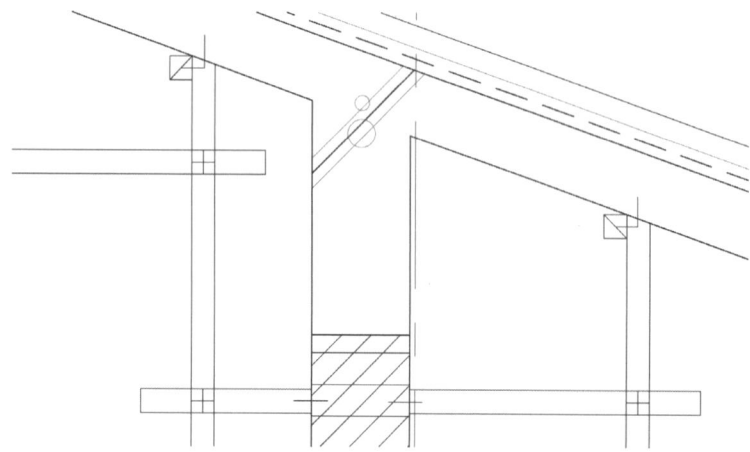

⑮ 수평펠대의 지붕 마무리 부분에서 +못치기를 넣지 못할 경우는 그림(위)과 같이 슬라브에 직접 연결할 선을 Line(L)의 명령을 이용하여 그어주면 된다.

Point

▶ 달대의 배치

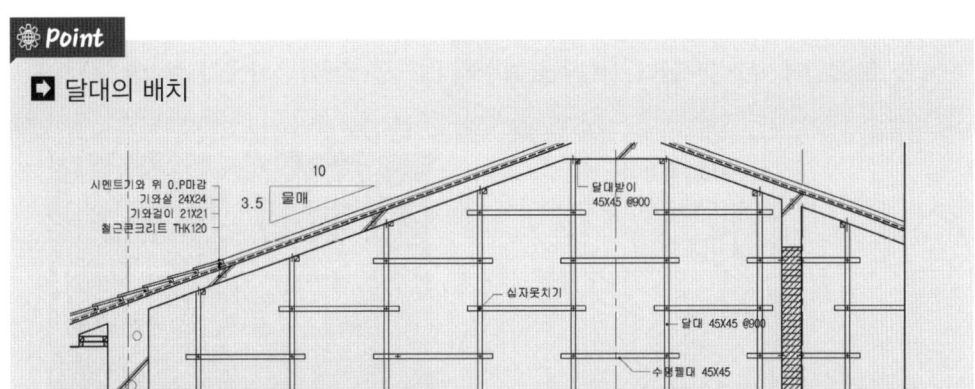

수평펠대와 달대의 기준은 그림과 같이 고루 분포가 되도록 하면 좋다.
즉, 끊어지는 짧은 수평펠대가 많이 나올수록 모양이 좋지 않으므로 반드시 처음 반자돌림부터 시작할 필요가 없으니 전체 지붕 내부를 확인 해가며 가급적 짧은 수평펠대가 나오지 않도록 분포를 잘 생각하는 것이 좋다.

⑯ 지붕 내부에는 단열재가 들어가는데 문제를 확인하여 지붕 내부의 단열재 두께를 문제에 맞도록 작도해야 한다.
본 문제는 180mm로 되어 있으므로 Offset(O)명령을 사용하여 90mm씩 두 번 간격을 띄우고 가운데 선은 Batting 선으로 바꾼 후 특성을 이용하여 Linetype Scale을 0.4mm로 변경해주면 된다.

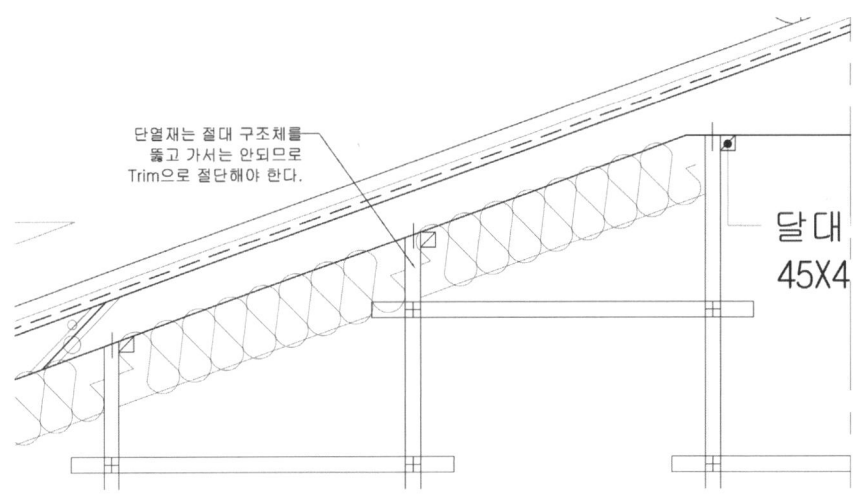

- 단열재는 구조체, 즉 달대나 수평펠대를 뚫고 지나가서는 안되므로 반드시 Trim(TR)으로 절단해 주어야 한다. (절단을 해주지 않으면 감점의 사유가 된다.)

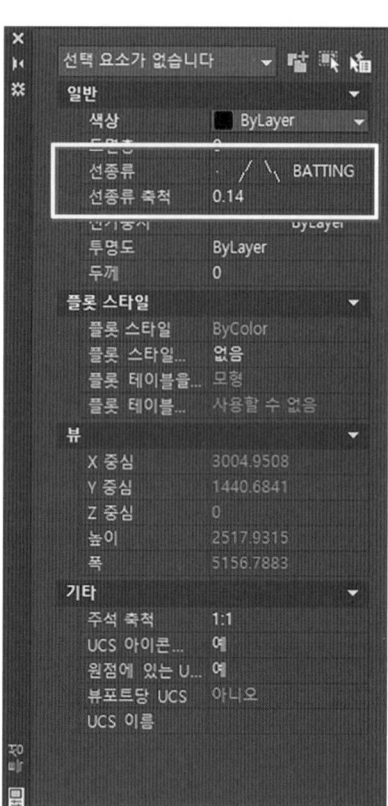

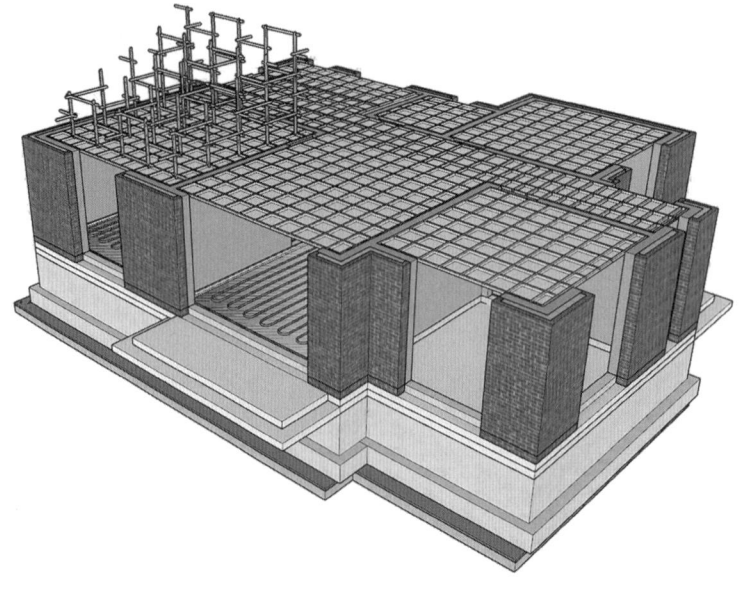

Lesson 29 단면도 마무리 표현하기

구조가 완료된 단면도에는 각각의 마감재가 들어가는데 마감재는 특별한 원칙이 있는 것이 아니지만 마감재도 자신만의 기준으로 그려 넣어서 연습하는 것이 좋다.

1 홈통 그려 넣기

① Rectang(REC) 명령을 이용해서 @75,2400와 아래의 그림과 같은 임의의 홈통걸이용 사각형을 각각 그려 놓고 그림과 같이 Move(M)의 명령으로 중심점을 기준으로 서로 붙여 넣는다.

② 홈통걸이는 특별한 기준은 없으나 전체의 간격을 고려하여 약 1/3 지점에 넣어준다.

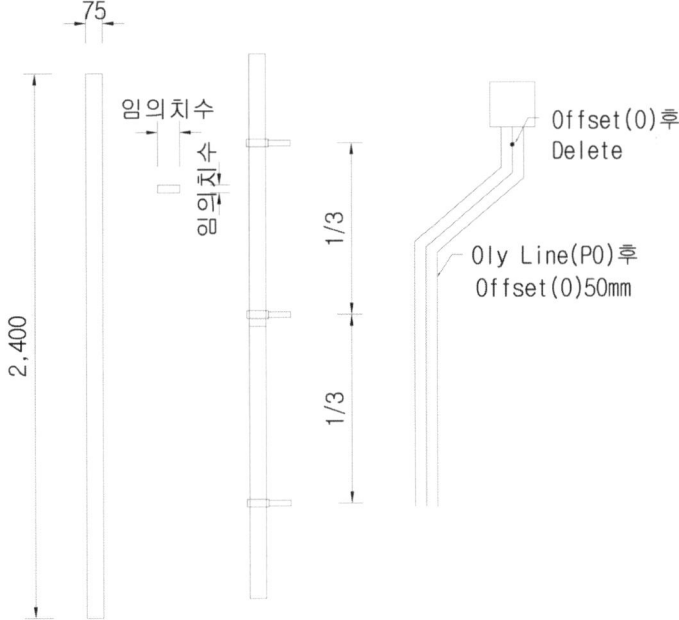

③ 캔틸레보의 상단에 홈통을 Move(M)의 명령으로 이동하여 붙여 넣고 홈통의 하단에는 시 하수관과 연결 되기 바로 전단계로 Hidden 선으로 반지름 140mm, 반지름 240mm을 Circle(C)의 명령으로 아래의 그림과 같이 그려 넣는다.

④ 상부의 깔때기 홈통은 우측의 그림과 같이 Rectang(REC) 명령을 이용해서 @200,200의 사각형을 그리고

⑤ Stretch(S)(신축)의 명령을 이용하여 끝부분만 145mm로 줄여 작도한다.

⑥ 하부의 빗물받이는 우측의 그림과 같이 Rectang (REC) 명령을 이용해서 @300,300의 사각형을 그리고

⑦ Stretch(S)(신축)의 명령을 이용하여 한쪽부분만 2/3지점으로 줄여 작도한다.

⑧ 홈통의 선의 두께는 굴뚝이 도면에서 큰 비중을 차지하는 요소가 아닌 것을 감안하여 0.1mm(0.09mm)로 하는 것이 좋다.

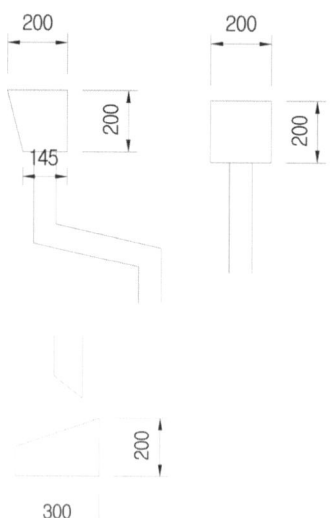

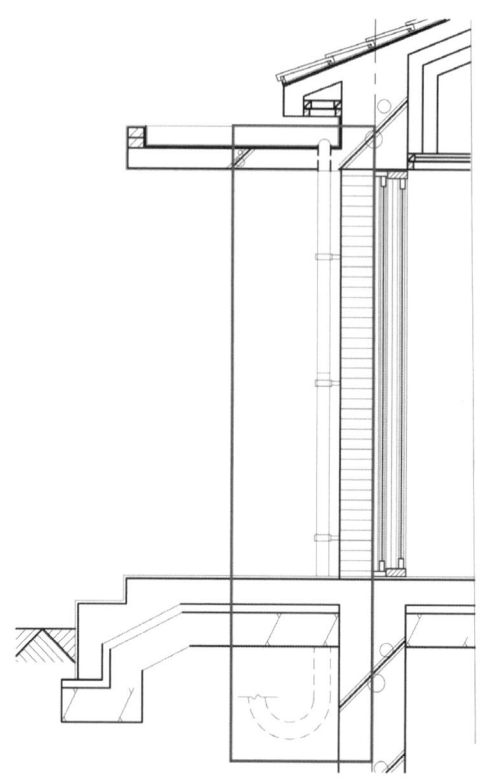

2 거실 후로어링 판넬 넣기

① 거실의 맨 끝선에서 Offset(O)의 명령을 사용하여 300mm를 간격 띄우고 다시 20mm의 간격을 띄운다.

또한, 바닥에서부터 180mm의 간격을 띄워서 걸레받이를 만들어준다.

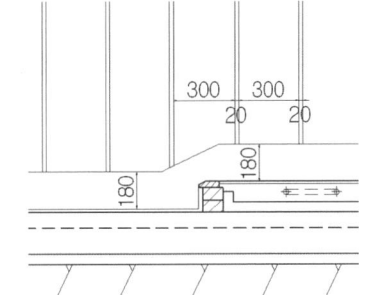

Point

▶ 용어 설명

걸레받이 : 바닥에서부터 벽체에 오염을 막기 위해서 설치하는 부분으로서 보통은 유성페인트 검정색이나, 벽체보다 어두운 색으로 만들어 준다.
걸레가 직접 닿아 오염이 되는 부분이라 하여 걸레받이라 하고, 하부몰딩이라 하기도 한다.

▶ 거실의 내부 입면 표현은 시간이 없을 경우는 굳이 안해도 무방하다. 다만, 약간의 감점 요소를 가지고 있으므로 남는 시간에 최대한의 표현을 해주는 것이 좋다.

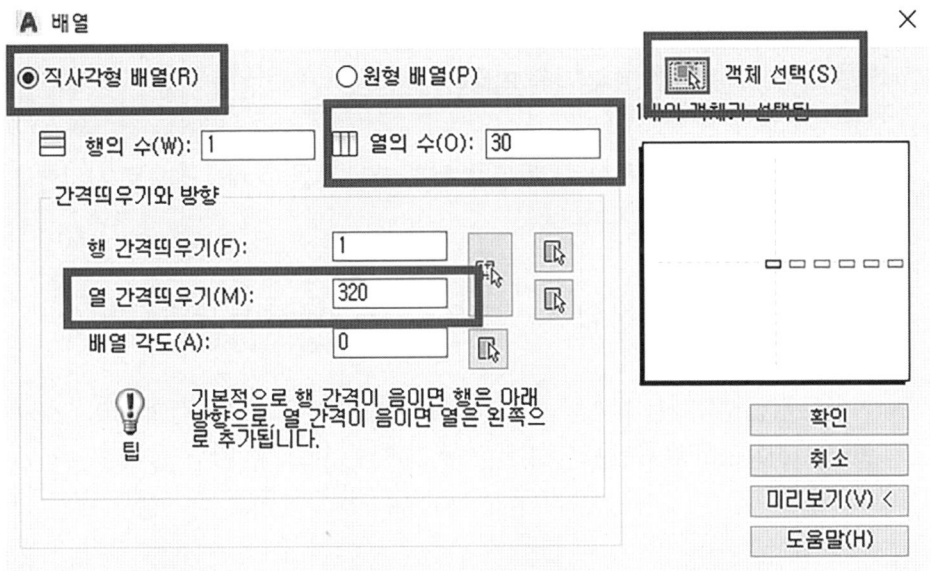

② Array(AR) 또는 Arrayclassc의 명령으로 위의 그림과 같이 열의 개수 (거실의 크기에 따라 적당히 선택)와 간격을 320mm를 입력하여 배열하면 한다.

3 신발장 및 거실장 입면표현

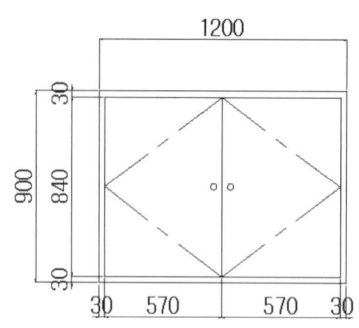

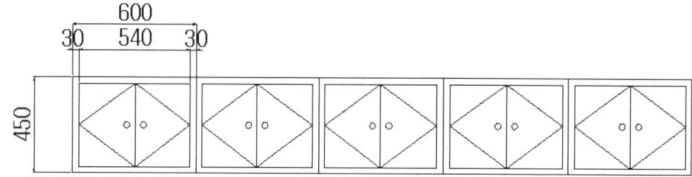

① 신발장의 규격은 특별히 없으나, 높이는 목재의 기준간격을 고려하여 300, 450, 600, 900, 1,200mm의 높이 및 너비로 제작하면 된다.

② Rectang(REC)의 명령을 사용하여 @1200,900의 사각형을 그려 넣고, Offset(O)의 명령으로 30mm를 안으로 간격을 띄운다.

③ 안쪽선의 중심점을 기준으로 2등분을 하고 다시 선을 Center 선으로 사각형을 4등분 하여 그림과 같이 선을 긋는다.

④ 손잡이의 규격은 특별히 없으나 보통은 반지름 30mm으로 만든다.

⑤ 거실장은 신발장과 동일한 방법으로 만들면 되고, 만든 것을 그림과 같이 Copy(CO)의 명령을 이용하여 복사하면 된다.

Lesson 30 단면도에 문자 · 치수 넣기

1 문자 넣기

단면도의 문자는 크기가 [80]과 [굴림체]가 좋다.
주의해야 할 점은 [@굴림체]를 선택하면 세로쓰기가 되어 지기 때문에 조심해야 한다.
시험장에서는 당황하기 때문에 평소 알고 있는 것들도 실수를 하기 때문에 평상시 연습으로 글씨의 기입을 계속 해서 암기를 해주는 것이 좋다.

특히, 문자는 실수를 했을 때, 감점의 폭이 크므로 오타가 발생하거나, 빼먹는 글자가 없도록 단면도상의 명칭도 같이 기억을 하면서 글자를 적으면 좋겠다.
새로 만들기로 글자체를 자신의 도면 이름으로 만들어서 사용해도 되지만, 시험시간을 고려하여 기존의 캐드 파일에 있는 Standard, 또는 ISO 파일에서 수정을 해서 만드는 것이 좋다.

시험은 시간과의 싸움인 것을 항상 잊지 말고 시간을 단축할 수 있는 것은 단축 하는 것이 합격의 지름길이라 할 수 있겠다.

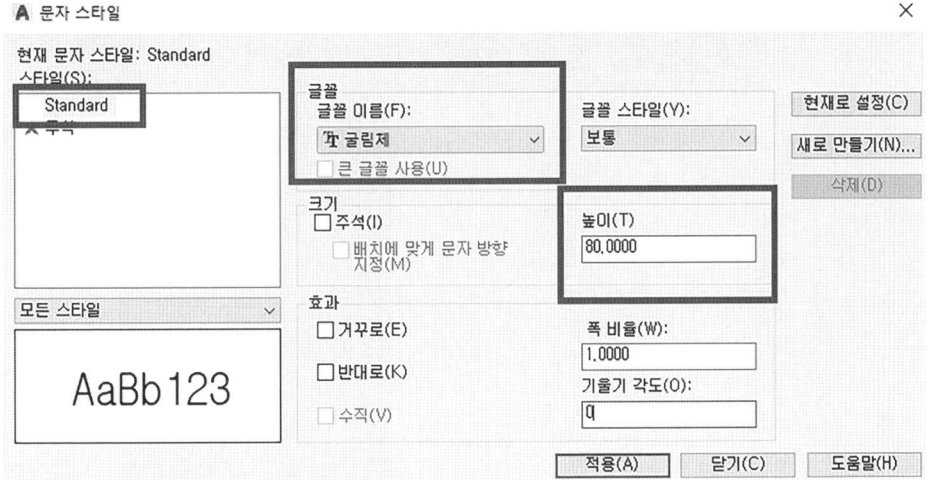

① 먼저 문자 스타일(Text style-명령어 : st)의 팝업창을 꺼낸다.

② text style(ST)를 눌러서 위의 그림과 같이 굴림체로 변경한다.

③ 단면도의 문자 높이인 80mm를 맞춰 주면 된다.

- 문자 및 치수, 각종 스타일을 꺼내어 보기 쉬운 방법으로 메뉴바를 꺼내어 Format을 선택하는 방법이 있다.

Point

▶ 메뉴바를 이용한 각종 스타일 사용법
메뉴바는 그림과 같이 상단의 ▼ 모양을 클릭하여 아래에 있는 Show Menubar를 선택하면 상단에 메뉴바가 나타난다.

[한글판]

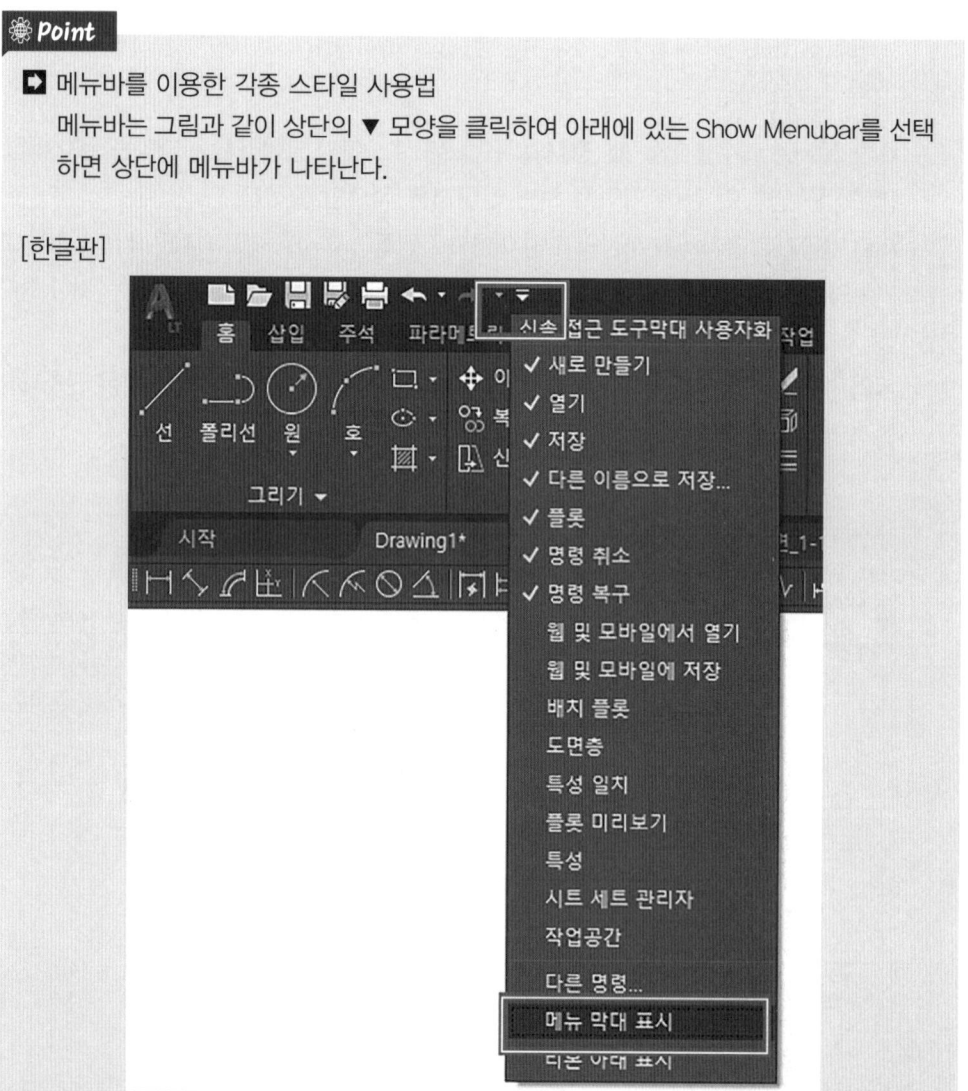

Point

▶ 메뉴바를 이용한 각종 스타일 사용법

[영문판]

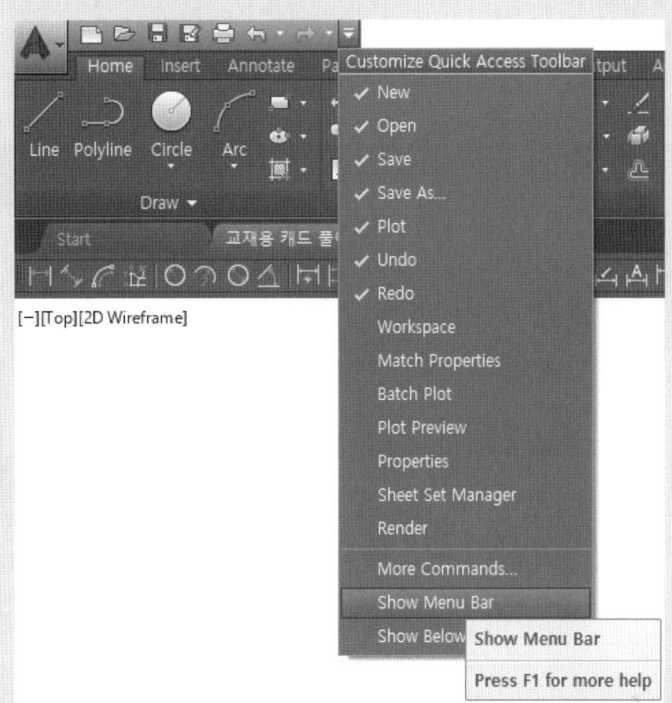

이와 같은 방법으로 메뉴바를 선택하면 좀 더 빠른 실행창의 선택을 할 수 있으므로 시험전 미리 꺼내 놓으면 좋다.

Memo

Point

▶ 문자 스타일 조정 사용법

1) 메뉴바를 이용한 문자 스타일 꺼내기

메뉴바 상단에 있는 형식을 선택하고 아래의 그림과 같이 문자스타일을 설정하면 편리하게 문자스타일 조정이 가능하다.

[한글판]

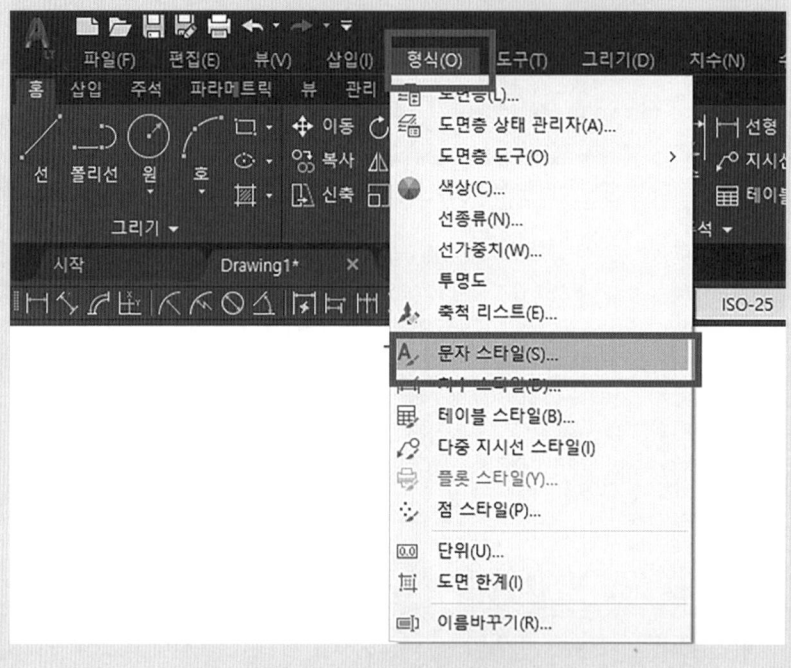

Memo

Point

[영문판]

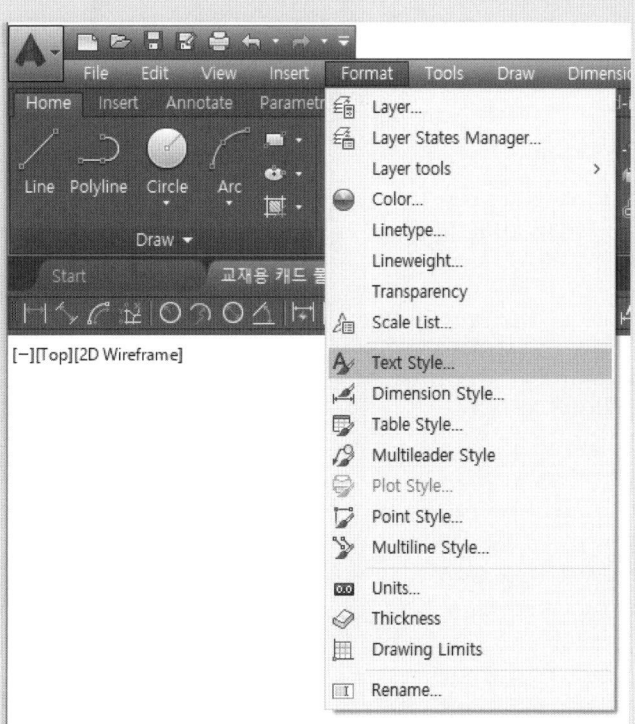

2) 명령어 사용하여 문자 스타일 꺼내기
   명령어 STYLE (ST) (문자스타일) 사용하기
   [영문판] Command : Style (단축키 : st) ↵
   [한글판] **명령:** st (style) ↵

• 단축키는 시간을 많이 절약하므로 자주 사용하는 단축키는 암기하는 것이 좋다.

2 문자 넣기 예제

Mtext (MT)를 이용하여 문자 넣기를 할 때, 각 부분 별로 글자가 들어가는데 단면도를 그리는 명칭을 정확히 이해하고 있어야 문자 넣는데 실수가 없다.

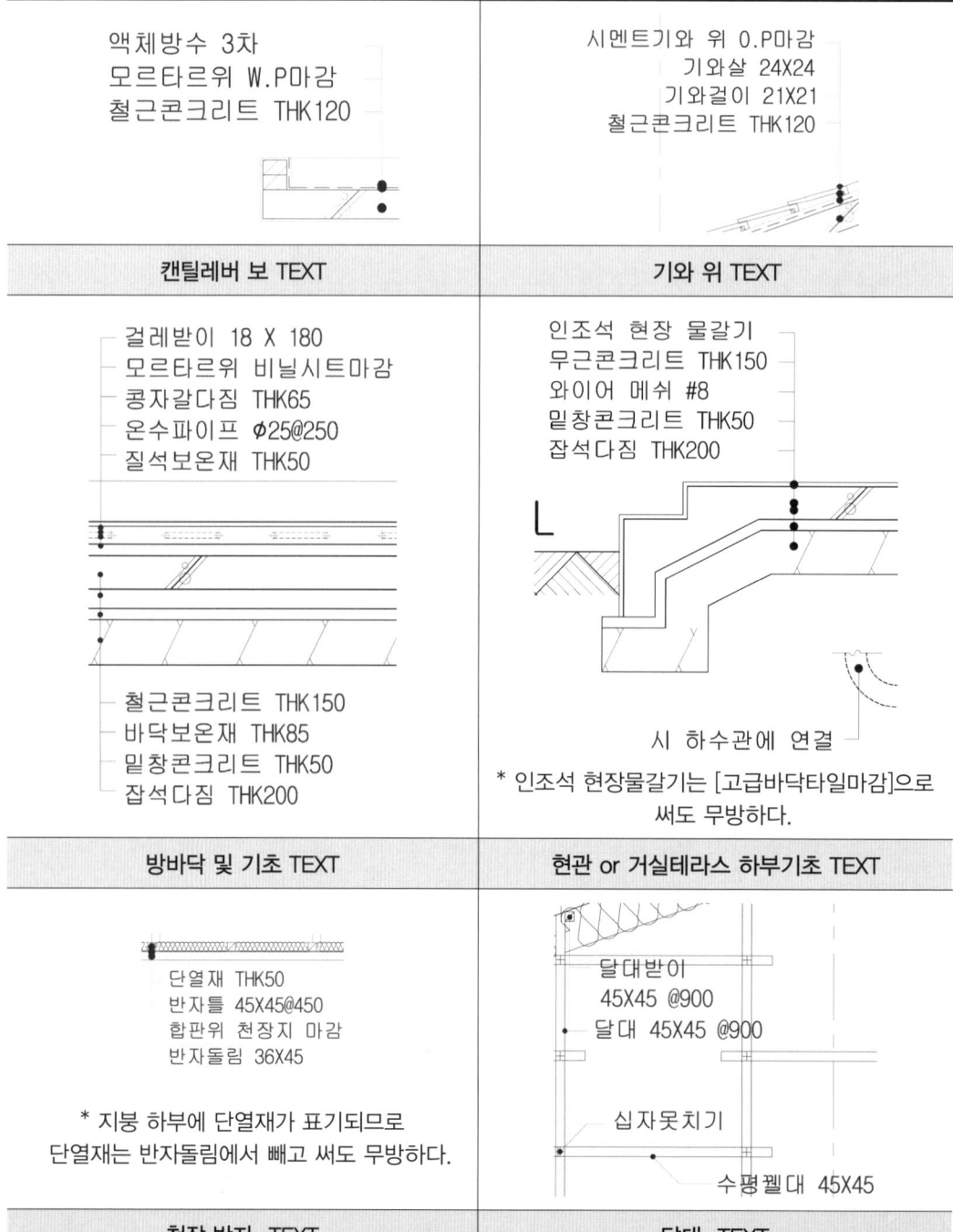

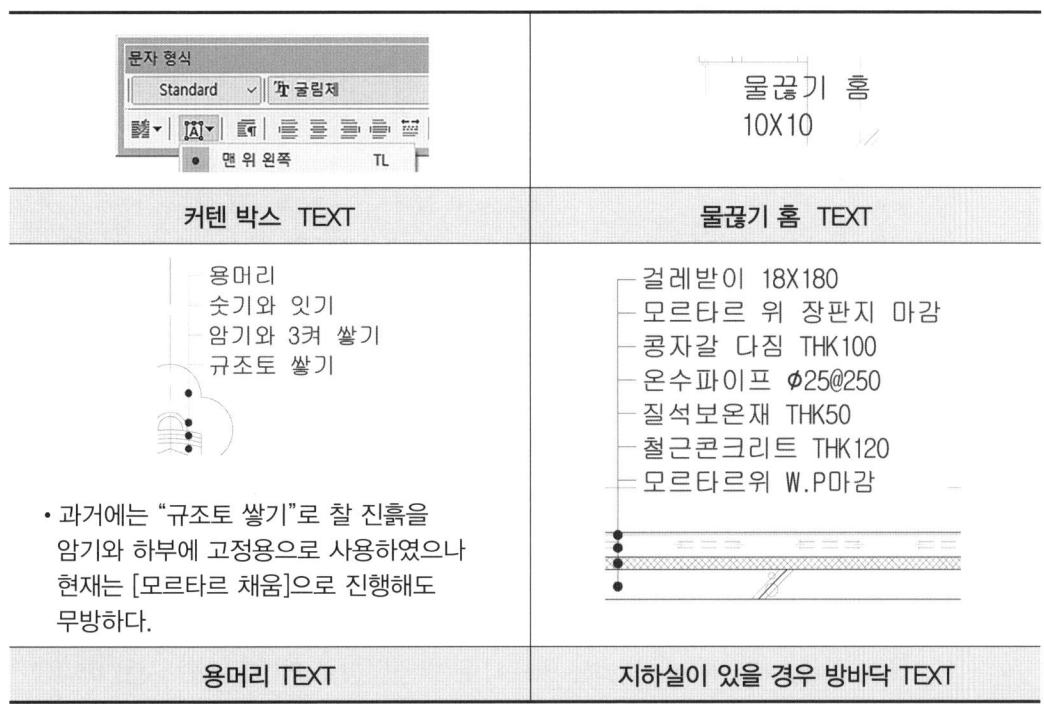

- 방바닥이나 현관 하부에 흙의 되메우기가 있을 경우 [성토다짐]의 글자가 추가 된다.
- 글자선 간격은 Offset(O)의 명령을 사용하여 세로는 135mm, 가로는 75mm의 간격으로 그림과 같이 간격을 띄우면 단면도의 글자체인 80mm와 정확히 맞는다.

3 실 표시하기

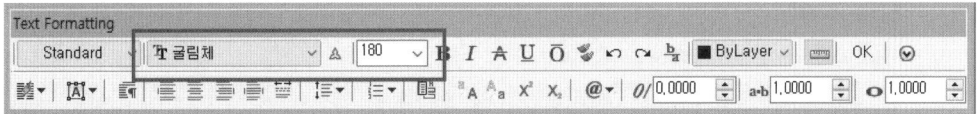

① 문자팝업창 (Text Formatting)에서 굴림체를 선탁하고 문자 높이를 180으로 맞춘다.

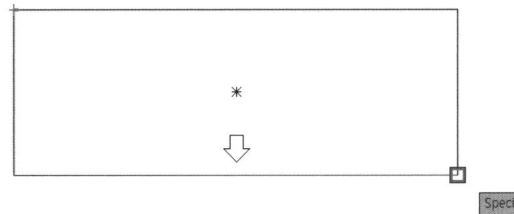

② 실명의 크기에 맞도록 적당한 크기의 사각형을 Rectang(REC)의 명령을 사용하여 작도한 후 마우스를 이용하여 실명을 기입하도록 그림과 같이 드래그 하여 맞춘다.

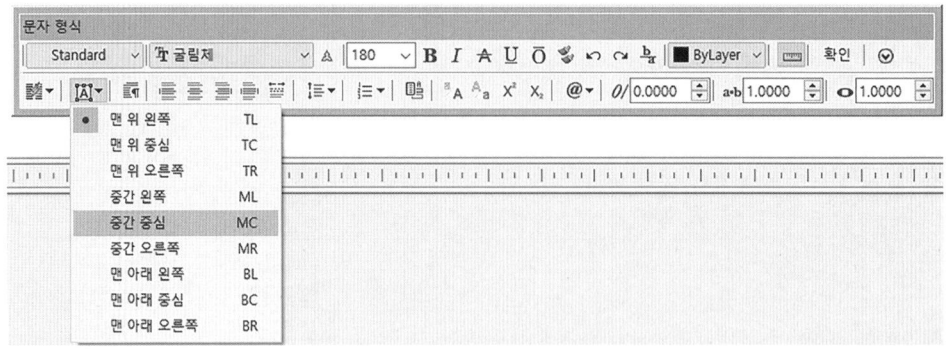

③ 문자 팝업창에 글자 위치를 아래의 그림과 같이 Middel Center로 맞춘다.

- Middel Center로 맞추는 방법은 반드시 문자 팝업창을 써야만 하는 것은 아니다. 리본메뉴를 이용해도 된다.

④ 실명의 글자의 크기는 아래의 그림과 같이 180mm로 변경한다.

- 실명 및 지반선(G.L)의 글자 모두를 같게 한다. 단, 물매의 글자 크기는 별도로 한다.
- 글자는 너무 진하게 보이면 안좋다. 따라서 0.2mm 또는 0.3mm가 적당하다.

Point

▶ 리본메뉴에서 Middel Center로 맞추는 방법

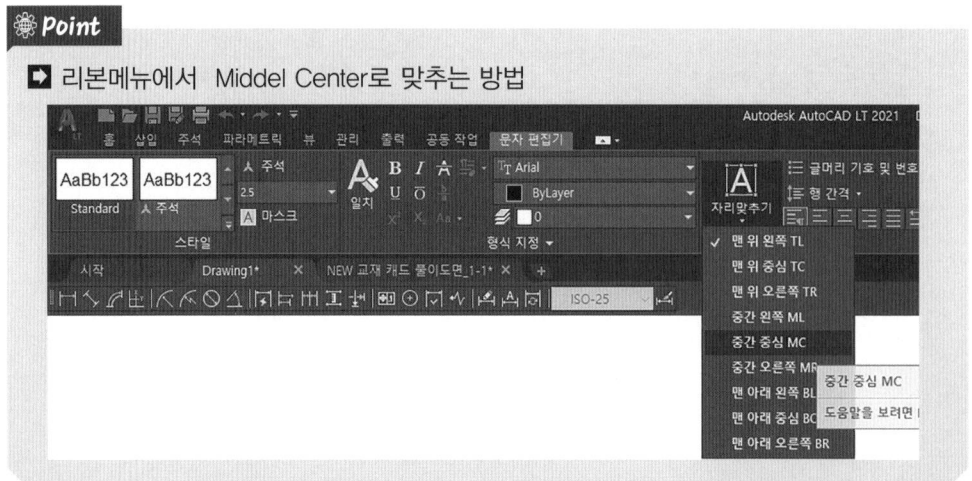

> **Point**
>
> ▶ 문자기입 용어 설명
> THK : thickness (두께)
> W.P 마감 : 수성페인트 마감
> 액체방수 : 시멘트용액에 방수액을 타는 방법
> (1번 바르는 것은 1차, 2번 바르는 것은 2차)
> 규조토 쌓기 : 기와를 고정하기 위한 찰흙 같은 점성질이 강한 흙의 종류
> 콩자갈 깔기 : 둥근 자갈로 온수파이프의 열전도에 도움을 주는 자갈층
> (맥반석 오징어 구이할 때의 자갈을 생각하면 이해하기 쉽다)

4 치수 넣기

치수는 도면에서 매우 중요한 부분 중에 하나이다.

실제 도면에서의 치수는 건물을 만들기 위한 정밀적 부분의 치수를 포함 하는 경우도 있지만, 전산응용건축제도 기능사에서는 시험의 출제에 나와 있는 조건이 맞는지에 대한 충족 부분만 표현되어지면 된다는 점이 실제 제도와는 조금 다르다고 볼 수 있다.

Memo

Point

▶ Demention Style 설정 방법

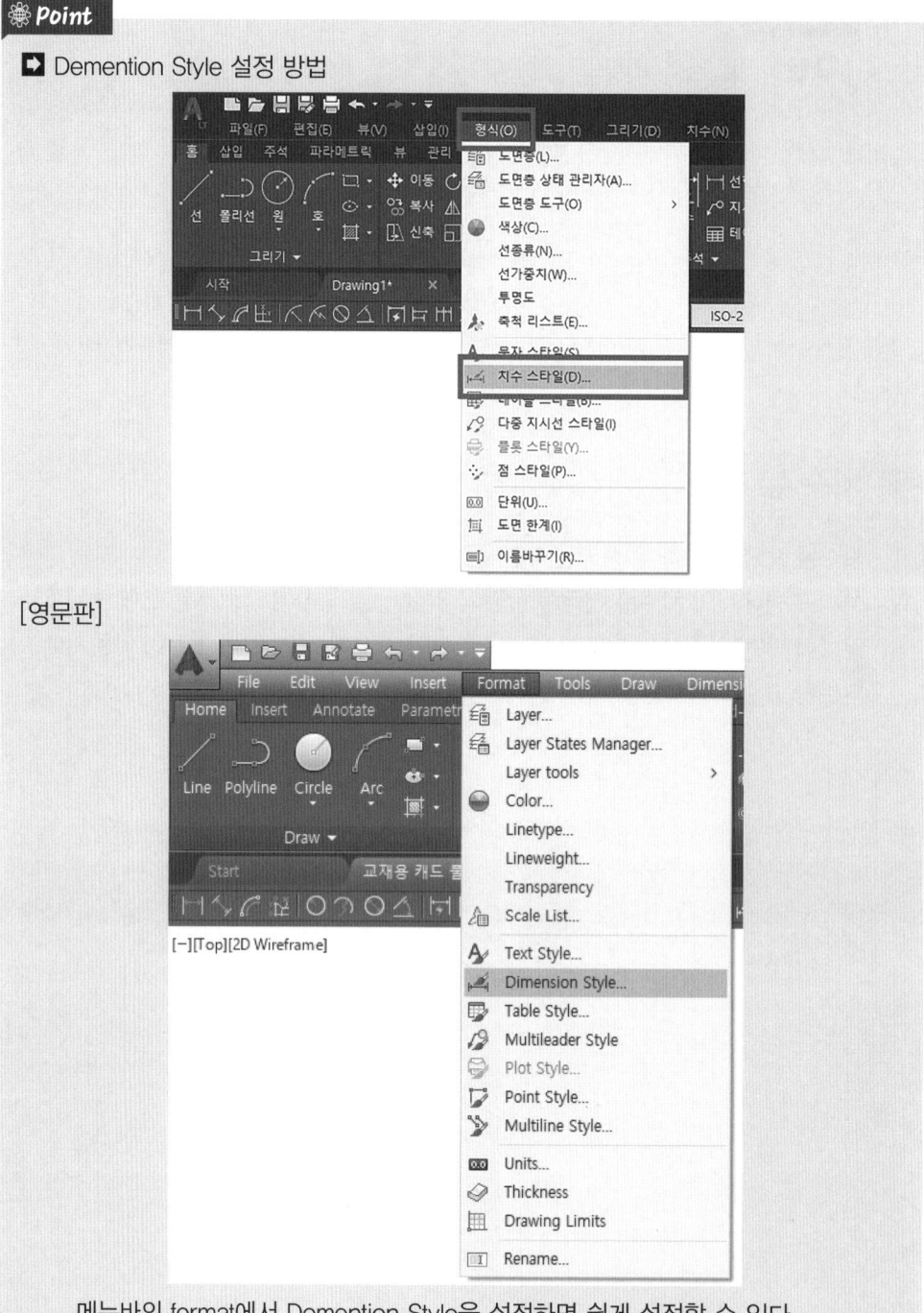

[영문판]

메뉴바의 format에서 Demention Style을 설정하면 쉽게 설정할 수 있다.

❋ Point

▶ Demention 메뉴 막대 실행 방법

[한글판]

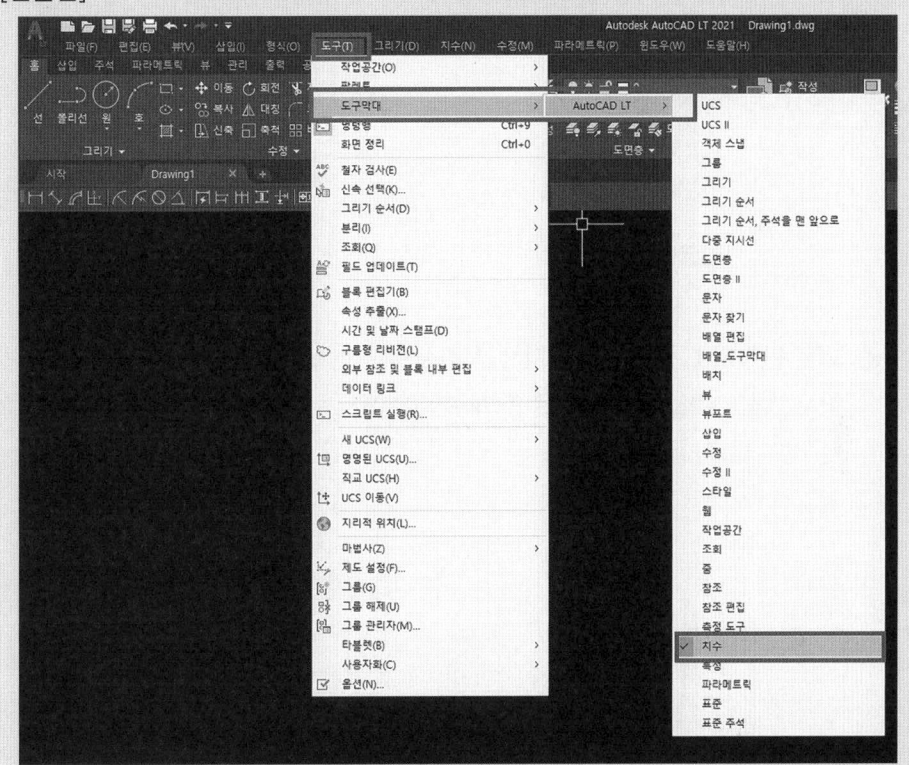

치수 메뉴 막대는 위의 그림과 같이 메뉴바에서 도구 → 도구막대 → Autocad → 치수를 순서대로 클릭하면 툴바형식의 메뉴막대가 나타나 쉽게 치수를 설정 및 변경 할 수 있다.

[영문판]

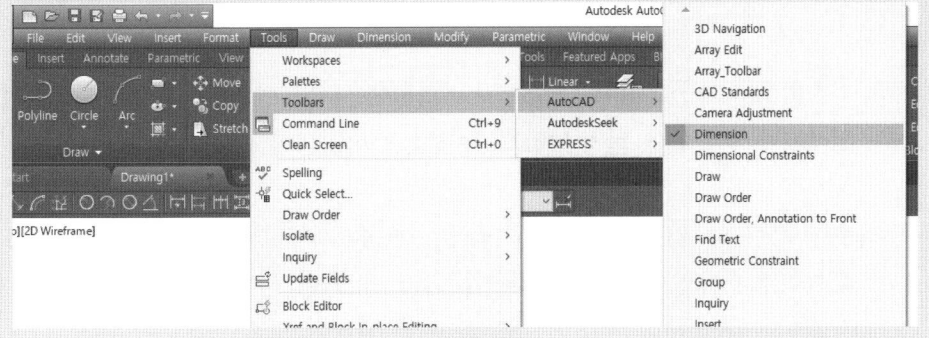

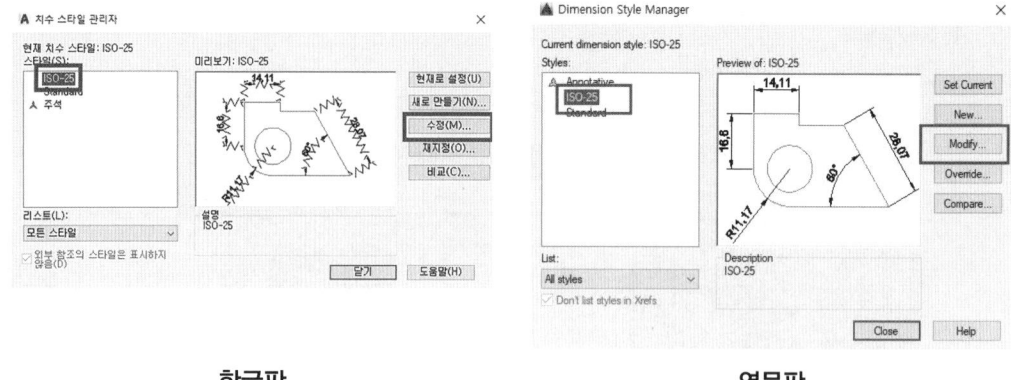

| 한글판 | 영문판 |

① 새로 만들기를 선택하여 글자체를 자신의 도면 이름으로 만들어서 사용해도 되나, 시험시간을 고려하였을 때 기존의 캐드 파일에 있는 ISO-25 파일에서 수정을 해서 만드는 것이 좋다.

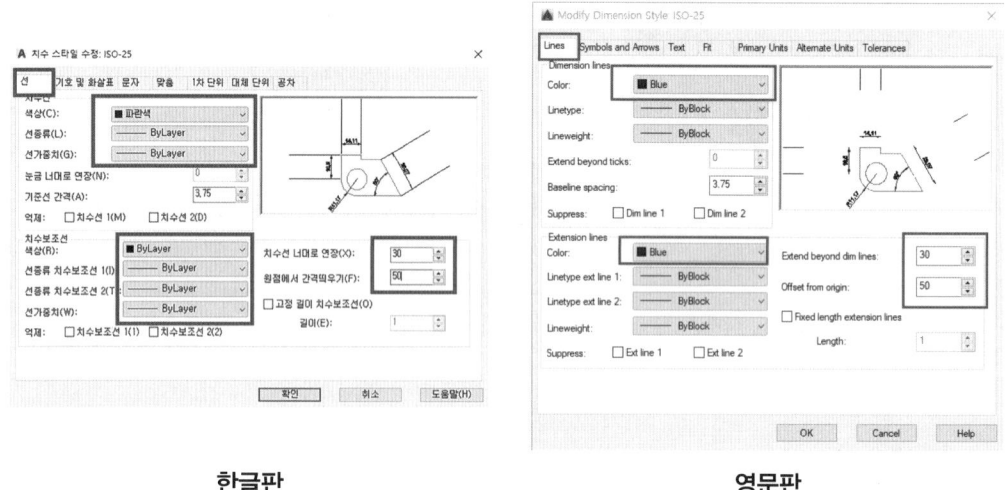

| 한글판 | 영문판 |

② 수정할 치수의 선은 위의 그림과 같이 파란색 선 즉, 0.1mm의 선으로 선택하여 치수의 화살표가 굵은 선에 묻혀 보이지 않아 감점이 발생할 소지를 줄인다.

또한 치수선 너머로 연장부분을 30mm, 원점에서 간격 띄우는 점을 50mm로 맞추어 도면의 치수가 정확히 보이도록 하는 것이 중요하다.

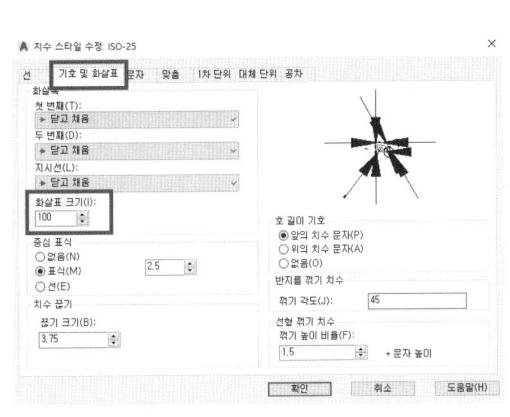 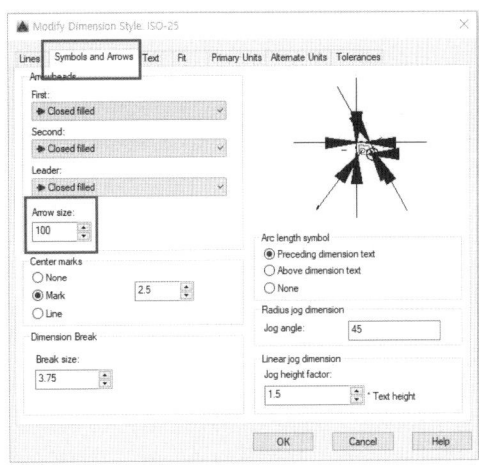

한글판　　　　　　　　　　　　　　　　영문판

③ 기호 및 화살표는 화살표의 크기만 100mm로 나타내어지게 해서 1/40의 축척에서 화살표가 잘 보이도록 한다.(반드시 100mm 라고 주어지는 것은 아니므로 본인에 사양에 맞도록 하는 것이 좋겠다.)

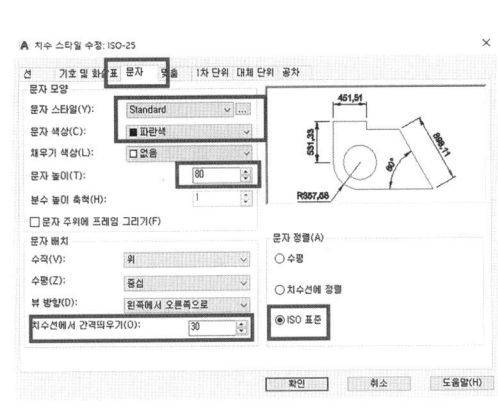 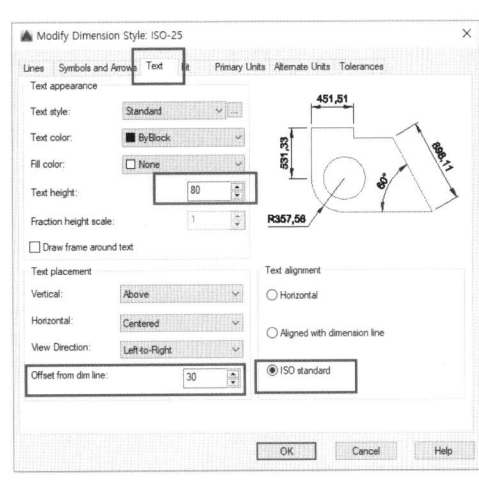

한글판　　　　　　　　　　　　　　　　영문판

④ 문자는 기존에 문자스타일(MT)에서 맞추어 놓았기 때문에 특별히 조정할 부분은 없으나 치수선과 간격띄우기는 치수선 너머로 연장과 같은 길이로 조정을 하여 맞추면 된다. 또, 문자정렬위치가 치수선에 정렬로 되어 있는지도 확인을 해야 한다.

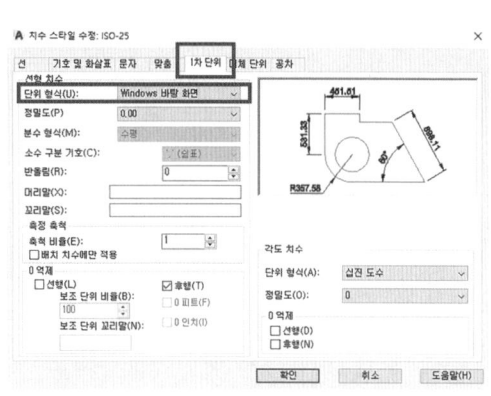 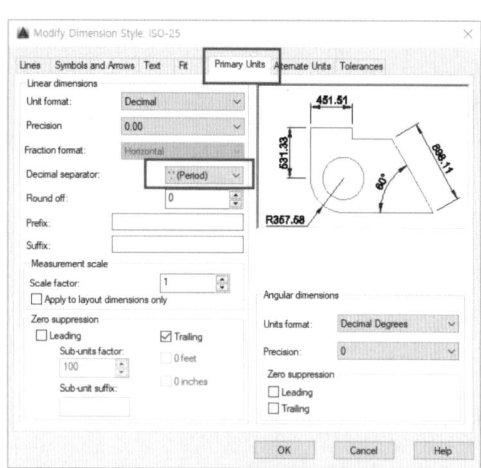

한글판   영문판

⑤ 1차 단위 부분은 단위형식을 윈도우 바탕화면으로 변경하여 3자리 단위수마다 ","(콤마)로 나타나도록 조정해 놓는다. * 전산응용건축제도 기능사에서는 소수점 단위의 치수가 나오질 않는다.

5 치수 넣기 예제

치수는 그림과 같이 기초를 구성하고 있는 구조적 위치가 적당히 배분되어 있는지를 확인할 수 있는 치수. 즉, 기초와 밑창콘크리트간의 간격, 잡석과 기초간의 폭을 확인할 수 있도록 치수를 배분하여 넣어준다.

실의 전체 높이를 측정하는 치수에는 잡석의 두께, 밑창 콘크리트의 두께, 기초의 푸팅 높이가 반드시 들어가야 하고, 그 위로 동결선의 높이인 900mm가 정확히 작도가 되었는지를 알 수 있는 치수를 넣어줘야 한다.

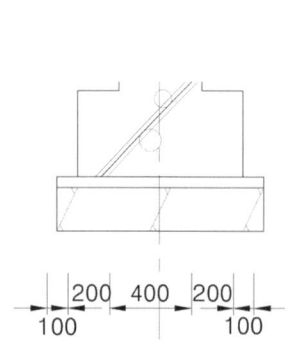 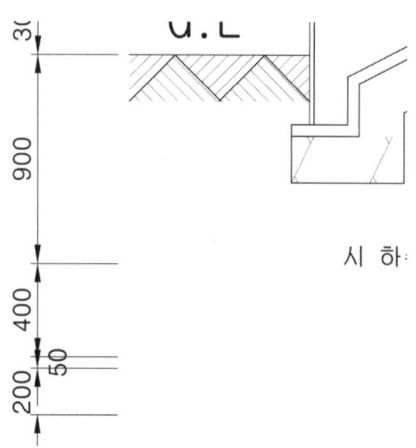

실기시험 조건에 나와 있는 방바닥과 반자의 높이를 넣어준다. 단, 이때 현관이나 테라스의 높이는 도면에 높이가 표기되어지지 않았다면 방바닥의 높이로만 표현하면 된다.

반자의 높이 위로 지붕 슬라브의 끝선(방수층의 끝선이 아님)까지 치수를 기입하고, 치수문자 수정의 명령을 사용하여 치수를 글자로 변경하면 그림과 같이 "설계치수"로 변경하여 준다.

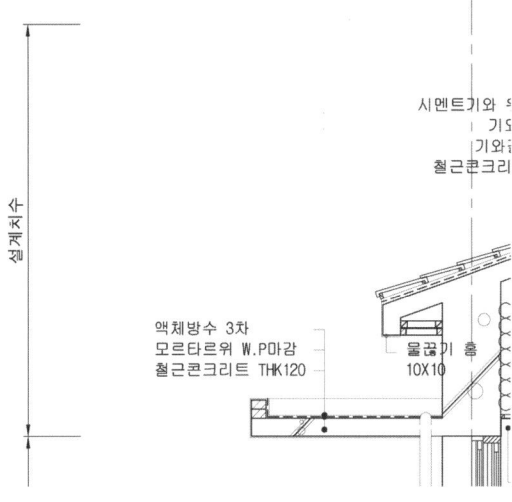

Point

▶ **DIMTEDIT (치수문자 수정)**

▶ 사용 방법
  - DIMTEDIT 입력 후 엔터
  - 'New'를 선택하고
  - 수정 하고자 하는 치수 선택
  - 옵션을 선택하거나 원하는 위치에 클릭 한다.
  * 이때 반드시 기존의 '0'으로 보이는 숫자를 지워야 기존 치수와 함께 보여지지 않는다.

▶ 옵션
  - Left : 치수문자를 치수선의 왼쪽에 위치하게 수정한다.
  - Right : 치수문자를 치수선의 오른쪽에 위치하게 수정한다.
  - Center : 치수문자를 치수선의 가운데 위치하게 수정한다.
  - Home : 수정된 치수들을 원래의 위치와 각도로 복귀시킨다.
  - Angle : 치수문자를 입력한 각도로 회전 시킨다.

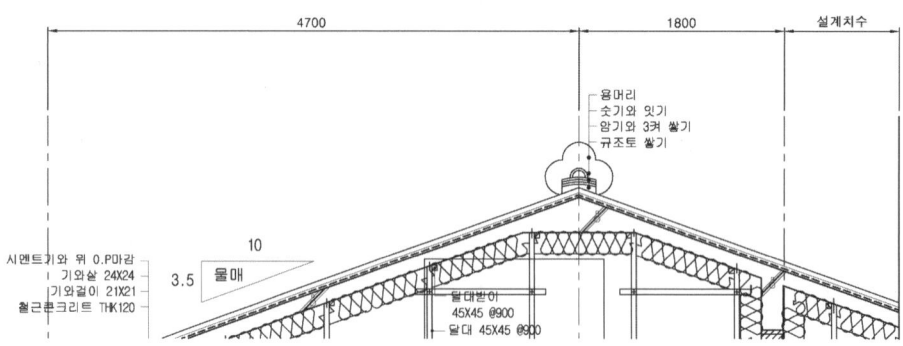

건물의 상단부분 치수는 처마나옴의 길이, 기둥 및 벽체의 길이, 짧은 지붕이 있을 경우, 짧은 지붕의 길이를 모두 넣어주며, 역시 절단선 부분까지는 치수기입이 불가함으로 치수문자 수정의 명령을 사용하여 "설계치수"로 변경하여 연장되어지는 부분에 치수를 대신해서 문자로 기입하여 준다.

chapter 01 요소별 부분 단면상세도 그리기

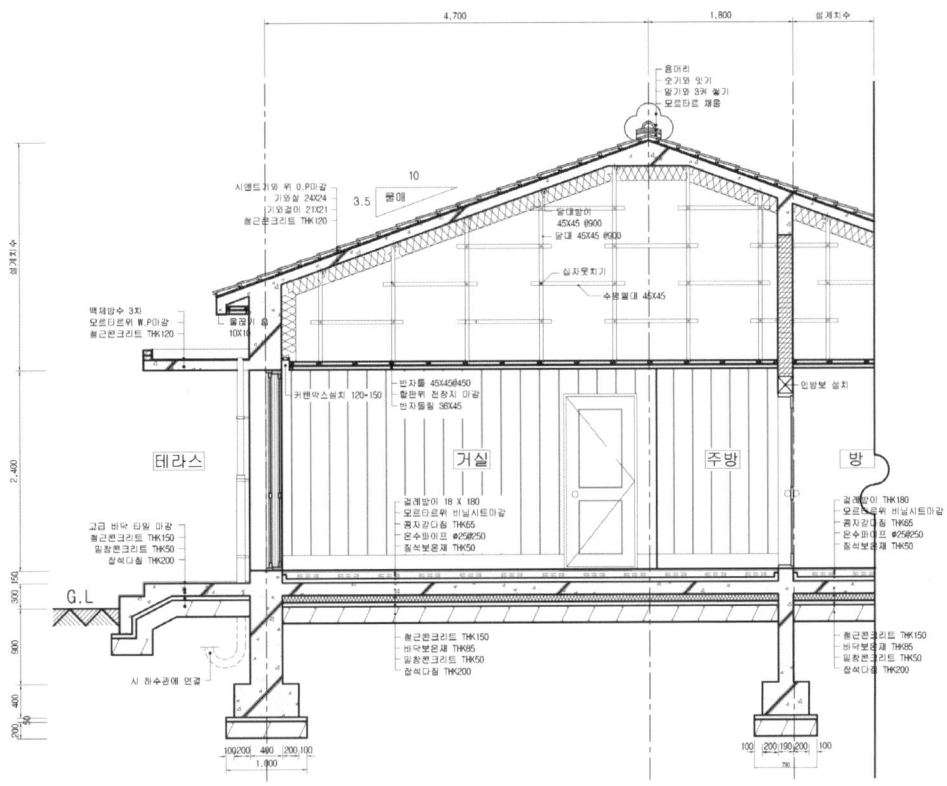

[도면 작성 완료 정답도면]

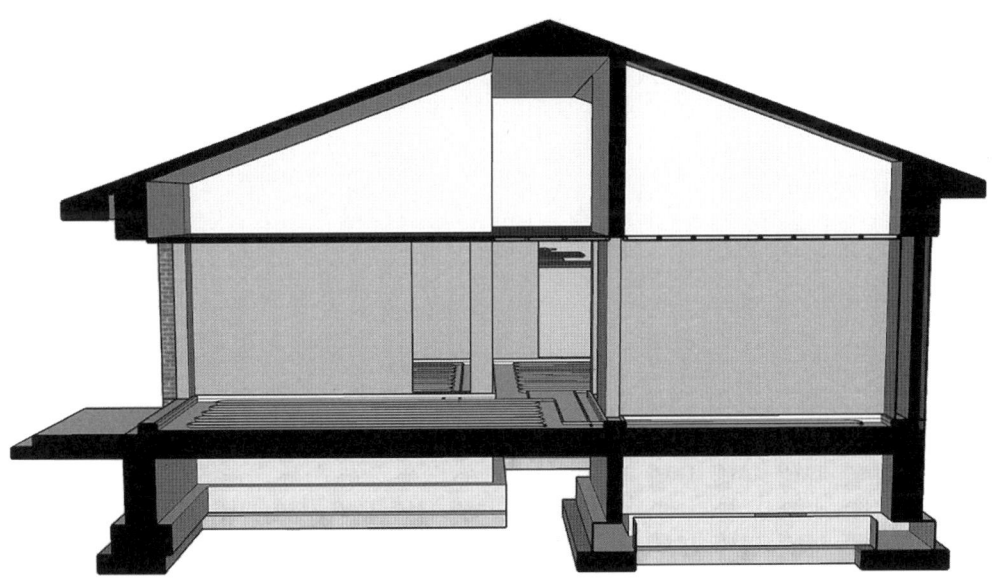

Memo

Chapter 02

단면 각 부분별 도면 작도법
– 평면도별 변형 기출분석

Lesson 01 욕실 도면 표현하기

Lesson 02 지하실 상세도면 표현하기

Lesson 03 부엌 단면 표현하기

Lesson 04 방문 단면 표현하기

Lesson 05 중문 단면 표현하기

Lesson 06 성토다짐 표현하기

Lesson 07 실내 계단 단면 표현하기

Lesson 08 단면도 예제 연습문제

Lesson 09 연습문제 주요 포인트

Lesson 10 연습문제 정답

전산응용
건축제도
기능사실기

Lesson 01 욕실 도면 표현하기

1 욕실의 높이

거실바닥 높이에서 외부에서 유입되는 빗물이나 흙먼지 등이 외부의 바닥면을 넘어 거실로 침투하지 않도록 보통 한 계단을 올리거나 내리는 방법을 사용하는데 일반적으로 한 계단을 아래로 내려서 시공을 하는 방식을 사용한다.
즉, 욕실 바닥은 온수파이프가 설치되지 않기 때문에 온수파이프만을 제외하면 현관의 바닥 부분과 동일하게 설계되어지면 된다.

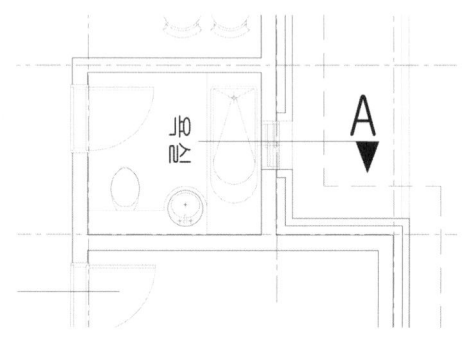

2 욕실마감

기초는 위에서 설명했듯이 온수파이프를 제외한 다른 실과 같은 방법으로 그려지면 되지만, 무근콘크리트 위에 방수를 해야 하므로 우측의 그림과 같이 시멘트 액체방수 3차와 모자이크 타일마감을 반드시 해야 한다.

천장마감은 일반 합판으로 사용할 때 욕실에서 사용하는 습기로 인한 방수 및 부식의 우려가 있으므로 플라스틱 천장재를 글자로 표기해서 설계해야 하며, 그리는 방법은 방부분의 천장과 동일하다.

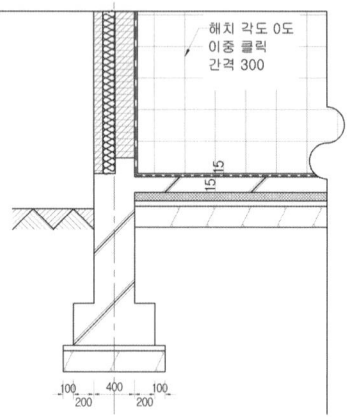

해치Hatch(H)는 0.1mm(0.09mm)선으로 하고, 욕실 방수층의 히든선(hidden)은 두껍게 출력되어 방수의 재료기호로 표시가 가능하도록 0.4mm, 히든선(hidden) 위 몰탈 마감선은 0.1mm(0.09mm)선으로 작성 하는 것이 좋다.

Lesson 02 지하실 상세도면 표현하기

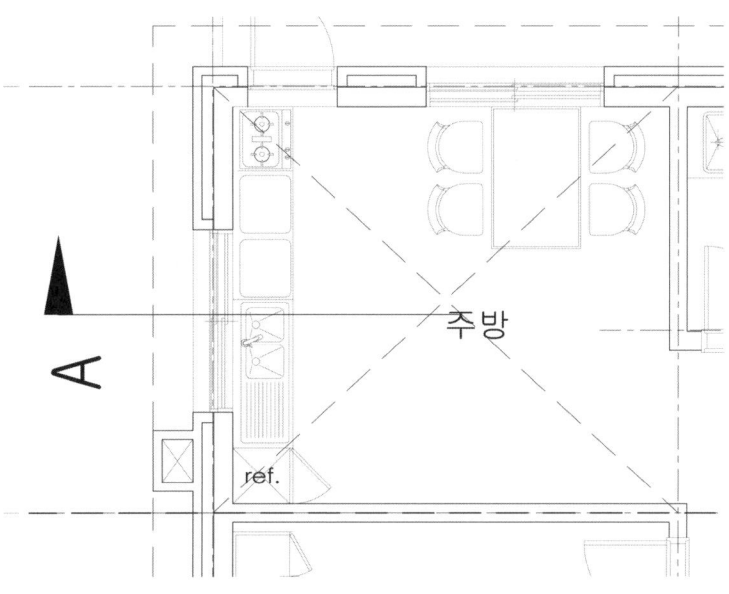

지하실의 위치는 평면도에서 일점쇄선 또는 Hidden 선으로 주방 또는 거실의 평면도면 X자로 보통 표시로 되어 있는 부분으로 하부에 지하실이 있다고 판단하면 된다.

또한 지하실 내려가는 계단이 있는 부분이 지하실의 출입문이 되는 부분으로서 평면상에서 DN의 표시가 되어 있는 내려가는 계단이 있는지를 확인하는 것도 좋다.

지하실은 지하에 매설되는 특징을 가지고 있음을 고려하여 조적구조가 아닌 철근콘크리트 구조로 되어 있어야 하며 슬래브의 두께는 120mm가 적당하고 층고는 2,100mm 이상이 되어야 한다.

또한 지하로 매설되는 구조로 방수가 필수적 요소라고 할 수 있으며, 구조체의 양쪽에는 보를 작도하여 슬래브의 양쪽에서 기초로 전달되어지는 부분에 구조적 보강재의 역할을 할 수 있도록 설계하는 것이 좋다.

1 지하실의 설계

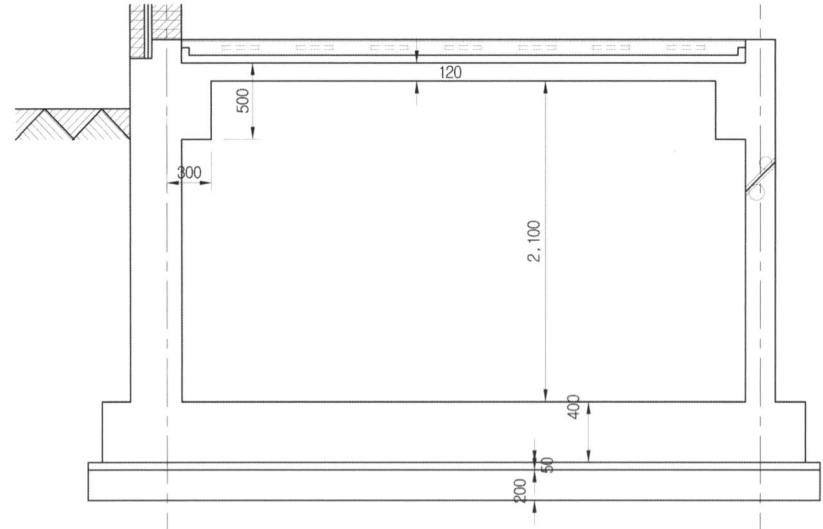

① 지반선에서 거실높이 450mm까지 Offset(O)명령을 사용하여 간격을 띄우고
(원형기출평면 기준 사항임. 문제별로 다르며, 문제에 따른 계단 수에 따라 거실 높이는 달라 질 수 있음)
다시 Offset(O)명령을 사용하여 지반선 아래 방향으로 온수파이프 100mm, 질석보온재 50mm, 그리고 지하실의 상부 슬라브의 두께 120mm(철근콘크리트)를 내려서 선의 간격을 띄우고 슬라브 아랫선을 기준으로 지하실의 높이인 2,100mm를 위의 그림과 같이 간격 띄우기 한다.

② 그 아래로 다시 Offset(O)명령을 사용하여 철근콘크리트 400mm, 밑창콘크리트 50mm, 잡석 200mm를 그림과 같이 내려 간격띄우기로 그린다.

③ 지하실은 상부에 위치하고 있는 시설물이 보통 부엌 및 거실 등 주거에 사용되는 부분이므로 무근 콘크리트로 작도를 해서는 안되고, 반드시 철근콘크리트 슬라브 120mm로 사용되어 구조적으로 안정되게 시공해야 하는 것을 기억해야 한다.(지하실에 무근 콘크리트를 사용하고 와이어 메쉬의 기호를 넣으면, 구조적 결함으로 감점의 요인이 매우 크다는 것을 주의해야 한다.)

④ 지하실은 땅속으로 들어가는 구조체이며, 기초의 역할을 지하실 구조체가 할 수 있으므로 튼튼한 철근콘크리트로 모두 구성되어 있어야 함을 잊어서는 안된다.

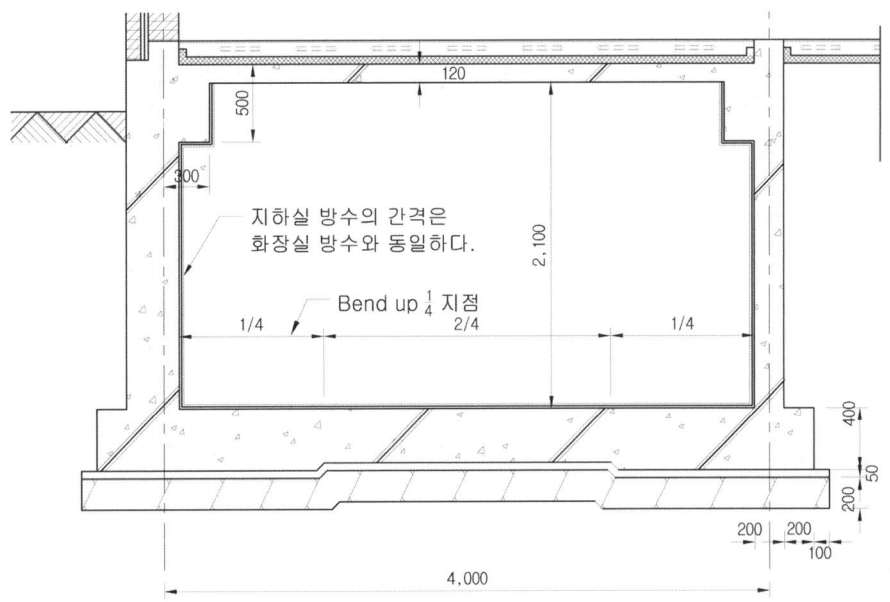

외벽의 기초와 내벽의 기초부분이 되는 지하실의 상단부분에는 보(헌치)가 설치가 되어야 하는데, 구조적인 힘을 받기 위해서 위의 그림과 같이 힘을 받는 구조의 역할이 가능하도록 벽체 두께보다 큰 보의 크기가 되어야 한다.

다시말해 전산응용건축제도의 시험문제에서 벽체의 두께가 내벽기준 200mm(1.0B)로 진행됨을 감안하면 보의 크기는 벽체 중심에서 가로로 300mm 지하층 슬라브 상단에서 세로로 500mm(그림 참조)이상을 간격을 띄워 보(헌치)를 두면 철근의 무게를 견딜 수 있도록 구조적 안정성이 보장된다.

보의 규격은 그림과 같은 간격으로 Offset(O)명령을 이용하고, Fillet(F) 명령을 사용하여 직각이 되게 그리면 된다.
Bend up 은 반드시 1/4 지점으로 이루어 져야 하고, 지하실 내부에는 지반선 아래로 설치가 되는 시설물임을 감안하여 방수의 재료표현이 설계상 표현 되어져야 한다.

- 지하구조체 하부에 Bend UP(밴드 업)을 사용해도 무방하나, 콘크리트의 두께가 두껍기 때문에 굳이 Bend UP(밴드 업)을 사용하지 않아도 무방하다.

지하실의 선의 두께는 기초아래의 단면이므로 0.4mm가 적당하나, 방수층은 욕실과 같이 Hidden선은 0.4mm, Hidden선 위의 마감선은 0.1mm(0.09mm)로 Hidden선이 돋보이도록 하는 것이 좋다.

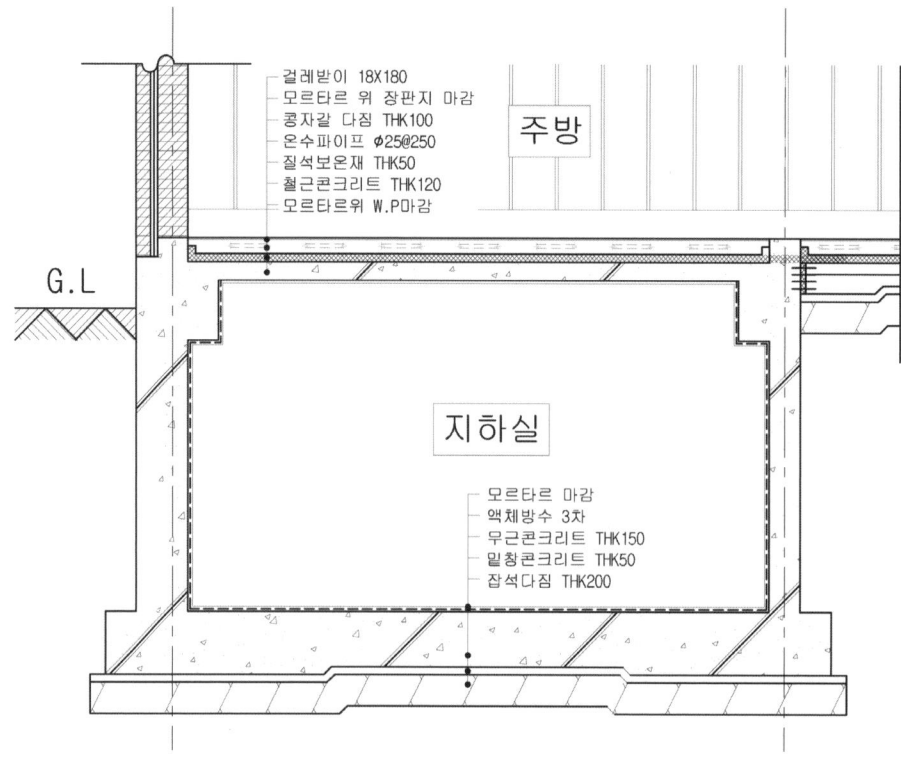

[지하실 도면 완성도]

> **Point**
>
> ▶ 함정 찾기
>
> 방수층의 표현은 욕실과 동일하게 표현하면 된다.
>
> 보의 설치 유무는 앞서 말한 바와 같이 지하실은 건물 전체의 기초의 역할을 할 수도 있기 때문에 보의 설치로 전체 힘을 지하의 벽체로 전달되는 과정에서 보강의 차원으로 이루어진다는 것을 알아야 한다.
>
> 또한 지하실의 방수 높이는 지반선 위쪽까지 방수가 그려져야 한다.

Lesson 03 부엌 단면 표현하기

전산응용건축제도기능사 실기

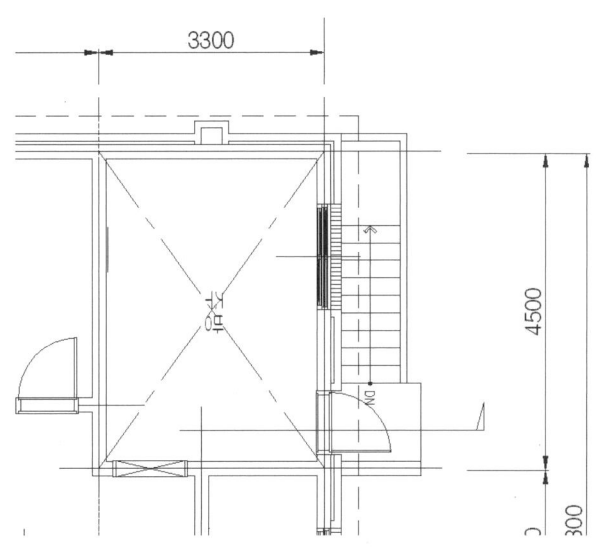

1 부엌 부분 포치 그리기

부엌은 보통 지하실로 내려가는 계단의 중심부가 절단되어 잘 표현 되어지지는 않는다.

단, 부엌문을 통해서 밖으로 나가는 발코니 부분이 시험에 종종 기출 되므로, 발코니의 하단 기초 부분을 단면으로 표현하는 방법을 익히는 것이 좋다.

보통 부엌 하부에 지하실이 많이 있으므로 연습할 때 지하실을 포함한 부엌의 표현을 함께 알아두는 것이 좋다.

부엌 포치는 발코니와 마찬가지로 방의 끝 선에서 한 계단(150mm)을 내려와서 시작되며 현관문 입구와 마찬가지로 철근콘크리트 150mm, 밑창콘크리트 50mm, 잡석 200mm로 시공되어진다.

단 구조적으로 크게 주요한 부분이 아니므로 동결깊이까지 내려서 기초를 작도할 필요는 없다.

부엌의 포치는 부엌 계단 폭에 따라 달라지지만 보통은 1명이 내려가는 계단 폭인 900mm를 준하여 작도하면 된다.

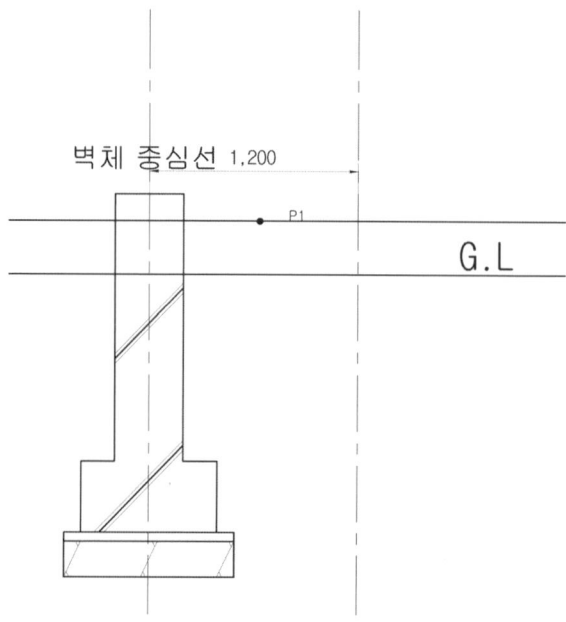

① 먼저 벽체 중심선으로부터 1,200mm로 Offset(O) 명령을 이용하여 간격을 띄워 계단의 세로선을 부엌 계단 끝의 기준선으로 둔다.

또 G.L선으로부터 상부로 두 계단의 높이인 300mm를 (P1) Offset(O) 명령을 이용하여 G.L선 위쪽으로 간격을 띄운다.

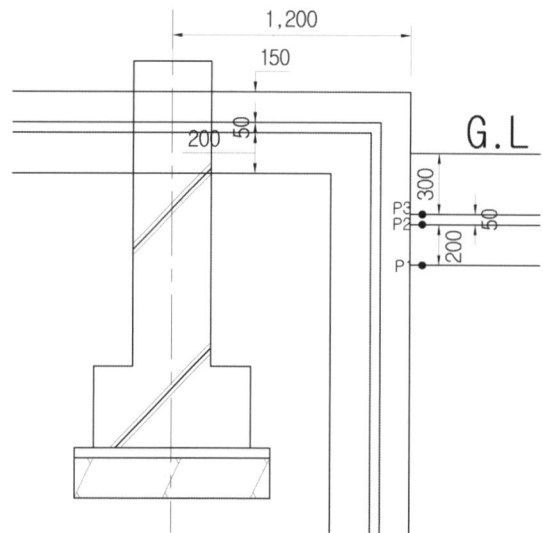

② 중심선으로부터 간격띄우기 한 세로 선을 기준으로 Line(L)의 명령으로 수직선을 그리고 위의 그림과 같이 포치의 단면 절곡선 대로 Trim(T), 또는 Fillet(F)의 명령을 이용하여 절단 및 편집한다.

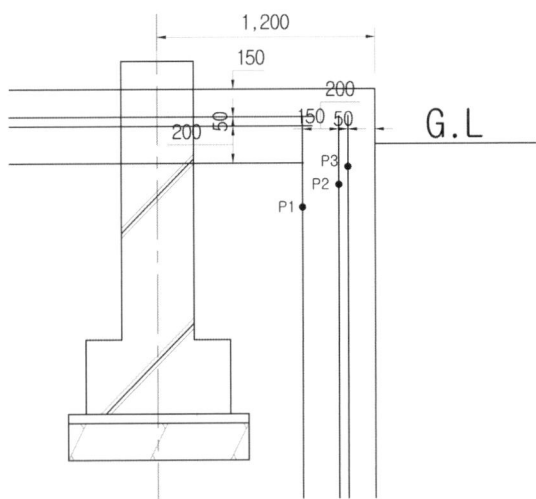

③ Offset(O) 명령을 사용하여 가로선은 철근콘크리트(P1) 150mm, 밑창콘크리트(P2) 50mm, 잡석다짐(P3) 200mm 순서대로 내려서 띄운다.

④ 다시 Offset(O) 명령을 사용하여 세로선은 잡석다짐(P7) 200mm, 밑창콘크리트(P6) 50mm, 철근콘크리트(P5) 150mm를 순서대로 기초 부분 쪽으로 간격을 띄운다.

⑤ Fillet(F)의 명령을 이용하여 잡석다짐(P1) 200mm, 밑창콘크리트(P2) 50mm, 철근콘크리트(P3) 150mm 순서로 아래서부터 위의 그림과 같이 직각으로 이어지도록 그린다. 단, 이때 Fillet(F)의 명령의 각도는 반드시 0도가 되어 있어야 한다.

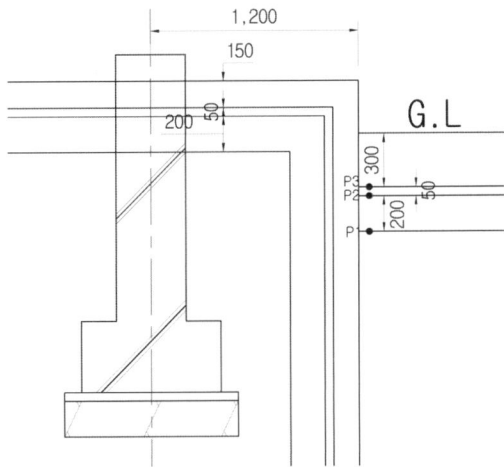

⑥ G.L선 아래로 Offset(O) 명령을 사용하여 철근콘크리트 부분 (P3) 300mm, 밑창콘크리트(P2) 50mm, 잡석다짐(P1) 200mm 순서로 내려서 띄운다.
- 여기서는 G.L선 하부로 내려가는 폭이 300mm임을 기억해야 한다.

⑦ Fillet(F)의 명령을 이용하여 잡석다짐(P1) 200mm, 밑창콘크리트(P2) 50mm, 철근콘크리트(P3) 150mm 순서로 아래서부터 그림과 같이 이어지도록 그린다. 단, 이때 Fillet(F)의 명령의 각도는 반드시 0도가 되어 있어야 한다.

Point

➡ 함정 찾기
▶ 테라스의 기초의 깊이
테라스와 현관 등의 기초는 벽체의 기초와 다르게 구조적 하중을 고려하지 않는 켄틸레버 기초이므로 동결선 깊이를 고려하지 않아도 된다.
켄틸레버 기초란 벽체의 기초는 주요구조체로 힘을 지반에 전달하는 역할을 하지만 계단의 이용 및 주요 구조부의 힘을 받는 부분이 아닌 보조의 용도로 사용되는 구조체로서 테라스와 현관 등과 같이 커다란 힘을 받지 않는 기초를 말한다.

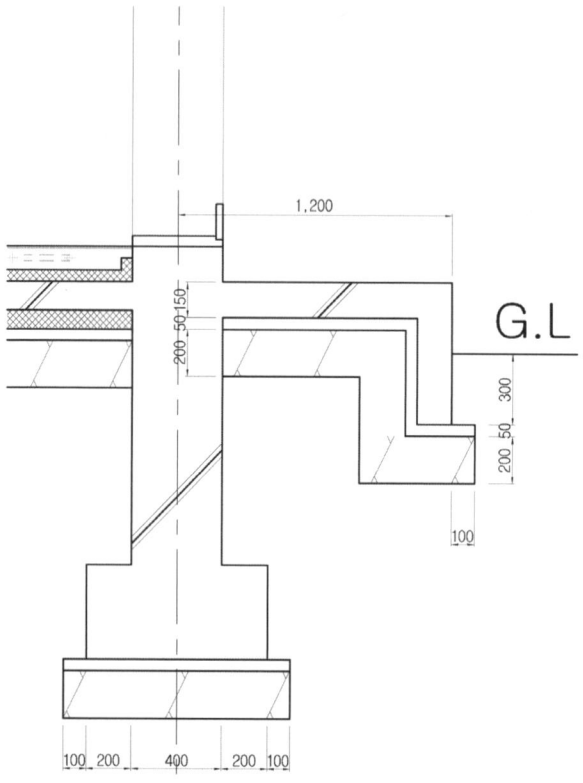

⑧ 푸팅의 모양대로 Trim(T), 또는 Fillet(F)의 명령을 이용하여 그림과 같이 작도한다.

- 푸팅의 밖으로 나오는 폭은 100mm이며, 철근콘크리트 부분은 그대로 두고 밑창콘크리트와 잡석부분만 푸팅이 위의 그림과 같이 만들어 진다.

- 선의 두께는 기초와 마찬가지로 기초부분이 단면이므로 0.4mm로 그려 주면 된다.

Point

➡ 이렇게 그려도 됩니다.
▶ 테라스의 기초의 작도법
  기존의 테라스와 현관 등의 기초의 작도법도 가능하며 아래의 그림과 같이 채점기준에서 조적조는 줄기초의 방식에 준하여 기존의 무근콘크리트와 와이어메쉬로 시공하던 방식이 현대식 시공방법과 맞지 않는 것으로 판단하여 2014년부터는 일체식 구조로 변경되어 사용하며, 구조적으로도 무리가 없다고 판단되기 때문에 아래의 그림과 같이 밑창콘크리트와과 잡석의 표현을 하지 않아도 된다.
  ※ G.L선 아래의 X표식은 성토다짐(지반을 보강하기 위해 흙을 채워 넣어 다지는 작업)을 의미한다.

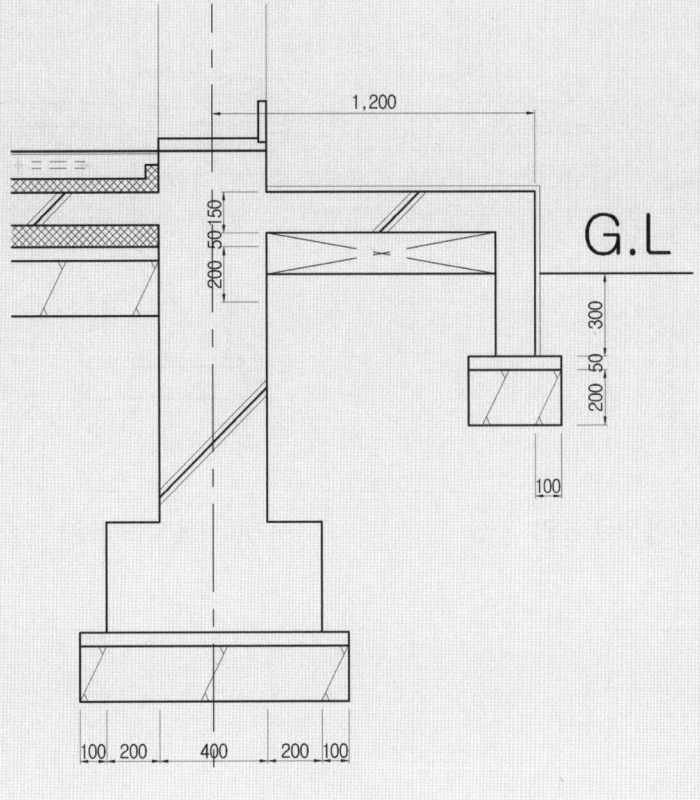

평면도에 지하실로 내려가는 계단이 있을 경우 지하로 내려가는 계단의 폭은 설계도면에 표시되어지지 않는 경우가 많은데, 표시가 되지 않은 도면일 경우 통상적으로 지하로 내려가는 계단은 KS건축표준 통칙에 기준하여 한 사람이 계단을 오르내리기 좋은 너비 치수인 900~1,000mm 정도의 너비로 설계하여 적정한 폭이 되도록 설계하여야 한다.

아래 그림의 좌측은 지하실이 하부에 있을 경우의 표현 방법이며, 우측의 그림은 지하실이 없을 경우의 표현 방법이다.
지하실이 있는 경우는 지하실 하부에 기초가 있기 때문에 별도의 기초를 그리지 않아도 되지만, 하부에 지하실이 없는 경우는 기초표현을 반드시 해야 한다.

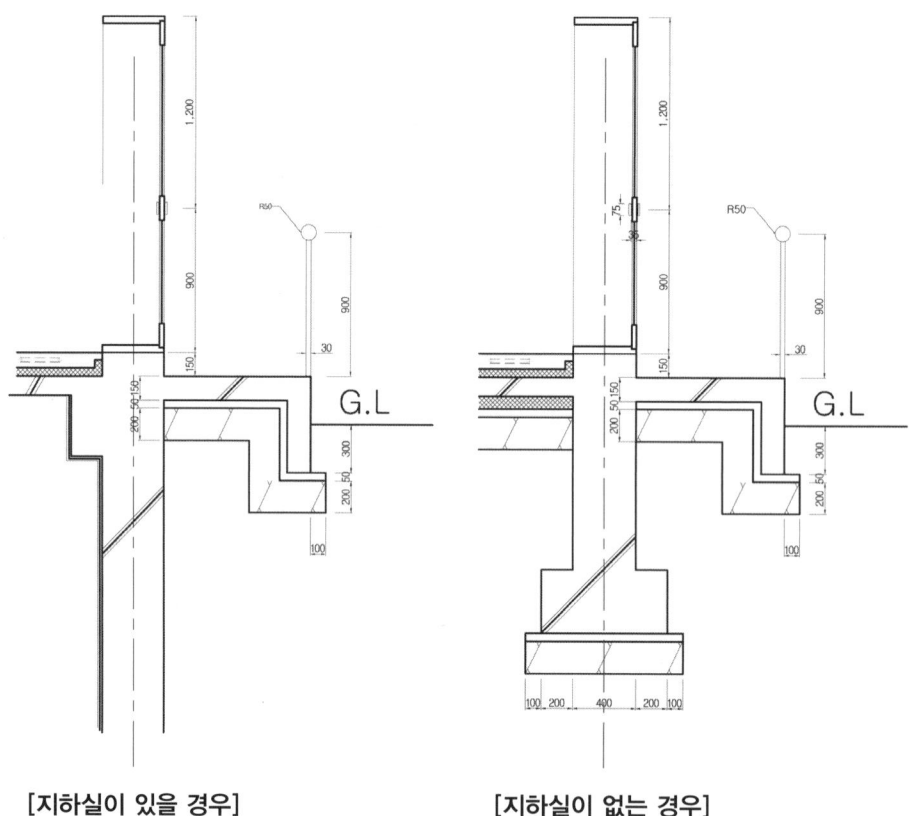

[지하실이 있을 경우] [지하실이 없을 경우]

2 부엌문 그리기

① 먼저 Rectang(REC)의 명령을 사용하여 @벽두께,45의 문틀을 만들고, (벽두께는 출제기준에 따라 단열재의 두께에 따라 변하므로, 기출문제에 준하여 작도한다.)

② Rectang(REC)의 명령을 사용하여 @30,15의 사각형을 만들어 문의 열리는 방향 끝부분에 Move(M)의 명령으로 붙여 넣는다.

③ Trim(TR)의 명령으로 끝부분을 오른쪽의 그림과 같이 잘라 낸다.

④ Rectang(REC)의 명령을 사용하여 문선대인 @30,150 의 사각형을 그려 넣고 잘려진 @30,15부분에 Move(M)의 명령으로 끝점을 기준하여 맞추어 넣는다.

⑤ Line(L)의 명령을 이용하여 30mm 부분의 양쪽에 선을 임의의 선을 그려 넣고 가운데 중간선(유리의 단면선)을 그려 넣는다.

⑥ 문틀의 맨 아래에 Line(L)의 명령을 이용하여 임의의 가로선을 긋고 Offset(O)의 명령을 사용하여 문의 높이 2,100mm의 가운데인 1,050mm로 간격을 띄우고 나서

⑦ Mirror(MI)의 명령으로 문틀 및 문선대를 우측의 그림과 같이 대칭복사 한다.

⑧ 문틀의 맨 아래에 Line(L)의 명령을 이용하여 임의의 가로선을 그은 선을 Offset(O)의 명령을 사용하여 문의 손잡이 높이인 900mm로 간격을 띄우고 나서

⑨ Rectang(REC)의 명령을 사용하여 @15,75의 사각형을 만들어 문 손잡이대를 만든다.

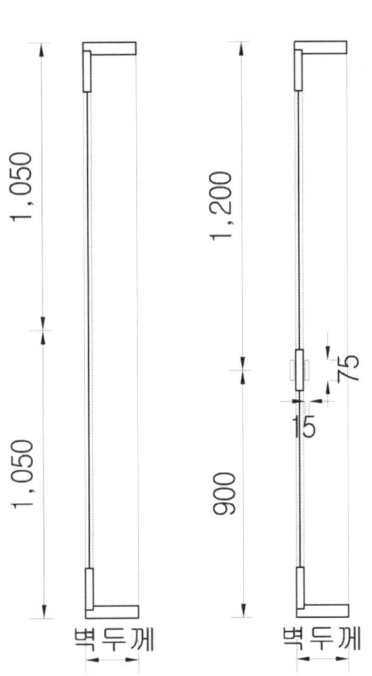

⑩ 문의 손잡이는 문 손잡이대 보다 작게 Scale(S)의 명령이나 의 Rectang(REC)의 명령을 사용하여 가운데 붙여 넣는다. 크기는 기준이 없으므로 문 손잡이 대보다만 작게 그리면 된다.

⑪ 선의 두께는 문틀 및 문선대는 단면선이므로 0.4mm가 적당하고, 문의 끝부분에 보이는 문틀선은 입면 부분이므로 0.1mm(0.09mm)가 적당하다. 유리의 단면선 역시 잘려진 유리이므로 0.4mm가 적당하다.

> **Point**
> ➡ **함정 찾기**
> 부엌문은 현관문의 그림과 동일하게 그려 넣으면 만들어 넣으면 되는데, 출입문이 밖으로 열리게 하는 것이 좋다.(소방법에 따른 외부로 통하는 피난통로는 밀어서 밖으로 열리게 하여 안전하게 탈출을 유도해야 하기 때문이다.)
>
> 단, 기출문제의 평면도에 문의 열리는 방향이 표시가 되어 있을 경우에는 반드시 기출문제에 제시된 평면도를 기준으로 문의 위치를 넣으면 된다.

3 부엌 계단 난간 그리기

① 난간은 계단포치의 끝선에서 Line(L)의 명령을 사용하여 수직선을 그리는데 수직선의 높이는 사람이 손이 닿는 적정높이인 900mm까지 그리는 것이 좋다.

② Offset(O) 명령을 사용하여 30mm로 간격을 안쪽으로 간격을 띄운다.

③ 맨 위 손이 닿는 부분인 난간두겁부분은 Circle(C) 명령을 사용하여 우측의 그림

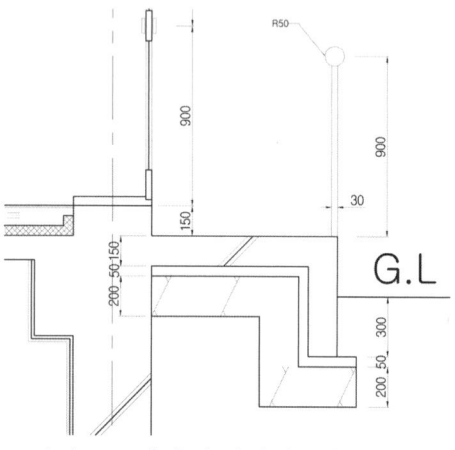

과 같이 난간동자 상단에서 지름 50mm으로 그려서 Move(M)의 명령일 이용하여 가운데 위치하도록 이동하여 넣는다.

⑬ 난간의 선의 두께는 단면상에서 큰 비중을 차지하는 부분이 아니므로 가는 선인 0.1mm(0.09mm)로 그리는 것이 좋다.

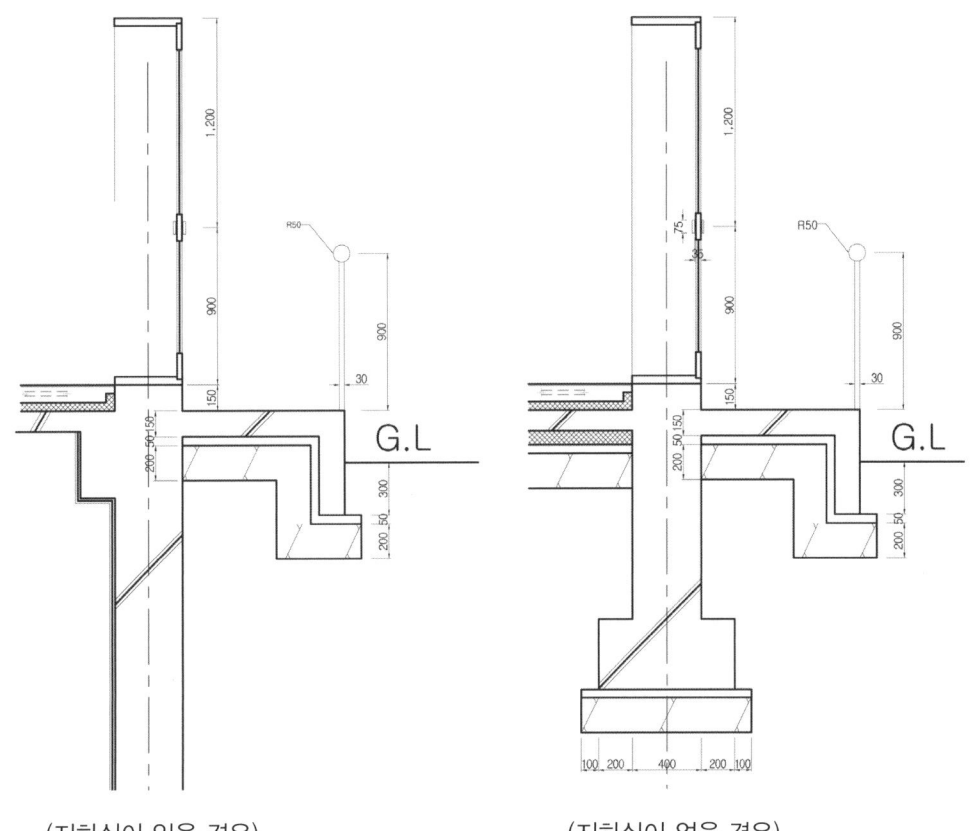

(지하실이 있을 경우)　　　　　(지하실이 없을 경우)

[부엌 문 쪽 도면 작성완성 예제]

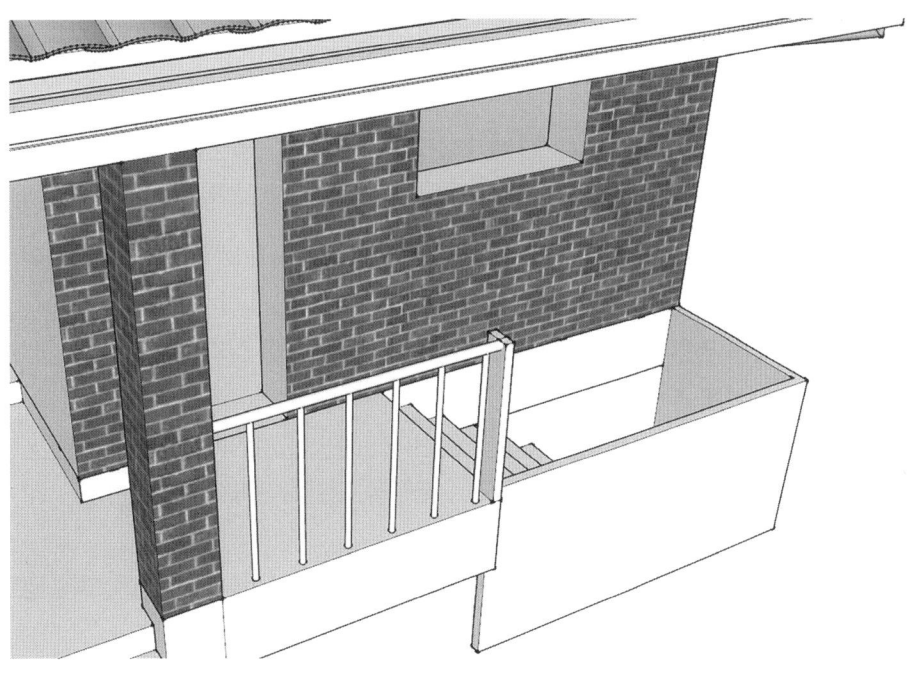

Lesson 04 방문 단면 표현하기

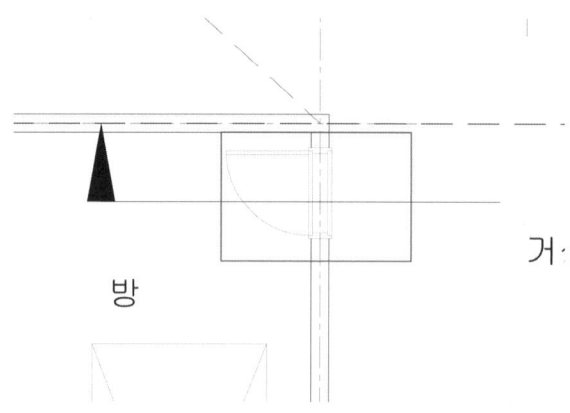

1 방문 그리기

① 먼저 Rectang(REC)의 명령을 사용하여 @벽두께,45의 문틀을 만들고, (벽두께는 보통 방문 설치가 내벽이므로 200mm 이나, 도면에서 옹벽일 경우 150mm 이기 때문에 설계도면에서 제시하는 조건에 따라 변경된다고 생각하면 된다.)

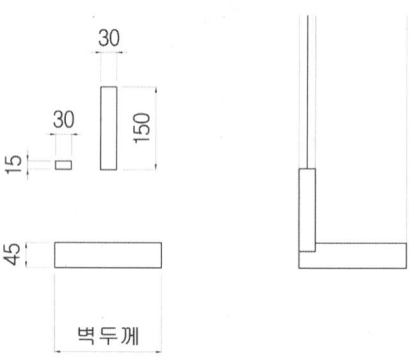

② Rectang(REC)의 명령을 사용하여 @30,15 의 사각형을 만들어 문의 열리는 방향 끝부분에 Move(M)의 명령으로 붙여 넣는다.

③ Trim(TR)의 명령으로 끝부분을 오른쪽의 그림과 같이 잘라 낸다.

④ Rectang(REC)의 명령을 사용하여 문선대인 @30,150 의 사각형을 그려 넣고 잘려진 @30,15부분에 Move(M)의 명령으로 끝점을 기준하여 맞추어 넣는다.

⑤ Line(L)의 명령을 이용하여 30mm 부분의 양쪽에 선을 임의의 선을 그려 넣고 가운데 중간선(나무의 단면선)을 그려 넣는다.

⑥ 문틀의 맨 아래 임의의 가로선을 Line(L)의 명령을 이용하여 긋고 Offset(O)의 명령을 사용하여 문의 높이 2,100mm의 가운데인 1,050mm로 간격을 띄우고 나서 Mirror(MI)의 명령을 사용하여 문틀 및 문선대를 아래의 그림과 같이 대칭복사 한다.

⑦ 문의 재료표시는 나무로 시공되어지는 경우가 많으므로 목재기호를 넣어주는데 Hatch(H)의 명령을 사용하여 각도 45도 간격은 20간격으로 넣어주면 된다. 목재문의 사선 해치는 도면 내 모든 목재 부분에 들어가는 해치이므로 도면을 모두 그리고 나서 한 번에 해치를 넣어도 무방하나, 해치를 빼먹을 우려가 있으니 하나의 부분이 완료되고 나서 그 때 그 때 바로 넣는 것이 비록 시간을 소요하지만 감점의 요소를 줄일 수 있으므로 권장한다.

⑧ 문틀 및 문선대는 단면선이므로 0.4mm가 적당하고, 문의 끝부분에 보이는 문틀선은 입면 부분이므로 0.1mm(0.09mm)가 적당하다. 나무의 단면선 역시 잘려진 나무이므로 0.4mm가 적당하다.

⑨ 방문의 열리는 부분 위치는 기출문제의 평면도에 문의 방향이 표시가 되어 있는 방향으로 그리는 것이 감점의 원인이 되는 부분을 제외 할 수 있다.

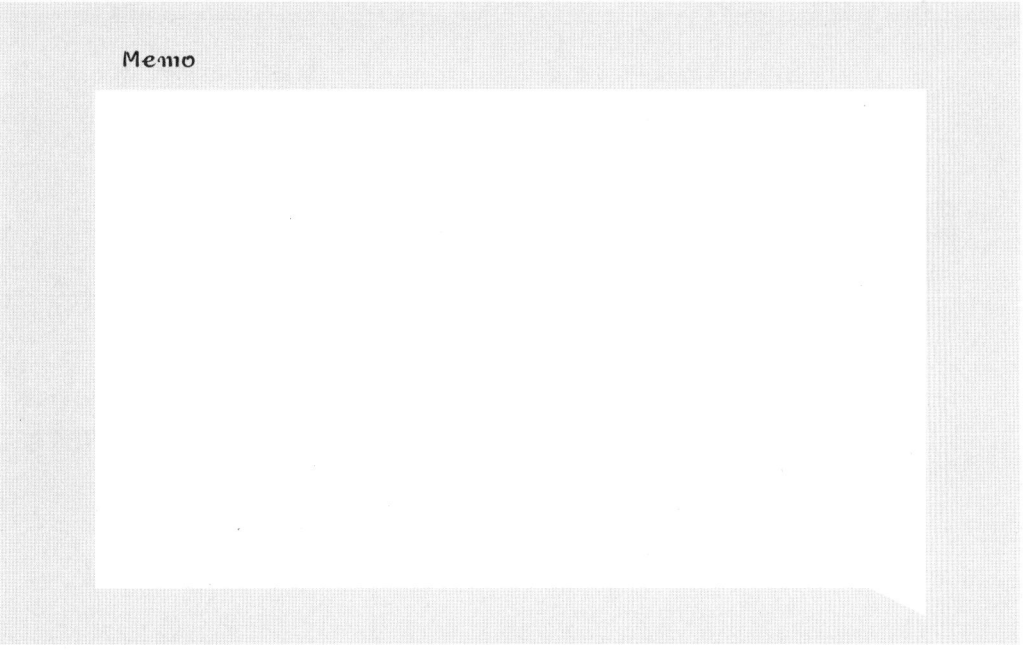

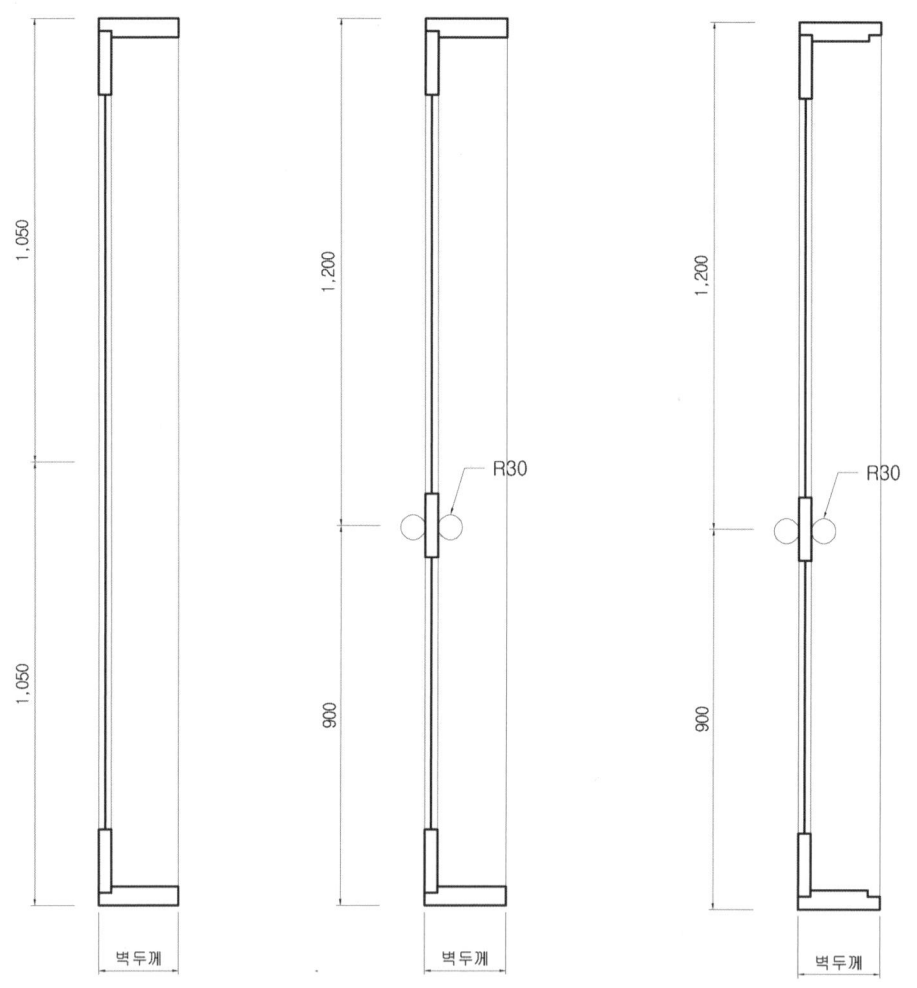

방문틀이 한쪽 만 홈이 있는 경우　　　　방문틀이 양쪽에 홈이 있는 경우

[방문의 도면 완성예제]

Point

➡ 방문틀은 왜 각기 표현방법이 다를까?
- 예전에는 목재로 방문을 구성하여, 실의 사용용도에 따라 경첩을 빼서 방문의 개폐(열리는 위치)를 변경하여 사용 하였다.
  따라서 설계자가 소방법에 따라 탈출의 용도로 필요하다고 하였을 경우 방문의 개폐를 한쪽만 있는 문틀로 그려서 방문의 개폐 방향을 수정하지 못하도록 설계하였을 경우 시공도 한쪽만 열리게 되는 타입으로 시공되어 지기 때문이다.

2 방문 상부 인방 그리기

방문 하부에는 내벽의 기초가 간다. 이는 기초 상부에도 벽체가 구성되어져 있어 천장 상부가 조성되어 방음 및 방화차단이 1.0B의 벽돌벽으로 막혀 있다는 것을 의미한다.

따라서 방문 상단에 직접적으로 벽돌이 쌓아져 있다는 것인데, 방문틀이 목재로 시공되어진 상부에 바로 시멘트벽돌을 시공시 벽돌의 탈락으로 인한 우려가 있기 때문에 방문 상단에 인방을 그려서 벽체에 보강을 해야 한다.

따라서 인방의 작도를 해야 하는데 인방의 작도법은 아래와 같다.

① 방문 상단에 Rectang(REC)의 명령을 사용하여 @190,190 (@벽두께, 벽두께)의 사각형을 만들고, (벽두께는 보통 방문 설치가 내벽이므로 200mm이나, 도면에서 옹벽일 경우 150mm이기 때문에 설계도면에서 제시하는 조건에 따라 변경된다고 생각하면 된다.)

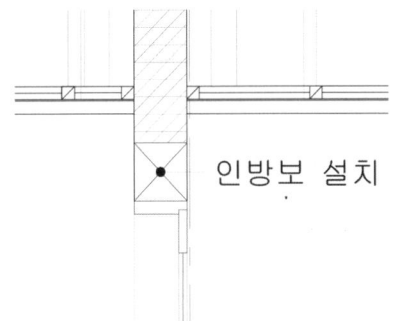

② Line(L)의 명령을 사용하여 우측의 그림과 같이 사선으로 X자가 되게 긋는다.

③ 문자의 표시는 "인방보 설치"로 정확한 명칭을 기입하여 마무리 한다.

Lesson 05 중문 단면 표현하기

현관의 외기 및 해충이 문틈을 타고 들어와서 거실로 들어오는 것을 방지하기 위하여 중문을 설치하기도 한다.

기출문제의 유형중 중문을 설치한 사례가 근래 들어 꽤 많이 제시되므로 중문의 작도 방법을 정확히 알고 시험에 임하는 것이 좋다.

1 중문의 평면 유형

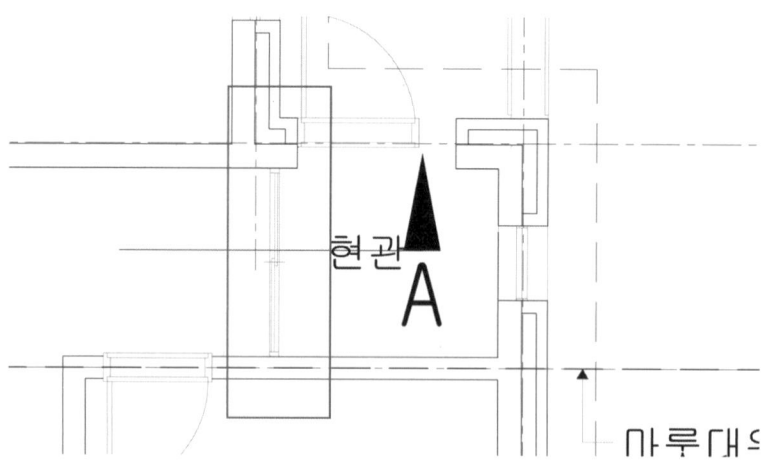

기출문제의 평면도에서 우측의 그림과 같이 현관입구의 포치 부분에서 거실로 들어서는 부분에서 미서기 문의 표기가 되어 있을 경우는 중문이 설치되어 있다는 것을 알아야 한다. 이럴 경우에는 평면도에 중문이 있기 때문에 단면도에도 반드시 중문을 설치되어 있어야 한다.

또한 중문 설치위치가 현관입구에서부터 1,500mm 이상 이격되거나 벽체가 있는 것이 확인이 될 경우는 중문 설치부분의 하부에 기초를 그려야 한다.

2 중문그리기

중문은 테라스의 문을 만드는 방법과 크게 차이가 없으므로 자세한 내용은 테라스의 창문 그리는 법과 부엌문을 그리는 법을 참고 하면 좋다.

① 알루미늄 창틀 프레임도 어느 한 점을 선택하여 기준점으로 하고 다음 점을 Rectang(REC) 명령어를 사용하여 @30,60 의 사각형을 그린다.

② 그런 다음 사각형을 그림과 같이 맞추고 Offset(O) 명령을 이용하여 각각 그림과 같은 간격으로 선을 그어 단면창의 선과 입면창의 선을 우측의 그림과 같이 만들어 준다.

③ Line(L) 명령을 사용하여 창틀의 맨 아래 선을 임의로 가로로 긋고, Offset(O)의 명령을 사용하여 1,200mm로 간격을 띄운다.

④ 그런 다음 간격을 띄운 1,200mm선을 기준으로 아래 프레임들을 마우스로 드레그 하여 영역을 선택하고 Mirrir(MI) 명령을 사용하여 위쪽 부분으로 대칭시켜 위쪽의 창문틀을 완성시킨다.

⑤ 선의 두께는 유리 프레임은 0.4mm가 좋으며 창틀 및 프레임 역시 0.4mm로 하고 그 외의 창문부분은 모두 0.09mm 로 하는 것이 좋다.

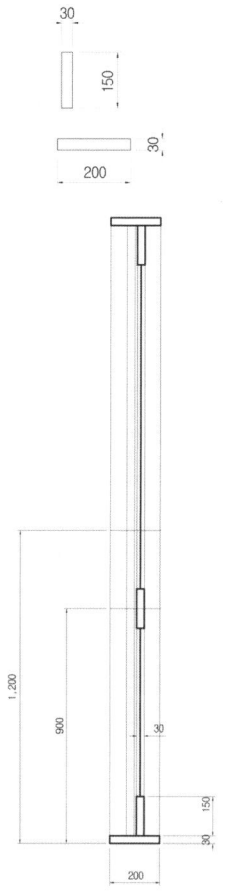

- 단면도는 1/40으로 출력할 것이기 때문에 너무 자세히 그린다고 해서 출력의 도면에 표현되지 않으므로 작은 부분에는 많이 신경을 쓰지 않아도 된다. 따라서 신속히 그리기 위해 정확한 창틀의 모양과 상관없이 형틀의 사각형의 모양만 그리면 된다.

3 중문 상부 마감하기

중문은 칸막이로 마감되는 경우가 보통이다. 단 중문하부에 기초가 있을 경우 방의 상부와 같이 인방을 설치하도록 작도하면 되나, 기초가 없을 경우는 아래의 작도법으로 작도하면 된다.

① 중문 상단마감은 중문끝선에서 부터 반자의 높이까지 이며, 중문 상단에서 Offset(O)의 명령을 사용하여 45mm로 간격을 우측의 그림과 같이 간격을 띄우고,

② Rectang(REC)의 명령을 사용하여 @45,45의 사각형 각재를 그려 넣고, Line(L)의 명령을 사용하여 우측의 그림과 같이 사선이 되게 긋는다.

③ COpy(CO)의 명령을 사용하여 우측의 그림과 같이 사면으로 복사하여 붙여 넣으면 된다.

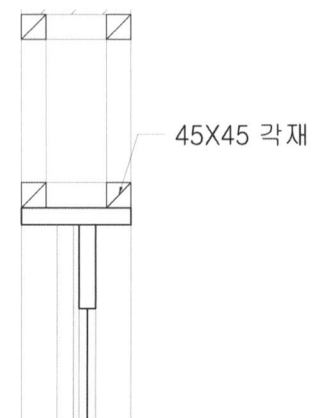

45X45 각재

4 실명 표현하기

일반적으로 재료의 표시 문자와 실명의 표시문자는 그 크기를 달리한다.
실명의 표현은 좀 더 큰 문자를 사용하여 현재 도면에서 사용하고 있는 실이 어느 용도로 사용되는지 표현하는 기본적 수단이 되기도 한다.

실명의 글자의 크기는 아래의 그림과 같이 180mm로 문자열을 조정하여 기입한다.
- 문자 기입방법은 재료의 표현에 준한다. 또한 지반선(G.L)의 글자 역시 실명과 동일하게 표현한다.
  단, 물매의 글자 크기는 별도로 임의로 작성하도록 한다.
  글자의 두께는 너무 진하게 보이면 안좋기 때문에 0.2mm 또는 0.3mm가 정도가 적당하다.

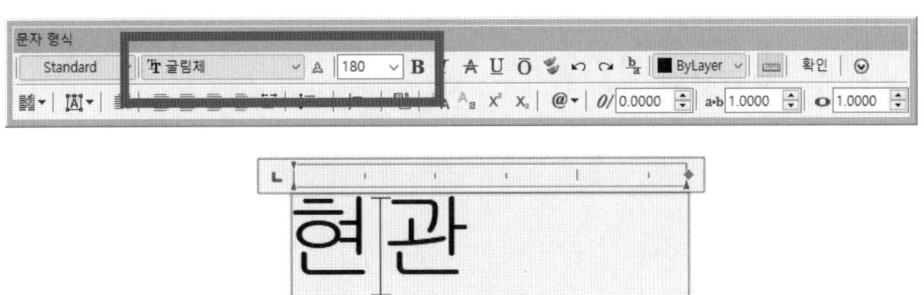

> **Point**
>
> ▶ 주요 재료표현 용어 설명
> THK : thickness (두께)
> W.P마감 : 수성페인트 마감
> 액체방수 : 시멘트용액에 방수액을 타는 방법 (1번 바르는 것은 1차, 2번 바르는 것은 2차)

Lesson 06 성토다짐 표현하기

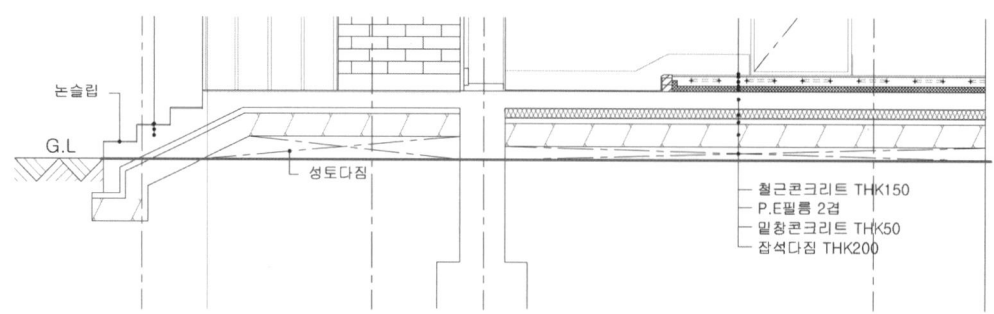

성토 다짐이란 설계도면에서 지반선(G.L)보다 건축물의 바닥면이 더 높아 방바닥 하부가 텅 비어지게 되어 건물이 허공에 떠있는 상태가 된다.

건물의 하부가 비어있을 경우 바닥 슬래브의 변형 및 부등침하의 발생이 우려가 되는 부분으로 바닥면의 보강을 위해 잡석 아래로 비어지는 부분에 토사 및 자갈등을 이용하여 흙(잔토) 메우기를 시공하는 방식을 말한다.

보통 기초판 전체가 온통기초인 경우에서는 필요가 없지만 줄기초나 독립기초에서 주로 나타나는 문제점이므로 위의 그림과 같이 G.L선에서 가로선을 그어 지반선 보다 잡석다짐이 위에 있다면 반드시 성토다짐을 표시해야 한다.

요약하자면 지반선 보다 건축선이 높을 때 발생하는 문제로서 시공하기 전 흙을 되메우기 하여 건축바닥면의 높이 까지 돋아주는 공정을 말한다.

성토다짐을 시공하지 않거나 설계시 표현하지 않을 경우 건축물의 하부가 비어있는 시공이 되어 주요 구조적인 문제점으로 발생하여 채점에서 감점의 사유가 될 수 있기 때문에 반드시 지반선(GL선)보다 잡석이 더 높을 경우를 확인해야 하고 높을 경우는 시험도면에 성토다짐의 표식을 하여 설계를 진행해야 한다.

이런 경우 도면에 표기가 되어질 때, 위의 그림과 같이 지반선 상단부분과 잡석다짐 사이의 비어있는 공간을 Line(L)의 명령을 사용하여 선을 긋는데 선의 유형은 Center(중심선)으로 표현하여 성토다짐의 기호로 사용하면 된다.

선의 굵기는 구조체이기는 하나 중요도가 상대적으로 낮으므로 0.2mm가 적당하다.

Lesson 07 실내 계단 단면 표현하기

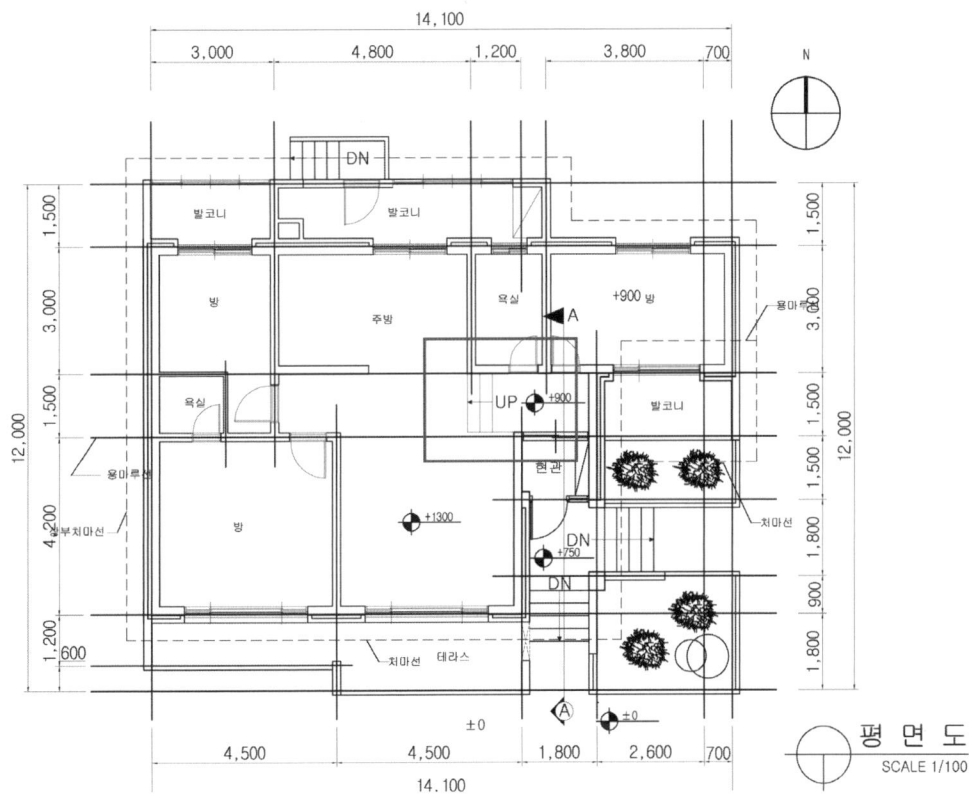

위의 평면에 그려져 있는 사각형과 같이 실내에 계단이 있을 경우, 실내 내부에 있는 계단의 단면을 표현해야 한다. 그런데 실내에 있는 계단은 외부에 있는 현관의 계단과 다르게 인조석 물갈기를 사용하지 않는다는 것이 특징적이다.

보통 실내의 계단에는 나무판이 깔리므로 나무판을 표현해 줘도 좋다. 나무판을 표현할 때는 나무는 입면선인 0.09mm가 적당하다.

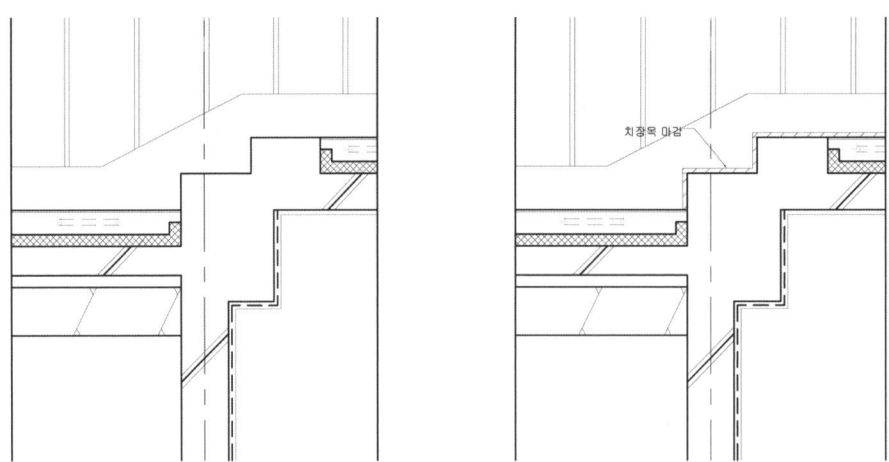

[실내 계단 두 가지 유형]

Lesson 08 단면도 예제 연습문제

▶ **연습시간** : 표준시간 3시간, 연장시간 20분

1 요구사항

주어진 평면도를 보고 CAD를 이용하여 아래조건에 맞게 다음도면을 작도하시오.
A부분 단면상세도를 축척 1/40으로 작도하시오.

2 조건

기초 및 지하실 벽체 : 철근콘크리트로 한다.
벽체 : 외벽 – 외부로부터 붉은 벽돌 0.5B, 단열재 80mm, 시멘트벽돌 1.0B로 하고
　　　　　　외부 마감은 제물치장으로 한다.
　　　내벽 – 두께 1.0시멘트 벽돌 쌓기로 한다.
지붕 : 철근콘크리트 슬래브위 시멘트 기와마감 (물매 4/10이상)
처마나옴 : 벽체중심에서 600mm
반자높이 : 2,400mm, 처마반자 설치
창호 : 목재창호로 하되 2중창인 경우 외부창호는 알루미늄 새시로 한다.
각실의 난방 : 온수파이프 온돌난방으로 한다.

기타 각 부분의 마감, 치수 등 주어지지 않은 조건은 일반적인 시공수준으로 한다.

3 선의 통일을 위하여 아래와 같이 선의 색을 정리하여 출력한다.

파랑 – (7–White) – 0.3mm	녹색 (3–green) – 0.2mm
노랑(2–yellow) – 0.4mm	하늘색 (4–cyan) – 0.3mm
빨강 (1–red) – 0.2mm	흰색 (5–blue) – 0.1mm

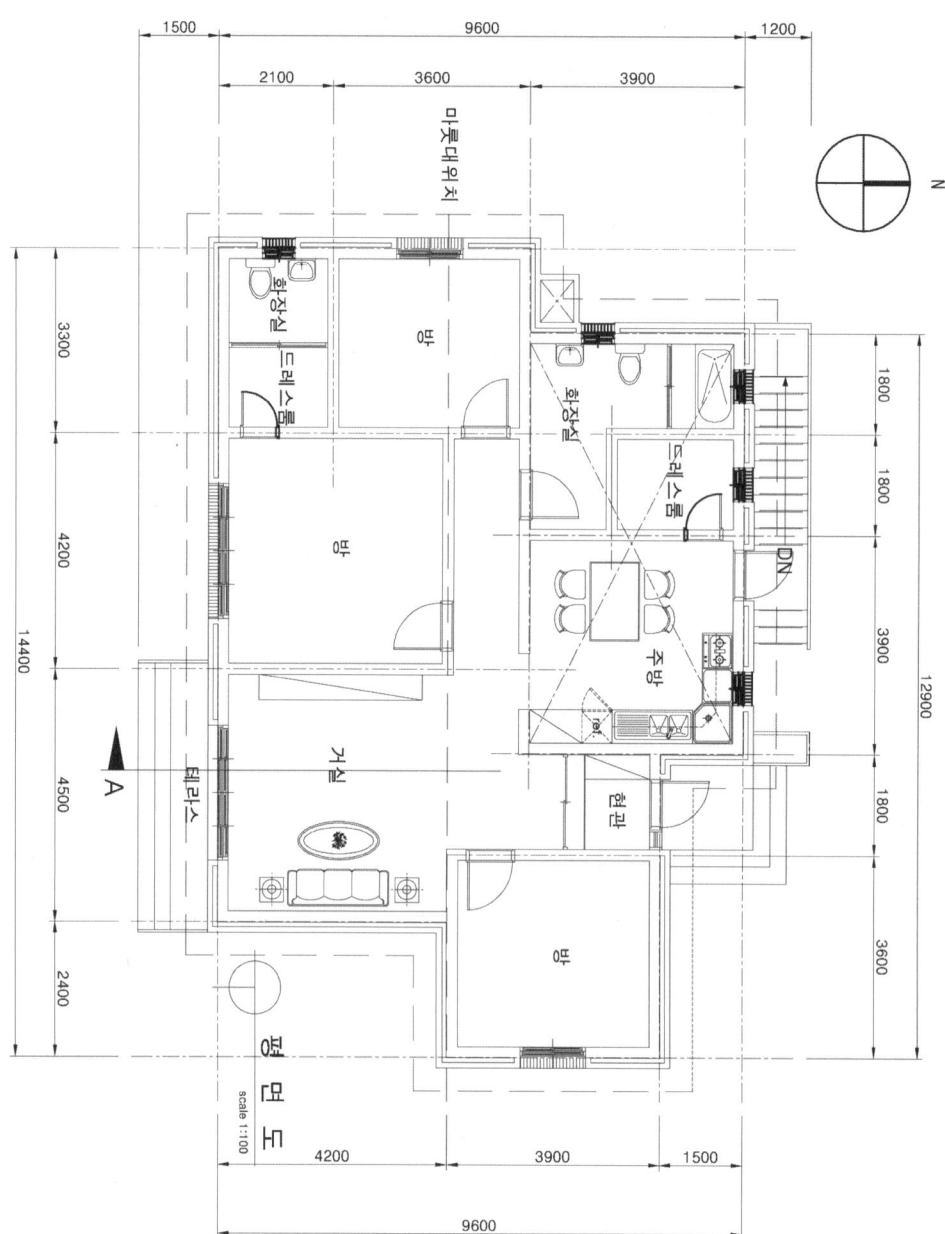

Lesson 09 연습문제 주요 포인트

- 현관 테라스의 너비
- 긴 지붕의 위치
- 물매의 시작 및 물매의 각도
- 화단의 위치
- 단면부분에서 보이는 입면의 문
- 단면감각
- 재료의 위치
- 입구의 위치
- 집기의 표준 위치
- 계단의 수 및 거실의 높이
- 현관의 포치너비
- 레이어 선 두께

Memo

Lesson 10 연습문제 정답

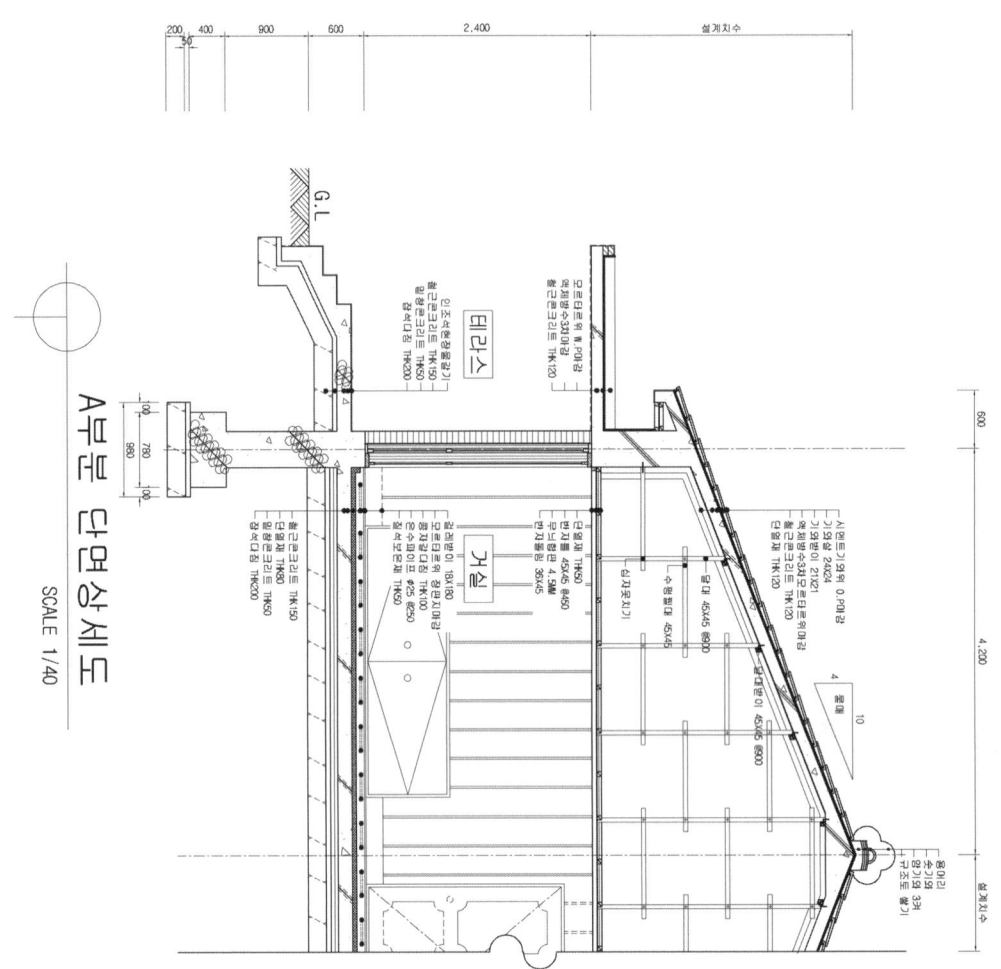

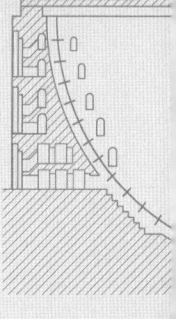

PART

03

전산응용건축제도 입면도 작도하기

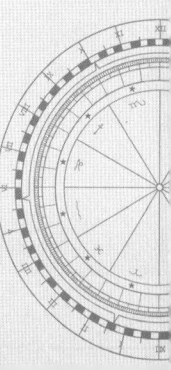

Memo

Chapter 01

남측면도 표현하기

Lesson 01 남측 입면도 방향 잡기
Lesson 02 남측입면도 벽체 기준잡기
Lesson 03 입면 창문 표현하기(1,500mm)
Lesson 04 거실 창문 표현하기(3,000mm)
Lesson 05 입면 캔틸레버 표현하기
Lesson 06 남측입면 지붕 표현하기
Lesson 07 입면 굴뚝 표현하기
Lesson 08 조경 표현하기
Lesson 09 입면 홈통 표현하기
Lesson 10 입면도 마감 해치 표현하기

전산응용
건축제도
기능사실기

Lesson 01 남측 입면도 방향 잡기

입면도면의 작도는 주어진 조건의 평면에서 방위의 표식을 보고 동·서·남·북의 방향을 잡고 보여지는 방향을 토대로 평면에 기준하여 작도된다.

미리 완성된 단면도 이후 작업하기 때문에 단면도 어느 방향이라도 기존에 만들어져 있는 단면도를 가지고 입면도의 제목으로 다른 이름 저장하여 완성된 지붕과 천장반자 높이 등을 이용하여 입면작업을 하는 경우가 많다.

따라서 단면도의 작성이 정확히 되어야 입면에도 오차가 없다는 점을 잊으면 안된다.

아래의 그림과 같이 남측면도는 방위의 방향으로 평면도를 보고 지붕의 꺾여진 모양을 확인해야 한다.

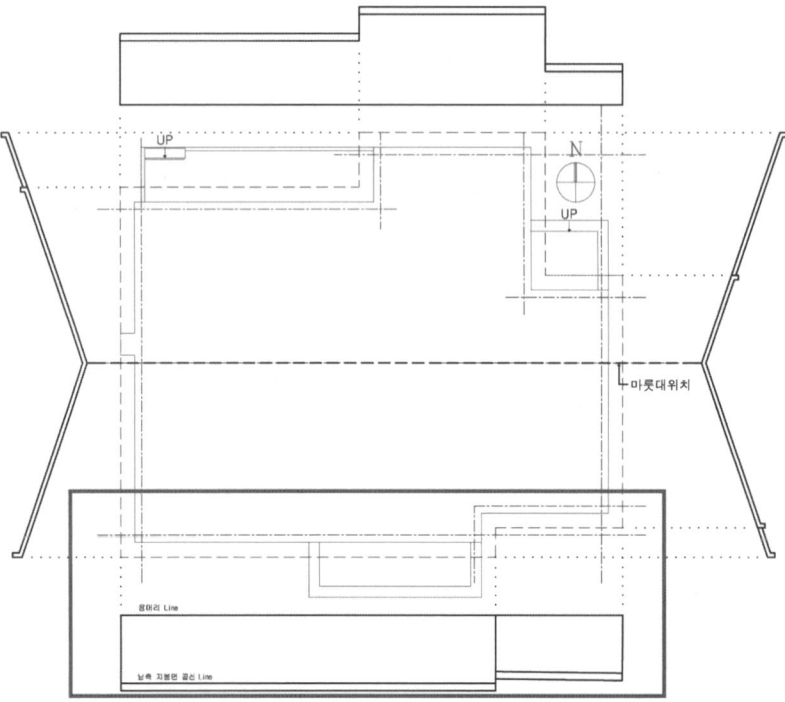

Lesson 02 남측 입면도 벽체 기준잡기

1 남측 입면도 벽체부분 작성

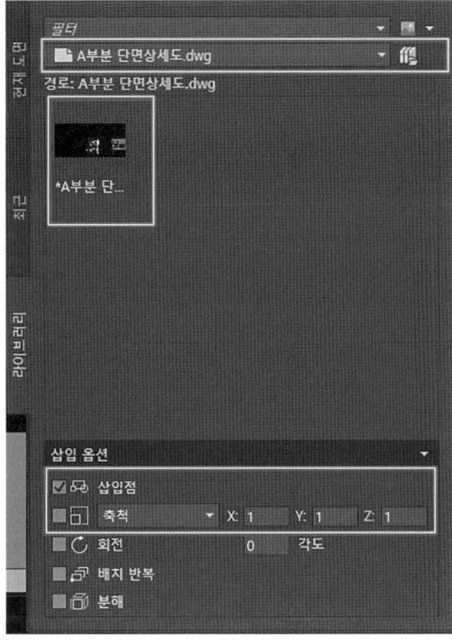

[Insert명령 – 2006~2019버전]

[Insert명령 – 2020 이후버전]

① 캐드의 새 파일을 열고 Layer(LA)와 limits를 맞춘 다음 Insert(I)의 명령을 사용하여 이미 작도완료 한 단면도를 새 파일에 삽입한다.

② 삽입한 단면도를 아래의 그림과 같이 단면도의 용머리의 선, 지붕끝선과 반자높이, 방바닥선 및 G.L선에서 Line(L)의 명령을 이용하여 가로 선을 연장하여 그려서 입면의 기준선을 선정한다.

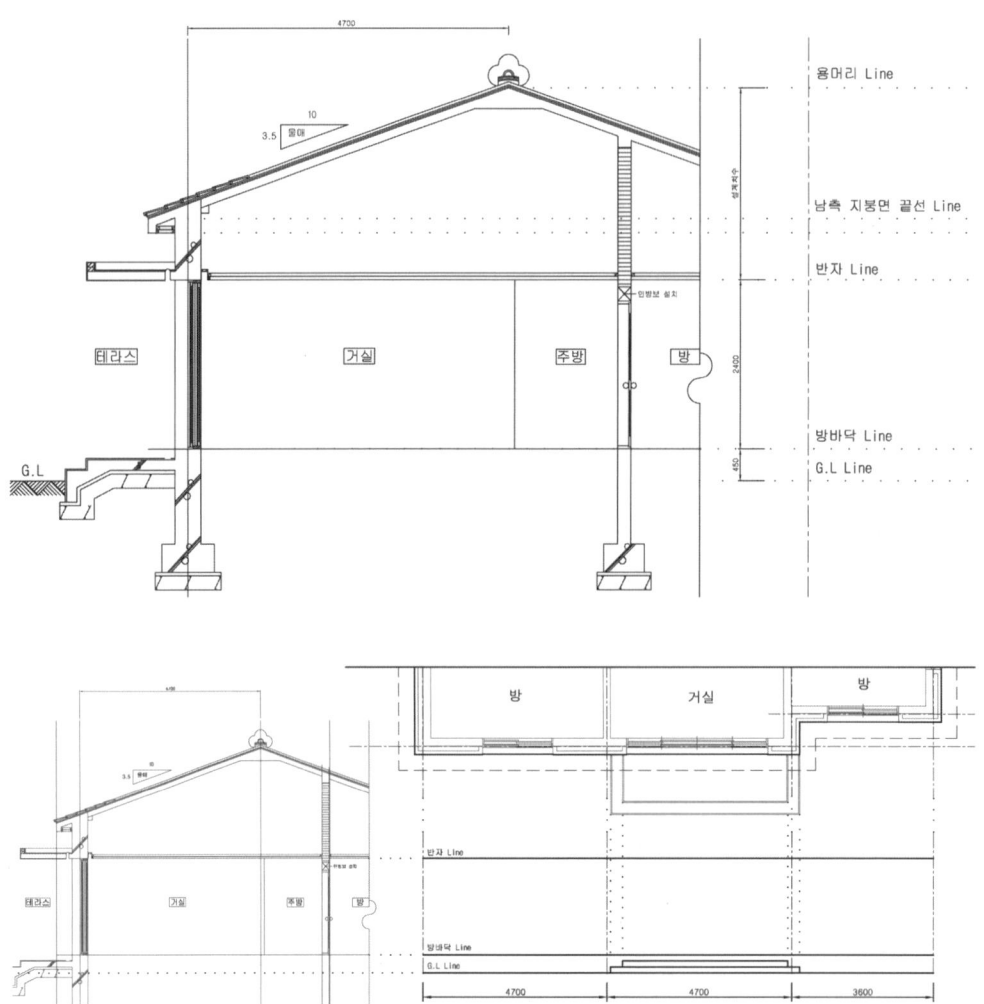

③ G.L선에서부터 그리고 방 끝선 및 계단 높이, 반자선을 이어서 그린 다음, 세로선은 벽체의 외벽선을 중심선에서부터 Offset(O)명령을 사용하여 아래의 그림과 같이 간격을 띄운다.

④ 벽체 부분의 작도는 중심선을 기준하여 외벽체선(벽체 전체 두께 400mm에서 외벽쪽 부분의 중심선 기준 200mm)를 아래의 그림과 같이 Offset(O)명령을 이용하여 간격을 띄워 그려야 한다.

선의 두께는 입면의 벽체선을 굵게하면 도면이 깔끔해 보이는 것을 고려하여 굵은선 0.4mm가 적당하다.

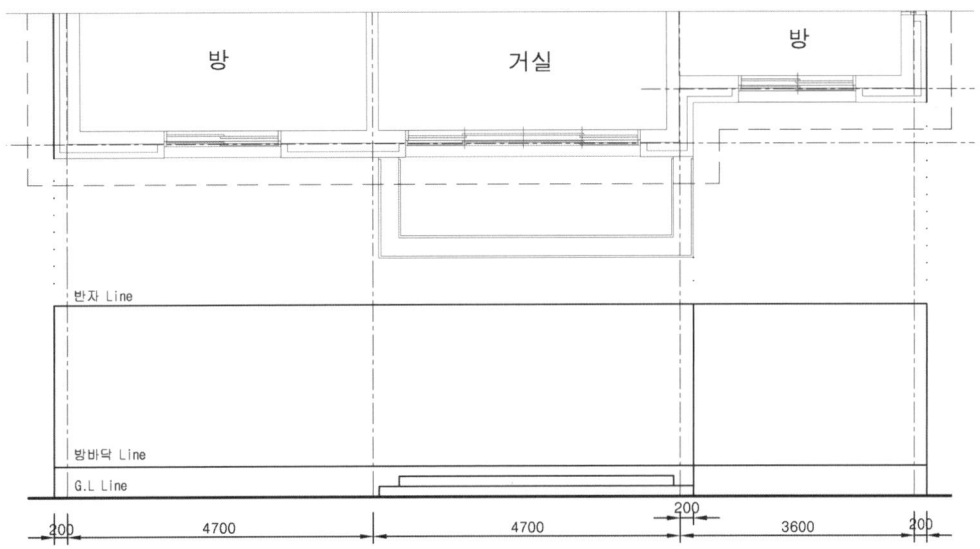

🏵 Point

▶ 함정 찾아보기

벽체 두께에 따라 입면선의 외벽면은 달라진다.
따라서 벽체의 두께가 350mm의 외단열일 경우 250mm가 띄어지게 된다.
벽체의 두께와 외단열과 중단열에 따라 달라짐으로 주의하여 그린다.

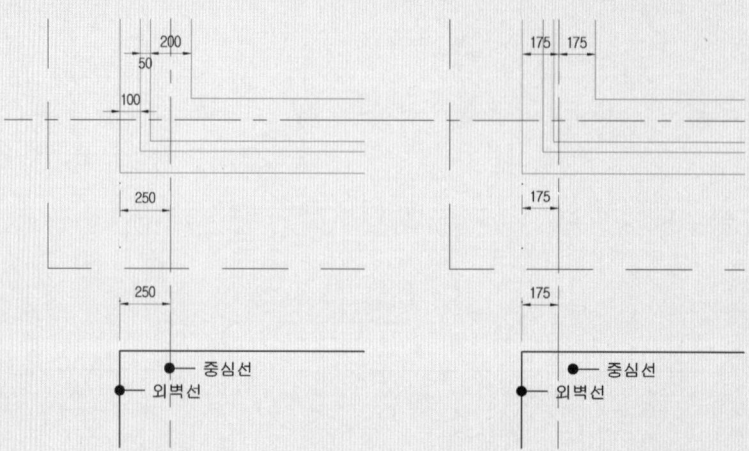

- 단면에서 중심선 기준 외벽면의 폭을 정확히 확인하여 두 도면이 외벽선의 길이가 같으면 된다.

간격이 정확히 띄워 졌는지 꼭 확인 하는 것이 좋다. 또한 건물의 중간에 굽어진 경우 우측으로 벽체가 간격을 띄워야 할지 좌측으로 띄워야 할지를 평면을 기준하여 정확히 판단하여 외벽면의 크기를 그려야 한다.

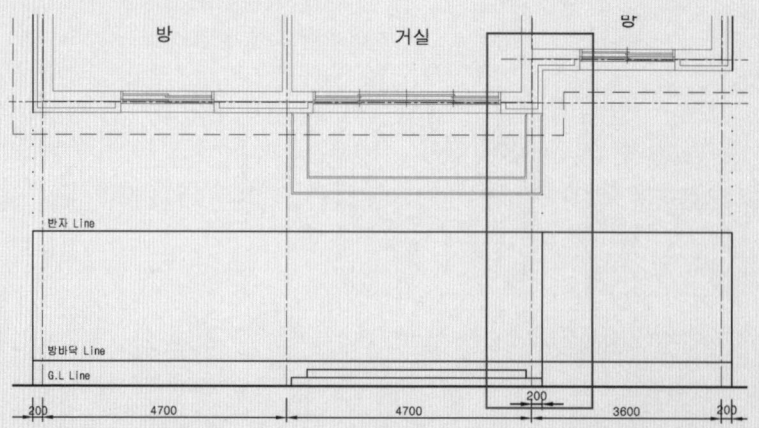

이런 부분이 감점의 주요원인이 되므로 매우 주의해서 그려져야 한다.

2 창문 작도하기

창 입면 작도는 창문이 건물의 외부에서 직접 보이는 부분으로서, 우리 눈에서 보이는 모습을 그대로 입면도에 표현하면 된다. 이때, 도면에서 표기되는 부분이 반복되기 때문에 기본 창문에서 복사하여 Stretch(S)를 사용하여 변형하면 된다.

> **Point**
>
> ▶ 방 창문의 크기 파악하는 요령
> 제시된 전산응용건축제도기능사의 실기 기출 평면도는 프린터로 된 None Scale 출력물이지만, 문제작성시 정확한 척도에 의해 그려진 도면으로서 보통 1/100의 스케일로 작도 되었다고 유추하면 된다. 따라서 창문의 크기를 알고 싶을 때는 아래의 그림과 같이 스케일을 이용하여 문제지에 대어보고 스케일의 비율에 의해 창문의 크기를 파악하면 된다.
>
>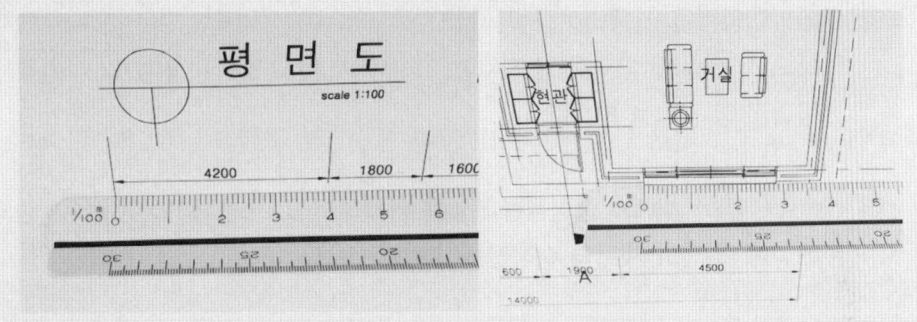
>
> 사진의 좌측과 같이 스케일을 출제문제에 대어 대략적 크기를 확인한 후 창문의 크기를 자의 치수로 확인하여 창문의 크기가 3,000mm라는 것을 유추 할 수 있다.

Lesson 03 입면 창문 표현하기(1,500mm)

입면도 창은 나중에 복사 및 거실창문을 작도할 때 편리하게 하기 위해 기존 입면도면 바깥쪽, 빈 공간에 Rectang(REC) 명령어를 사용하여 그리는 것이 좋다.

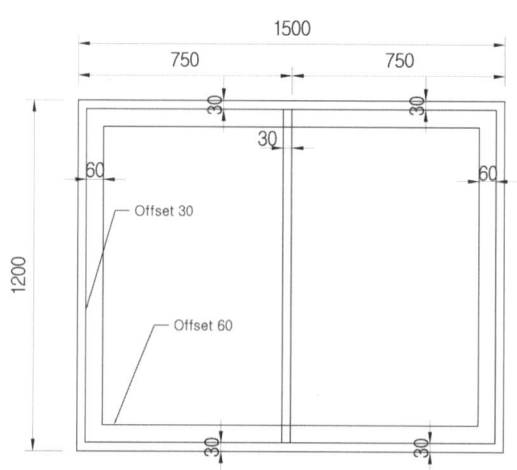

① Rectang(REC) 명령어를 사용하여 @1500,1500인 사각형을 그린다.

② Offset(O)명령을 사용하여 사각형 안쪽으로 30mm만큼 간격을 띄우고, 그 선에서 다시 60mm 만큼 다시 간격을 우측의 그림과 같이 간격을 띄운다.

③ Osnap(객체스냅)에서 중심점을 켜놓은 상태에서 Line(L)명령을 이용하여 선의 중심부분에 기준을 잡고 세로의 수직선을 그린다.

④ 그리고 Offset(O) 명령을 사용하여 세로선을 기준으로 하여 30mm만큼 왼쪽으로 간격을 띄운다.

⑤ 가운데 P1,P2,P3의 선을 우측의 그림과 같이 지우고 Offset(O)의 명령을 사용하여 60mm를 다시 오른쪽으로 간격띄우기를 한다.

⑥ 기준이 된 가운데 세로선(P2)을 지우고 Rectang(REC)의 명령을 사용하여 양쪽의 창문 대각선 방향의 꼭지점을 기준으로 사각형을 그려 넣는다.

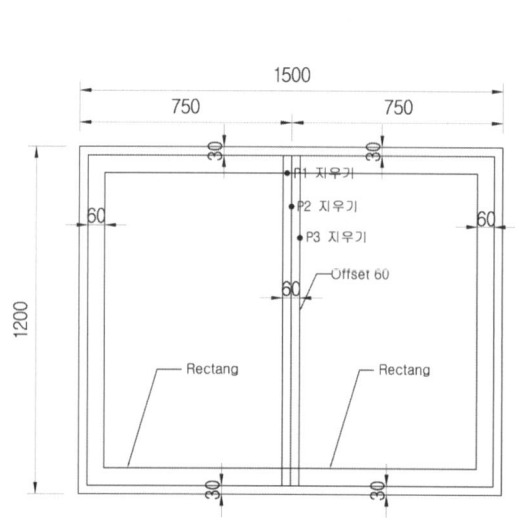

⑦ 그린 사각형을 Copy(CO)의 명령을 이용하여 우측의 창에 붙여넣어 양쪽에 창문 모양을 만들어준다.

⑧ Offset(O)의 명령을 이용하여 10mm를 다시 사각형의 안쪽으로 간격띄우기를 하여 창문 코킹선을 넣으면 된다.

⑨ 햇빛이 비치는 모양인 유리의 기호표현은

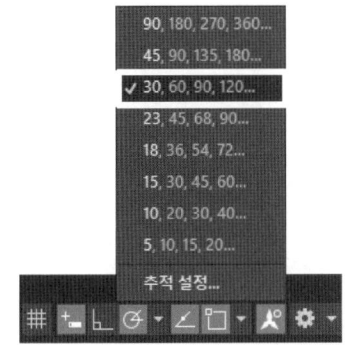

Polar Traking(극좌표 추적하기)을 켠 상태에서 각도 30,60,90도에 그림과 같이 맞추고 Line(L)의 명령을 사용하여 우측의 그림과 같이 사선을 긋는다.

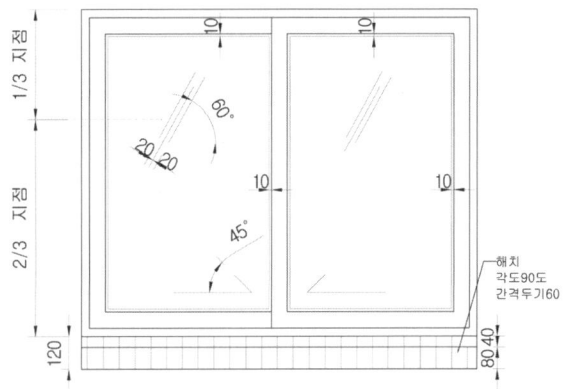

⑩ Offset(O)의 명령을 사용하여 양쪽으로 20mm씩 간격을 띄우고 가운데 선만 Move(M)의 명령을 이용하여 그림과 같이 아래위로 조금 이동을 한다.

⑪ 창문이 열리는 화살표 표현은 Line(L)의 명령을 사용하여 가로선을 긋고 9번의 유리기호 표현과 같이 Polar Traking(극좌표 추적하기)을 켠 상태에서 각도를 45도로 맞추어 놓고 그림과 같이 사선을 그어 표현하고, Mirror(MI)의 명령을 이용하여 중심점을 기준으로 우측에 대칭하면 된다.

⑫ 창하부의 창대돌은 Offset(O)의 명령을 사용하여 40mm, 80mm 씩 간격을 띄우고 Hatch(H)의 명령으로 각도 90도 간격두기 60mm로 세로선을 표현하면 된다.

⑬ 선의 두께는 입면도라는 것을 고려하여 창문의 전체의 선두께는 0.3mm가 적당하고 코킹선 및 화살표 등과 같이 비교적 주요부분이 아닌 표현은 0.1mm(0.09mm)로 하는 것이 좋다.

또한 창대벽돌의 두께 역시 재료의 표현임을 고려하여 0.1mm(0.09mm)로 하는 것이 좋다.

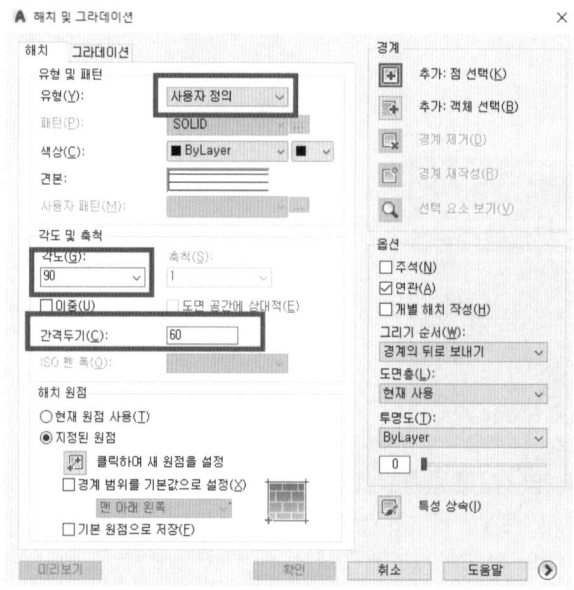

Lesson 04 거실 창문 표현하기(3,000mm)

창문은 보통 방 창문과 거실창문 또는 주방창문 이나 욕실창문이 동시에 표현되는 경우가 매우 많다. 따라서 창문의 경우는 하나의 창문을 완성해놓고(보통은 1,500mm 창문을 먼저 그린다.) 완성된 창문을 가지고 Stretch(S)의 명령을 사용하여 창문을 변형하여 시간을 절약해서 사용한다. 따라서 Stretch(S)의 명령의 사용방법을 평소 정확히 인지하고 있어야 하겠다.

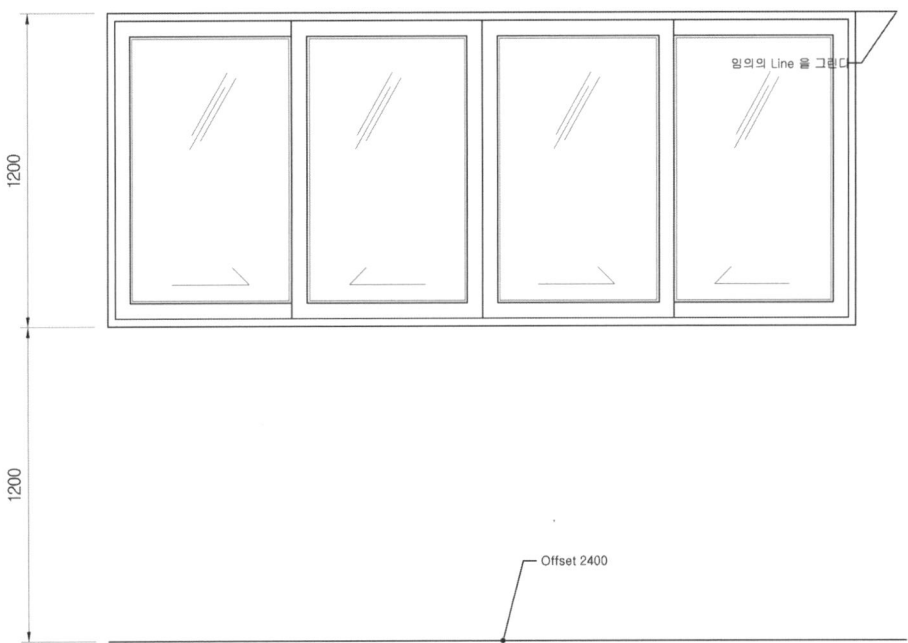

① 기존에 작도 되어 있는 방의 창문을 Copy(C)의 명령을 사용하여 빈 공간에 복사를 한다.

② 복사한 창문 상단에 Line(L)의 명령을 사용하여 임의의 수평선을 위의 그림과 같이 그리고 그린 수평선에서부터 Offset(O)의 명령을 사용하여 아래쪽으로 1,200mm만큼 간격띄우기를 한다.

• 이때 창문의 전체크기는 반자의 높이를 고려해서 설정되어야 한다.
 예를 들어 반자의 높이가 2,300mm 또는 2,350mm일 경우 창의 높이 역시 반자의 높이와 동일하게 그려져야 한다.

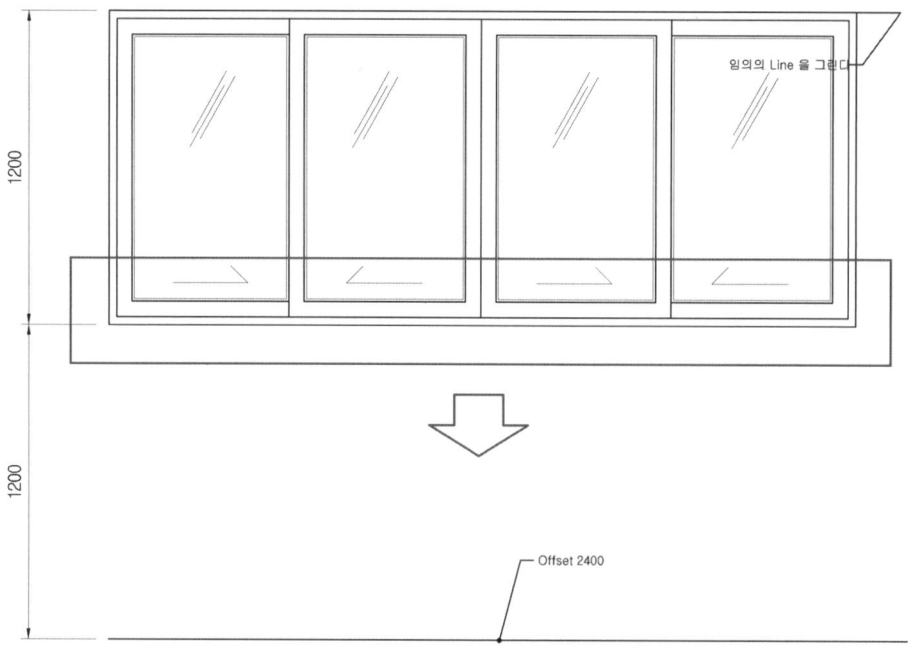

③ Stretch(S)의 명령을 사용하여 위의 그림과 같이 빨간색 부분을 드래그하여 화살표 방향으로 아래의 간격띄우기를 한 수평선에 맞춘다.

> **Point**
>
> ▶ 주의 사항 (신축은 드래그를 한 범위에 따라 Stretch(S)(좌쪽그림)이 되기도 하고 Move(M)(우측그림)가 되기도 하기 때문에 유의해서 범위를 설정해야 한다.

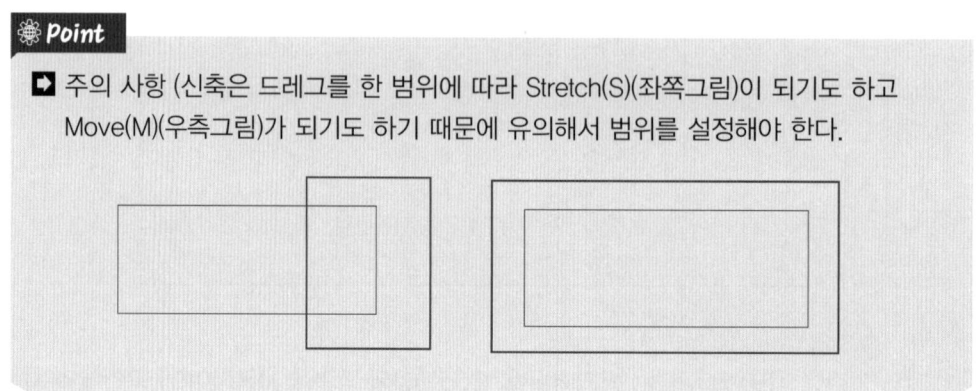

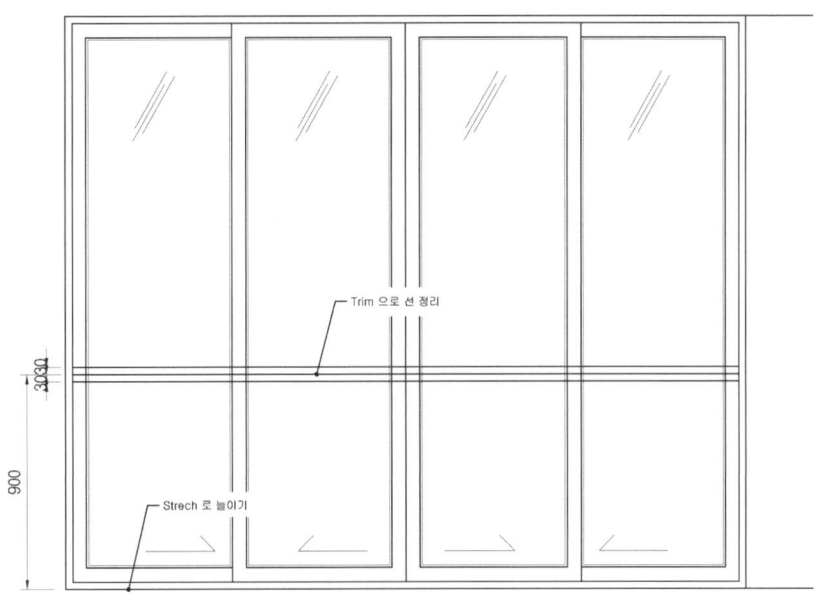

④ Offset(O) 명령을 이용하여 900mm만큼 간격을 띄운후 다시 Offset(O) 명령을 이용하여 30mm만큼 아래 위로 간격띄우기를 하여 창문의 중간선틀을 그린다.

⑤ Trim(Tr)명령을 이용하여 중간선틀의 겹치는 선을 지우고 선을 정리한다.

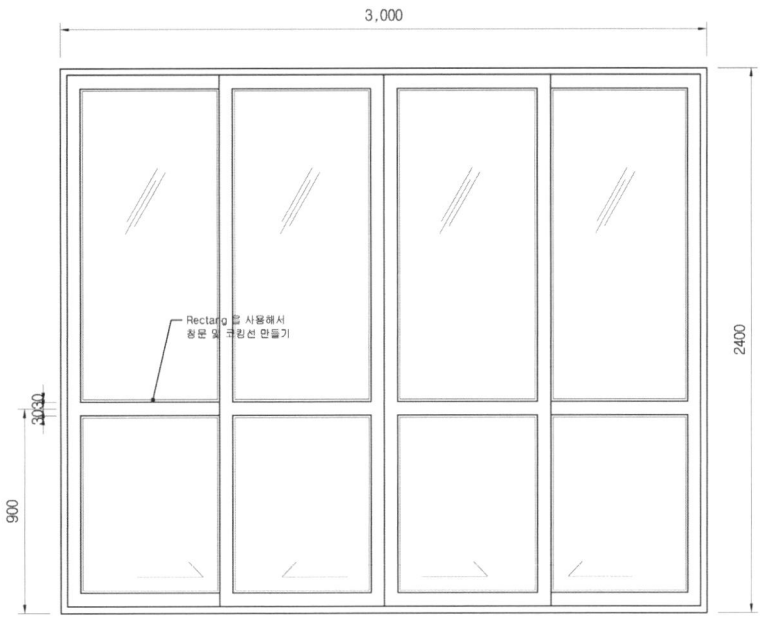

⑥ Rectang(REC)명령을 사용하여 안쪽 창문 및 코킹선을 방창문과 같은 방법으로 그리고 창문기호 및 화살표를 중앙으로 보기 좋게 Move(M)의 명령을 이용하여 조정해 주면 된다.

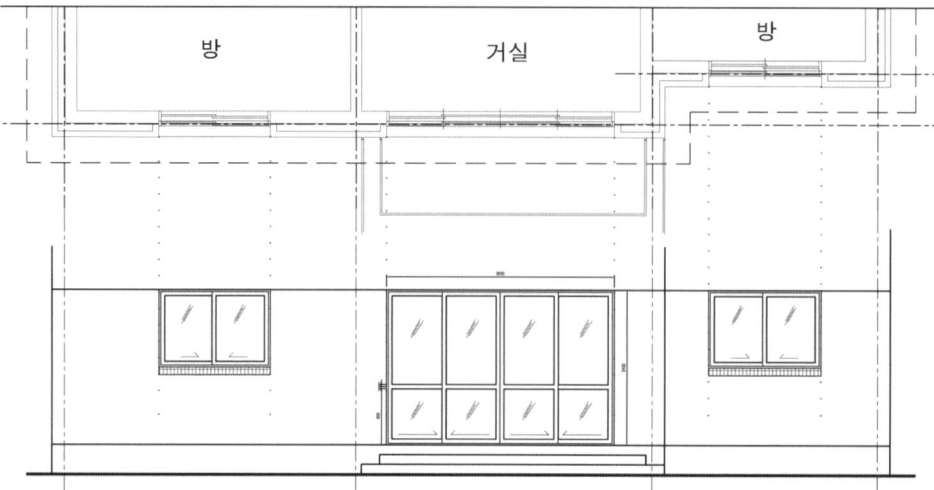

⑦ 평면도에서 남측 방향에서 보이는 창문을 모두 그림과 같이 평면도를 기준해서 같은 간격으로 입면에 배치해야 한다.

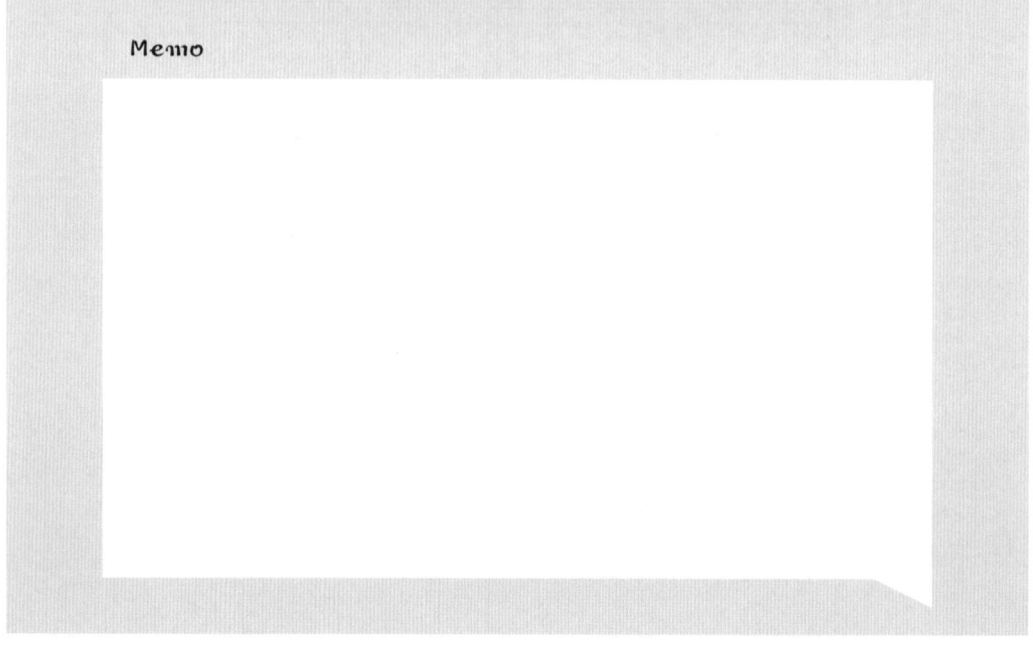

Memo

Lesson 05 입면 캔틸레버 표현하기

전산응용건축제도기능사 실기

입면에서의 캔틸레버는 단면에서 슬라브 두께인 120mm와 벽돌 두장 높이인 120mm를 합하여 240mm의 두께로 표현하면 된다.
또한 중간 부분에 입면으로 보이는 물끊기의 선을 표현 해주는 것이 좋다.

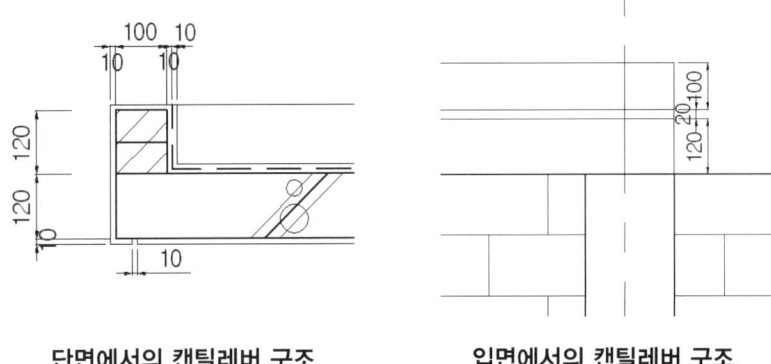

단면에서의 캔틸레버 구조   입면에서의 캔틸레버 구조

Point

▶ 입면 캔틸레버 가운데 선의 의미
입면에서 보는 캔틸레버는 가운데 선이 그려져 있다.
이 선의 용도는 물끊기 홈의 용도와 더불어 외부의 미관을 도모하는데 사용이 된다.

아래의 그림과 같이 건축물의 외부 캔틸레버는 그 용도에 따라 다양한 줄눈으로 표현을 해도 무방하다.

① Offset(O) 명령을 이용하여 반자의 아랫선에서부터 120mm씩 두 번 간격을 띄우고 중간선에서 다시 20mm 간격을 띄워 우측의 그림과 같이 Trim(Tr)의 명령으로 선을 정리한다. 이때 주의해야 할 점은 캔틸레버를 계단의 위치에 맞추는 것이 중요하다.

② 캔틸레버의 선의 두께는 입면으로 보여지는 부분이며 구조적으로 큰 비중이 없음을 고려하여 0.1mm(0.09mm)로 하는 것이 좋다.

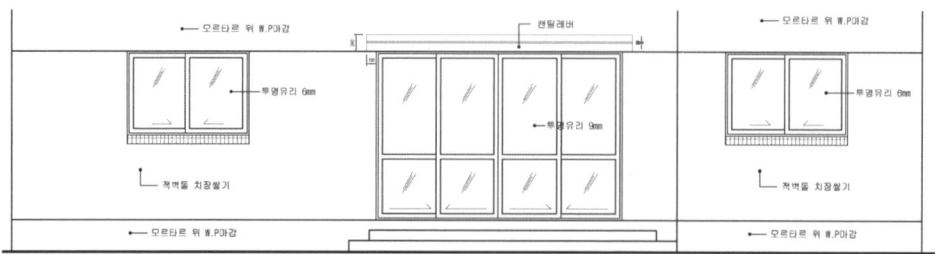

Lesson 06 남측입면 지붕 표현하기

① 지붕부분의 작도는 처마나옴의 선 600mm를 고려하여 중심선에서부터 600mm를 아래의 그림과 같이 Offset(O)명령을 이용하여 간격을 띄운다.

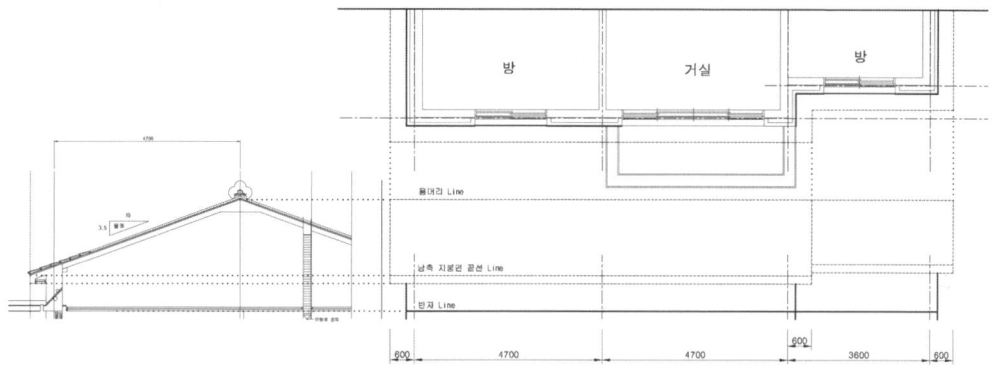

단, 이때 지붕이 꺾여 지는 부분을 정확히 확인하여 지붕의 절단 부분을 표시해야 하는데 아래의 빨간색 사각형으로 표시한 그림과 같이 단면도에서는 표현되지 않은 꺾인 지붕부분의 처마 끝선을 가상으로 작도하여 꺾인 지붕선의 높이에 맞도록 작도해야 한다.

선의 두께는 지붕선을 벽면선과의 분리를 위해 중간선인 0.2~0.3mm가 적당하다.

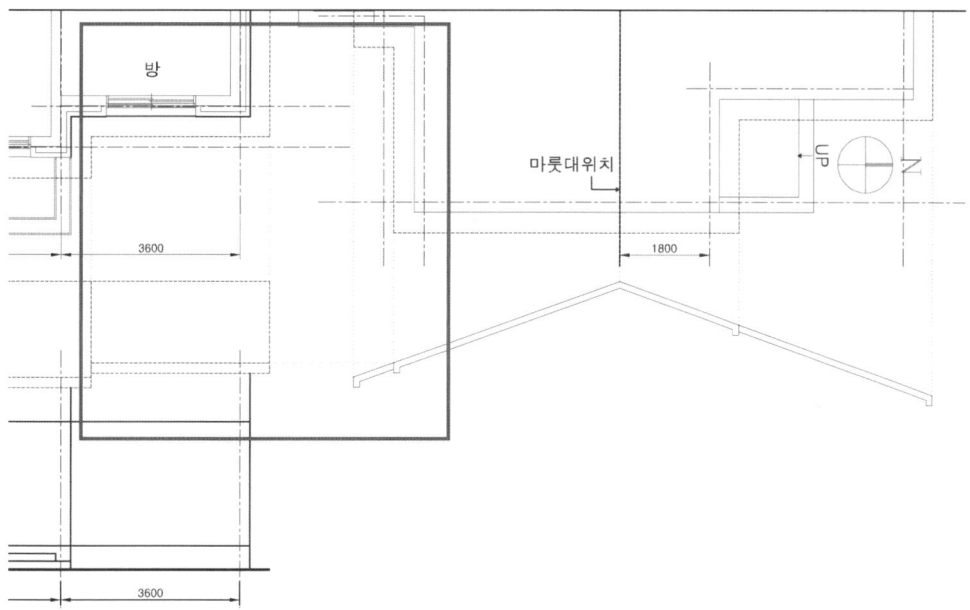

② 지붕의 선을 서로 Fillet(F)의 명령을 사용하여 서로 연결하고 지붕의 끝에서 Offset(O)의 명령을 사용하여 200mm 처마의 끝부분이 입면으로 보이는 처마끝선을 내려서 간격 띄운다.

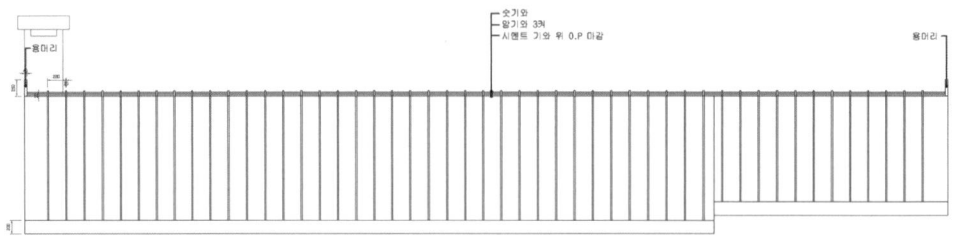

③ 기와의 간격은 아래의 그림과 같이 Offset(O)의 명령을 사용하여, 280mm, 20mm로 간격을 띄우고 Array(a)의 명령을 사용하여 간격을 맞추면 된다.

여기서, 마지막 끝부분의 기와 간격이 맞지 않을 경우는 Move(M)의 명령을 사용하여 양쪽 끝부분을 약간 넓게 오도록 가운데 배치를 하면 된다.

④ 암기와는 20mm씩 Offset(O) 명령을 사용하여 4칸을 간격 띄우고 끝부분 20mm는 우측의 그림과 같이 기와의 세로선과 Fillet(F)의 명령을 사용하여 선을 정리하면 된다.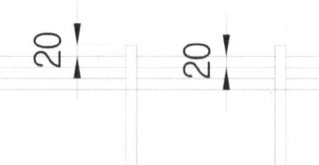

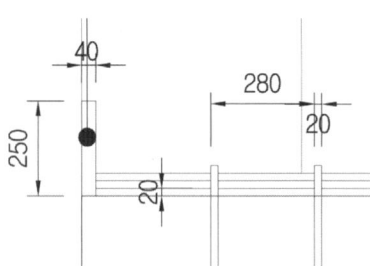

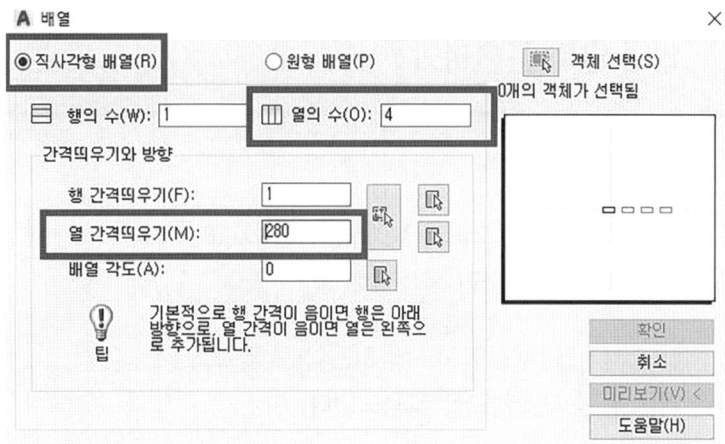

> **Point**
>
> ▶ 용머리의 두가지 표현방법
>
> 용머리는 그림과 같이 A타입과 B타입 두 가지의 사양으로 그릴 수 있는데 시험 시간이 모자랄 때에는 A type으로 그리는 것을 권장한다.

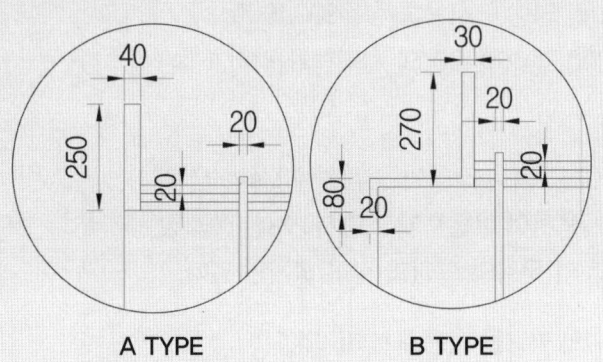

A TYPE   B TYPE

Lesson 07 입면 굴뚝 표현하기

굴뚝은 평면상에서 우측의 그림과 같이 사각형의 X 표시가 되어 있는 부분이 있다면 굴뚝으로 볼 수 있다.

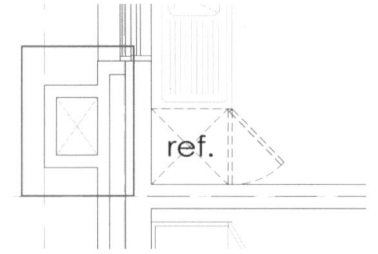

굴뚝은 지하의 환기 및 주방에서 사용하는 기구 및 보일러의 환기를 위한 시스템으로 사용되었다.

현재 건물에서는 벽난로의 시스템을 제외하고는 굴뚝을 도면에 작도하진 않지만 평면 구성에서 도면에 표기 되어 있으면 입면도에 표현하는 것이 좋다.

입면도 굴뚝은 작도할 때 편리하게 하기 위해 기존 도면 바깥쪽, 빈 공간에 Rectang(REC) 명령어를 사용하여 그리고 Move(M)의 명령으로 굴뚝의 정확한 위치에 옮기는 것이 좋다.

① Rectang의 명령을 사용하여 @600,1000, @800,200, @400,100 의 사각형을 각각 1개씩 그린다.

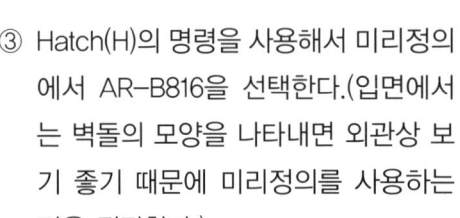

② P1의 점을 P2의 사각형의 중심점에 Move(M)의 명령을 사용하여 이동시키고 다시 P3를 P2의 점에 이동시켜 우측의 그림과 같이 합치면 된다.

③ Hatch(H)의 명령을 사용해서 미리정의에서 AR-B816을 선택한다.(입면에서는 벽돌의 모양을 나타내면 외관상 보기 좋기 때문에 미리정의를 사용하는 것을 권장한다.)

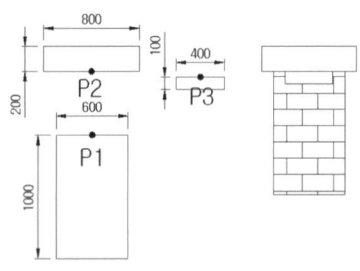

④ 각도는 0도 축척을 0.65로 맞추면 벽돌의 크기와 비슷한 규격으로 입면으로 작도 된다.

⑤ 선의 두께는 굴뚝이 도면에서 큰 비중을 차지하는 요소가 아닌 것을 감안하여 0.1mm(0.09mm)로 하는 것이 좋다.

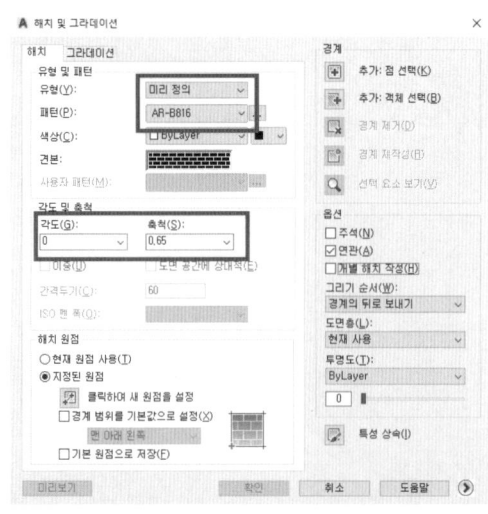

Lesson 08 조경 표현하기

1 높은 조경의 표현

통상적 조경은 도면의 맨 후반부 작업에 포함되어진다.
따라서 많은 시간이 소요되는 단면도에 비해 작업시간이 마지막 부분이라 부족할 경우가 있는데 높은 조경의 표현은 건물의 측면에 도면의 작도시간이 부족 할 경우 재빨리 작업하는데 용이성이 있어 많은 사용을 권장하는 편이다.

단면도에서도 가끔 입면으로 표현되는 조경이 있으므로 입면에서의 조경사용법을 응용하면 된다.

높은 조경의 표현은 다음과 같다.

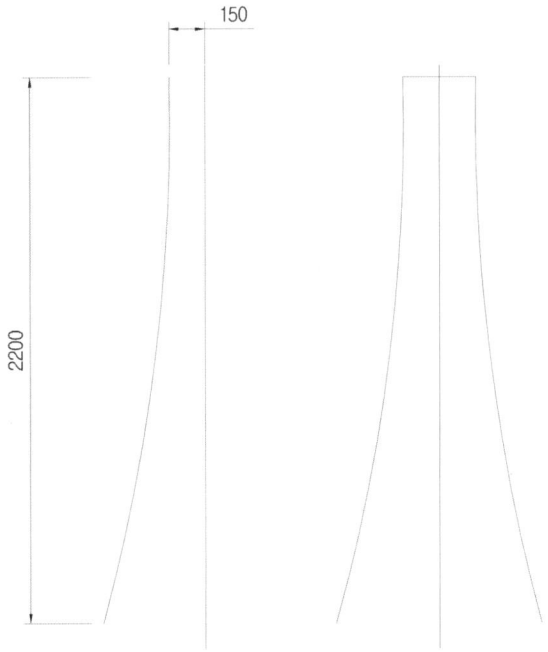

① 위의 그림과 같이 Arc(A)의 명령을 이용하여 높이 2,200mm의 임의의 호를 긋고 맨 위에서 우측으로 Line(L)의 명령을 이용하여 150mm의 간격을 띄워 수직선을 긋는다.

② Mirror(MI)의 명령을 사용하여 우측에 붙여 넣기를 한다.

③ Circle(C)의 명령을 사용하여 반지름 500mm 원의 원을 그린 후 Line(L)의 명령을 이용하여 원의 중심부터 사선을 아래의 그림과 같이 그린다.

④ 다시 Circle(C)의 명령을 사용하여 반지름 50mm, 80mm의 원을 각각 그려 놓는다.

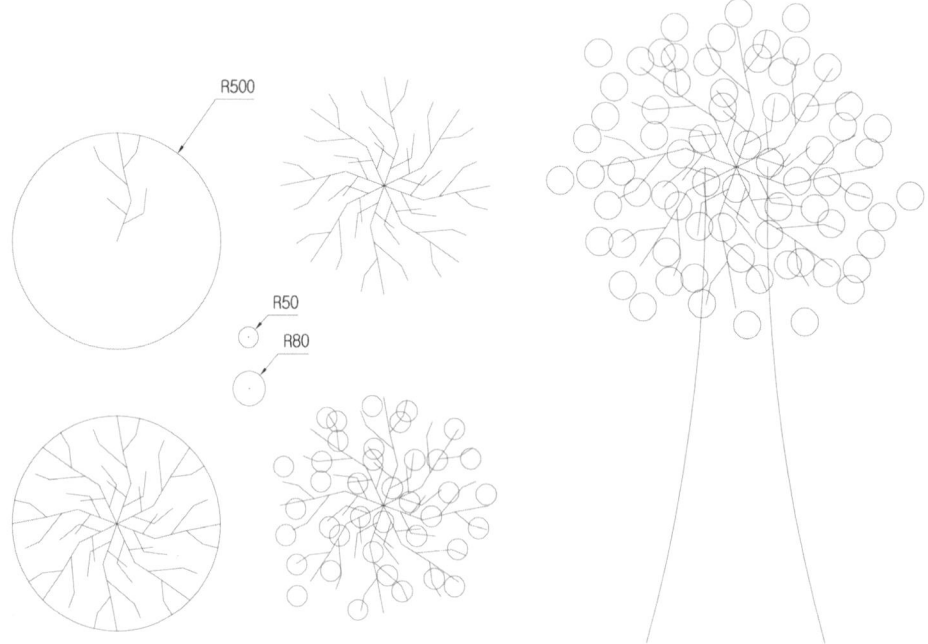

⑤ 위의 그림과 같이 원의 중심점을 이용하여 나뭇가지 모양의 가지를 Array(AR)(배열)의 명령을 이용하여 그림과 같이 원형 배열 (항목수의 계 – 6개)한 후 Copy(C)의 명령을 이용하여 나뭇가지 모양의 주변에 반지름 50mm와 80mm의 원을 사용하여 나무의 형상을 표현한다.

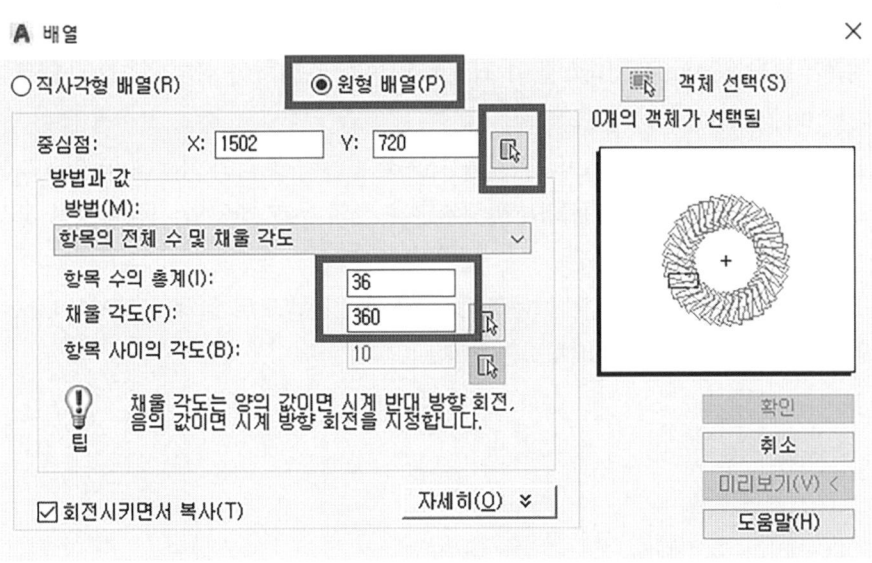

2 낮은 조경의 표현

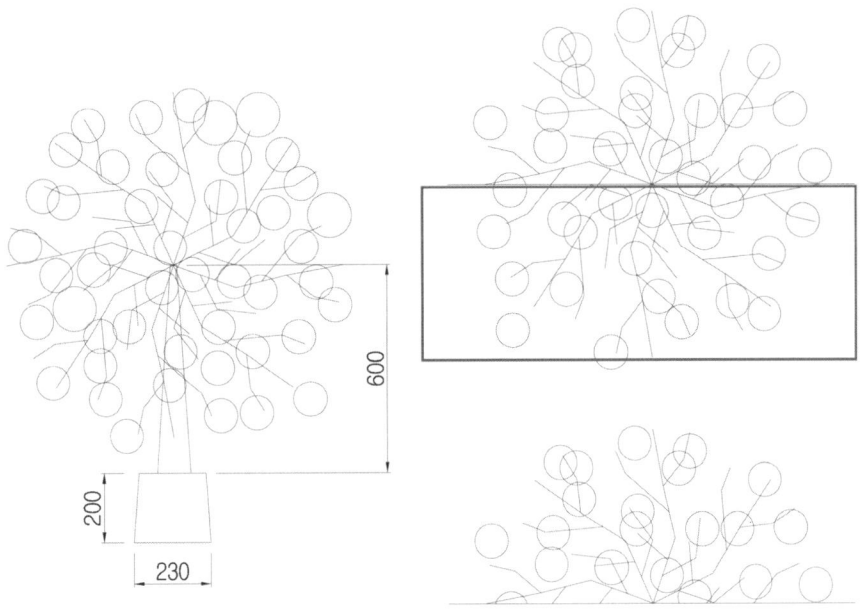

① 위의 그림과 같이 높은 조경을 SCale(SC)의 명령을 사용하여 1/2 또는 1/3 비율로 축소한다.

② RECtang(REC)의 명령을 사용하여 @230,230의 사각형을 그리고 좌측의 그림과 같이 위쪽부분을 20mm로 사다리꼴이 되도록 양쪽을 조정하여 화분모양으로 만든다.

③ 반원형 조경의 경우 Line(L)의 명령을 사용하여 원형 조경의 가운데 부분에 직선을 긋고 TRin(TR)의 명령을 사용하여 아랫부분을 위의 우측 하단의 그림과같이 잘라낸다.

④ 조경의 배치는 잔 선이 많기 때문에 Group(G)의 명령으로 일체화 시켜서 Move(M)의 명령으로 원하는 위치에 배치하면 완성된다.

Lesson 09 입면 홈통 표현하기

전산응용건축제도기능사 실기

① Rectang(REC) 명령을 이용해서 @75,2400, @임의크기에 각각 다른 두개를 각각 그려 놓고 그림과 같이 Move(M)의 명령으로 중심점을 기준으로 서로 붙여 넣는다.

② 홈통걸이는 특별한 기준은 없으나 전체의 간격이 900mm로 하는 것이 좋다. 그러므로 대략 1/3 간격으로 넣어주면 된다.

③ 캔틸레보의 상단에 홈통을 Move(M)의 명령으로 이동하여 붙여 넣는다.

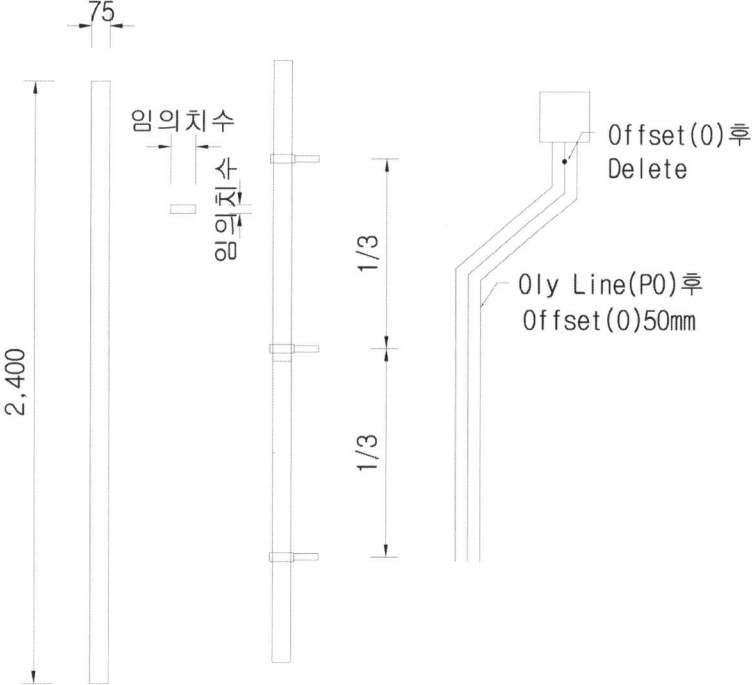

④ 상부의 깔때기 홈통은 우측의 그림과 같이 Rectang (REC) 명령을 이용해서 @200,200의 사각형을 그리고

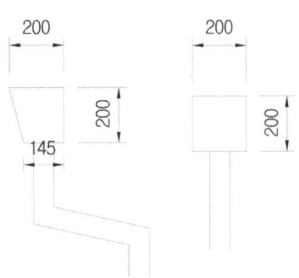

⑤ Stretch(S)(신축)의 명령을 이용하여 끝부분만 145mm로 줄여 작도 한다.

⑥ 하부의 빗물받이는 우측의 그림과 같이 Rectang(REC) 명령을 이용해서 @300,300의 사각형을 그리고

⑦ Stretch(S)(신축)의 명령을 이용하여 한쪽부분만 2/3지점으로 줄여 작도 한다.

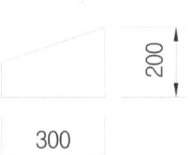

⑧ 홈통의 선의 두께는 굴뚝이 도면에서 큰 비중을 차지하는 요소가 아닌 것을 감안하여 0.1mm(0.09mm)로 하는 것이 좋다.

Lesson 10 입면도 마감 해치 표현하기

① Hatch(H)의 명령을 사용해서 미리정의에서 AR-B816을 선택한다.(입면에서는 벽돌의 모양을 나타내면 외관상 보기 좋기 때문에 미리정의를 사용하는 것을 권장한다.)

② 각도는 0도 축척을 0.65로 맞추면 벽돌의 크기와 비슷한 규격으로 입면으로 작도 된다.

③ 선의 두께는 굴뚝이 도면에서 큰 비중을 차지하는 요소가 아닌 것을 감안하여 0.1mm(0.09mm)로 하는 것이 좋다.

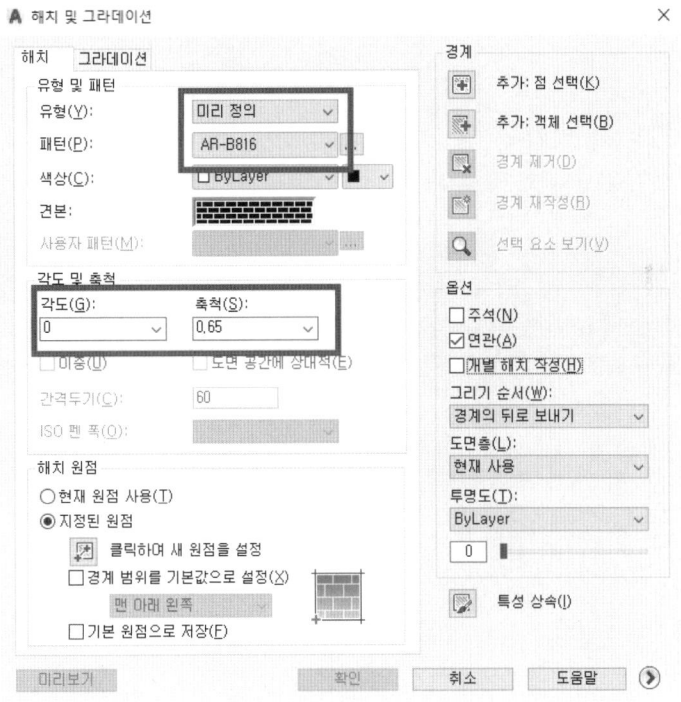

Memo

Chapter 02

입면도 각 부위별 표현하기

- Lesson 01 입면난간 표현하기
- Lesson 02 주방문 표현하기
- Lesson 03 현관문 표현하기
- Lesson 04 입면 방문 표현하기
- Lesson 05 입면 욕실 창문 표현하기
- Lesson 06 4짝 창문 변형하기
- Lesson 07 고정창문 변형하기
- Lesson 08 입면도 문자 표현하기
- Lesson 09 남측입면도 연습문제
- Lesson 10 연습문제 주요 포인트
- Lesson 11 연습문제 정답

전산응용
건축제도
기능사실기

1 개요

입면도의 표현은 각기 보여지는 모습에서 특징을 갖는다.
다만, 우리가 일상생활에서 접하는 문과 창문 그리고 난간의 표현을 주로 그려지기 때문에 작도법만 익히면 모양은 크게 어려운 부분이 없으므로 잘 따라서 많은 연습을 해보는 것이 좋다.

시험문제에서 남측입면이 아닌 북측입면으로 시험이 출제되었을 경우, 현관 및 난간, 부엌 문등 우리가 표현해야 하는 입면의 표기가 각각 달리 표현됨을 알 수 있는데 그에 대비하여 입면의 각 부위별 요소를 파악하여 주요부분에 대한 작도법을 이해해야 한다.

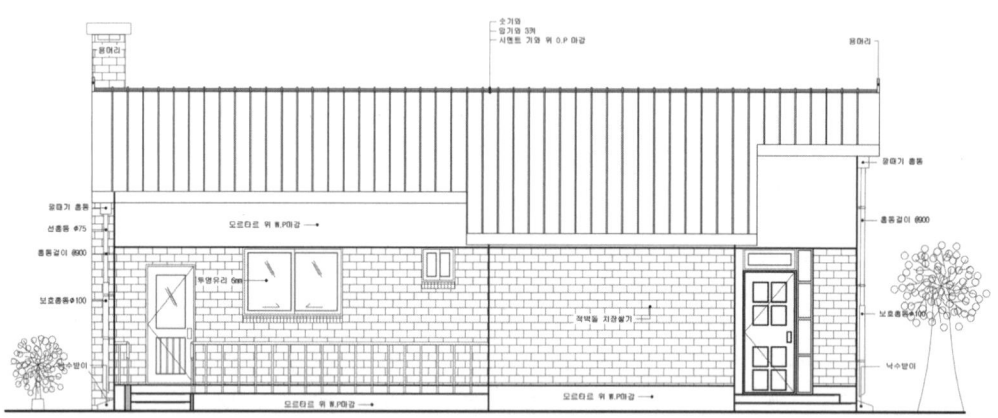

Lesson 01 입면난간 표현하기

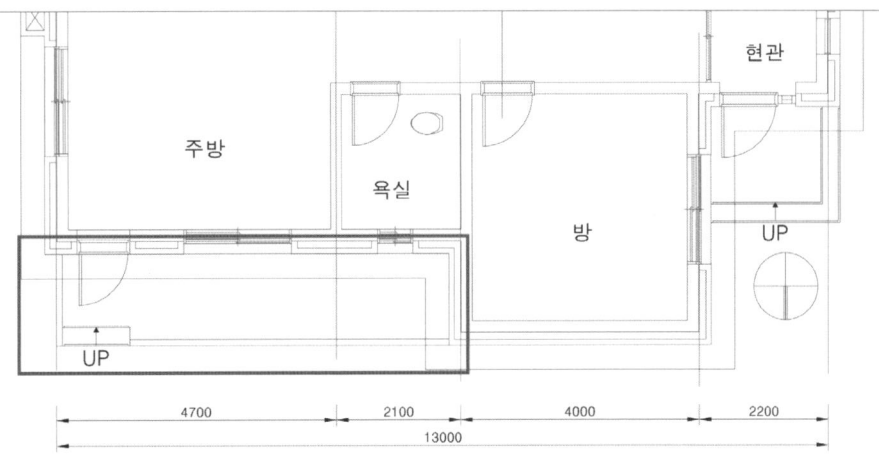

① 입면도 난간의 설치는 평면도를 기준해야 하며 평면상 부엌 방향에서 난간이 포함하고 있는 범위를 정확히 인지하고 작도를 해야 한다.

② 먼저 발코니 바닥에서 난간의 높이인 900mm를 Offset(O)명령을 사용해서 간격을 띄운다.

③ 발코니와 같이 난간두겁을 Line(L)의 명령을 사용하여 선을 그은 후 Offset(O)명령을 사용하여 50mm으로 간격 띄운다.

④ 다시 세로선을 Line(L)의 명령을 사용하여 선을 그은 후 난간동자를 30mm로 Offset(O)명령을 사용하여 간격띄우기를 한다.

⑤ Array(AR)명령을 사용해서 간격을 @300으로 주면 난간동자가 배열된다.

⑥ 난간은 입면으로 보여지는 부분으로 선의 두께는 큰 비중을 차지하는 요소가 아닌 것을 감안하여 0.1mm(0.09mm)로 하는 것이 좋다.

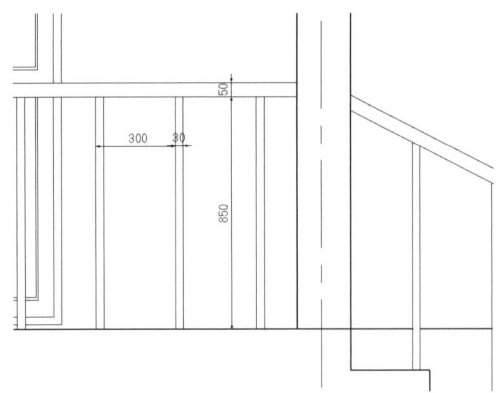

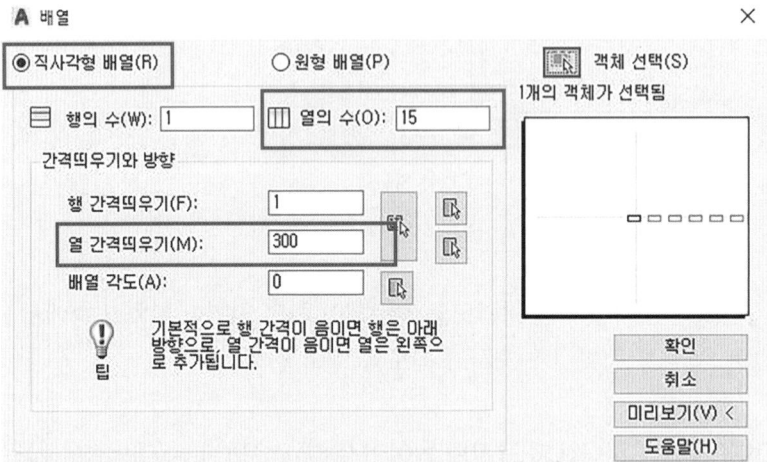

🟢 Point

▶ 난간이 측면으로 표현될 경우

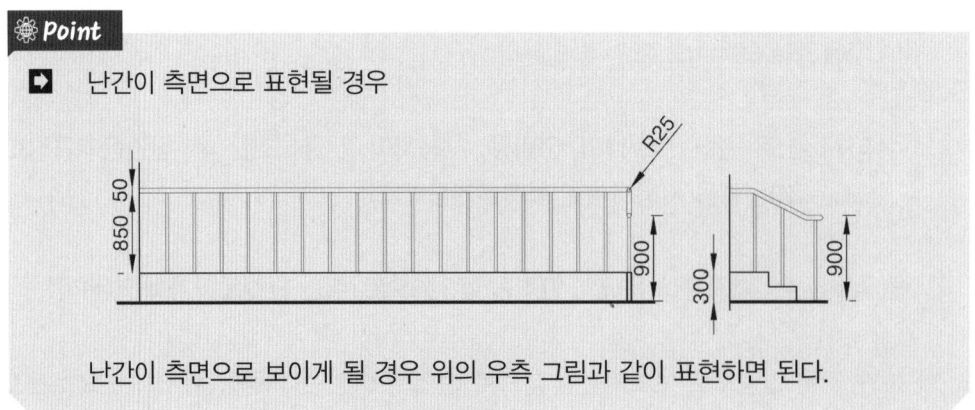

난간이 측면으로 보이게 될 경우 위의 우측 그림과 같이 표현하면 된다.

Lesson 02 주방문 표현하기

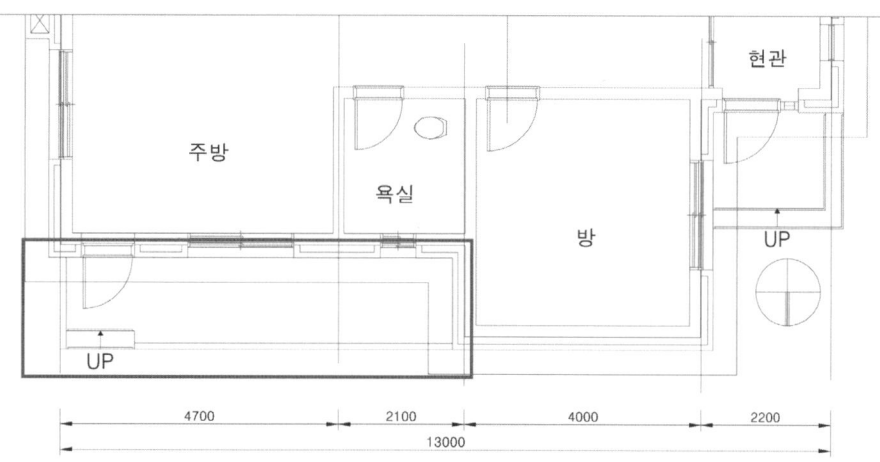

주방문은 난간 뒤편으로 보이는 문으로 입면적 요소로 보여지는 부분이다.

특히 각 실의 문은 개폐의 방향이 매우 중요한 요소로 작용됨을 감안하여 문의 개폐의 방향을 평면도에서 정확히 확인 후 도면을 작도하는 것이 매우 중요하다

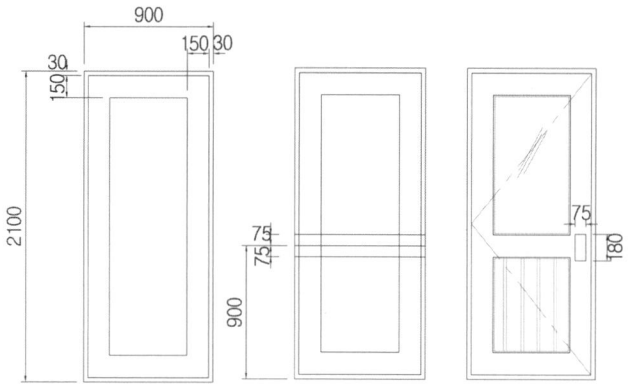

① 입면도 주방문은 창문의 작도와 마찬가지로 화면의 빈 공간에서 작도되며 먼저 Rectang(REC) 명령어를 사용하여 사각형으로 어느 한 점을 선택, 그 점을 기준점으로 해서 @900, 2,100의 사각형을 그린다.

② 위의 좌측 그림과 같이 Offset(O) 명령으로 30mm만큼 간격을 안쪽으로 띄우고, 안쪽으로 띄운 30mm 선에서 다시 150mm 만큼 안쪽으로 다시 Offset(O) 한다.

③ 바깥쪽 사각형을 Explode(X)의 명령으로 분해 한 후 문의 최 하단부에서 Offset(O)명령을 사용하여 900mm 간격을 띄우고 다시 75mm씩 아래위로 위의 가운데 그림과 같이 간격을 띄운다.

④ Rectang(REC) 명령어를 사용하여 선의 모양대로 아래위로 사각형을 그려 넣고 두 사각형의 가운데 겹치는 선을 위의 그림 좌측과 같이 선을 지워 정리한다.

⑤ 위쪽 사각형은 유리 부분이므로 Offset(O)명령을 사용하여 10mm를 안쪽으로 간격을 띄워 코킹선을 만들어 주고, 아래쪽 사각형은 역시 같은 방법으로 10mm를 간격을 띄워 스틸의 테두리 선을 만들어준다.

⑥ 특별한 가격이 없이 스틸선의 세로선을 일정한 간격을 위의 우측 그림과 같이 그리고, Rectang(REC) 명령어를 사용하여 @75, 180의 사각형을 그림과 같이 만든다.

⑦ 입면도에서 문은 채점기준의 주요포인트이기도 하므로 비중이 큰 편이다. 따라서 문틀 및 문은 0.3mm로 작도하고, 내부 코킹 및 손잡이등은 0.1mm(0.09mm)로 하는 것이 좋다.(문의 개폐선은 반드시 Center(중심선)선으로 하고 선의 두께만 0.1mm(0.09mm)로 하는 것이 좋다.

Memo

Lesson 03 현관문 표현하기

1 현관문 작도

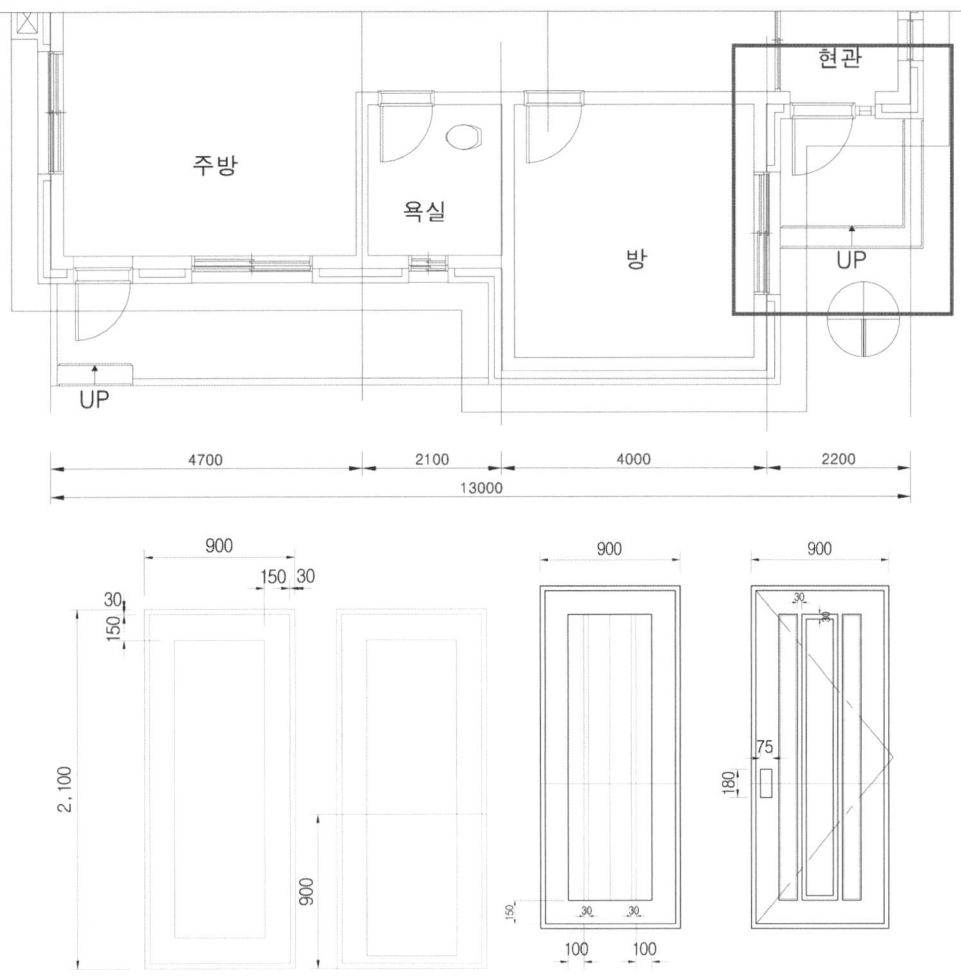

① 입면도 현관문은 주방문과 마찬가지로 화면의 빈 공간에서 작도되며 먼저 Rectang (REC) 명령어를 사용하여 사각형으로 어느 한 점을 선택, 그 점을 기준점으로 해서 @900, 2,100의 사각형을 그린다.

② 위의 좌측 그림과 같이 Offset(O) 명령으로 30mm만큼 간격을 안쪽으로 띄우고, 안쪽으로 띄운 30mm 선에서 다시 150mm 만큼 안쪽으로 다시 Offset(O) 한다.

③ 바깥쪽 사각형을 Explode(X)의 명령으로 분해 한 후 문의 최 하단부에서 Offset(O)명령을 사용하여 900mm 간격을 띄우고 다시 Offset(O)명령을 사용하여 양쪽 사각형 안쪽으로 각각 100mm씩 좌우로 간격을 띄우고 다시 한번 30mm씩 간격을 위의 세번째 그림과 같이 간격을 띄운다.

④ ③의 그려진 현관문에 사격형 안쪽으로 위의 네 번째 그림과 같이 Rectang(REC) 명령어를 사용하여 간격을 띄워 사각형을 그리고, Trim(TR)의 명령을 사용하여 선 정리를 한다.

⑤ 그어진 선에 맞춰 Rectang(REC) 명령어를 사용하여 우측의 그림과 같이 사각형을 안쪽으로 그리고, 완성된 하나의 사각형 코킹선을 Copy(CO) 명령을 사용해서 각각의 사각형에 복사한다.

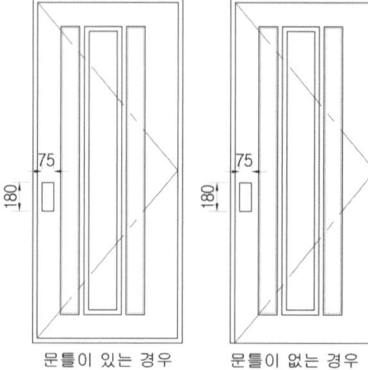

⑥ 현관문의 손잡이는 원형으로 Circle(C)의 명령을 사용하여 반지름 50mm로 작도해도 무방하며, 특정한 간격이 없이 사각형을 우측 그림과 같이 그리고, Rectang(REC) 명령어를 사용하여 @75, 180의 사각형으로 만들기도 한다.

⑦ 유리문양가지 완성이 되었으면 불필요한 선 및 중복선 들을 지운다.

⑧ 현관문짝이 완성 되었으면 Line(L) 명령을 사용하여 문의 열리는 방향을 표시하는데, 일점쇄선으로 그려 넣어주면 된다. 여기서 중요한 부분은 문의 개폐 방향이 평면도와 동일하게 작도 되어야 한다.(뽀쪽하게 모서리 쪽 방향이 경첩이 시공되어지는 부분임)

Point

➡ 현관 하부 문틀의 두 가지 방향

현관 하부 문틀은 그림과 같이 문틀이 있는 경우와 없는 경우 두 가지 Type 사용이 가능하다.
현관의 경우 현관 내부로 들어와서 포치가지 1개 계단의 높이 단차가 있으므로 신발을 신고 입실을 할 때 굳이 문틀을 밟아서 파손 및 청소의 용이성을 위해 문틀이 없이 사용되는 경우가 많다.

2 현관문 상부 및 측면 고정창 표현

현관문은 다른 문들과는 다르게 상부에 고정창과 평면의 기출유형에 따라 측면에 고정창이 들어가는 경우가 많다.
따라서 기출문제에서 현관문의 방향으로 된 입면을 마주치게 되었을 경우 평면상에서 고정창이 있는지의 유무를 반드시 확인 후 작도해야 한다.

⑨ 상부의 고정창 같은 경우 그려진 현관문 상부에 반자의 높이에 맞추어 Offset(O)의 명령을 사용해서 고정창의 크기를 간격띄우기를 한다.(우측의 그림은 간격이 450mm 일 경우를 기준으로 작도함.)

⑩ Rectang(REC)의 명령을 사용해서 현관문의 크기에 우측의 그림과 같이 그린다.

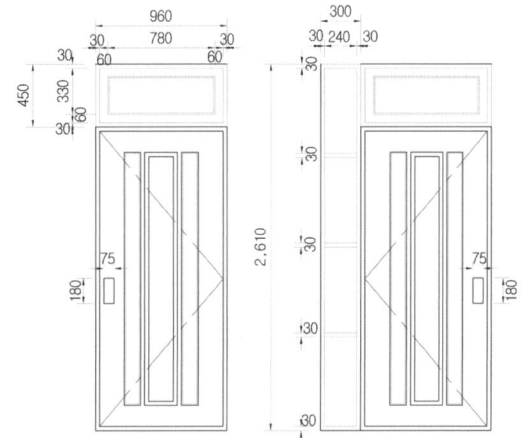

⑪ 그려진 사각형을 다시 Offset(O)의 명령을 사용하여 우측 상단의 그림과 같이 30mm를 간격 띄우고, 다시 60mm를 안쪽으로 간격띄우기를 한 후 주방문과 같이 10mm 유리 코킹선을 간격띄우기를 하면 상단 고정창은 작도 완료된다.

⑫ 측면의 고정창 같은 경우 평면 기출을 근거하여 현관문의 좌측 또는 우측위치에 평면도에 작도된 현관의 고정창 크기에 맞도록 Offset(O)의 명령을 사용해서 간격띄우기를 한다.(그림은 간격이 300mm 일 경우를 기준으로 작도함.)

⑬ Rectang(REC)의 명령을 사용해서 현관문의 크기에 맞도록 마우스로 드레그하여 그려 넣고, Divode(DIV)의 명령을 사용하여 4등분한다.

⑭ 사등분 된 선을 기준하여 Line(L)의 명령을 사용하여 수평선을 긋고, 그어진 선 위로 Offset(O)의 명령을 사용하여 각각 30mm씩 간격 띄우기를 한다.

⑮ 분할된 사각형 안에서 Osnap(객체스냅)의 중간점을 이용하여 Rectang(REC) 명령을 이용하여 10mm 유리 코킹선을 간격띄우기를 하면 완성 된다.

⑯ 입면도에서 문은 채점기준의 주요 포인트이기도 하므로 비중이 큰 편이다. 따라서 문틀 및 문은 0.3mm로 작도하고, 내부 코킹 및 손잡이 등은 0.1mm(0.09mm)로 하는 것이 좋다.(문의 개폐선은 반드시 Center(중심선)선으로 하고 선의 두께만 0.1mm(0.09mm)로 하는 것이 좋다.

현관문의 고정창 및 측창과 같은 경우 그림과 같이 두 가지의 타입이 있다.
해당 조건에 맞는 문은 설계자의 임의로 결정하면 된다.

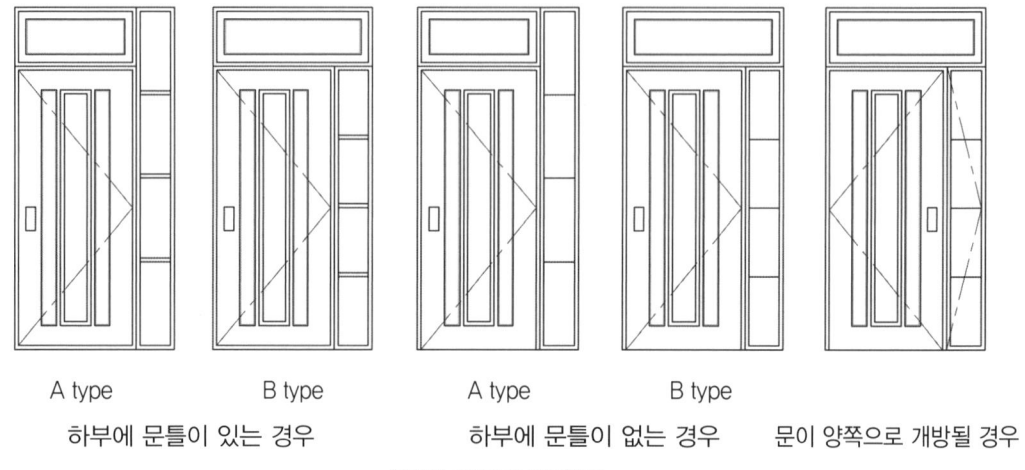

A type   B type   A type   B type
하부에 문틀이 있는 경우   하부에 문틀이 없는 경우   문이 양쪽으로 개방될 경우

[여러 유형의 현관문]

Point

▶ 함정찾기

문제의 유형에서 평면도 상에서 양쪽으로 개폐가 되는 현관문일 경우 위 그림의 우측과 같이 두 쪽의 개폐를 동시에 할 수 있는 개폐표시가 반드시 필요하다.
기존처럼 고정창으로 작도하였을 경우 감점의 사유가 되므로 기출평면을 확인해서 작도를 해야 한다.

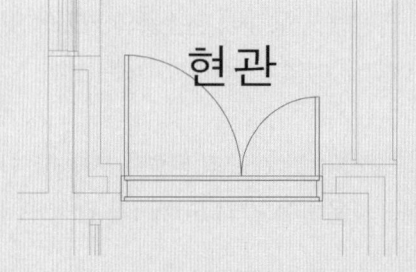

Lesson 04 입면 방문 표현하기

전산응용건축제도기능사 실기

입면의 바라보는 방향에 방문이 있을 경우 방문의 작도는 현관문과 크게 다르지 않으나 목재문의 특수성을 고려하여 장식적 요소를 많이 넣어 그려지기도 한다.

방문의 경우 주어진 장식적 요소에 기준이 없기 때문에 입면의 특성을 고려하여 깔끔하게 도면이 만들어지기만 하면 큰 문제는 없다.

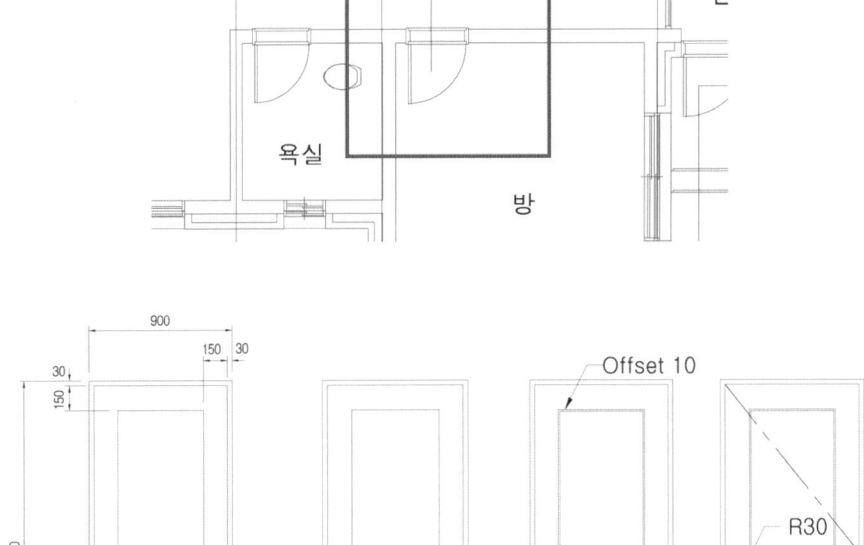

① 방문은 현관문과 마찬가지로 화면의 빈공간에서 작도되며 먼저 Rectang(REC) 명령어를 사용하여 사각형으로 어느 한 점을 선택, 그 점을 기준점으로 해서 @900, 2,100의 사각형을 그린다.

② 위의 좌측 그림과 같이 Offset(O) 명령으로 30mm만큼 간격을 안쪽으로 띄우고, 안쪽으로 띄운 30mm 선에서 다시 150mm 만큼 안쪽으로 다시 Offset(O) 한다.

③ 바깥쪽 사각형을 Explode(X)의 명령으로 분해 한 후 문의 최 하단부에서 Offset(O)명령을 사용하여 900mm 간격을 띄우고 다시 75mm씩 아래위로 위의 가운데 그림과 같이 간격을 띄운다.

④ 150mm 간격띄우기 한 사각형의 가운데 부분을 Offset(O) 명령으로 10mm만큼 간격을 안쪽으로 띄워 문의 장식모양을 위의 세 번째 그림과 같이 이동하여 돌출된 목재의 문양을 표현 한다.

⑤ Line(L)의 명령을 이용하여 문의 열리는 방향으로 오른쪽의 그림과 같이 그리고 선은 Center선으로 레이어를 변경한다.

⑥ Circle(C)의 명령으로 반지름 30mm의 손잡이를 바닥에서부터 900mm를 간격띄우기 한 부분에 그려 넣고, 다시 Line(L)의 명령을 사용하여 Center선으로 문의 개폐 표시를 그림과 같이 해주면 된다.

⑦ 입면도에서 문은 채점기준의 주요 포인트이기도 하므로 비중이 큰 편이다. 따라서 문틀 및 문은 0.3mm로 작도하고, 내부 코킹 및 손잡이 등은 0.1mm(0.09mm)로 하는 것이 좋다. (문의 개폐선은 반드시 Center(중심선)선으로 하고 선의 두께만 0.1mm(0.09mm)로 하는 것이 좋다.

Memo

Lesson 05 입면 욕실 창문 표현하기

입면도에서 방 창문을 작도 하였을 때, 상대적으로 작은 욕실이 아래의 그림과 같이 배치되었을 경우 입면에서는 창문을 다시 작도하기 보다는 기존에 그린 방 창문을 복사하여 Stretch(S)의 명령을 사용하여 크기를 줄이는 방법을 많이 사용한다.

욕실창은 평면에 따라 다르지만 원형문제를 기준하면 600mm × 600mm의 크기라는 것을 알 수 있다.
욕실창문은 일반 창에 비해 작게 그려지는데 다시 그리는 시간 보다는 방 창문을 수정하는 것이 시간적으로 유리 하므로 수정하는 것을 권장한다.

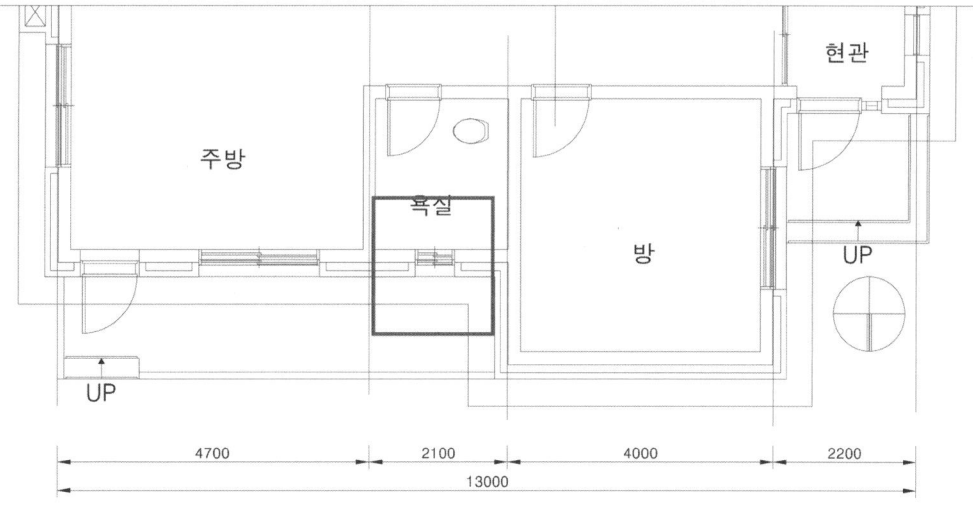

① 그려진 방 창문(1,500mm × 1,500mm)을 복사하여 아래의 그림과 같이 Stretch(S)의 명령을 사용하여 좌·우측으로 450mm만큼 축소하고 다시 아랫방향으로도 Stretch(S)의 명령을 사용하여 900mm만큼 축소한다.

② 창문의 기호는 기존의 창문과 동일하므로 별도의 설명은 하지 않지만, 작아진 창문을 고려했을 때 열리는 방향을 굳이 표현 하지 않아도 무방하다.

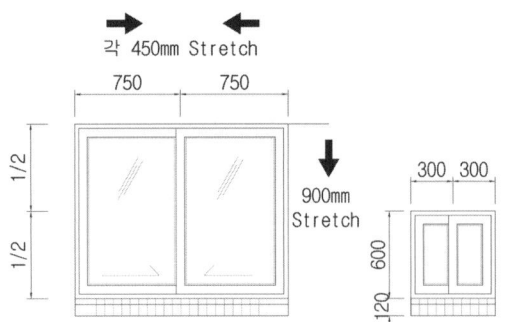

1) STRETCH (S) (신축) 명령사용법

[영문판]

Command : Stretch (단축키 : s) ↵
    Select objects to stretch by crossing-window or crossing-polygon
    Select objects: (B.P에서 N.P까지 드레그로 선택 후 ↵ – 하단 그림참조)
    Specify base point or displacement: P1 ↵ (마우스로 클릭 후 드레그)
    Specify second point of displacement : P2 ↵ (마우스로 클릭)

[한글판]

명령: S (STRETCH) ↵
    걸침 윈도우 또는 걸침 다각형만큼 신축할 객체 선택
    객체 선택: (B.P에서 N.P까지 드레그로 선택 후 ↵ – 하단 그림참조)
    기준점 지정 또는 [변위(D)] 〈변위〉: P1 ↵ (마우스로 클릭 후 드레그)
    두 번째 점 지정 또는 〈첫 번째 점을 변위로 사용〉: P2 ↵ (마우스로 클릭)

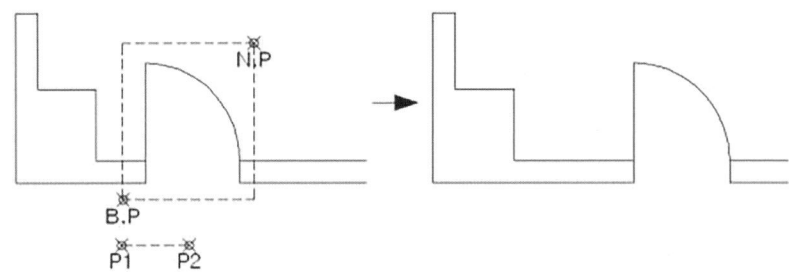

- 스트레치는 반드시 위의 그림과 같이 드레그를 사용하여 한쪽은 고정 다른 세면이 신축 되어야 함을 주의해야 한다.
전체를 선택시 신축이 아닌 이동이 된다.

Lesson 06 4짝 창문 변형하기

1 4짝 창문 변형하기

욕실의 창문과 같은 방법으로 여러 가지 유형의 창문을 작도 할 수 있는데, 기출문제 평면 유형에서 사람이 나가지 않는 창문이지만 4짝으로 창문이 작도 될 경우 사용하면 좋다.

① 완성되어 있는 방문 창인 1,500mm X 1,500mm 창문을 Copy(c)의 명령을 사용해서 옆 빈 공간으로 복사한다.

② 창문의 우측 끝선을 기준으로 Mirror(MI)명령을 사용하여 아래의 그림과 같이 복사한다.

- 가운데 창문은 서로 창틀이 겹치게 되면 창문의 크기가 늘어나므로 반드시 Mirror(MI)의 기준점을 아래의 그림과 같이 P1, P2의 기준점을 잘 선택해야 한다.

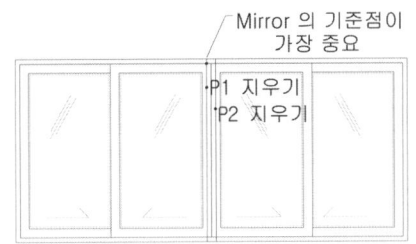

③ P1, P2의 선을 지우고 Mirror(MI)의 명령으로 인해 반대로 작도되어 있는 창문 기호를 지운다.

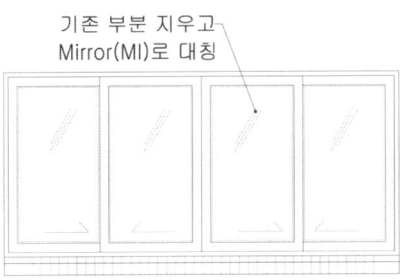

④ 위의 그림 우측의 창문 기호를 Copy(CO)명령을 이용하여 우측 창문 2개의 가운데 위치에 복사한다.

⑤ 창문하부 벽돌로 창대를 1,500mm 2짝 창처럼 만들어주면 완성된다.

> **Point**
>
> ▶ 응용하기
> 동일한 방법으로 1,800mm, 2,400mm 창을 만들 수도 있다.
> 창문의 크기는 평면도에서 직접 표기되진 않는다.
> 다만 유관으로 확인되는 크기가 일반 1,500mm 창문에 비해 크거나 작게 보일 경우 스케일 자나 15cm자를 시험장에 휴대하여 평면에 직접 대어보고 확인을 할 수 있다.
>
> 창문을 진행할 때 Mirror(M)의 명령으로 작도하기 때문에 2,400mm에서 10mm~30mm의 오차가 발생할 수 있는데, 출력시 1/50 도면으로 되어지는 부분임과 입면도에서 치수의 기입이 되지 않음을 감안하면, 채점에는 영향이 없기에 걱정하지 않아도 된다.

Memo

Lesson 07 고정창문 변형하기

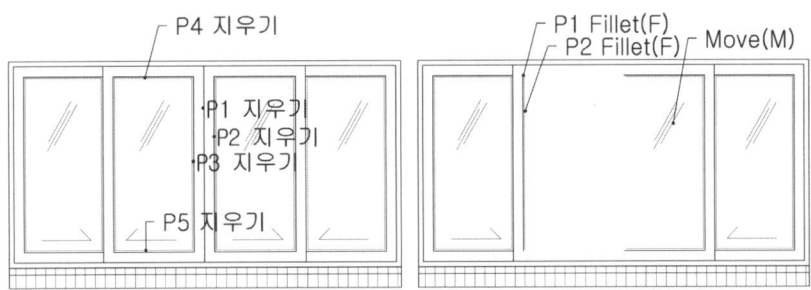

① 2,400mm 창문을 만들고 위의 좌측 그림에 표기된 P1, P2, P3, P4, P5를 모두 지운다.
② 위의 좌측 그림에 P1, P2 부분을 Fillet(F)명령을 사용하여 서로 연결한다.
③ 유리의 기호를 Move(M)의 명령을 사용하여 중앙으로 이동하면 된다.

- 고정 창문은 기출평면에 고정창으로 표기되어져 있을 경우만 만들어 지므로 입면을 꾸미기 위해 일부러 만들어서는 안된다.

Lesson 08 입면도 문자 표현하기

입면도의 문자글자체는 [굴림체]가 좋고, 축척이 단면도 1/40과는 달리 1/50임을 감안하여 도면 전체의 균형을 고려했을 때, 단면도에 글자크기가 [80mm]이면 입면의 문자크기는 [100mm]가 적당하다.

주의해야 할 점은 [@굴림체]를 선택하면 세로 쓰기가 되어 지기 때문에 주의해야 한다.

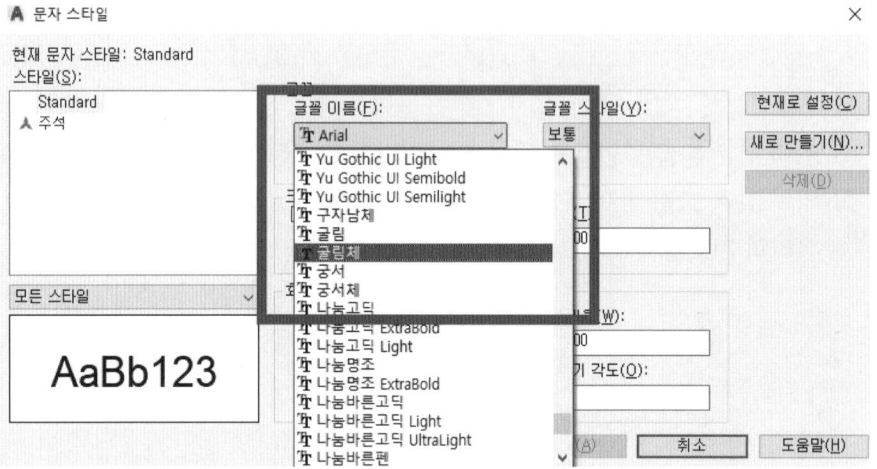

① text style(ST)의 명령을 사용해서 위의 그림과 같이 굴림체로 변경한다.

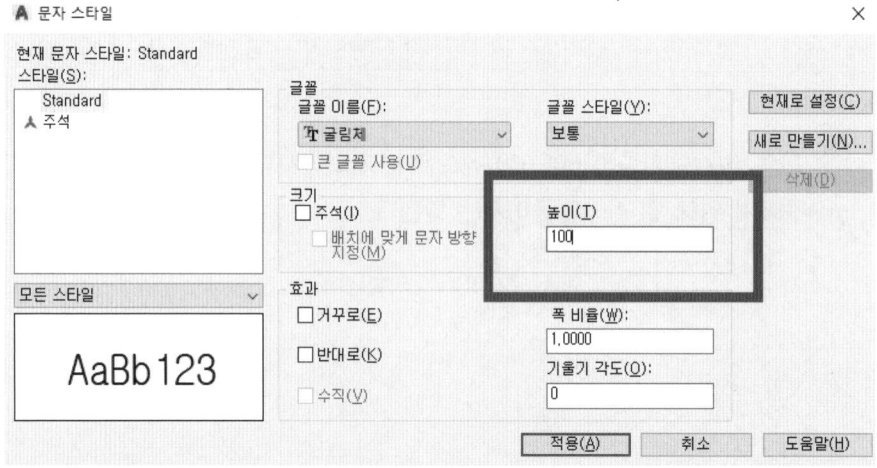

② 입면도의 문자 높이인 100mm를 맞춰 주고 적용을 누르면 문자의 글꼴과 높이 설정이 완료 된다.

③ Mtext (MT)를 이용하여 문자 넣기를 하는데 개소별로 입면도에 표기되는 마감재의 명칭을 이해하고 있어야 문자 넣는데 실수가 없음을 감안하여 신중하게 문자를 기입한다.

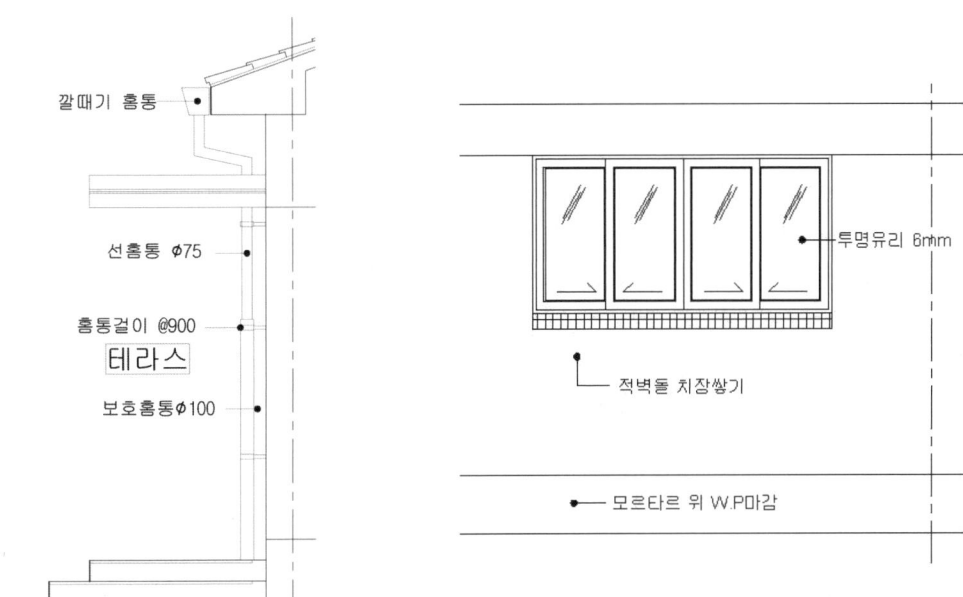

선홈통 문자 **입면 벽체 문자**

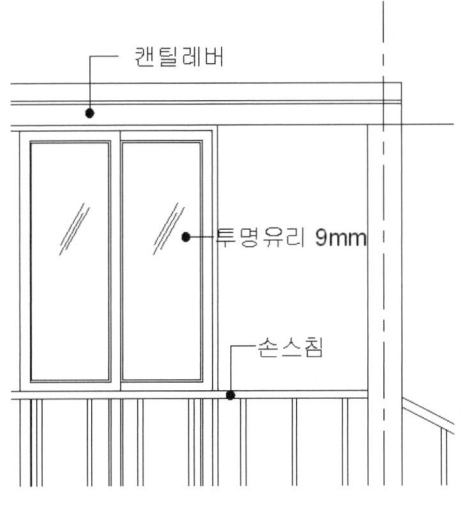

캔틸레버 및 난간

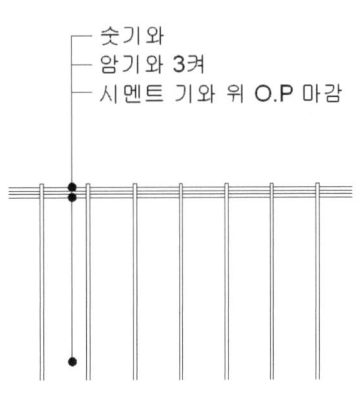

기와재료 표기

- 난간의 손스침의 경우 난간동자와 난간두겁의 치수를 넣어주는 것도 좋다.
  예 : 손스침 ∅50, 난간동자 ∅30 등을 표기하면 좋다.

  글자 리드선 간격은 단면도와 같이 Offset(O)의 명령을 사용하여 세로는 140mm, 가로는 75mm의 간격으로 그림과 같이 간격을 띄우면 입면도의 글자체인 100mm와 간격조정이 맞는다.

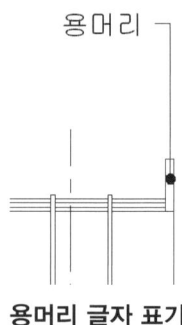

용머리 글자 표기

④ 글자의 두께는 너무 두껍게 보이면 글자에 시선이 집중되어 좋지 않다. 따라서 0.2mm 또는 0.3mm의 두께가 적당하다.

> **Point**
>
> ➡ **주의하기**
>
> 입면에서 기입될 부분들을 모두 그렸을 때, 마지막으로 해치 Hatch(H)를 넣기 전 문자를 Mtext(MT)명령을 사용하여 넣어 주는 것이 좋다.
>
> 문자가 나중에 기입되면 해치 Hatch(H)는 문자사이로 그려지기 때문에 문자와 해치 Hatch(H) 사이에 발생하는 겹침 현상으로 문자가 오타로 보일 수 있다.
> 그러므로 문자 먼저 기입하고 나서 해치를 넣는 것이 좋다
>
> - 문자를 해치Hatch(H)보다 먼저 넣을시 해치가 문자를 비켜서 그려진다.
> - 입면도의 문자는 "100"의 높이로 하고 나머지는 단면도와 같다.
> - 입면도에서는 절대 치수가 기입되지 않는다. (치수기입시 감점)
> - 용어설명
>   O.P마감 : 오일페인트 마감 (유성페인트 마감)
>   W.P마감 : 수성페인트 마감
>   치장쌓기 : 벽돌을 외부에서 보이는 면이 보기 좋게 쌓는 방법

Lesson 09 남측 입면도 연습문제

전산응용건축제도기능사 실기

1 요구사항

주어진 평면도를 보고 CAD를 이용하여 아래조건에 맞게 다음도면을 작도하시오
남측 입면도를 축척 1/50으로 작도하시오.

2 조건

기초 및 지하실 벽체 : 철근콘크리트로 한다.
벽체 : 외벽 – 외부로부터 붉은 벽돌 0.5B, 단열재 80mm, 시멘트벽돌 1.0B로 하고 외부 마감은 제물치장으로 한다.
　　　내벽 – 두께 1.0시멘트 벽돌 쌓기로 한다.
지붕 : 철근콘크리트 슬래브위 시멘트 기와마감 (물매 4/10이상)
처마나옴 : 벽체중심에서 600mm
반자높이 : 2,400mm, 처마반자 설치
창호 : 목재창호로 하되 2중창인 경우 외부창호는 알루미늄 새시로 한다.
각실의 난방 : 온수파이프 온돌난방으로 한다.

기타 각 부분의 마감, 치수등 주어지지 않은 조건은 일반적인 시공수준으로 한다.

3 선의 통일을 위하여 아래와 같이 선의 색을 정리하여 출력한다.

파랑 – (7-White) – 0.3mm 노랑(2-yellow) – 0.4mm 빨강 (1-red) – 0.2mm	녹색 (3-green) – 0.2mm 하늘색 (4-cyan) – 0.3mm 흰색 (5-blue) – 0.1mm

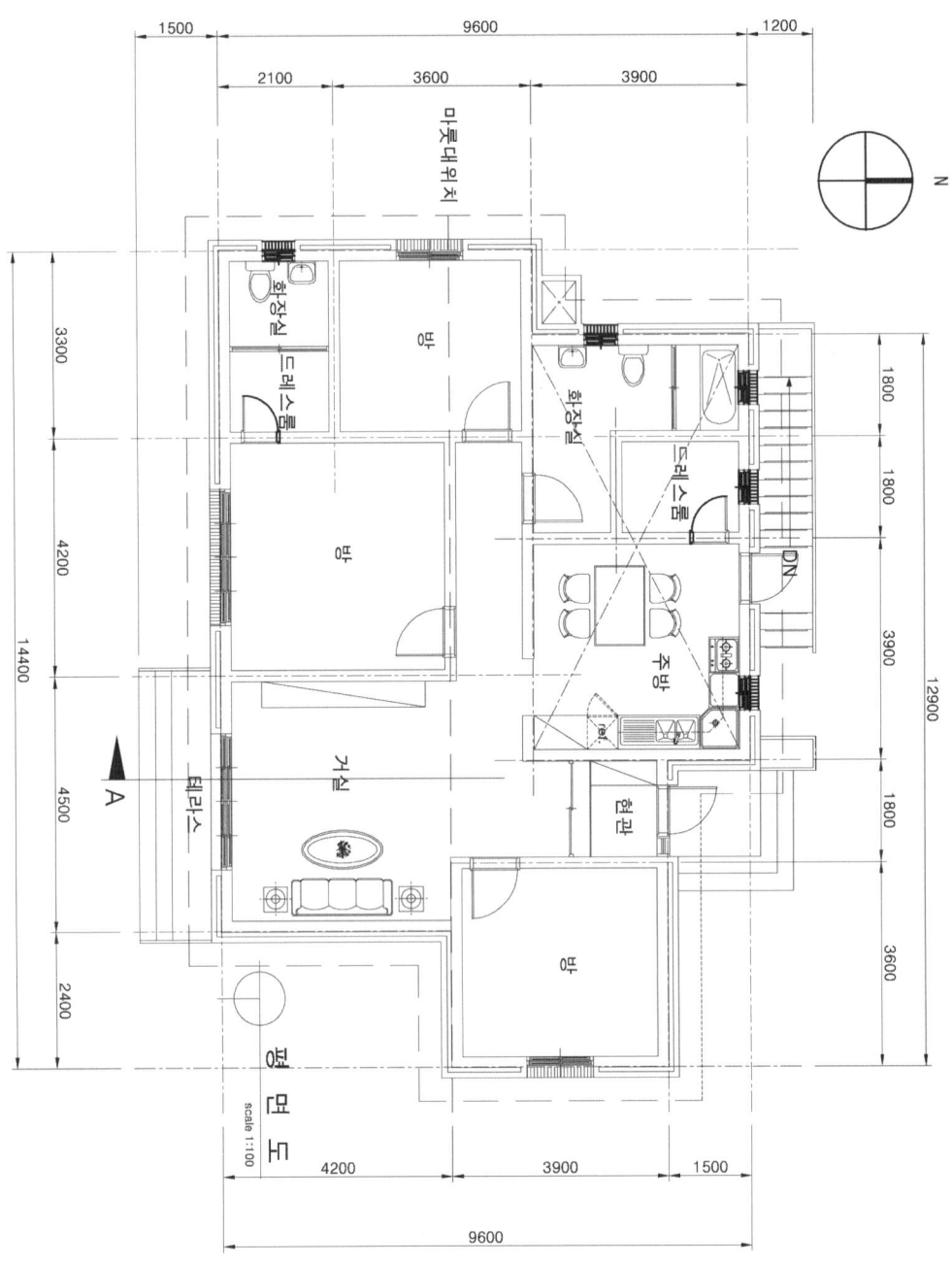

Lesson 10 연습문제 주요 포인트

- 양쪽 지붕의 물매
- 입면기와의 마감
- 우측면 현관 입구의 표현
- 좌측면 테라스 입구의 표현
- 조경의 표현
- 용머리 표현
- 창문의 위치 및 표현
- 해치의 위치표현
- 방의 높이 및 반자의 높이 표현
- G.L선의 표현
- 굴뚝의 표현
- 홈통의 표현
- 글자의 표현 및 오타 수정
- 테두리 선의 표현
- 도면의 배치 위치

Lesson 11 연습문제 정답

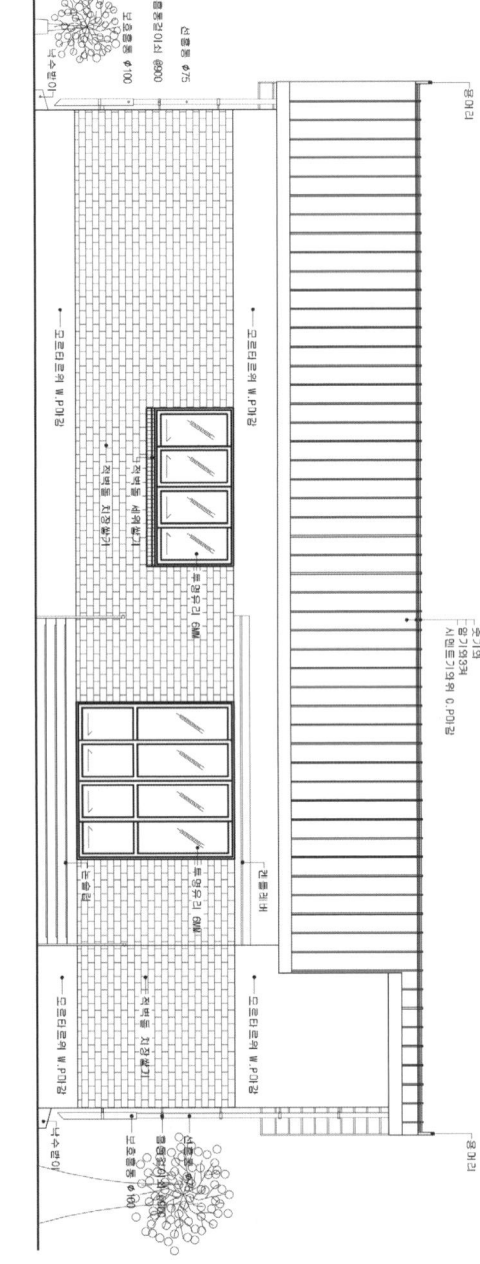

Chapter 03

동측면도 표현하기

- **Lesson 01** 동측 입면도 방향 잡기
- **Lesson 02** 동측 입면도 지붕 표현하기
- **Lesson 03** 동측 입면도 벽면 표현하기
- **Lesson 04** 지붕이 캔틸레버의 역할을 대신 하는 긴 지붕의 표현법
- **Lesson 05** 벽체에 아치문이나 아치창이 있는 표현법
- **Lesson 06** 용머리가 2개 있을 경우(돌출지붕)의 표현법
- **Lesson 07** 반대편 지붕의 안쪽이 보이는 경우의 표현법
- **Lesson 08** 동측 입면도 연습문제
- **Lesson 09** 연습문제 주요 포인트
- **Lesson 10** 연습문제정답

전산응용
건축제도
기능사실기

Lesson 01 동측 입면도 방향 잡기

입면도면의 작도는 주어진 조건의 평면에서 방위의 표식을 보고 동·서·남·북의 방향을 잡고 보여지는 방향을 토대로 평면에 기준하여 작도된다.

미리 완성된 단면도 이후 작업하기 때문에 단면도 어느 방향이라도 기존에 만들어져 있는 단면도를 가지고 입면도의 제목으로 다른 이름 저장하여 완성된 지붕과 천장반자 높이 등을 이용하여 입면작업을 하는 경우가 많다.

입면도면의 작도는 동·서·남·북 어느 방향이라도 기존에 만들어진 단면도를 새파일에 삽입하여 입면의 기준을 삼아 작업하는 경우가 많다.

따라서 단면도의 작성이 정확히 되어야 입면에도 오차가 없다는 점을 잊으면 안된다.

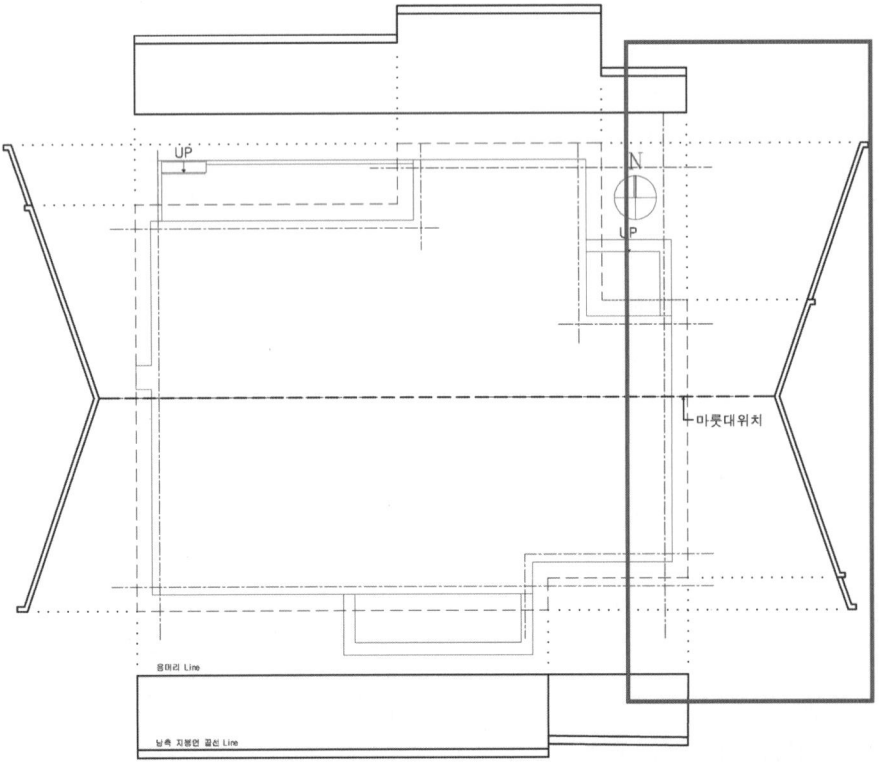

동측 입면도는 단면도와 같은 지붕 경사각이 직접 보여지는 부분이므로 남측 입면도보다는 비교적 쉽게 그려진다고 볼 수 있다.

그러나 지붕면이 그대로 보여 진다고 해서 무작정 쉽다고만 생각하다가 자칫 지붕의 물매 값을 잘못 기입하면 중대한 결함을 초래하기 때문에 평면을 주의 깊게 검토 후 그려야 한다.

동측입면도의 주의 사항은 지붕의 끝선, 입면기와의 표현 방법, 양쪽 지붕의 전체 모형 등을 주요 사항으로 표현해야 할 것이다.

Lesson 02 동측 입면도 지붕 표현하기

1 단면도에서 가지고 오는 동측입면도 지붕 작업하기

① 캐드에서 새 파일을 만든 후 완성된 단면도를 Insert(I)(삽입)의 명령을 사용하여 새 파일로 불러들인다.
- 삽입 방법은 남측면도 참고

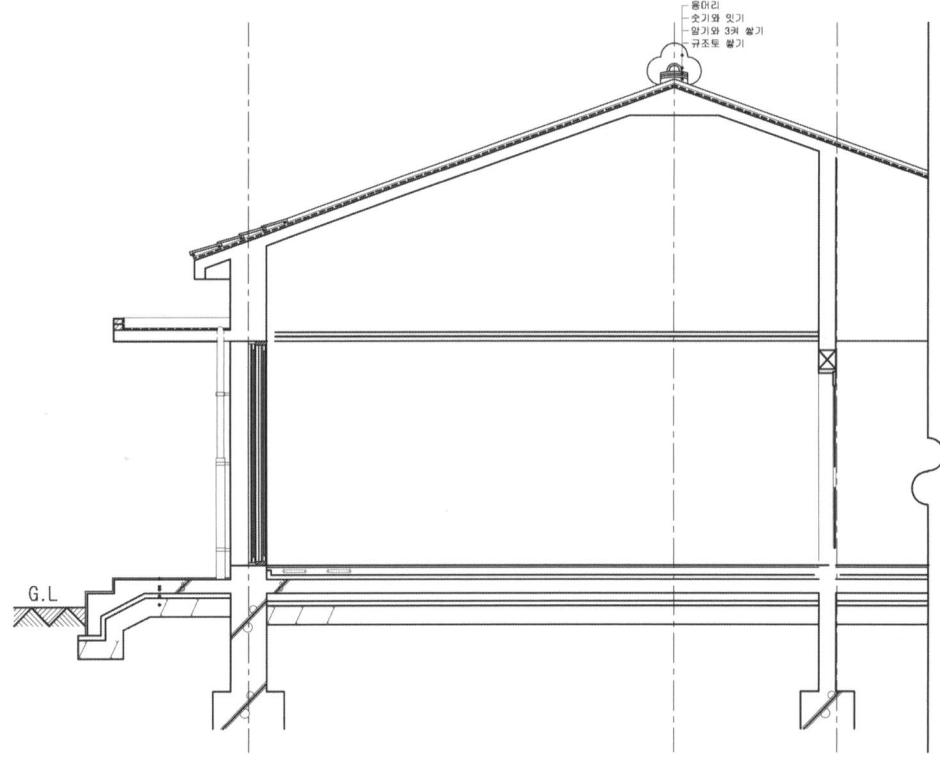

② 불러온 단면도를 위의 그림과 같이 내부의 주요부분 중 지붕의 물매, 반자선, 거실 바닥선, 계단선, G.L선 등과 같이 주요부분만 남기고 정리한다.

동측면도에서 단면도를 활용하는 것은 시간 절약에 필수적이며, 별도의 물매나 반자높이를 새로 작도하지 않아 매우 도움이 되는 부분이다.

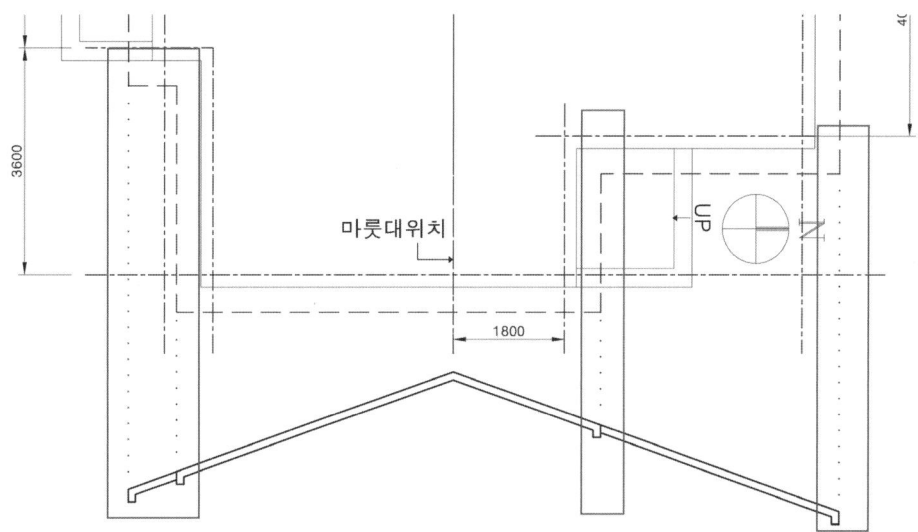

③ 마룻대를 기준으로 작게 잘려진 지붕의 크기인 1,800mm로 Offset(O)의 명령을 사용하여 간격을 띄우고 다시 처마나옴의 길이인 600mm를 Offset(O)의 명령을 사용하여 간격을 띄워 작은 지붕을 위의 그림과 같이 마감한다.

④ 긴 지붕의 끝선도 마룻대를 기준으로 지붕의 크기인 5,700mm로 Offset(O)의 명령을 사용하여 간격을 띄우고 다시 처마나옴의 길이인 600mm를 Offset(O)의 명령을 사용하여 간격을 띄워 작은 지붕을 위의 그림과 같이 마감한다.
동측면도는 남측면도와 다르게 지붕의 전체가 나타나져야 하므로, 반대쪽 지붕도 간격을 띄우고 반대쪽도 처마나옴까지의 거리 600mm로 지붕의 끝을 만들어야 한다.

⑤ 지붕의 마무리 부분은 단면의 모양과는 다르게 지붕 처마나옴의 끝선과 콘크리트 슬라브의 윗선 부분과 교차되는 부분에 가로 선을 Line(L)의 명령으로 선을 긋고 Offset(O)의 명령을 사용하여 200mm를 간격띄우기를 한다.

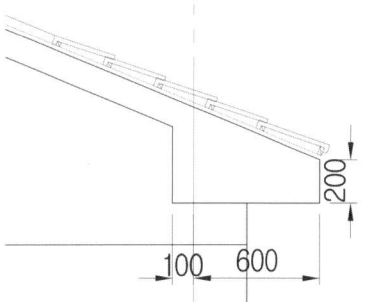

⑥ 처마나옴의 끝선의 세로선에서 Offset(O)의 명령을 사용해서 지붕의 안쪽으로 700mm를 간격띄우기를 한 후 우측의 그림과 같이 지붕 슬라브의 안쪽 선과 서로 Fillet(F)의 명령으로 결합시키면 된다.

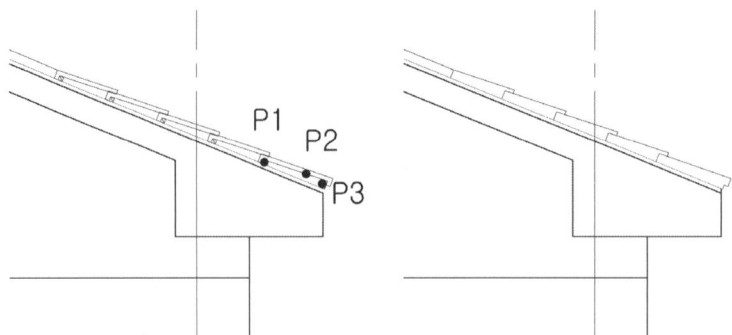

⑦ 단면의 기와를 입면의 기와로 변경시키려면 위의 좌측 그림과 같이 P1, P2, P3의 점에 있는 기와의 안쪽부분을 클릭하여 전부 Delete키를 이용하여 우측의 그림과 같이 되도록 선을 지워준다.
- 용머리는 단면의 용머리를 그대로 입면에서 사용하면 된다.

⑧ 지붕에 있는 기와의 선의 두께는 0.2mm로 단면과 같이 하면 된다. (용머리 포함)

Lesson 03 동측 입면도 벽면 표현하기

건물의 벽면 작도는 단면에 있는 외벽의 선을 그대로 적용하면 되는데, 여기서 주의할 점은 단면도에서 절단된 면에서 안그려진 우측부분의 면도 그려지며, 단면이 아닌 입면으로 그려짐을 고려하여, 기초부분 및 단면기호가 표현된 부분의 모두를 선 정리하는 것이 좋다.

또한 지붕 슬라브와 용머리의 접합도 정확히 부착 되도록 표현하도록 한다.
(하단의 그림 참조)

동측면도는 외곽의 윤곽만 그리면 남측면도와 마찬가지로 거의 완료된 것과 다름없다. 또한 창문의 배치와 보이는 방향의 계단 또는 화단의 표기만 정확히 하면 특별히 문제될 것이 없어 단면도의 완성도가 동측면도에서 중요한 작용을 하므로 단면도가 최종 작도 완료된 후 도면을 그리는 것이 좋다.

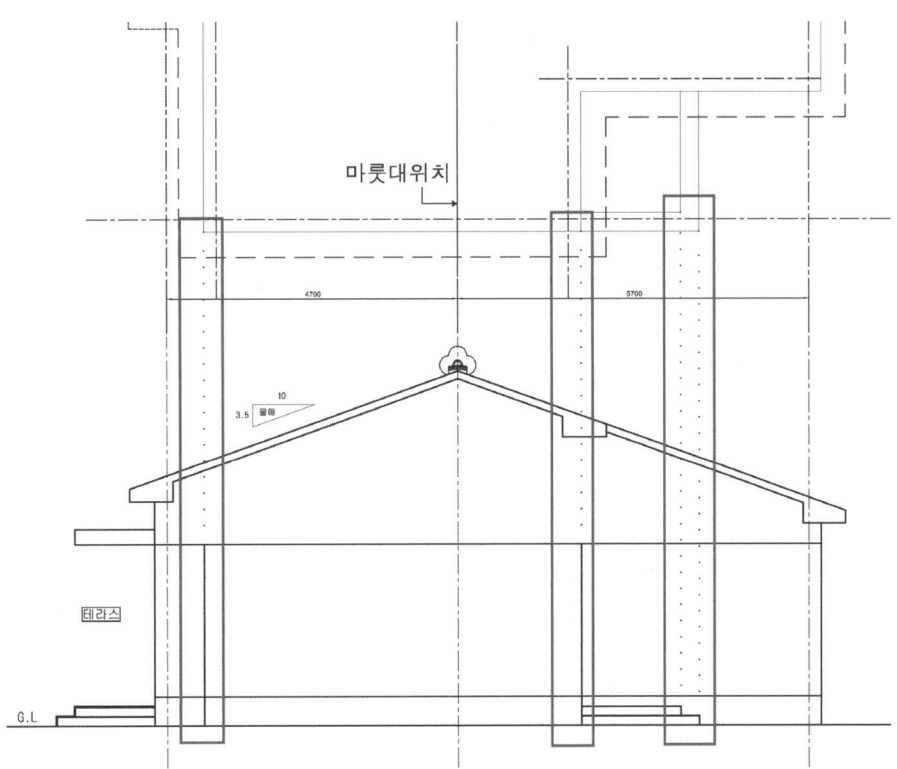

① 단면도에서 지붕이 완료되면 벽체선을 그리는데, 이는 단면도의 벽체두께와 중심선을 기준하여 벽체의 선이 좌측인지 우측인지를 정확히 보고 그려야 한다.

② 켄틸레버와 계단 부분도 단면이 아닌 입면으로 보이는 부분임을 감안하여 입면으로 작도하는데 작도법은 남측입면도의 켄틸레버 작도법과 동일하다.

> **Point**
>
> ▶ 함정찾기
> 위의 그림과 같이 좌측의 계단과 켄틸레버는 이미 단면도 상에서 작도가 되어 있는 부분이지만, 현관 및 창의 위치는 바뀌어 있다. 이는 새로 만들어져야 하는 부분이므로 평면도를 기준해서 지붕이 꺾이는 부분을 명확히 확인하여 작도한다.

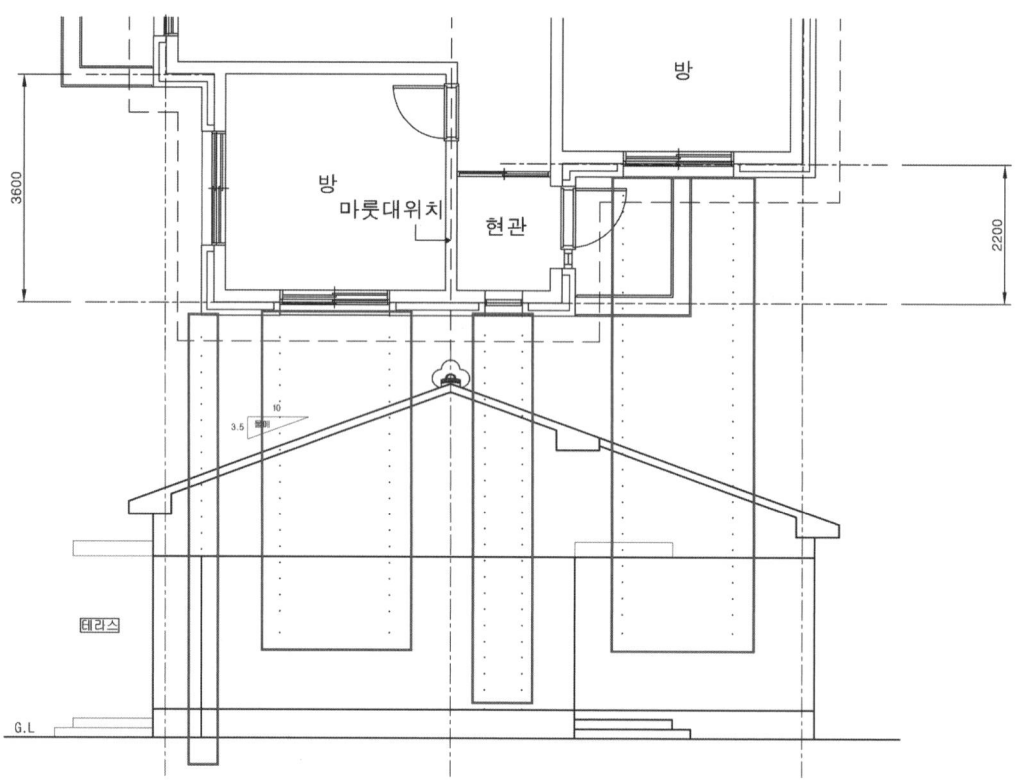

Point

▶ 방 창문의 크기 파악하는 요령

위의 그림과 같이 좌측의 지붕은 이미 단면도 상에서 작도가 되어 있는 부분이지만, 우측부분은 새로 만들어져야 하는 부분이므로 평면도를 기준해서 창문의 위치에서 아래의 그림에서 빨간색의 선과 같이 수직선을 잇는다는 생각으로 창문의 위치를 선정하면 된다.

시험장에서는 시험지를 동측면 방향으로 회전하여 창문의 위치 및 창문의 종류를 파악하면 정확하게 작도 할 수 있다.

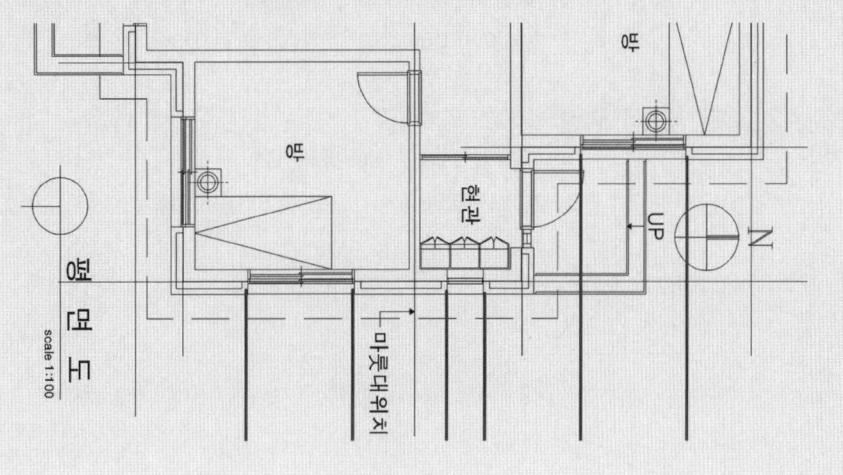

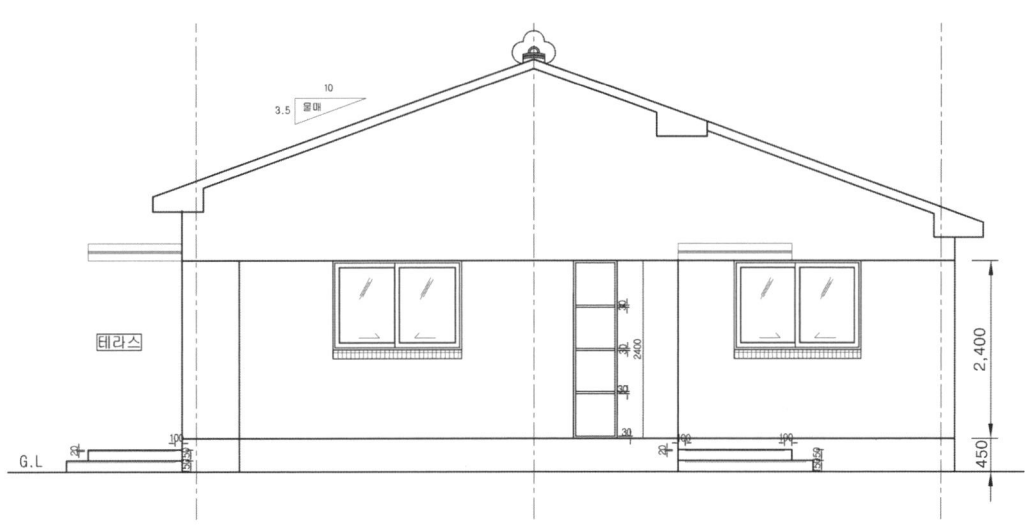

③ 위의 그림과 같이 건물 지붕의 슬라브선과 벽체선은 남측면도와 같이 동일한 방법으로 만들어 주고 창문의 위치는 평면에 나와 있는 동측 방향에서 보이는 창문을 모두 그림과 같이 평면도와 같은 간격으로 넣는다. (남측입면도 1,500mm 창문 작도법 참고)

📌 Point

▶ 현관 고정 FIX창 작도시 사용 명령어

아래의 좌측 그림과 같이 현관입구에 채광을 위해 고정창이 평면에 설계되어졌을 경우 고정창을 입면에서 표현해야 하는데 반자 높이의 고정창에 삼등분을 편리하게 하기 위해서는 Divid(DI)(디바이드)의 명령을 사용하면 빠른 작도가 가능하다.

[영문판 명령어] Command : Divide (단축키 : div) ↵
　　　　　　　Select object to divide: 객체선택
　　　　　　　Enter the number of segments or [Block]: 10 ↵

[한글판 명령어] **명령:** div (DIVIDE) ↵
　　　　　　　등분할 객체 선택: 객체선택
　　　　　　　세그먼트의 개수 또는 [블록(B)] 입력: 10 ↵

※ 세그먼트 수의 객수 한계는 : 2 ~ 32767까지이다.

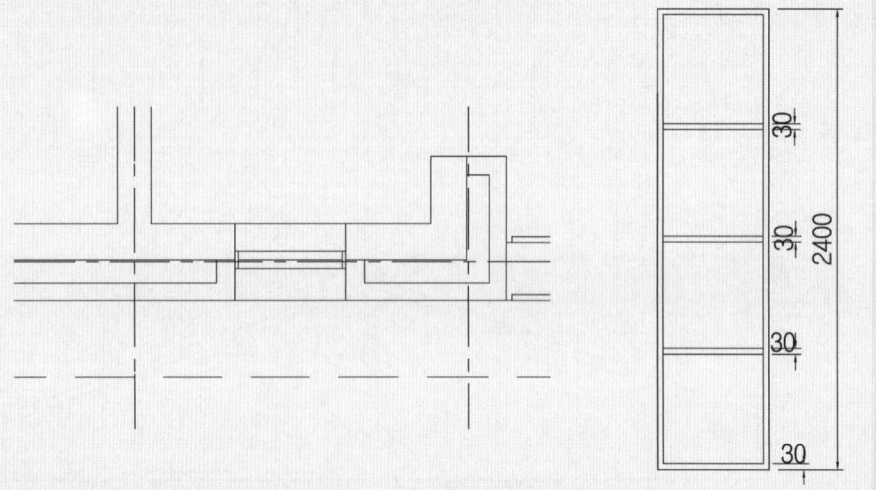

- 전산응용건축제도기능사의 시험에서는 캐드로 인한 평면도의 작도가 없기 때문에 평면도에 표현되어진 창호 및 부대시설에 대한 치수를 측정하기가 어렵다.
따라서 창호 및 부대시설을 입면에 표현하기 위한 치수는 건축표준규칙에 준함을 기준으로 기출에 주어진 평면도에서 15cm스케일 자를 가지고 대략적인 치수를 재어 입면에 표기하는 것이 좋다.

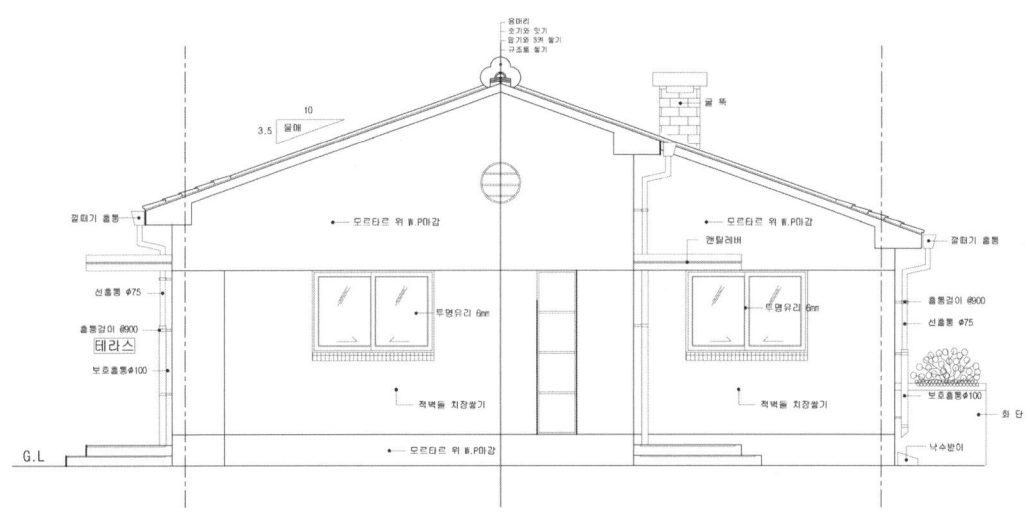

④ 창호 및 조경의 표현은 남측면도에서 이미 설명을 한 부분이므로 별도의 설명은 하지 않고 위의 그림과 같이 작도하면 된다.

⑤ 선의 두께는 건물의 외형을 나타내는 벽체선은 0.4mm의 선으로 작도하는 것이 좋고, 그 밖의 시설물은 남측입면도에서 설명한 선의 두께와 동일하다.

⑥ 동측면도에 들어가는 부분 중에 하나는 집의 상단, 즉 지붕 경사각의 중앙 부분에 천장재의 부식과 습기로 인한 탈착을 막기 위해 환기구를 만들어 준다.

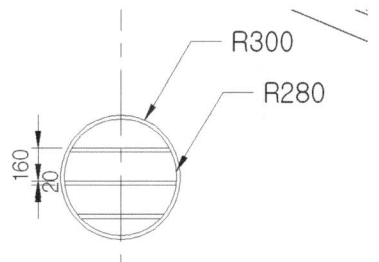

환기구는 지붕의 정가운데 부분, 용머리의 하단 부분에 맞추어 Circle(C)의 명령을 사용하여 우측의 그림과 같이 반지름 300mm의 원을 그린다.

⑦ 만들어진 원에서 Offset(O)의 명령을 사용하여 20mm를 원의 안쪽으로 간격을 띄운다.

⑧ Line(L)의 명령을 사용하여 만들어진 원의 안쪽에서 그림과 같이 160mm, 20mm간격으로 그릴 창을 표현하면 된다.

⑨ 계단 논슬립은 Offset(O)의 명령을 이용하여 계단선에서 우측의 그림과 같이 20mm를 아래로 내려서 간격을 띄우고 벽의 양쪽에서 100mm씩 다시 간격을 띄운다.

⑩ Fillet(F)의 명령을 사용하여 우측의 그림처럼 선을 서로 이어주어 정리한다.

⑪ 논슬립의 모양은 입면으로 보여지므로 0.1mm(0.09mm)의 선이 좋다.

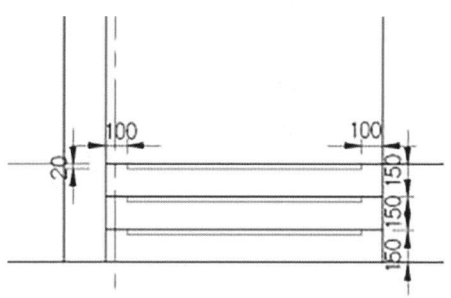

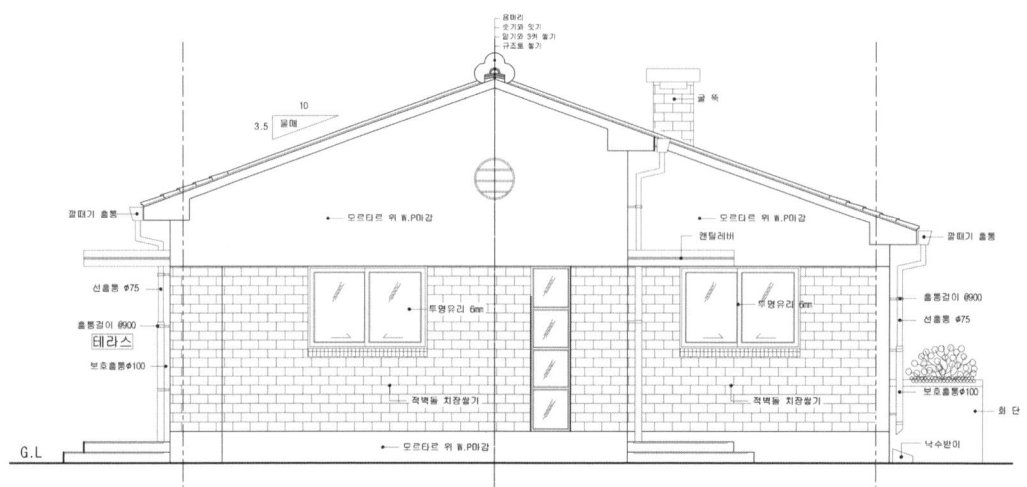

⑫ 도면을 최종적으로 검토한 후 입면에서 기입될 부분들을 모두 확인이 된 후에는 벽돌기호인 Hatch(H)(해치)를 넣기 전 문자를 Mtext(MT)명령을 사용하여 입면문자를 넣어준다.

⑬ 문자가 나중에 기입되면 Hatch(H)(해치)는 문자사이로 그려지기 때문에 문자와 Hatch(H)(해치) 사이에 발생하는 겹침 현상으로 문자가 오타로 보일 수 있다. 전산응용건축제도의 실기에서는 문자의 오타에 대한 감점이 있기 때문에 해치와 문자는 겹쳐서 오타로 보일 수 있기 때문에 꼭 문자 먼저 기입하고 나서 해치를 넣는 것이 좋다.

• 문자를 해치Hatch(H)보다 먼저 넣을시 해치가 문자를 비켜서 그려진다.

① Hatch(H)의 명령을 사용해서 미리정의에서 AR-B816을 선택한다.(입면에서는 벽돌의 모양을 나타내면 외관상 보기 좋기 때문에 미리정의를 사용하는 것을 권장한다.)

② 각도는 0도 축척을 0.65로 맞추면 벽돌의 크기와 비슷한 규격으로 입면으로 작도 된다.

③ 선의 두께는 굴뚝이 도면에서 큰 비중을 차지하는 요소가 아닌 것을 감안하여 0.1mm (0.09mm)로 하는 것이 좋다.

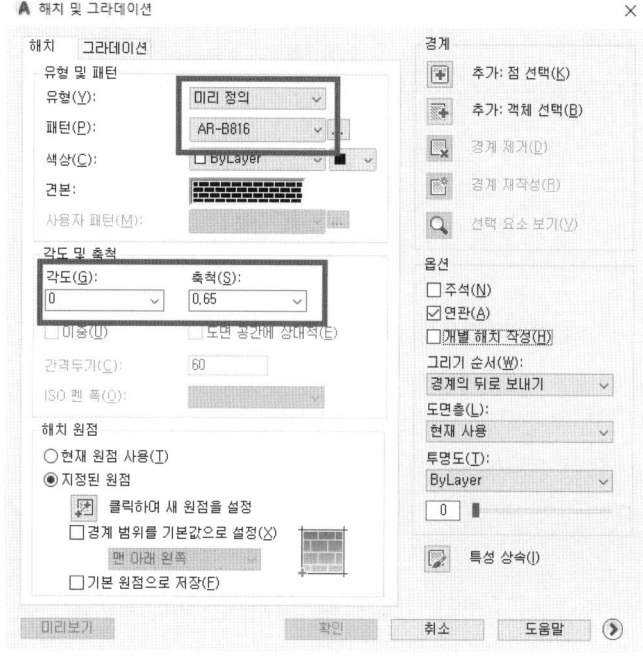

Lesson 04 지붕이 캔틸레버의 역할을 대신 하는 긴 지붕의 표현법

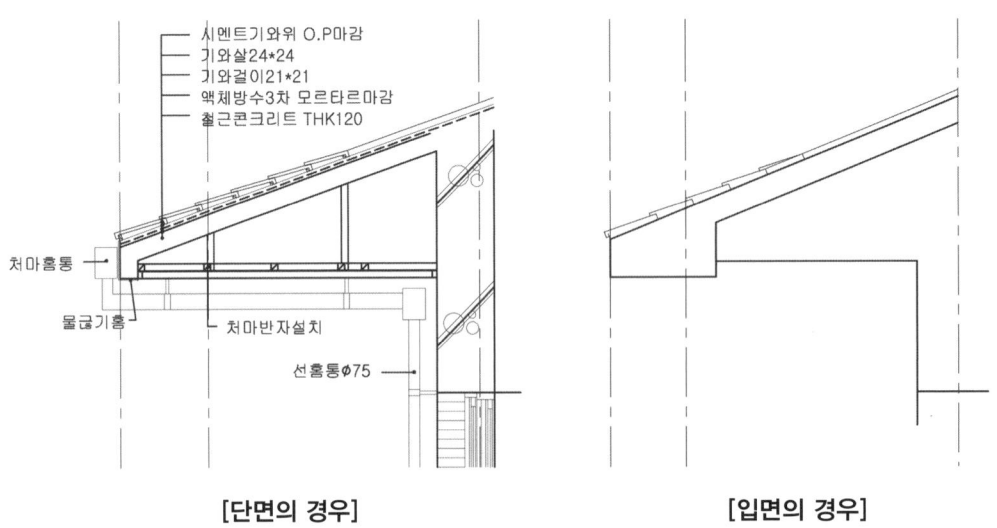

[단면의 경우]   [입면의 경우]

기출문제에 지붕틀 평면도가 별도로 첨부 되어 있는 경우는 지붕의 크기가 서로 달라 확인이 반드시 필요한 경우에 출제되며, 지붕이 크기가 다른 경우는 보통 하부에 지하의 계단이 있거나 테라스의 켄틸레버 대신으로 사용하고 있는 것을 주의 하여 확인해야 한다.

만약 캔틸레버가 있어야 하나 캔틸레버를 설치하지 아니하고 지붕을 길게 늘여서 캔틸레버의 역할까지 같이 하고 있다면 이런 경우는 입면 지붕이 길어서 지붕 끝부분의 마감부분이 처마나옴 600mm를 연습한 다른 수험생들은 기존의 연습 방법과 달라서 당황하게 된다.

이런 도면을 만나게 될 시에는 당황하지 말고 벽체만 하부에 없을 뿐 지붕의 작도법은 기존의 방법과 같으므로 위의 그림과 같이 벽체 중심선에서 안쪽으로 Offset(O)의 명령을 이용하여 100mm로 간격 띄우기를 하고 나머지는 입면 그림처럼 작도하면 된다.

Point

주의 사항

단면도 작성시 지붕이 900mm 이상 길어질 경우 위의 그림 좌측과 같이 처마반자 및 달대를 설계하여 지붕이 처지는 것을 방지하여야 한다.

Lesson 05 벽체에 아치문이나 아치창이 있는 표현법

전산응용건축제도기능사 실기

아치가 있는 평면은 아래의 좌측 그림과 같이 현관 또는 테라스 옆쪽으로 파선으로 X자 표식으로 아치가 있음을 평면도에 표기한다.

이런 기출문제를 만났을 때는 아래 그림의 우측과 같이 아치를 작도하면 되는데, 작도법은 다음과 같다.

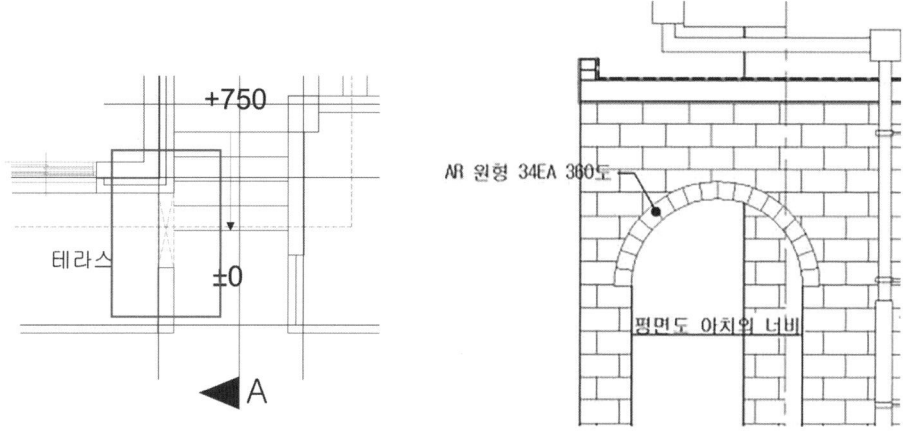

① 아치는 평면도에서 아치의 너비가 표현되어진 크기만큼 너비를 만든 후 Circle(C)의 명령을 사용하여 아치의 너비 만큼의 원을 그린다.

② Trim(TR)(자르기)명령을 사용하여 원의 하단부분을 지우고 Offset(O)의 명령으로 바깥쪽으로 100mm만큼 벽돌의 간격을 띄운다.

③ Line(L)(선)의 명령을 이용하여 간격띄우기한 두 개의 반원 왼쪽부분에 수평선을 긋고 Array(AR)(배열)의 명령을 사용하여 우측의 그림과 같이 원형배열 34개를 360도 간격으로 배열한다.

 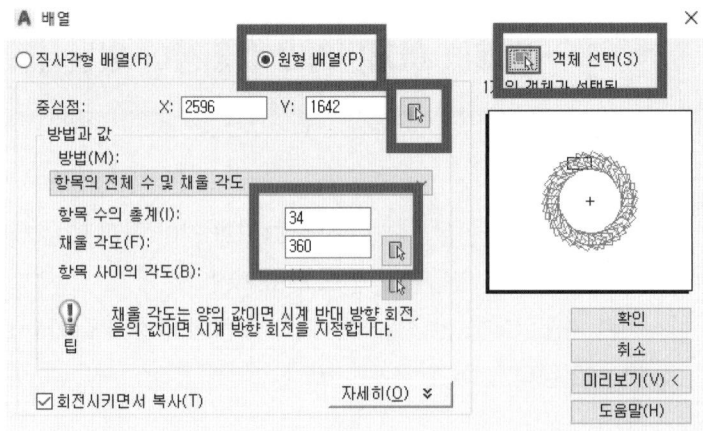

④ 반원의 하단부에 있는 원형 배열된 선을 지우고 밖으로 나간 선이 없는지 선 정리를 하여 마무리 한다.

⑤ 아치의 선두께는 벽돌과 같도록 0.1mm(0.09mm)로 하는 것이 좋다.
  단, 벽체의 끝선은 외형선인 0.4mm를 사용하여 도면 경계부분을 강조하는 것이 좋다.

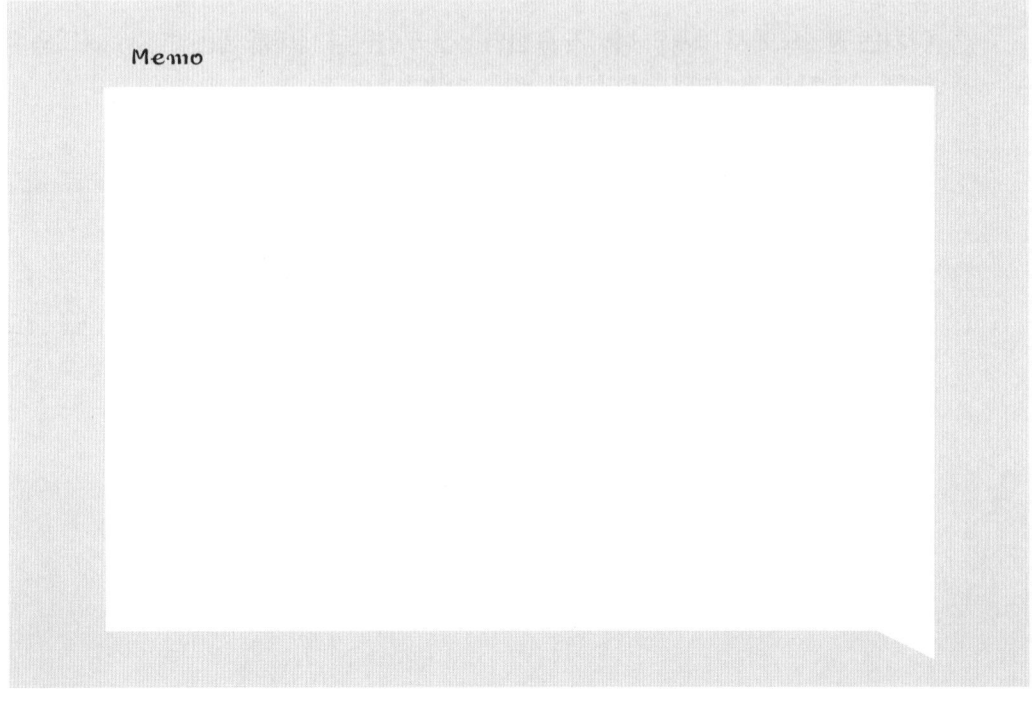

Lesson 06 용머리가 2개 있을 경우(돌출지붕)의 표현법

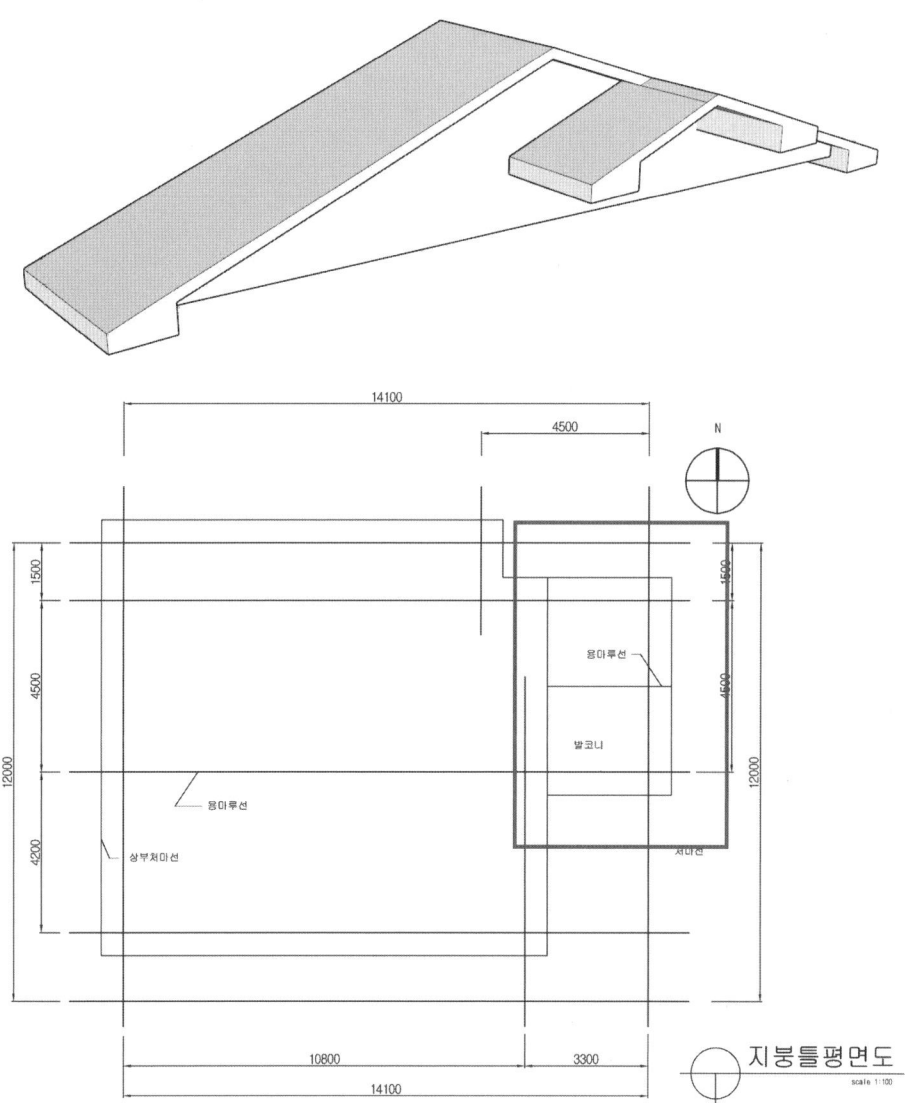

기출평면 중에 지붕이 돌출되어 위의 그림처럼 용머리가 두 개가 되는 지붕이 있다. 이런 지붕에서 입면작업을 할 경우, 남측에서 바라보는 방향에는 용머리가 두 개가 서로의 높이 차를 두고 그려지는데 이때 작도법은 아래와 같다.

① 용머리가 두 개인 경우 앞쪽 돌출 용머리가 우측 그림과 같이 그려지는데 짧은 지붕의 용머리는 우측의 그림과 같이 보여지면 된다.

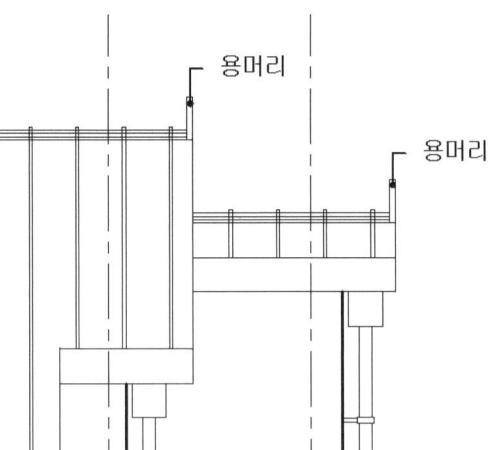

이 경우는 단면도에서 지붕의 위치를 파악하여 그려 넣은 후 그 물매를 이용하여 짧은 지붕의 용머리를 작도해야 한다.

그 밖의 도면 작도법은 기존 입면도의 용머리 작도법과 같다.

Memo

07 반대편 지붕의 안쪽이 보이는 경우의 표현법

전산응용건축제도기능사 실기

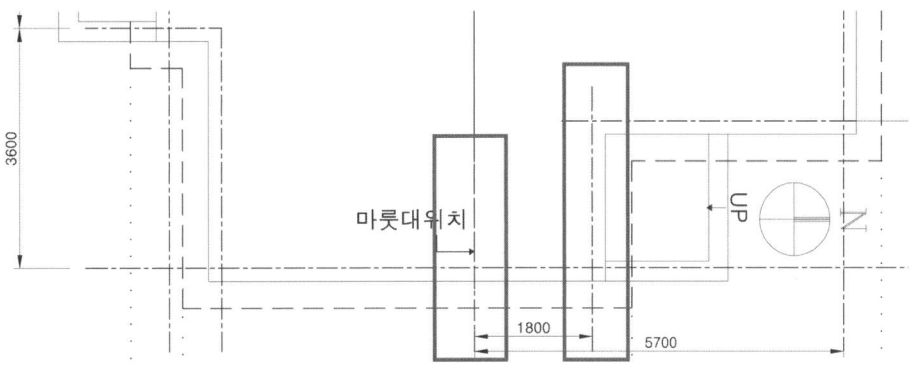

그림과 같이 중심이 되는 용머리가 있는 상태에서 돌출된 지붕의 끝부분이 따로 있는 경우 반대편의 지붕 끝면이 보이는 경우가 있다.

이때는 반대편 지붕 아랫부분을 그려주는데 아랫부분은 입면으로 표현되기 때문에 아래의 모양과 같이 그려진다.

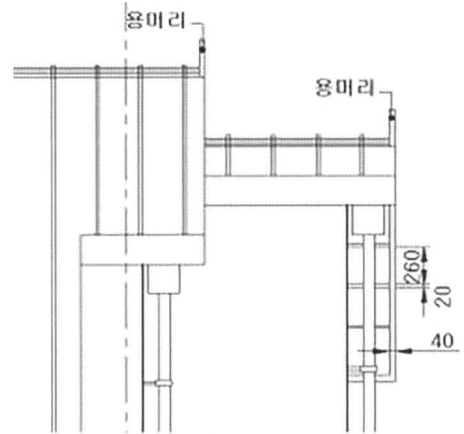

① 이중 지붕의 평면기출을 그리다 보면 반대쪽의 지붕이 위의 그림과 같이 반대쪽에서 보이는 경우가 있는데, 이런 경우는 반대쪽은 입면으로 보이는 부분이므로 굳이 어렵게 생각하지 말고 우측의 실제 보이는 부분이 그려짐을 고려하여 위의 그림과 같이 간격을 일률적으로만 주고 맞춰 그리면 된다.

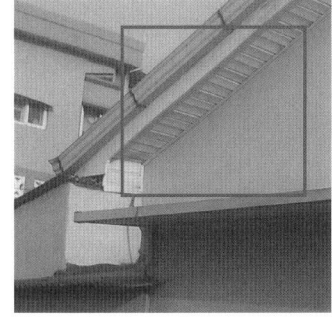

Lesson 08 동측 입면도 연습문제

전산응용건축제도기능사 실기

1 요구사항

주어진 평면도를 보고 CAD를 이용하여 아래조건에 맞게 다음도면을 작도하시오
남측 입면도를 축척 1/50으로 작도하시오.

2 조건

기초 및 지하실 벽체 : 철근콘크리트로 한다.
벽체 : 외벽 – 외부로부터 붉은 벽돌 0.5B, 단열재 80mm, 시멘트벽돌 1.0B로 하고 외부
　　　　　마감은 제물치장으로 한다.
　　　　내벽 – 두께 1.0시멘트 벽돌 쌓기로 한다.
지붕 : 철근콘크리트 슬래브위 시멘트 기와마감(물매 4/10이상)
처마나옴 : 벽체중심에서 600mm
반자높이 : 2,400mm, 처마반자 설치
창호 : 목재창호로 하되 2중창인 경우 외부창호는 알루미늄 새시로 한다.
각실의 난방 : 온수파이프 온돌난방으로 한다.

기타 각 부분의 마감, 치수등 주어지지 않은 조건은 일반적인 시공수준으로 한다.

3 선의 통일을 위하여 아래와 같이 선의 색을 정리하여 출력한다.

파랑 – (7-White) – 0.3mm	녹색 (3-green) – 0.2mm
노랑(2-yellow) – 0.4mm	하늘색 (4-cyan) – 0.3mm
빨강 (1-red) – 0.2mm	흰색 (5-blue) – 0.1mm

chapter 03 동측면도 표현하기

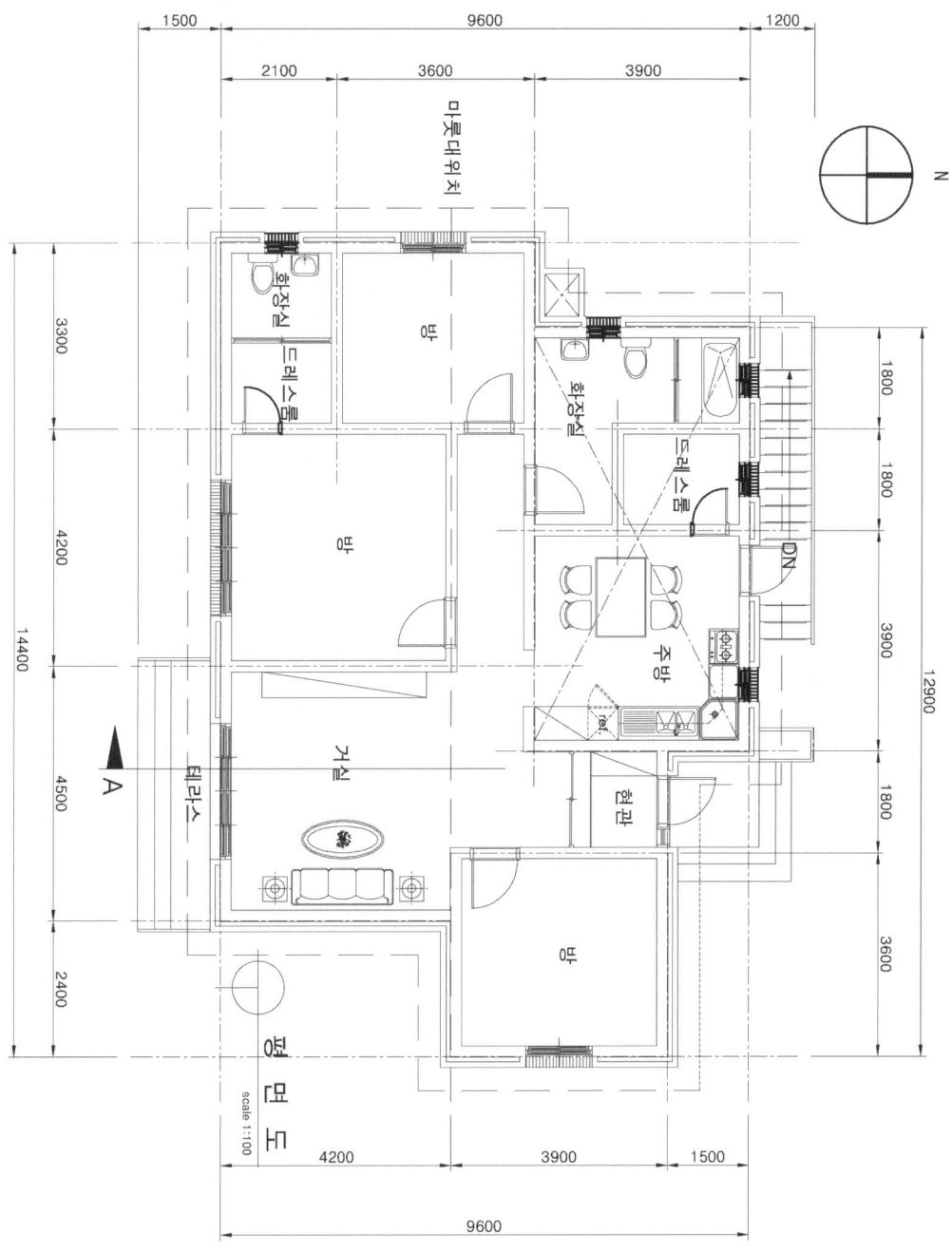

Lesson 09 연습문제 주요 포인트

- 양쪽 지붕의 물매
- 입면기와의 마감
- 우측면 현관 입구의 표현
- 좌측면 테라스 입구의 표현
- 조경의 표현
- 용머리 표현
- 창문의 위치 및 표현
- 해치의 위치표현
- 방의 높이 및 반자의 높이 표현
- G.L선의 표현
- 굴뚝의 표현
- 홈통의 표현
- 글자의 표현 및 오타 수정
- 테두리 선의 표현
- 도면의 배치 위치

Memo

Lesson 10 연습문제정답

chapter 03 동측면도 표현하기

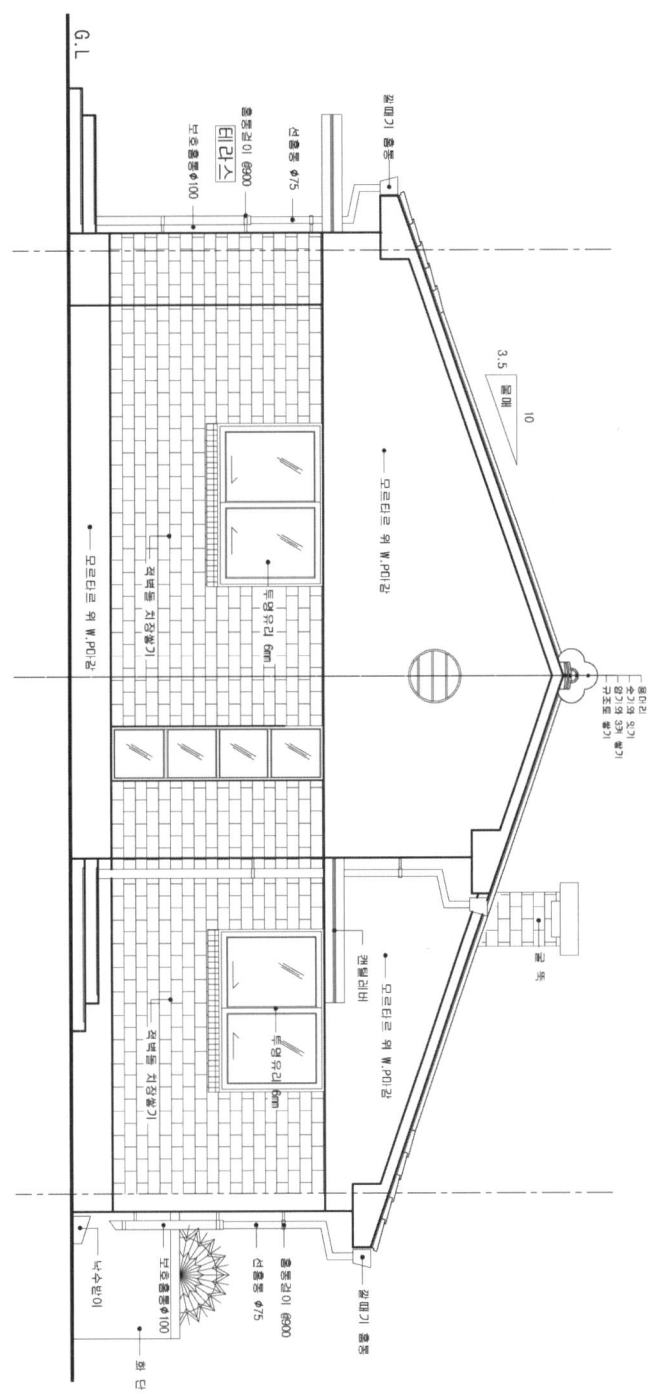

Memo

Chapter 04

출력하기

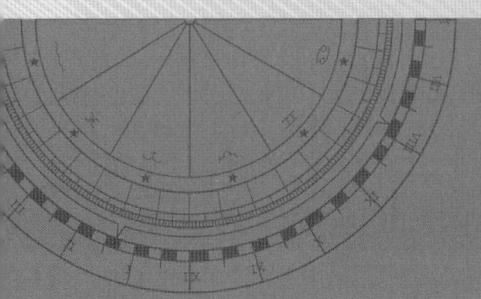

Lesson 01 삽입명령 사용하여 도면테두리 삽입하기
Lesson 02 스케일 명령 사용하여 도면테두리 삽입하기
Lesson 03 도면출력하기

전산응용
건축제도
기능사실기

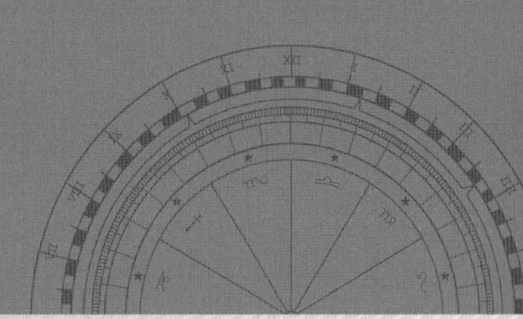

1 개요

만들어진 도면테두리를(도면테두리 만들기 참조) 삽입하는 경우와 도면테두리에서 직접 도면을 작도하는 경우, 두 가지의 방법을 사용 할 수 있다.
각각의 작도법에 따른 장단점이 있지만, 가급적 첫 번째 삽입방법을 권장한다.

Memo

Lesson

01 삽입명령 사용하여 도면테두리 삽입하기

전산응용건축제도기능사 실기

1 단면도 삽입하기

① 만들어진 단면도에서 Insert(I)의 명령을 사용하여 아래의 그림과 같이 [찾아보기]를 클릭하여 바탕화면에 저장되어진 도면테두리를 찾는다.

② 축척은 반드시 [단일축척]으로 지정하고 단면도의 축척인 "40"을 적용하여 확인을 누르면 그려진 단면도에 1/10으로 그려진 단면도의 도면 테두리인 축척이 40배로 확장되어 도면에 삽입된다.

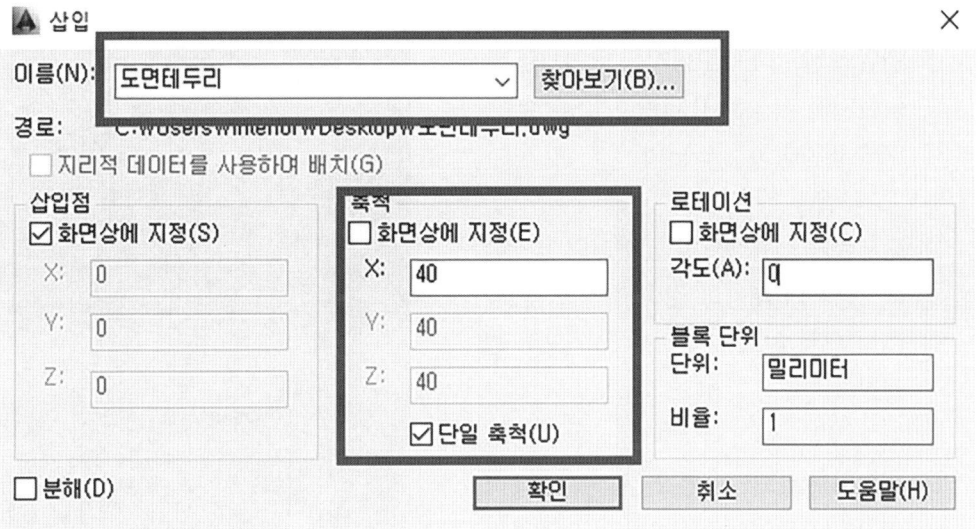

2 입면도 삽입하기

① 만들어진 단면도에서 Insert(I)의 명령을 사용하여 아래의 그림과 같이 [찾아보기]를 클릭하여 바탕화면에 저장되어진 도면테두리를 찾는다.

② 축척은 반드시 [단일축척]으로 지정하고 입면도의 축척인 "50"을 적용하여 확인을 누르면 그려진 단면도에 1/10으로 그려진 단면도의 표제란이 50배로 확장되어 도면에 삽입된다.

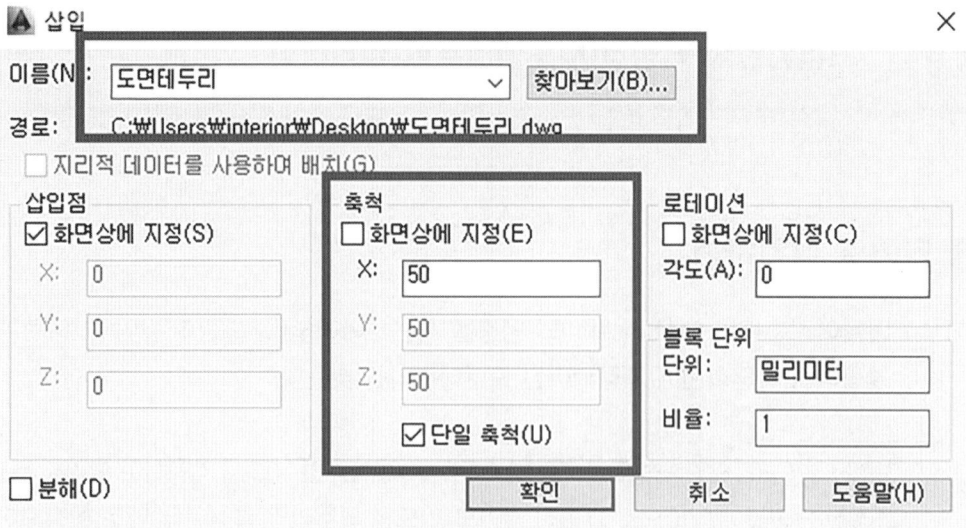

- 2020년 이후 버전은 Insert(I)의 명령의 사용법이 약간 달라지는데 다음과 같다.

① 맨위의 빨간색 네모상자를 클릭하면 바탕화면에 저장된 표제란을 찾을 수 있도록 팝업창이 나타난다.

② 표제란을 선택했으면 맨아래의 빨간색 네모상자의 내용과 같이 축척을 "단일 축척"으로 하고 축척값은 "40"으로 설정한다.

③ 설정이 완료되었으면 가운데 빨간색 네모상자에 도면테두리 파일이 미리보기 되어지는데, 그 부분을 더블클릭 하면 도면 내부로 도면테두리가 삽입된다.

Lesson 02 스케일 명령 사용하여 도면테두리 삽입하기

스케일 명령은 1의 삽입명령을 이용하여 삽입하는 방법은 동일하나 축척은 바꾸지 않고 도면테두리 만을 그대로 삽입한 후 삽입된 도면 안에서 스케일의 명령으로 확대하는 방법이다.

이 경우 도면을 삽입 한 후 다시 스케일의 명령을 한번 더 사용하기 때문에 1의 방법 보다는 좀 더 번거로운 부분이 있으나, Insert(I)의 명령을 사용이 원활하지 않다면, 이 방법을 사용해 보는 것도 좋다.

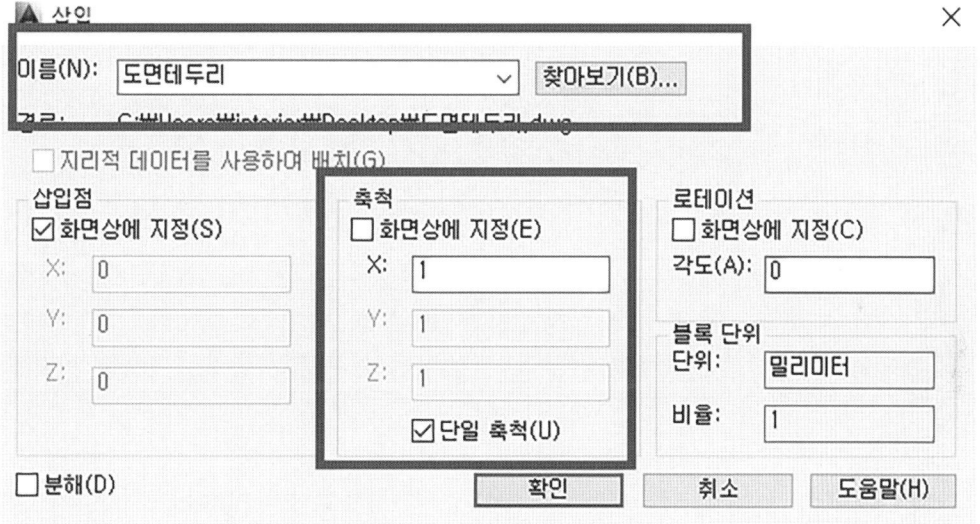

① Scale(S)의 명령을 사용하여 도면 표제란의 왼쪽 하단부를 기준점을 지정하고 축척비율을 단면도의 비율인 "40"으로 입력하고 Enter로 마감하면 도면이 40배 확대 된다.

② 입력시 블록으로 지정되어 삽입되기 때문에 Move의 명령을 이용하여 도면의 중앙으로 배치하면 된다.

[영문판]
Command: sc (SCALE) ↵
　　　　Select objects: (마우스로 클릭해서 객체를 선택)

Specify base point: (마우스로 선택된 객체의 확대 또는 축척을 할 기준이 될 부분을 클릭)
Specify scale factor or [Copy/Reference] <1.0000>: 40 ↵
(축척비율 40 입력 후 ↵)

[한글판]
명령: sc (SCALE) ↵
　　객체 선택: (마우스로 클릭해서 객체를 선택)
　　기준점 지정: (마우스로 선택된 객체의 확대 또는 축척을 할 기준이 될 부분을 클릭)
　　축척 비율 지정 또는 [복사(C)/참조(R)] <1.0000>: 40 ↵ (축척비율 40 입력 후 ↵)

Memo

Lesson 03 도면출력하기

도면의 출력시간은 시험시간인 도면의 작도시간에 포함 되지 않는다.
단, 최대의 출력식간은 30분을 초과하지 못하도록 되어 있으며, 도면을 잘못 출력했을 경우 감점의 폭이 크거나 탈락의 우려가 있으므로 주의를 해야 한다.

또한, 시험의 조건 중 출력의 장수가 2장으로 제한되어진 점은 잘못 출력했을 경우 다시 출력이 안되는 점이란 것을 반드시 주의해야 한다.

출력은 평소 연습시 도면을 완료했을 때마다 연습을 실시하여 실제 시험시간에서 출력시 당황하지 않도록 반복연습 및 숙달이 중요하다.

① P1에서 등록정보를 클릭하여 해당 프린터에 맞도록 설정한다.
- 프린터는 해당 시험장에서 감독관이 프린터의 사양을 알려주므로 걱정하지 않아도 된다.
다만 해당 시험 감독관의 지시에 따라 프린터는 설정을 하지 않고 임의 출력을 하게 되면 자칫 탈락의 사유가 되므로 유의해야 한다.

② P2의 ▼방향을 클릭하여 용지를 설정하는데 전산응용건축제도 시험의 용지크기는 "A3"이므로 일반적으로 A3를 설정하는데 A3가 없을 경우 ISO A3(420 X 297)로 되어진 것을 선택해도 된다.

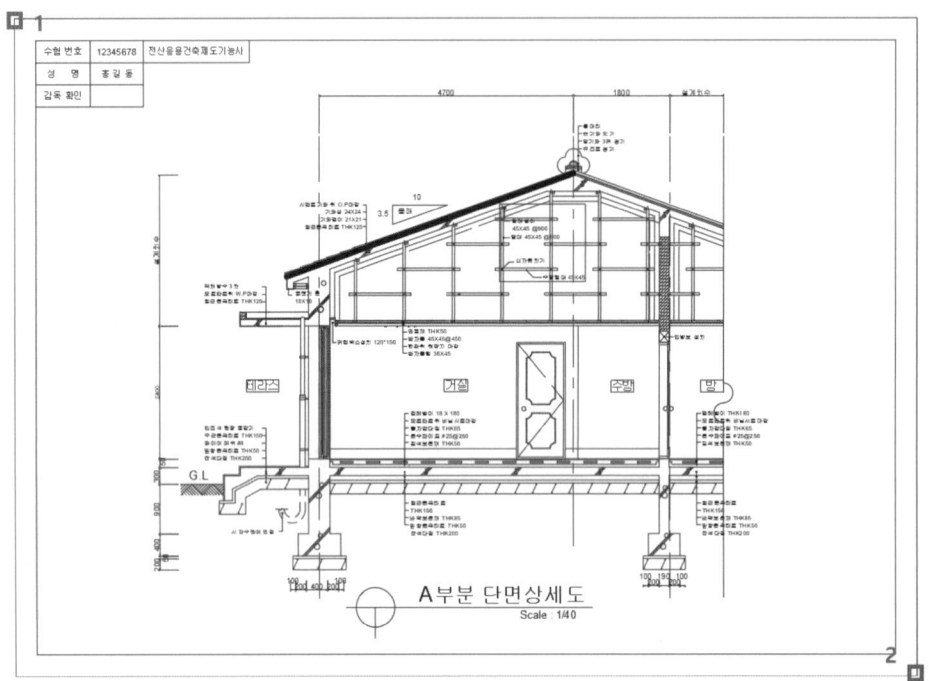

③ P3에 있는 플롯대상에서 ▼방향을 클릭하여 윈도우 상태로 변경한 후 우측의 윈도우 버튼을 클릭하여 위의 그림과 같이 도면테두리의 바깥쪽 범위를 선택하여 플롯 영역을 드래그해서 연결한다.

이때, 위 그림의 아래쪽 플롯 간격띄우기에서 X, Y의 값을 설정하지 말고 "플롯의 중심"에 있는 비어진 사각형 박스를 클릭하여 출력도면이 화면에 중앙으로 위치하도록 설정해야 한다.

Point

▶ 화면이동시 당황하지 말 것.
  ▸ 드레그를 할 때 잠깐 화면으로 이동하는데 플롯 상태가 벗어난 상태가 아니므로 당황할 필요는 없다.
  시험장에서의 당황은 출력의 실패로 이어질 우려가 있으므로 많은 연습을 통해 긴장을 하지 않는 것이 가장 중요하다.

▶ 최종 버튼은 항상 제일 마지막에 눌러야 한다.
  ▸ Enter를 당황하게 되어 누르게 되면 자칫 플롯이 중앙에 배치되지 않은 상태에서 출력이 될 수 있으며 이미 출력된 도면은 다시 재 출력이 불가능하다.
  그러므로 출력시에는 완전한지 반복적으로 확인하고 최종적으로 완성이 되었다고 판단되었을 때만 Enter를 누르거나 출력의 버튼을 클릭해서 출력이 되도록 해야 한다.

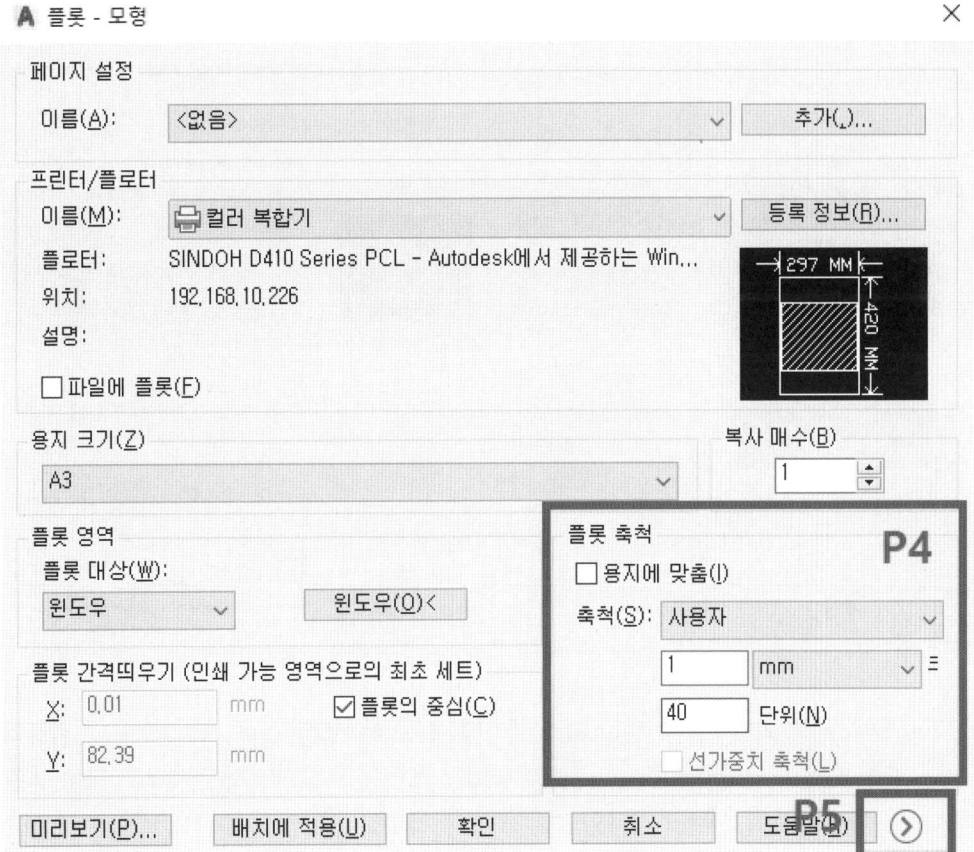

④ P4의 플롯 축척은 용지에 맞춤으로 클릭된 부분을 해제하고 축척의 단위를 도면의 축척인 1/40으로 변경한다.

> **Point**
>
> ▶ 하나라도 설정을 하지 않을 시
>   ▶ 출력의 단위설정을 하지 않을 때는 1/40으로 출력이 되지 않으며, 플롯의 중앙을 맞추지 않을 때는 도면이 왼쪽 상단으로 자동 맞춰지기 때문에 프린터의 실패로 판단된다.
>   ▶ 따라서 프린터 출력시에는 작은 버튼 하나라도 신중하고 빼먹지 않게 다 눌러줘야 한다는 점을 잊지말아야 하겠다.

⑤ P5에 있는 "▶"의 화살표를 눌러 플롯 명령창을 확대한다. 앞서 수험생이 이미 플롯의 화살표를 눌러 확대해 놓았으면 굳이 안눌러도 되지만 확대되어 있지 않았을 경우 P5에 있는 화살표를 눌러서 플롯의 명령창을 확대 시켜 내용을 수정해야 한다.

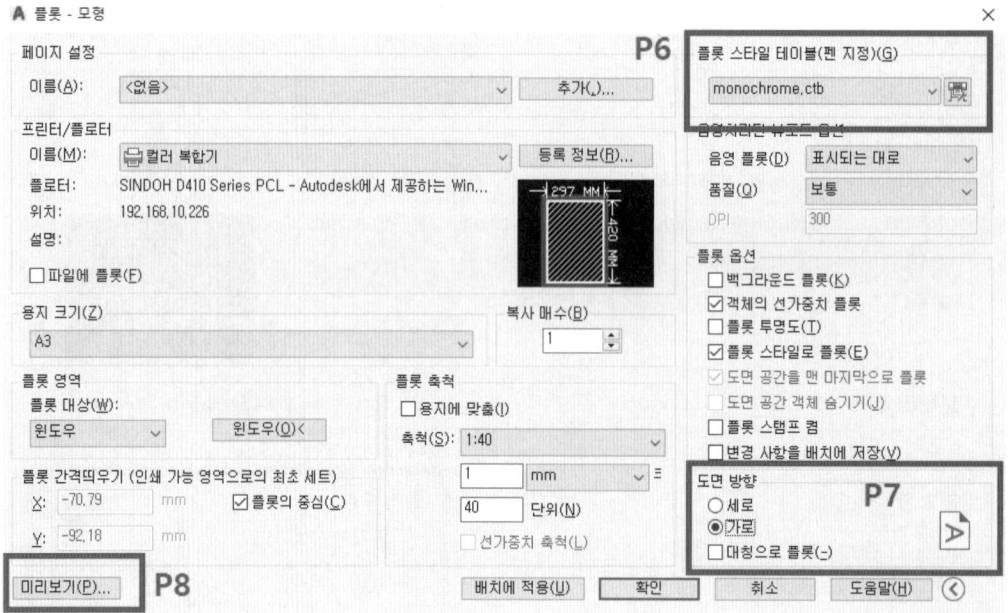

⑥ P6에 "▶"의 화살표를 눌러 플롯 스타일 테이블을 monochrome.ctb 상태로 변경을 해서 흑백 출력이 되도록 설정한다.(칼라 출력은 조건에 포함되어져 있지 않으므로, 시험장의 플롯이 흑백과 컬러 겸용일 경우 자칫 컬러출력으로 감점의 원인이 될 수 있으므로 흑백선택을 해야 한다.)

⑦ P7에 있는 도면방향은 가로방향으로 설정한다.
- 이때 배치에 적용탭을 눌러 현재 설정한 플롯 셋팅이 변경되지 않도록 하는 것도 좋다.

> **Point**
>
> ➡ 배치에 적용을 하는 이유
> ▶ 배치에 적용을 하는 이유는 셋팅이 변경되어 다시 셋팅하는 시간을 절약하기 위함이고 잘못된 부분이 확인되서 다시 셋팅 할 때도 한 두가지 정도만 수정이 가능하게 하여 다른 부분까지 수정을 할 필요가 없도록 하기 때문이다.

⑧ P8에 있는 미리보기 탭을 사용해서 정확한 도면이 되어 있는지를 반드시 확인해야 한다. 원하는 화면이 맞게 되었으면 출력 버튼을 누르면 완료되고, 설정 중에 놓친 부분이 있으면 ESC버튼을 눌러 다시 설정 창으로 돌아와 빠진 부분을 체크한 후 출력하면 된다.

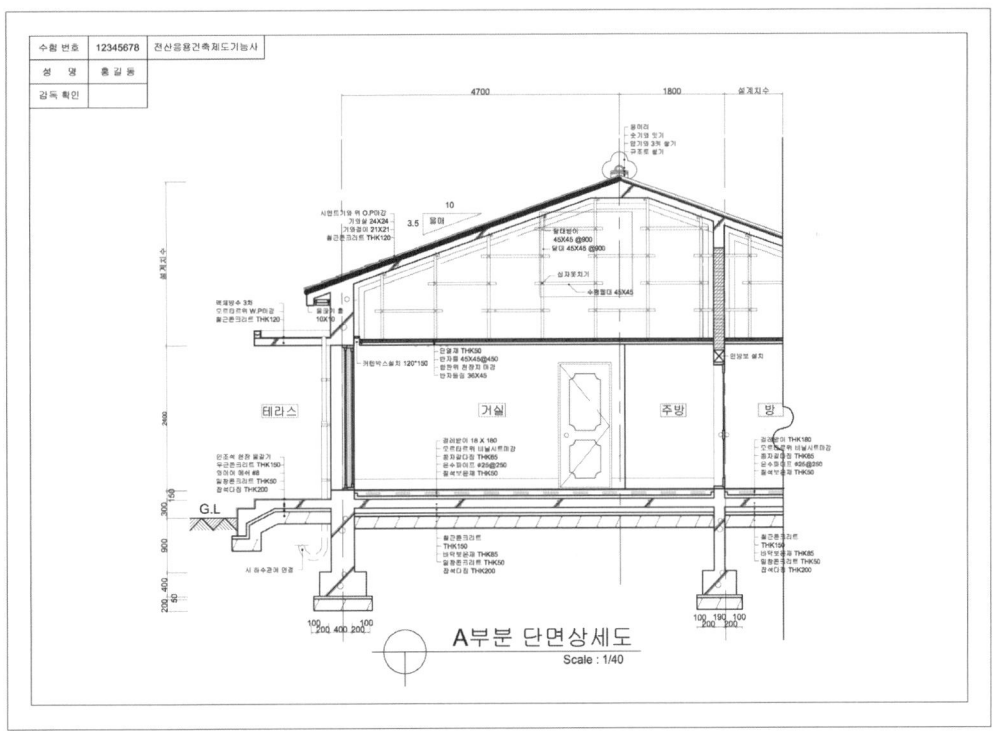

[단면도 최종 출력 완료]

Memo

Chapter 05

과정평가형 단면도 핵심 포인트

- Lesson 01 과정평가형 자격검정이란
- Lesson 02 도면테두리 만들기
- Lesson 03 Title 만들기
- Lesson 04 과정평가형 전산응용건축제도 실기 출제조건 분석
- Lesson 05 과정평가형 주요 도면 분석
- Lesson 06 금속 지붕 표현하기
- Lesson 07 금속 지붕 끝부분 마감 작도법
- Lesson 08 금속 지붕 용머리 표현하기
- Lesson 09 금속 지붕의 입면 마감 표현하기
- Lesson 10 금속 지붕의 문자 마감하기
- Lesson 11 과정평가형 기출문제 정답

전산응용
건축제도
기능사실기

Lesson 01 과정평가형 자격검정이란

과정평가형은 산업인력관리공단에서 검정형 시험과는 별도로 시행하는 자격검정으로 수업 받는 과정의 내용을 중점으로 객관적 관점으로 평가하는 시험 제도이다.

또한 과정평가형은 전산응용건축제도에 대한 이론적 지식과 실무를 바탕으로 계획설계, 기본설계, 실시설계 도면과 시방서 등의 직무를 수행할 수 있는 숙련된 인력양성을 하는데 그 목적을 둔다.

다시말해 단순히 과정만을 이수하고 자격증을 주는 제도가 아니라, 기관 선정의 시작부터 정확한 검증과 검토를 통해 평생교육시설 및 직업훈련기관에서 검증되어 승인 받은 기관에 한해서 전산응용건축제도 과정 진행에 있어서 과정 전반적 내용을 평가하여 자격을 수여하는 제도이다.

[과정평가형] 전산응용건축제도기능사는 1차시험과 2차시험 총 2회로 나누어지는데 1차 시험은 객관식 및 주관식 문항으로 25문항이 배점되어 시행되는 검정형 자격증의 필기시험과 비슷한 맥락이라고 볼 수 있다.

2차 시험은 작업형 평가로서 검정형자격증제도의 실기시험과 같은 맥락이라 볼 수 있다.

단, 시험이 이틀에 걸쳐 연속으로 진행되어지고, 기존에 수업 받았던 교실에서 자신의 장비를 가지고 시험에 임한다는데 그 장점이 있다. 그리고 과정전반을 평가하며 NCS에 맞춘 실무중심의 평가를 진행하다보니 검정형 보다는 실무에서 뛰어나다는 평가를 받고 있지만, 그에 대한 데이터는 아직까지는 많이 미흡한 상황이라 추후 통계자료가 더 진행되어 평가가 되어야 할 부분이라 할 수 있다.

1 1차 시험

구분		주요내용
시험방법 및 시험시간	문제수 (25문제)	객관식 및 주관식 : 1시간
문항수 및 시험문제 유형	객관식(20문항)	4지 택일형, 선다형, 진위형(O/X), 연결형
	주관식(5문항)	단답형, 약술형, 계산형
배점		100점 (30%)

2 2차 시험

구분		주요내용	
시험방법		작업형 실기시험	
평가내용	작업형	제시된 평면도를 보고 CAD를 이용하여 조건에 맞게 도면을 작도	
과제 및 시험시간	부분 단면도 작성	4시간	
	입면도(1면) 작성		
배점	작업형		계
	100점		100점(70%)

Memo

3 1차 시험 예제 (과정평가형 원형문제)

◨ 전산응용건축제도기능사 외부평가문제 유형

■ 1차시험

진위형

1) 다음 내용이 옳으면 O표, 틀리면 X표에 해당하는 번호를 선택하여 쓰시오. (   )

> 인터뷰, 현지답사, 관찰 등의 방법을 이용하여 사용자들의 반응을 연구하여 사용 중인 건물을 평가하게 되면 다음 디자인에 도움을 줄 수 있으며, 또한 건축을 개조할 때 훌륭한 지침이 될 수 있으며, 이러한 최적 환경을 창출하는 방법을 본질화하는 연구과정을 거주 후 평가라고 한다.

① O   ② X

2) 다음 내용이 옳으면 O표, 틀리면 X표에 해당하는 번호를 선택하여 쓰시오. (   )

> 2D 그래픽 프로그램에서 도면의 라인만을 가져오기 위해 사용하는 EPS 파일은 이미지나 문자 레이아웃 데이터를 입력한 것이므로 파일 출력 시 그래픽 손실률이 크고 기존 이미지보다 용량이 크다.

① O   ② X

4지택일

1) 바닥 등의 슬래브를 케이블로 매단 특수구조는?
  ① 공기막 구조   ② 현수 구조
  ③ 커튼월 구조   ④ 쉘 구조

2) 계획 설계 진행단계 중 공간 계획 단계에서 다루어지는 내용이 아닌 것은?
  ① 동선 계획   ② 면적 배분 계획
  ③ 구역 계획   ④ 단위 평면 계획

연결형

1) 설계도면 작도법 형태에 따른 분류와 사용목적을 바르게 연결하시오.

① 도면의 배치   •   • ㉠ 도면크기결정, 북쪽을 위로하여 그린도면
② 배치도   •   • ㉡ 인접대지 경계와 도로, 출입구 등의 위치표시
③ 입면도   •   • ㉢ 실의 배치와 면적, 개구부 위치 및 구분표현
④ 평면도   •   • ㉣ 건물벽과 직각방향에서 4방향으로 그린도면
⑤ 단면도   •   • ㉤ 계단의 치수와 지붕의 물매를 표현

2) 실내건축설계에 사용되는 약호를 올바르게 연결하시오.

① F.L   •   • ㉠ 수량 표시
② @   •   • ㉡ 천정 높이
③ C.H   •   • ㉢ 바닥 기준선
④ EA   •   • ㉣ 일정한 간격 표시

계산형

1) 실제길이가 16m인 직선을 축척이 1/200인 도면에 표현할 경우 직선의 도면 길이를 구하시오.

• 계산과정 :

• 답 :

2) 다음과 같은 건축개요의 건축물의 용적율 산적용 연면적을 구하시오.

대지면적	300㎡
건축면적	150㎡
지하1층 면적	200㎡
지상1층 면적	100㎡
지상2층 면적	130㎡

• 계산과정 :

• 답 :

단답형

1) 다음 내용을 읽고 빈 칸에 알맞은 숫자를 쓰시오.

> 내력벽의 길이의 총합계를 그 층의 건물면적으로 나눈값을 벽량이라 하는데, 보강블록조의 내력벽의 벽량은 (　)cm/㎡ 이상으로 한다.

-

2) 조감도와 유사하게 높은 곳에서 바라 본 장면을 표현한 것으로 일정 높이에서 건물을 절단하여 속을 볼 수 있도록 하는 뷰(View)를 의미하는 용어를 쓰시오.

-

■ 2차시험

과제수	과제명(작업명)	시험시간	비 고
제1과제	• 부분 단면도 작성	4시간	
제2과제	• 입면도(1면) 작성		
합 계		4시간	

[제1과제 부분 단면도 및 입면도 작성]

[작업시 유의사항]
- 2차 평가는 작업형과 면접형 모두 응시하여야 합니다.
- 시험 시작 전 지급된 재료의 이상 유무를 확인하여 이상이 있을 경우 감독위원의 확인을 받은 후 시행 합니다.
- 시험 중 타인의 공구를 사용할 수 없으며 수험자간 대화를 하지 못합니다.
- 감독위원의 지시에 따라 작업에 임하며, 각 과제별 작업은 안전사항을 준수하여야 합니다.
- 수험자는 시험이 끝나면 작품, USB 등을 제출합니다.
- 시험이 종료되면 작업을 즉시 멈추고 작품을 제출하여야 하며, 남는 시간을 다른 과제 또는 작업 시간에 사용할 수 없습니다.

○ 요구사항1 : 부분 단면도 작성
- 제시된 평면도를 보고 CAD를 이용하여 [조건]에 맞게 도면을 작도한 후 지급된 용지에 본인이 직접 흑백으로 출력하여 USB와 함께 제출하시오.
- 평면도의 A부분 단면 상세도를 축척 1/40로 작도하시오.

○ 요구사항2 : 입면도 작성
- 제시된 평면도를 보고 CAD를 이용하여 [조건]에 맞게 도면을 작도한 후 지급된 용지에 본인이 직접 흑백으로 출력하여 USB와 함께 제출하시오.
- 정면도(서측 입면도)를 축척 1/50로 작도하되 외부 마감 재료를 표시하시오.

[조 건]
- 기초 : 철근콘크리트 줄 기초로 합니다.
- 바닥 : 철근콘크리트 200 mm. 단열재 150 mm 로 합니다.
- 벽체 : 외벽 - 외단열 시스템(단열재 120 mm)
  철근콘크리트 벽체 150 mm로 합니다.
  내벽 - 철근콘크리트 벽체 150 mm로 합니다.
- 지붕 : 철근콘크리트 슬라브 150 mm, 금속지붕재로 합니다.(물매 3.5/10 이상)
  단열재 250 mm
- 처마나옴 : 지붕선 참조
- 반자높이 : 2,400 mm
- 창호 : 내부 - 목조 150 mm, 외부 - AL 100 mm
  현관부분 - 상부 고창(H:900 mm)
  거실부분 - 서측 외벽창호(H:2,400 mm)

- 각 실의 난방 : 온수파이프 온돌난방으로 합니다.
- 1층 바닥슬래브와 기초는 일체식으로 표현합니다.
- 기타 각 부분의 마감, 치수 등 주어지지 않은 조건은 KS 건축제도통칙에 따릅니다.
- 선의 통일을 기하기 위하여 아래와 같이 선의 색을 정리하여 출력합니다.
  흰색(7-White) - 0.3 mm   녹색(3-green) - 0.2 mm
  노랑(2-yellow) - 0.4 mm   하늘색(4-cyan) - 0.3 mm
  빨강(1-red) - 0.2 mm   파랑(5-blue) - 0.1 mm

Lesson 02 도면테두리 만들기

과정평가형의 도면테두리는 검정형 평가의 도면의 테두리선을 만드는 것과 유사하나, 표제부분의 작성방법이 다른 것을 유념해서 작업을 해야 한다.

도면테두리는 [도면테두리.dwg]의 명칭으로 별도의 파일로 만들어 놓는 것이 좋으며, 단면도 입면도 역시 각각의 dwg파일에 만든 후 나중에 insert 명령을 이용하여 합한 후 출력하는 것을 권장한다.

1 과정평가형 도면테두리 만들기

① AutoCAD를 먼저 실행한 상태에서 Rectang(REC)의 명령을 사용하여 @420,297의 크기로 사각형을 만든다.

② Offset(O)의 명령으로 안으로 10mm간격을 띄우고 Explode(X)의 명령으로 안쪽 사각형을 분해한다.

③ 문자스타일(ST)을 실행시키고 왼쪽의 그림과 같이 문자체는 [굴림체], 문자높이는 [3]으로 맞춘다.

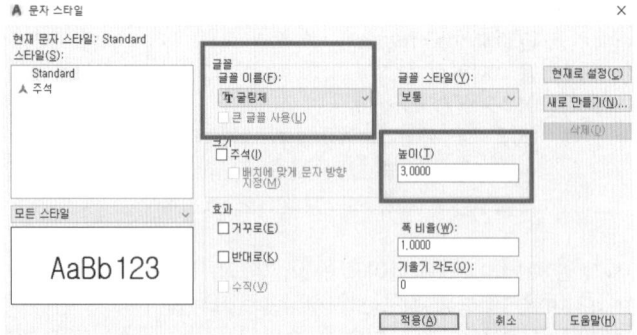

- 도면테두리.dwg 파일로 바탕화면에 미리저장하는 것이 좋다

④ 분해한 안쪽 선으로 테두리선의 오른쪽 상단에 Offset(O)명령을 사용하여 세로선은 20mm, 20mm, 60mm의 순서로 간격을 우측과 같이 선을 띄우고

⑤ 가로선은 8mm씩 2번을 아래로 Offset(O)명령을 사용하여 간격을 띄워 그림과 같이 도면테두리를 작성한다.

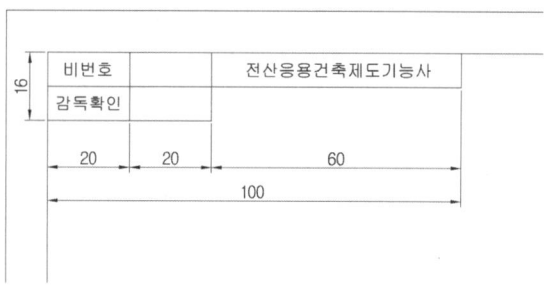

⑥ 오른쪽 하단부에는 테두리선의 오른쪽 상단에 Offset(O)명령을 사용하여 세로선은 16mm로 간격을 우측의 그림과 같이 선을 띄우고

⑦ 가로선은 30mm, 70mm로 Offset(O)명령을 사용하여 간격을 띄워 그림과 같이 도면테두리를 작성한다.

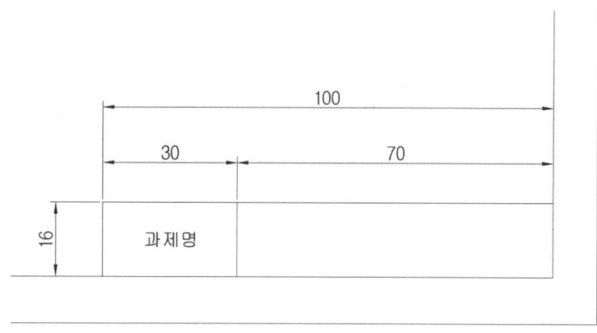

⑧ Mtext (MT)의 명령을 사용하여 그림과 같이 왼쪽 상단에서 오른쪽 하단으로 드래그를 해서 표 안에 정확히 맞도록 한다.

⑨ 도면테두리의 글자체는 사각형의 정중앙으로 오도록 작성하여 만약의 경우 있을 제도의 균형에 관련된 감점의 사유를 만들어서는 안된다.

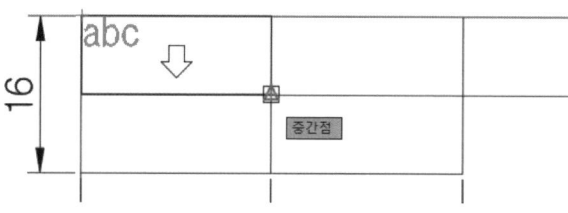

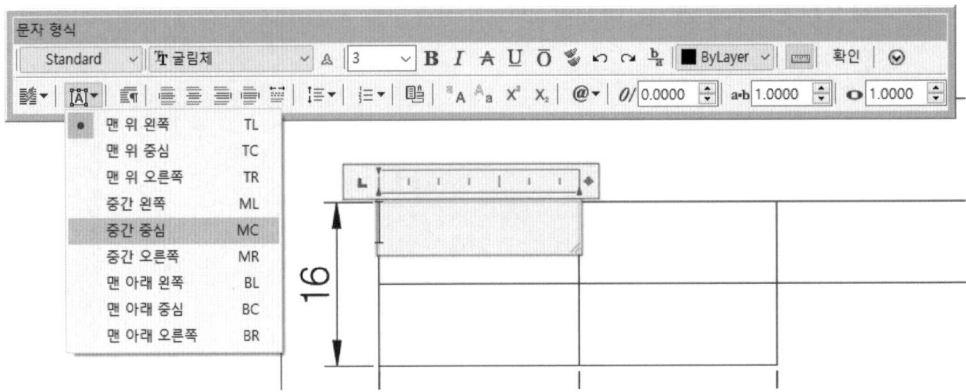

⑩ 텍스트 상자에서 문자열 맞추기를 중심에 중심으로 맞춰서 표 상자 안에 가운데 위치하도록 하여야 한다.

⑪ 우측의 그림과 같이 비번호, 감독확인 순으로 표제를 작성하고 오른쪽 하단부에는 과제명을 미리 기입하여 미기입으로 출력하는 일이 발생하지 않도록 해야 한다.

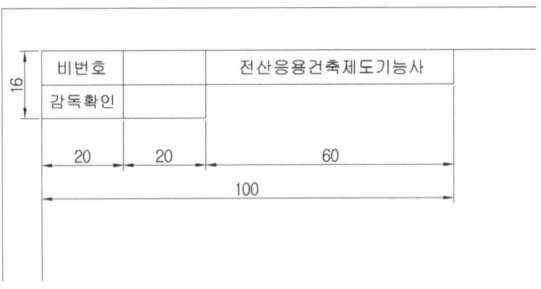

Point

▶ **문자편집기가 안 나올 때**
  ▸ 마우스 오른쪽 버튼을 눌러 메뉴막대 보이기를 누르면 텍스트 상자가 보이게 된다 이때 마우스 커서가 깜박이는 부분에 대고 (아래그림의 빨간색 네모박스 부분) 오른쪽 버튼을 눌러야 나오므로 유의해야 한다.

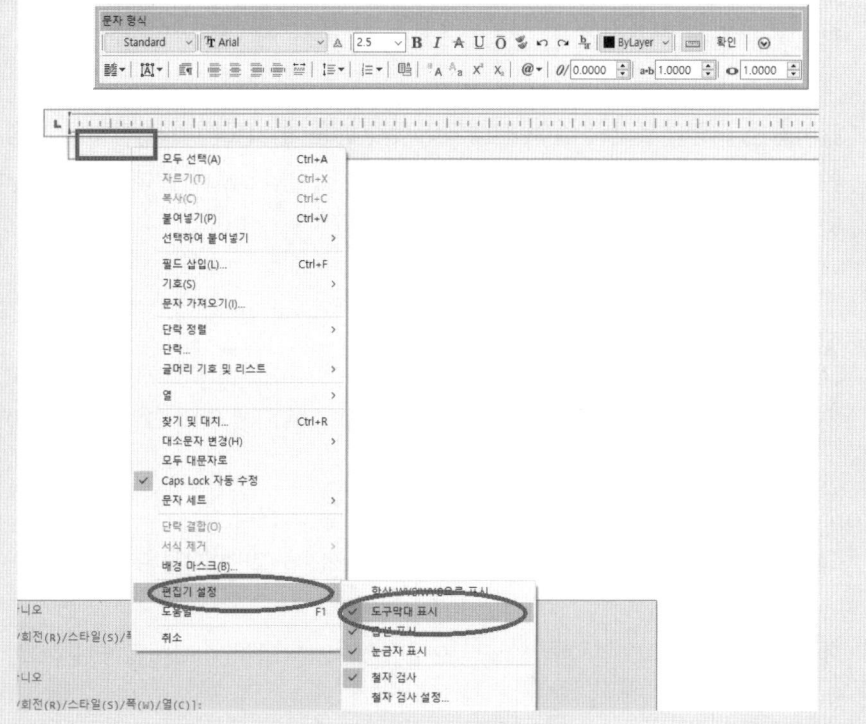

- 시험 종목명이 틀렸을 때, 감점이 발생할 수 있으므로 정확히 [전산응용건축제도기능사]로 정확히 입력하는 것이 중요하다.(틀린 예 : 전산응용기능사, 전산제도기능사, 전산건축기능사 등)

  도면테두리는 단면도에서도 사용하지만 입면도에서도 사용하기 때문에 기본적으로 하나만 만들어 놓고 다시 사용하면 된다.

  그러므로 다른 이름으로 저장하여 별도의 [표제란 .Dwg] 파일로 폴더에 저장해 놓는 것이 좋다.

- 도면테두리 삽입 방법은 교재 후반부의 "출력하기"에 포함되어져 있으므로 교재 출력 페이지를 참고하면 된다.

Lesson 03 Title 만들기

도면 타이틀은 도면의 테두리선 안에 작도되어지며, 도면 전체의 배치점수에 영향을 미치고, 출력시에 배율이 맞지 않으면 감점이 되므로 정확한 치수로 만들어지는 것이 중요하다.

타이틀은 도면테두리와 같이 진행되어지기 때문에 별도의 dwg파일로 바탕화면에 미리 만들어 놓는 것이 좋으며, 단면도 입면도 역시 각각의 dwg파일에 만든 후 나중에 Insert(I) 명령을 이용하여 도면에 삽입 후 출력하는 것을 권장한다.

1 과정평가형 타이틀 만들기

① 작성되어 있는 A3 크기(420mm X 297mm)의 용지에 위의 그림과 같이 작도를 하는데, 그 작도법은 다음과 같다.
② Line(L)의 명령을 사용하여 임의의 수평선을 그린다.
③ 그어진 수평선의 끝부분에서 반지름 14mm의 원과 반지름 9mm의 원을 위의 그림과 같이 작도한다.
④ 원의 중심점을 기준으로 Line(L)의 명령을 사용하여 수직선을 작도한다.

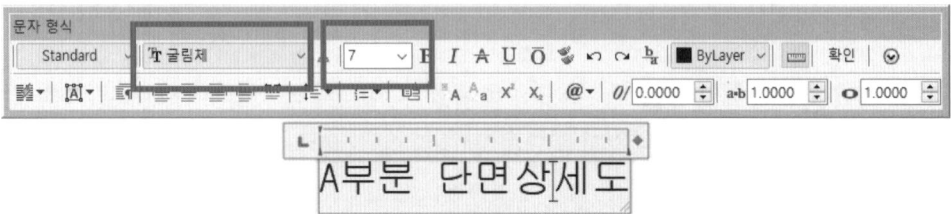

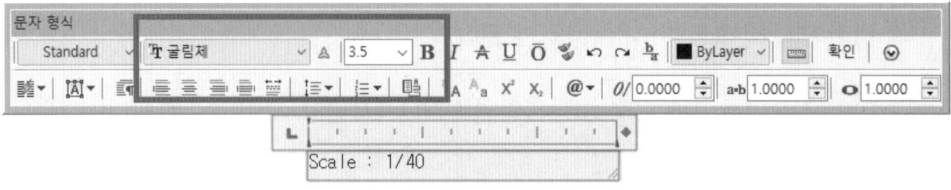

[문자편집기 이용 작도방법]

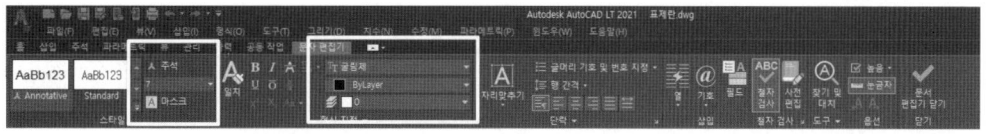

[리본메뉴 이용 작도방법]

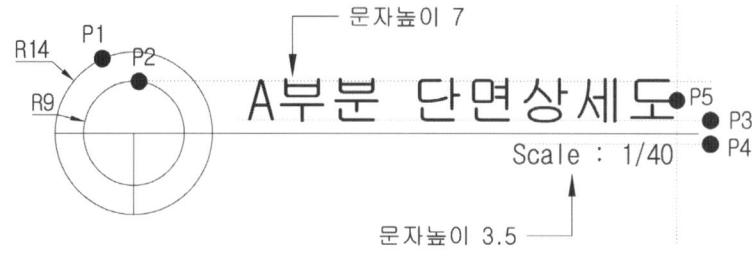

⑤ MText(MT)의 명령을 이용하여 위의 그림과 같이 글꼴 굴림체와 문자높이 "7"로 [A부분 단면상세도]의 타이틀 명을 P2의 높이를 기준하여 작성한다.

⑥ 아래의 축척 역시 MText(MT)의 명령을 이용하여 위의 그림과 같이 글꼴 굴림체와 문자높이 "3.5"로 [Scale : 1/40]의 타이틀 명을 P3와 대칭되는 높이로 위의 그림의 P4 높이를 기준하여 작성한다.

Point

▶ 문자편집기 사용
- 그리는 방법은 리본메뉴의 작도방법과 문자편집기를 사용하는 방법 두가지중 어떤 방법을 써서 작도를 해도 무방하다.

▶ 입면도 설정 비율 설정
- 1/100의 축척으로 도면테두리가 만들어지므로, 아래의 출력하기를 참조하여 표제란 삽입시 축척으로 변경하고 마우스를 더블클릭하여 문자 수정을 입면도로 바꾸면 시간을 절약할 수 있다.

Lesson 04. 과정평가형 전산응용건축제도 실기 출제조건 분석

1 [과정평가형] 전산응용건축제도기능사 문제의 요구사항 분석하기 (원형출제문제 기준)

※ 제시된 평면도를 보고 CAD를 이용하여 [조건]에 맞게 도면을 작도한 후 지급된 용지에 본인이 직접 흑백으로 출력하여 출력본과 USB에 파일을 저장하여 제출하시오.
  : [과정평가형]전산응용건축제도기능사는 검정형 시험과 마찬가지로 도면을 본인이 작성 완료하고 단면도 1부 입면도 1부를 각각 출력하고 작도한 파일은 USB로 저장하여 제출하는 방식을 따른다.

가. 요구사항 1 : 부분 단면도 작성
  • 평면도의 A부분 단면상세도를 축척 1/40로 작도하시오.
    : 부분 단면상세도는 1/40의 축척으로 작도됨을 기억해야 한다.

나. 요구사항 2 : 입면도(1면) 작성
  • 서측입면도를 축척 1/50로 작도하되 외부 마감재료를 표현하시오.
    : 입면도는 1/50으로 작도되며 가장 중요한 것은 입면도의 방향을 인지해야 한다. 외부 마감재료는 약간의 조경 및 외벽에 대한 입면의 표기 정도의 수준으로 작도하면 된다.

[조건]
• 기초 : 철근콘크리트 줄기초
  : 철근콘크리트 줄기초는 일반검정형 시험과 달리 자세한 설명이 없다. 이는 구조적 안정성을지니도록 도면을 작도하면 되는데, 도면작도는 검정형과 동일하게 진행하면 된다.

• 바닥 : 철근콘크리트 200mm, 단열재 150mm
  : 바닥에서 검정형과 차이가 있는 부분은 역시 단열재 이다. 철근콘크리트 하부에 단열재를 미리 150mm를 작업한 후 철근콘크리트를 시공해야 하는 부분으로서, 뒤에 나오는 도면에서 별도로 설명을 하겠지만, 단열재의 두께가 달라지는 부분을 체크해야 한다.

• 벽체 : 외벽 – 외부로부터 붉은벽돌 0.5B, 단열재 120mm, 시멘트벽돌 1.0B
  내부 – 시멘트벽돌 1.0B 쌓기

: 0.5B = 90mm + 단열재 120mm + 1.0B = 190mm (합계 : 400mm) 되는 것을 기억해야 한다.

단, 단열재는 문제에 따라 두께가 달라짐으로 반드시 미리 확인을 해야 한다.
본 교재에서는 시공의 오차를 구분하지 않는 방식으로 설명한다.

• 지붕 : 철근콘크리트 경사슬래브 150mm, 금속지붕재 마감 (물매 3.5/10)
: 물매는 아래의 사진과 같이 가로가 10mm일 경우 세로가 4mm면 4/10물매 3.5mm면 3.5/10물매로 지붕의 경사각을 나타낸다.
지붕 경사각 작도에 매우 중요한 부분이며 문제에 따라 지붕의 물매가 달라짐을 반드시 확인해야 한다.

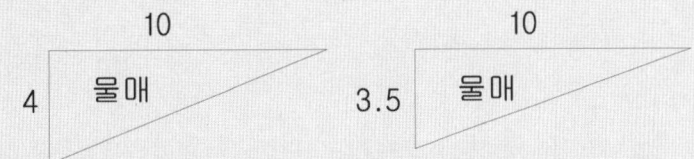

* 중요한 부분은 지붕의 마감이 검정형과 같이 기와잇기가 아닌 금속지붕재 마감이라는 것을 확인하고 도면을 진행해야 한다.
금속 지붕재의 작도방법은 교재 뒤쪽에서 별도 설명을 참고한다.

• 처마나옴 : 500mm
: 처마나옴의 길이가 "벽체중심에서부터"라는 제시어가 제시가 되지 않았더라도, 처마나옴의 길이는 검정형과 마찬가지로 벽체중심에서부터 500mm를 작도하면 된다.

• 반자높이 : 2,300mm
• 창호 : PVC 180mm (도면표현에 의함)
: 검정형과 달리 창문 전체가 플라스틱 창호로 표현되며, 창문의 두께가 표현된 점은 이중창으로 표현시 각각의 창호가 90mm 2개로 표현됨을 인지하고 있어야 한다.
• 각 실의 난방 : 온수파이프 온돌난방
• 1층 바닥슬래브와 기초는 일체식으로 표현합니다.
: 1층 바닥슬래브와 기초를 일체식으로 표현한다는 것은 검정형과 같이 무근콘크리트와 와이어메쉬가 들어가는 것이 아닌 철근콘크리트 구조물 하나로 표현된다는 것을 확인하면 된다.
• 기타 각 부분의 마감, 치수등 주어지지 않은 조건은 KS건축제도통칙에 따릅니다.
• 선의 통일을 기하기 위하여 아래와 같이 선의 색을 정리하여 출력한다.

흰색– (7–white) – 0.3mm   녹색– (3–green) – 0.2mm
노랑– (2–yellow) – 0.4mm   하늘색– (4–cyan) – 0.3mm
빨강– (1–red) – 0.2mm   파랑– (5–blue) – 0.1mm

: [과정평가형]전산응용건축제도 기능사의 경우 선의 색과 두께가 표기 되는데 선의 색상이 변경되어 나오는 경우가 있으므로 반드시 문제를 확인하고 문제에서 제시하고 있는 레이어(Layer)의 표기방식을 따라야 한다.

● 과제 공통사항

– 도면의 좌측 상단과 우측 하단에 그림과 같이 표제란을 작성하여 비번호와 과제명을 기입하시오.

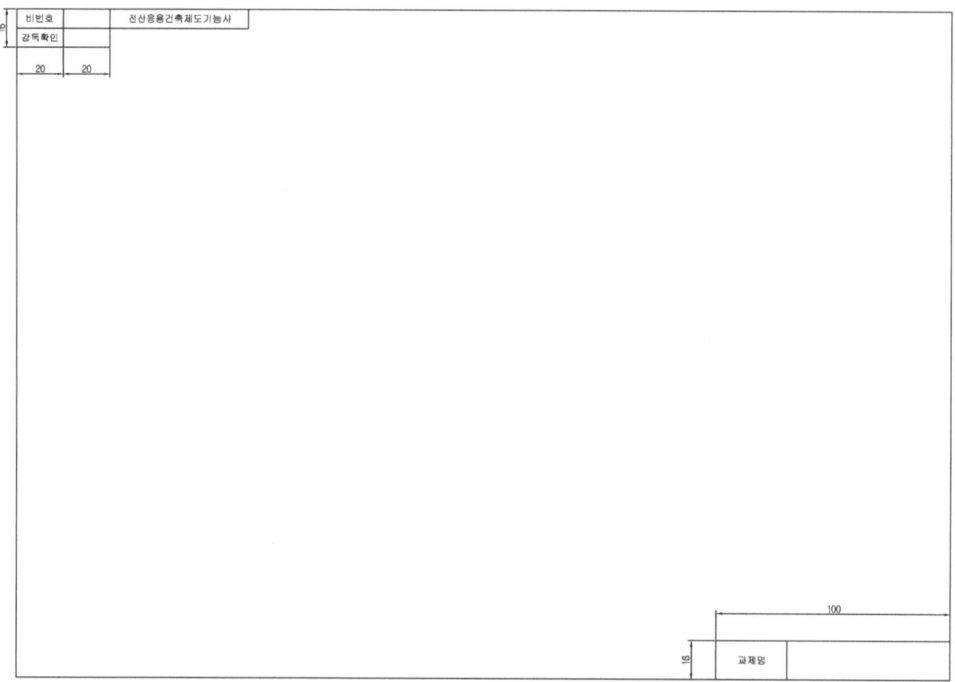

[과정평가형 도면테두리 작성법 참고]

3 수험자 유의사항

1) 2차 평가는 작업형으로 응시해야 합니다.
2) 시험 시작 전 지급된 재료의 이상 우무를 확인하여 이상이 있을 경우 감독위원의 확인을 받은 후 교제 합니다.
3) 시험 중 타인의 공구를 사용할 수 없으며, 수험자간 대화를 하지 못합니다.
   (1) 시험시간 내에 제출된 작품이라도 다음과 같은 경우

Lesson 05 과정평가형 주요 도면 분석

[과정평가형] 전산응용건축제도기능사는 검정형 평가와 매우 유사하나 약간의 다른 표현 부분이 있어 주요부분만 확인하여 작도하고, 그 외 설명되지 않은 부분은 검정형 도면의 작도법과 동일하게 작도하면 된다.

- 본 도면은 산업인력공단의 [과정평가형] 출제 문제를 토대로 풀이를 진행합니다.
  저작자의 기억에 의존한 도면으로 하는 풀이 문제임을 밝힙니다.

[기출 출제문제]

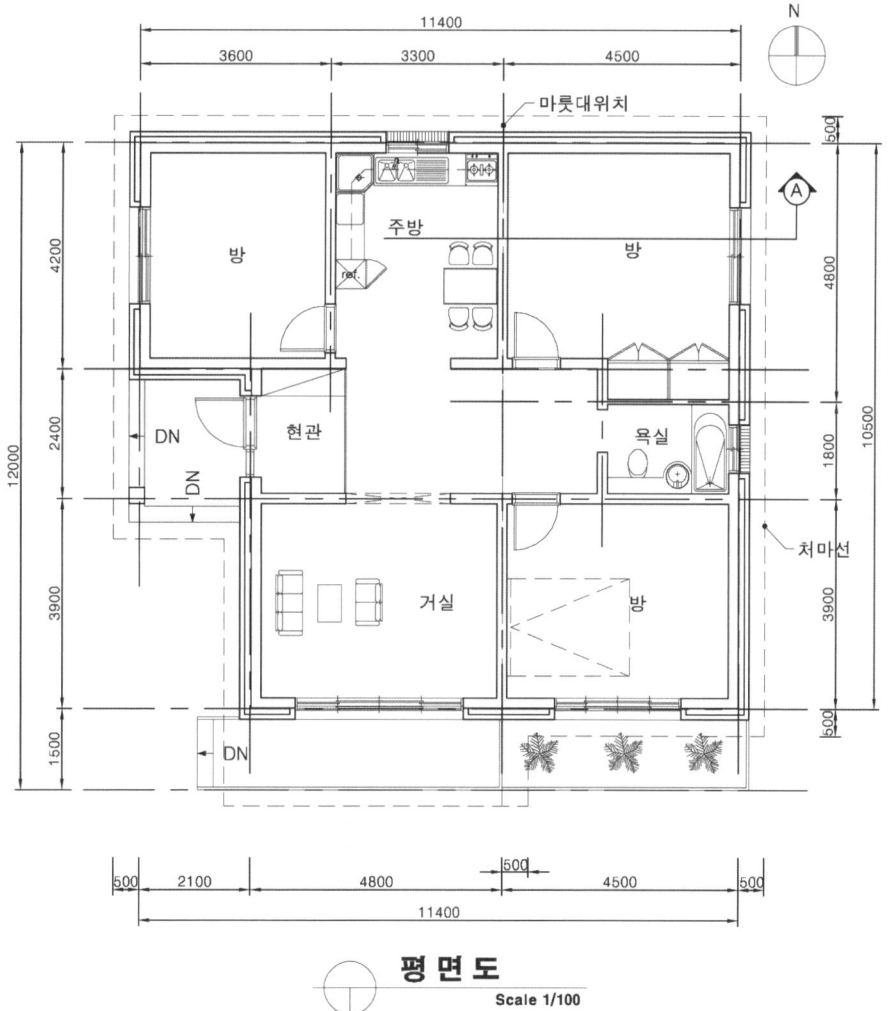

평 면 도
Scale 1/100

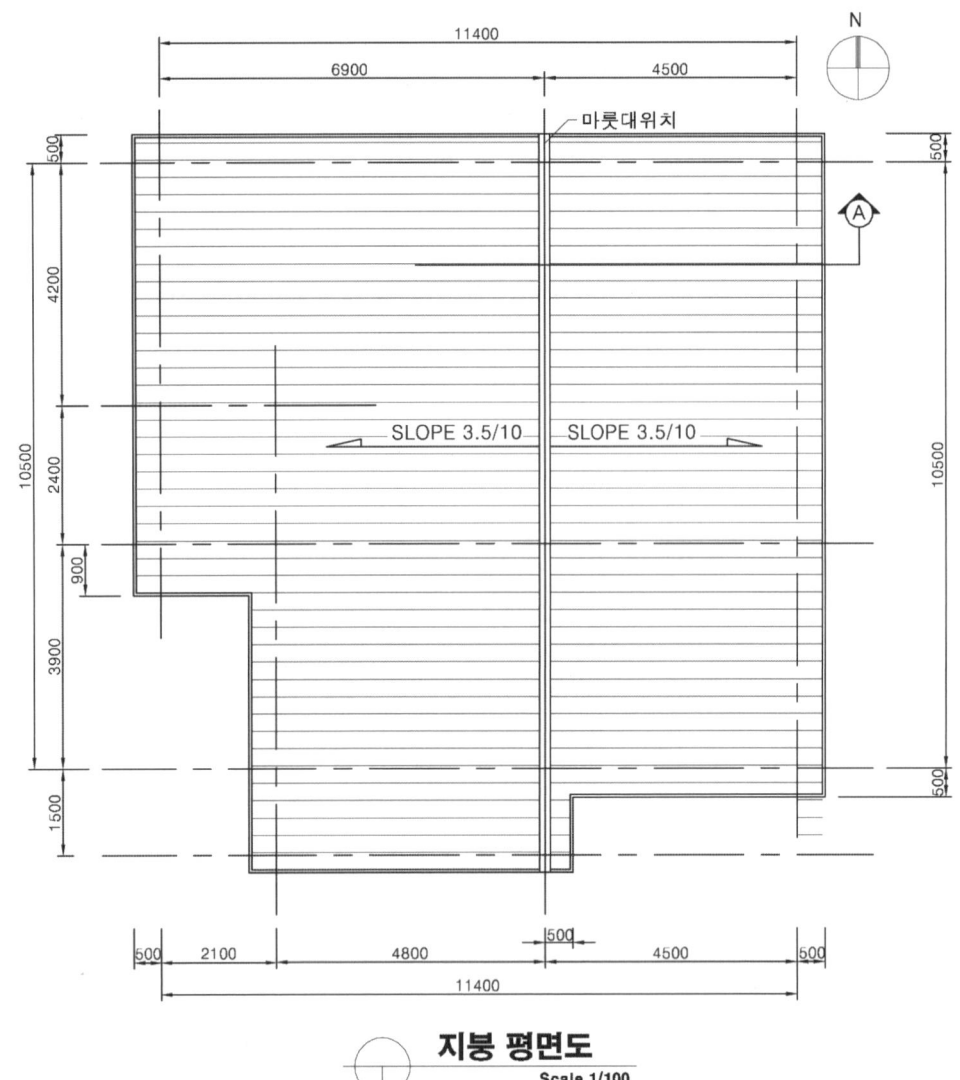

지붕 평면도
Scale 1/100

Point

▶ 함정 찾기
- 문제도면에 지붕평면도가 같이 나왔을 경우 지붕이 기형지붕이거나, 캔틸레버의 역할을 지붕이 하고 있어 어느 한 부분이 긴 지붕이거나 지붕형태가 기형일 가능성이 매우 크다.
- 따라서 문제의 도면같이 현관입구 부분에 지붕이 캔틸레버의 역할을 같이 하는 지붕이라 지붕의 경사각과 시작점을 정확히 판단할 필요가 있다.

Lesson 06 금속 지붕 표현하기

과정평가형 지붕은 금속지붕재의 사용을 일반 지붕의 모형과는 차이가 있다. 아래의 사진과 같이 금속 지붕재의 디테일 도면을 보면 많은 금속재가 사용됨을 알 수 있는데, 우리 시험처럼 1/40의 크기로 작도되는 도면의 경우는 디테일한 부분을 다 표기할 필요는 없다.

주요한 표기는 금속지붕자가 어떤 방식으로 지붕에 걸쳐져 있는지를 표기하는 것이 중요하므로, 금속지붕재에 있는 구조재의 표기가 중요하다고 볼 수 있겠다.

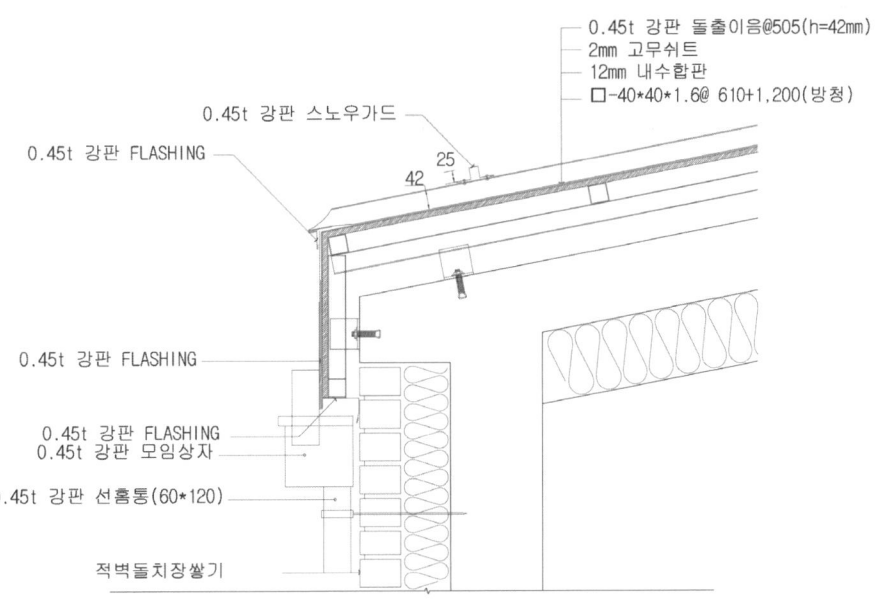

[금속 지붕재 디테일도]

Lesson 07 금속 지붕 끝부분 마감 작도법

과정평가형 지붕 끝선의 마감은 테두리보 600mm부터 지붕 슬라브인 120mm가 올려 그려진 부분의 끝 쪽 처마나옴 부분을 말한다.

지붕의 끝선은 시험지의 출제 문제 중 처마나옴의 거리에 따라 달라지므로 반드시 출제조건을 확인하고 처마나옴의 거리에 맞도록 해야 한다.

- 출제문제에서 처마나옴 거리가 500mm으로 표기된 경우는 Offset(O) 500mm 이동 후 마감이 되어지고 처마나옴 거리가 600mm일 표기된 경우는 Offset(O) 600mm가 되므로 반드시 출제문제를 확인하고 작도를 해야 한다.

① 지붕의 끝부분이 완료가 되었으면 (전산응용 검정형 참고) 콘크리트 슬라브 상부에서 우측의 그림과 같이 10mm 만큼 Offset(O) 명령을 이용해서 간격띄우기를 하고 콘크리트 바로 위에 있는 선은 방수재료 표시를 위해 0.4mm의 두꺼운 hidden선으로 변경하고 그 윗선은 지붕마감 끝선으로 얇은 선인 0.09mm로 변경 한다.

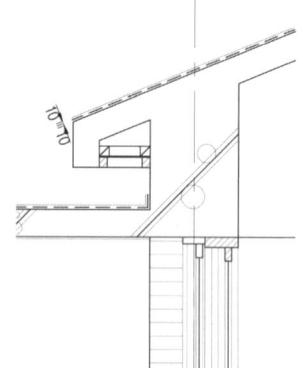

② 도면 옆쪽 공백 부분에 작도를 시작하며 Rectang (REC)의 명령을 이용하여 @30,30의 사각형을 만들고 다시 Line(L)의 명령을 이용하여 그림(좌)과 같이 수직선을 긋는다.

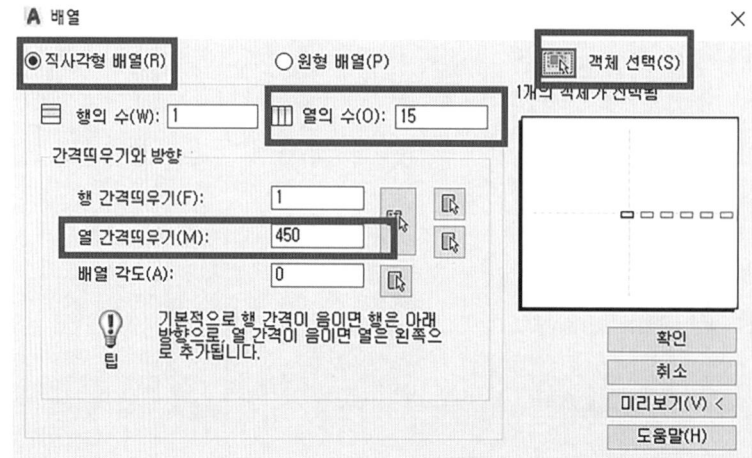

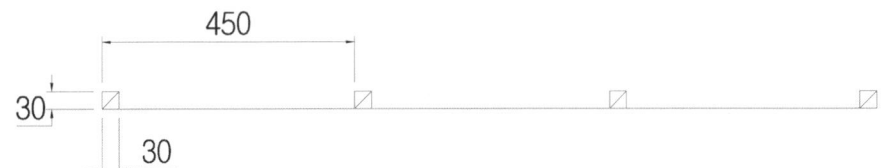

③ Array(AR 또는 Arrayclassic)의 명령을 사용하여 각재를 수평배열 한다.

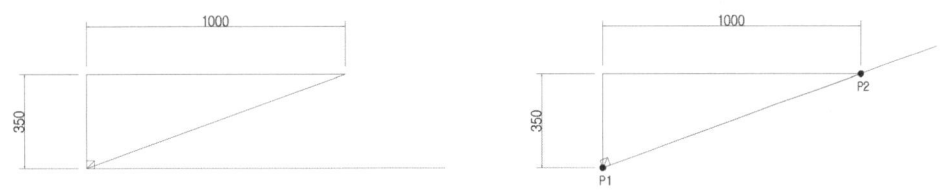

④ 물매의 크기를 확인하고 위의 그림과 같이 역삼각형을 긋고 배열된 각재를 지붕의 물매각도와 동일하게 Rotate(RO)의 명령을 사용하여 P1을 기준으로 P2의 점을 클릭하여 물매경사각과 동일하게 각도를 움직인다.

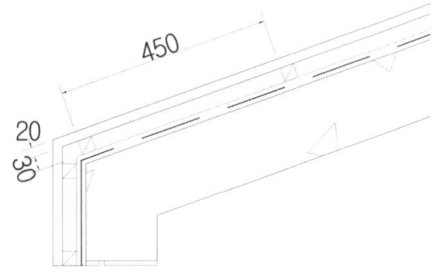

⑤ 경사지게 한 각재를 지붕에 Move(M)의 명령을 이용하여 지붕에 이동하여 위의 그림과 같이 부착한다.

전산응용건축제도기능사 실기

Lesson 08 금속 지붕 용머리 표현하기

- 용머리는 지붕의 가장 꼭대기에 그려진다. 시작은 방수층 상단에서 시작하는 것이 좋다.

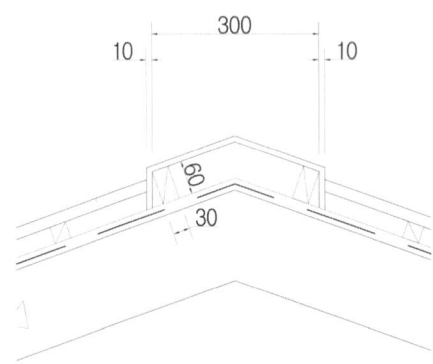

① 지붕의 끝선에서 중심점을 기준으로 양쪽으로 150mm씩 Offset(O)명령을 사용하여 간격을 띄우고 다시 좌·우측으로 10mm씩 격을 띄워 선을 긋는다.
② Rectang(REC)의 명령을 이용하여 @30,60의 사각형을 만들어 지붕의 각재와 같이 물매의 각도로 Rotate(RO)의 명령을 사용하여 회전시킨다.
③ 지붕의 경사각과 동일하게 그림과 같이 상단부분의 용머리 마감을 서로 연결하여 마무리 하면 된다.

- 금속지붕 구조체의 선두께는 검정형의 기와부분과 동일하게 0.2mm 또는 0.3mm 어느 선이든 무방하다. 단, 진한 단면선인 0.4mm는 사용하지 않는 것이 좋다.

Memo

Lesson 09 금속 지붕의 입면 마감 표현하기

금속지붕의 입면마감은 단순 굉장히 단순하다. 지붕의 물매가 그대로 보이는 경우는 중간에 각재만 지워 표기하면 되고, 남측면도 같이 지붕의 물배각이 없는 부분의 경우 아래의 그림과 같이 마감한다.

① Offset(O) 명령을 이용해서 60mm 간격띄우기를 하고 지붕 상부 양쪽 끝 부분에서 다시 우측의 그림과 같이 200mm씩 Offset(O) 명령을 이용해서 간격띄우기를 하여 서로 마무리 하면 된다.

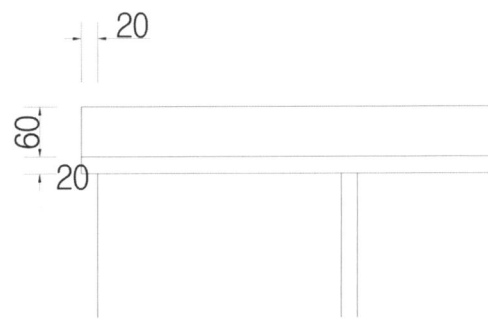

Lesson 10 금속 지붕의 문자 마감하기

금속지붕의 글자마감은 검정형 문제와는 다르므로 아래의 그림을 참고하여 잘 암기하여 시험에 응해야 한다.

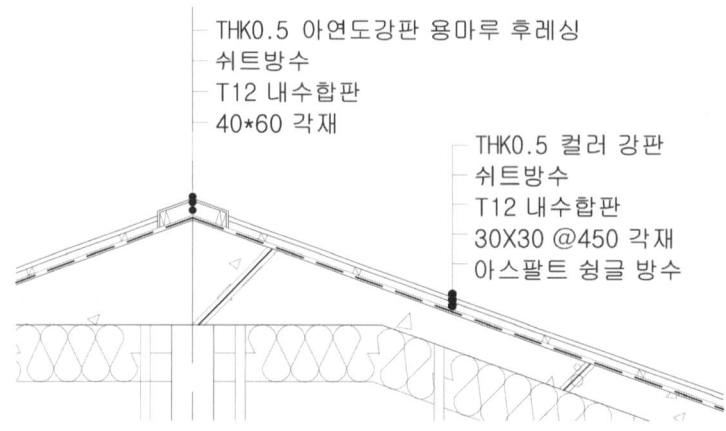

[단면도의 글자 표기법]

[입면도의 글자 표기법]

그 외의 모든 사항은 검정형 문제와 동일하므로 검정형 문제를 참고해서 진행하면 된다.

Lesson 11 과정평가형 기출문제 정답

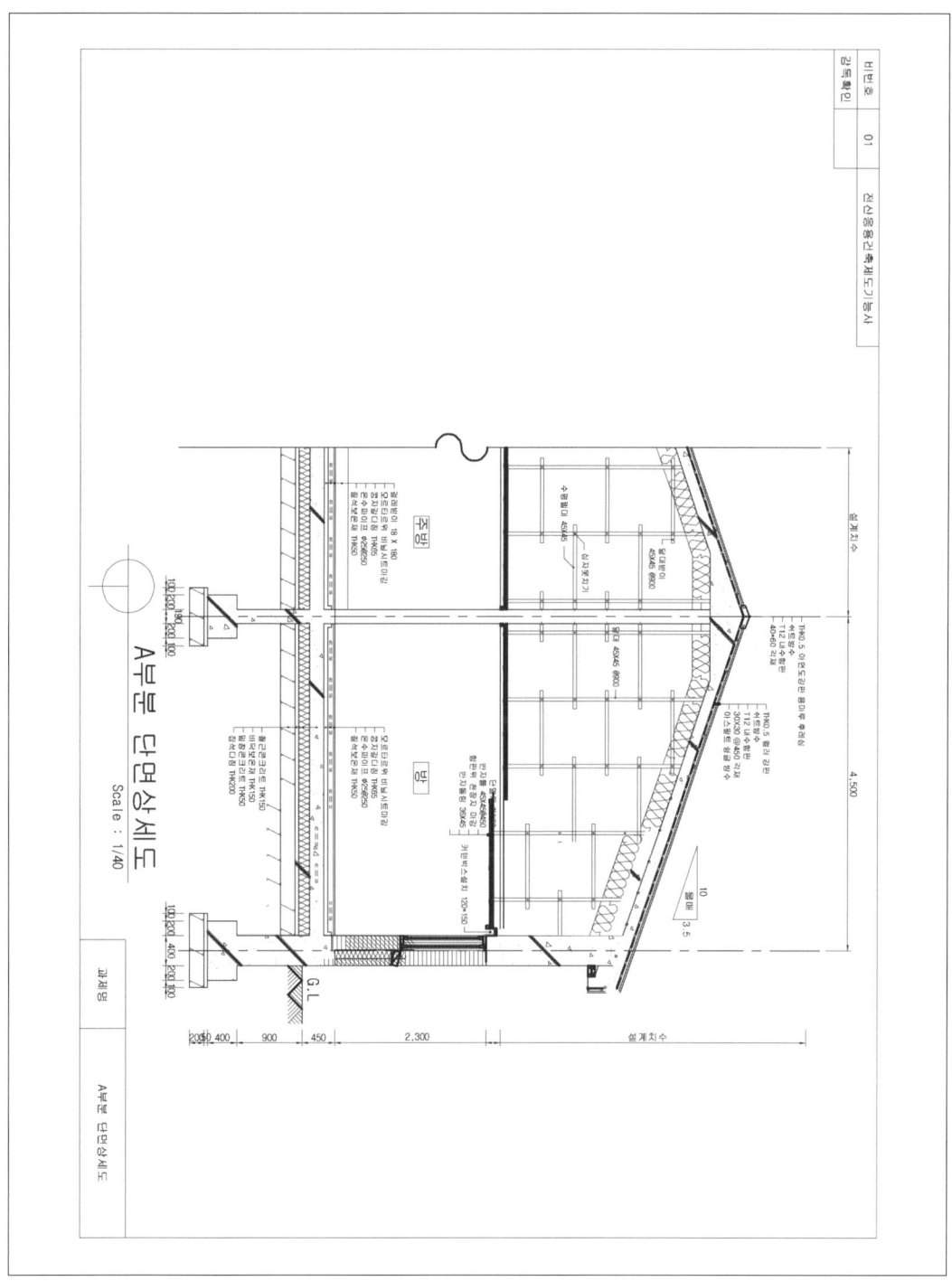

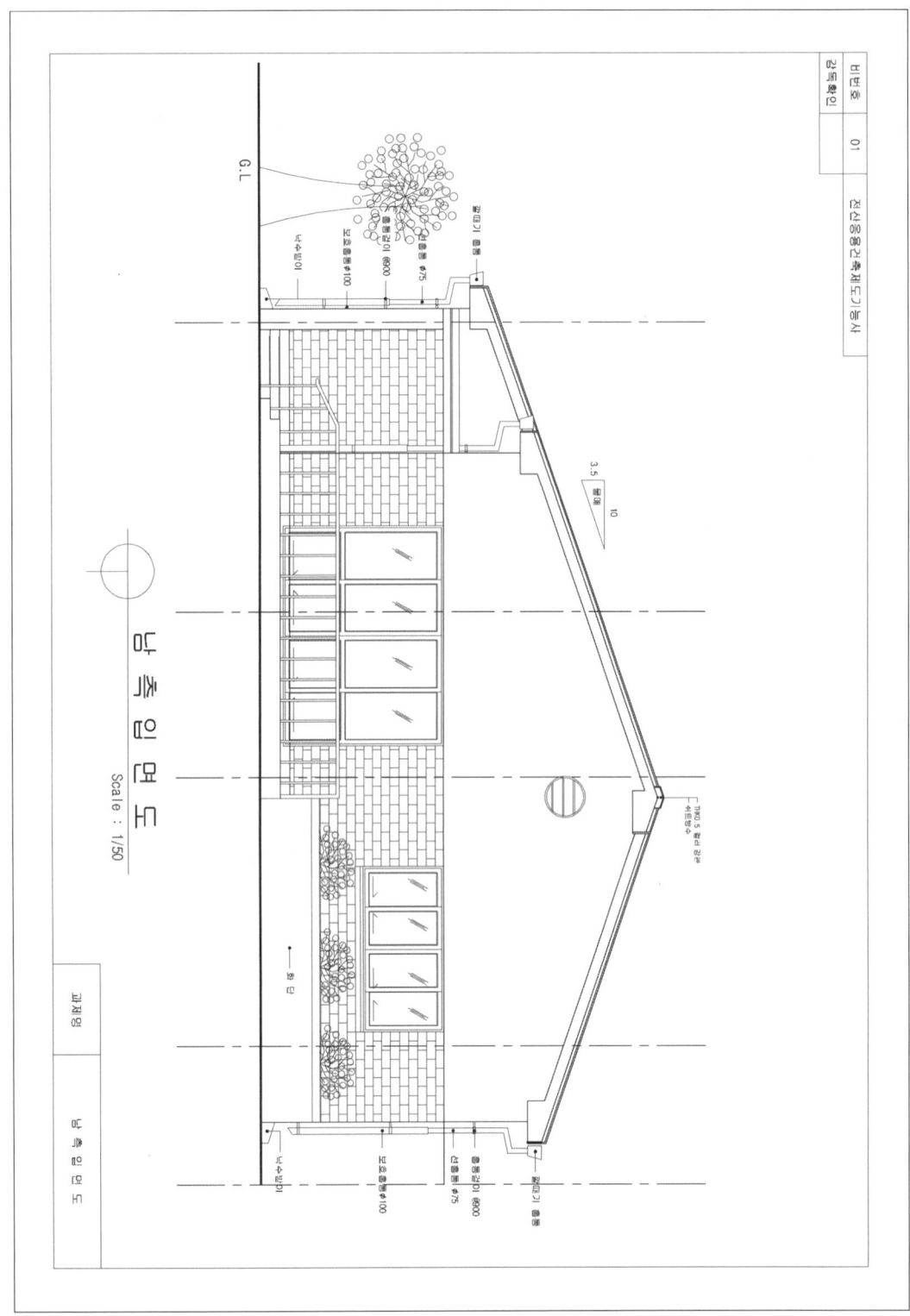

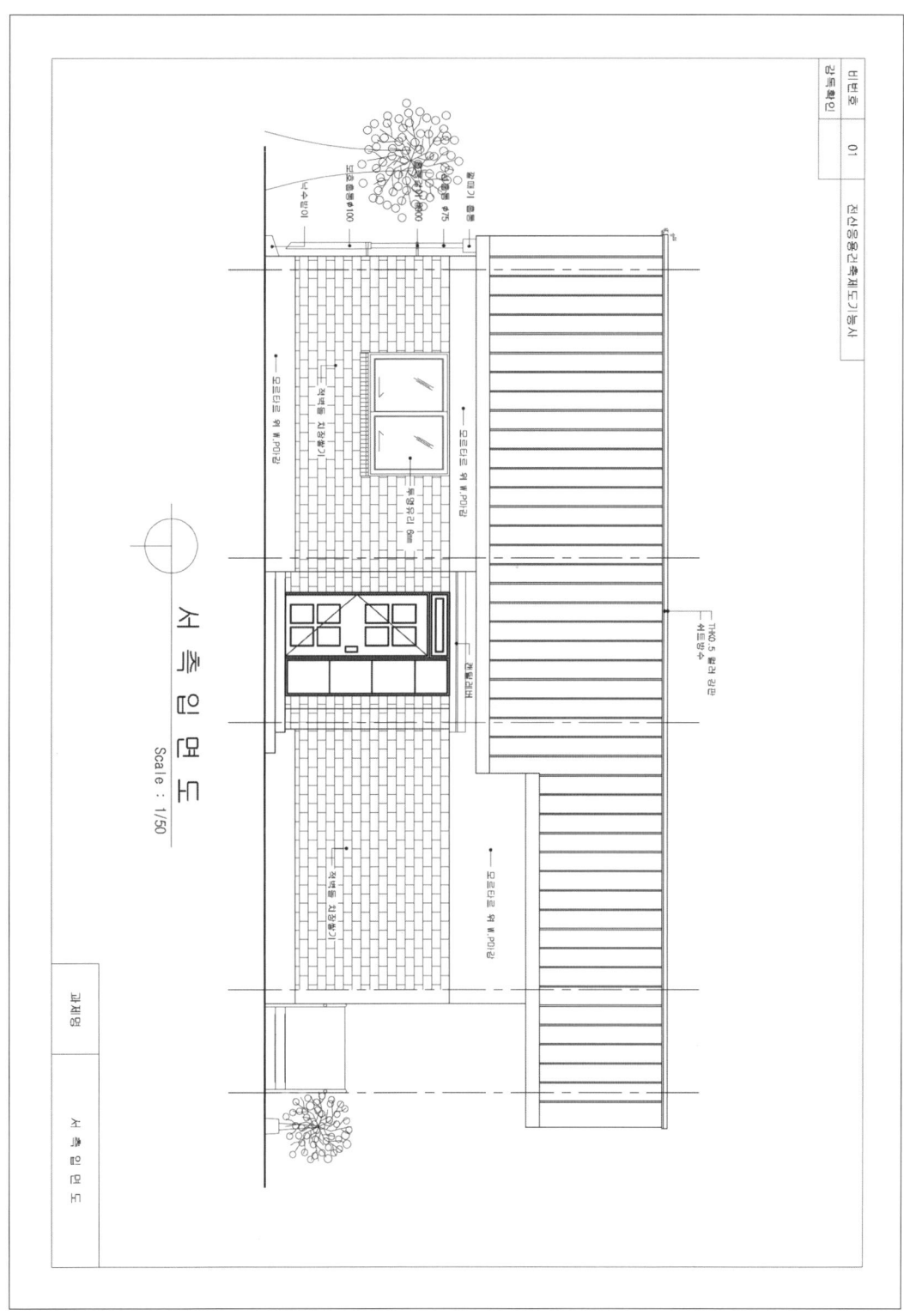

Memo

PART

04

3D(스케치업)를 이용한 3차원 도면 작업하기

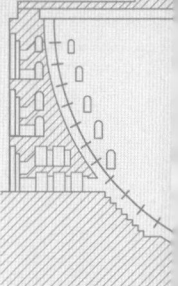
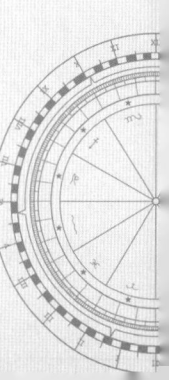

Memo

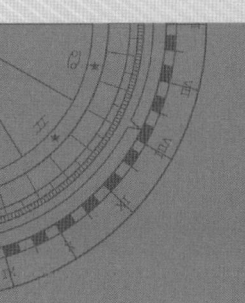

Chapter 01

스케치업으로 평면작업하기

Lesson 01 CAD에서 평면도면 작도하기
Lesson 02 간단한 기초 작업하기
Lesson 03 건축에 필요한 기본 스케치업 구성
Lesson 0 캐드평면 스케치업으로 불러오기

전산응용
건축제도
기능사실기

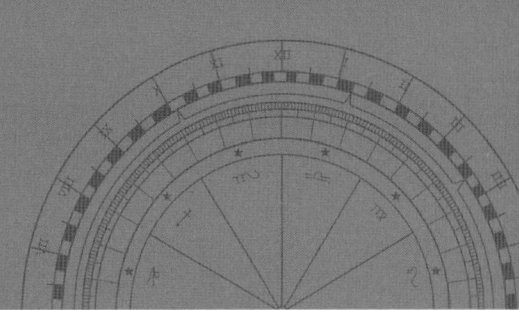

01 CAD에서 평면도면 작도하기

1 3D 입체표현 개요

실무에서 스케치업을 이용한 3차원 입체표현을 할 때, 보통 CAD에서 만들어진 dwg파일(설계파일 도면)을 토대로 스케치업으로 옮겨서 3차원 입체를 구성한다. 즉, 캐드에서 평면도면을 구성하고 스케치업으로 옮긴 후, 이를 다시 3차원 입체로 표현한다는 것인데, 여기서 구성하는 캐드 도면은 중심선이나 재료의 기호, 그리고 치수등과 같은 내용은 필요하지 않고 평면도의 벽체만을 필요로 한다는 것과 문, 창문 등의 입체를 위한 평면도면 상에서 반드시 필요한 부분의 작도가 되어 있어야 한다는 것이 중요하겠다.

다시 말해 3차원 입체에 필요한 평면의 필수적 구성요소(스케치업을 위한 평면구성은 온통기초를 위한 도면의 외곽, 평면의 벽체, 현관 및 테라스의 포치와 창문과 문의 평면도면)만 표현이 되어지면 된다는 것이고, 평면도에서 사용하는 중심선, 치수 등과 같은 내용을 3차원 화면에서는 필요하지 않다.

그렇다면 왜 검정형 실기시험 교재에 스케치업의 내용을 넣는지에 대해 궁금할 것인데, 현재 한국산업인력공단에서는 지난 2020년부터 건축자격시험을 개정을 한다고 밝히고 있으며, 세부사항으로 NCS의 기준에 맞추어 실무에 적합한 설계를 토대로 검정형의 평가가 이루어지도록 변경작업을 진행 하고 있다고 큐넷(www.Q-net.or.kr)을 통해 공표하였다.

주요 내용으로는 기존의 손으로 하는 제도와 2D로 하는 캐드의 한계를 느끼고, NCS의 기준에 맞도록 3D의 추가와 손 제도 부분이 현장에서 사용하지 않는다는 것을 토대로 검정형 평가에서 완전 제외하고 캐드외 3차원 프로그램으로 변화할 것을 준비하고 있다는 것이다.

아직 시험은 개정되고 있진 않지만, 아마도 곧 검정형 전산응용건축제도 기능사의 시험도 변화할 것을 고려한다면 건축도면의 이해를 충분히 하고 있는 상태에서 평면을 통한 3차원 입체도면의 구성과 SECTION을 통한 단면표현까지의 이해가 반드시 필요하다 할 수 있겠다.

2 Autocad의 평면 구성

검정형 전산응용건축제도기능사 실기시험의 특징은 평면도가 지문(종이)으로 출력되어 진다는 것이다. 즉 완성된 평면을 바탕으로 평면 및 문틀과 기초를 구성하여 3차원으로 구성되는 순서를 기억해야 할 것이다.

중요한 내용은 캐드의 평면도를 가지고 스케치업으로 이동시 필요한 부분은 위에서 언급한 바와 같이 벽체, 온통기초를 위한 외곽, 현관과 테라스 등의 포치 공간과 문과 창문의 치수이다.

창문과 문의 치수의 경우 스케치업에서 크기를 조정할 수 있으므로 창문의 기본형인 1,200mm X 1,200mm로 평면을 작도하고, 문 역시 화장실문과 현관문의 크기가 다르지만 기본형인 900mm X 900mm으로 작도 한 후 스케치업에서 변경을 하는 것이 좋다.

① 먼저 평면을 확인하고 평면에서 필요한 치수와 재료기호만을 확인한다.

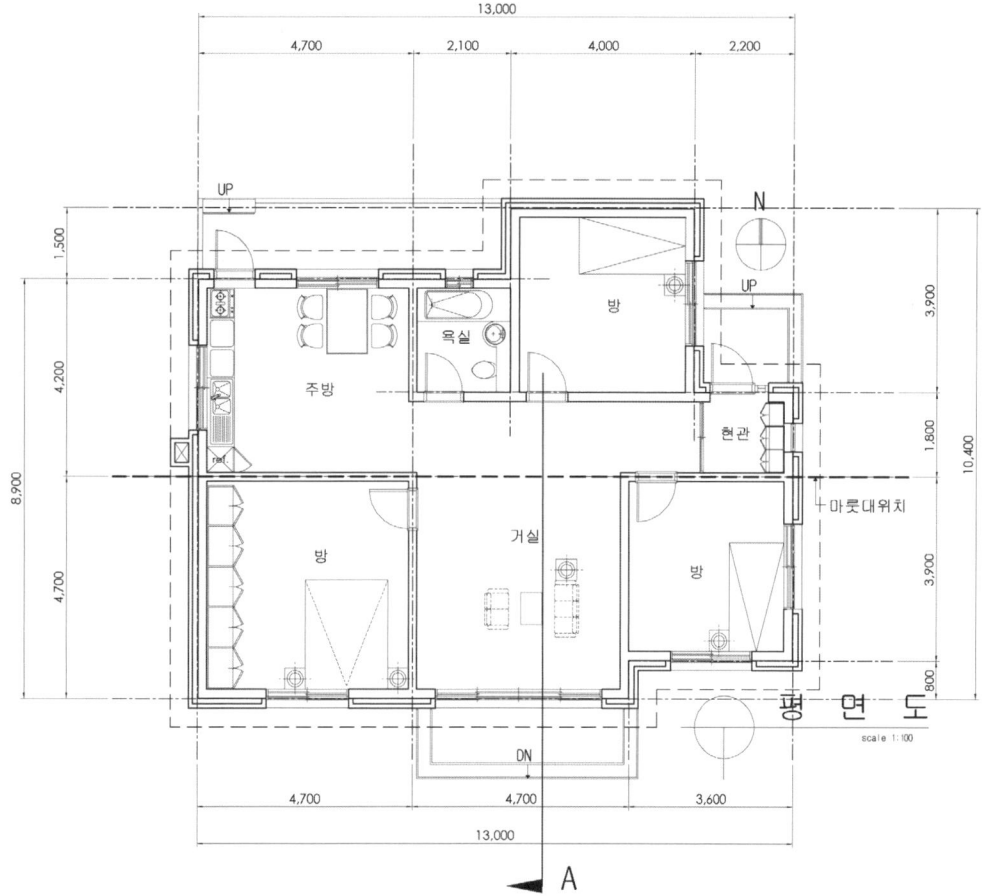

[기준이 되는 평면도 – 지면으로 출력된 용지]

② 지붕을 제외하고, 평면의 벽체를 평면문제를 기준하여 치수선의 간격대로 중심선을 Offset(O) 명령을 이용하여 간격띄우기를 한 후 벽체두께만큼 다시 Offset(O) 명령을 이용하여 아래의 그림과 같이 작도한다.

③ 이때, 평면 하부에 아래의 그림과 같이 문과 창문을 작도하는데 평면도에 나와 있는 대로 그대로 작도를 진행한다.

- 기존 창문과 다른 거실의 4짝 창문의 경우 별도로 그리는 것이 좋다.

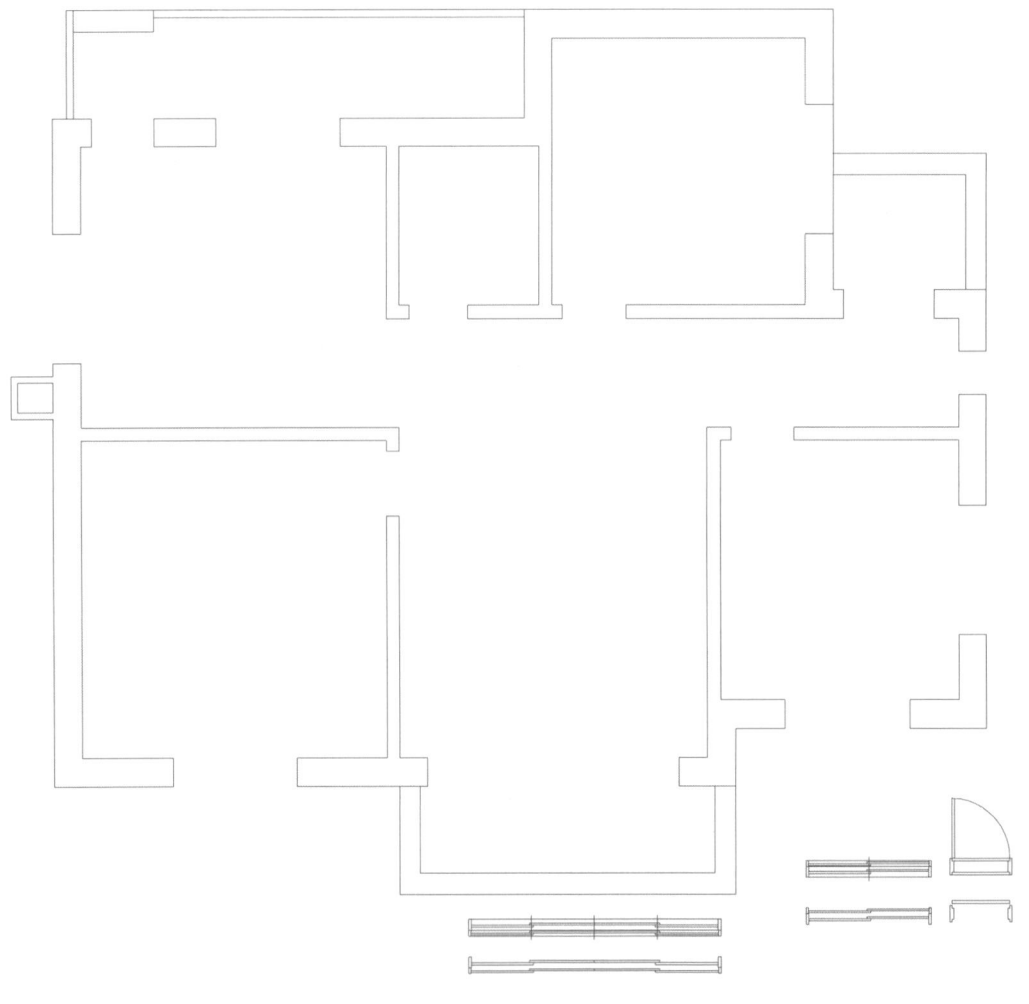

[스케치업용 평면도면의 구성]

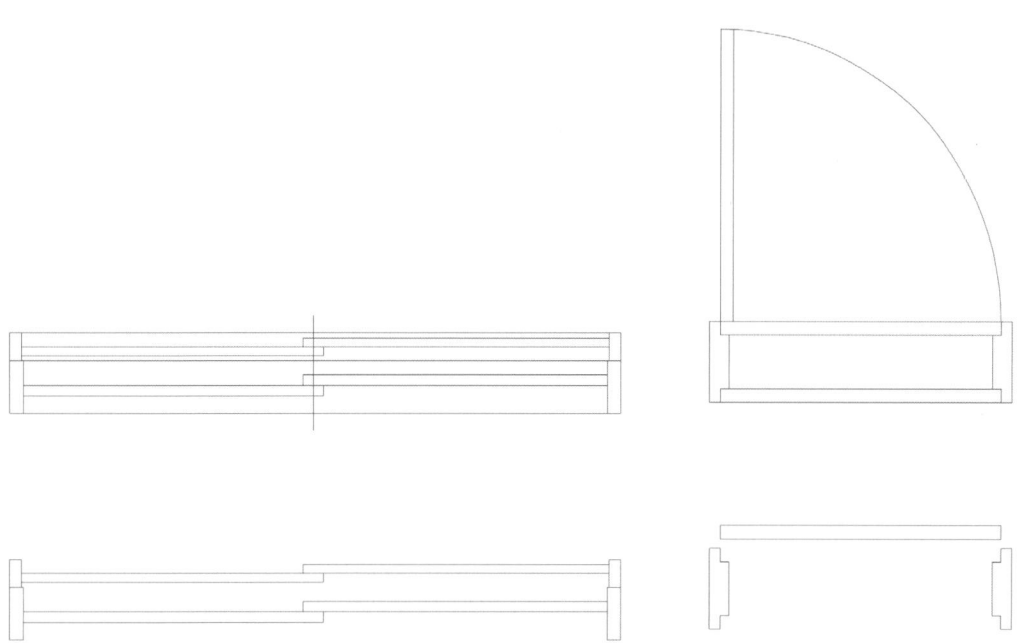

[평면에 표기되는 창문과 3D용 변경 창과 문]

④ 위의 그림과 같이 평면도에서 그려지는 문과 창문의 도면을 (창문의 치수확인은 교재 120Page의 단면 크기와 동일) 창문의 개폐를 표기하는 세로축의 중심선과 창틀하부에 나와있는 수평선을 키보드의 Delete로 선택하여 삭제한다.

⑤ 입체의 창틀을 만들기 위해서 위의 그림과 같이 창틀 각각의 사각형이 서로 연결되었는지를 확인한다.

⑥ 문의 경우 문틀과 문을 별도로 작도 후 조립하는 것이 편하기 때문에 따로 분리해서 평면을 작업한다.

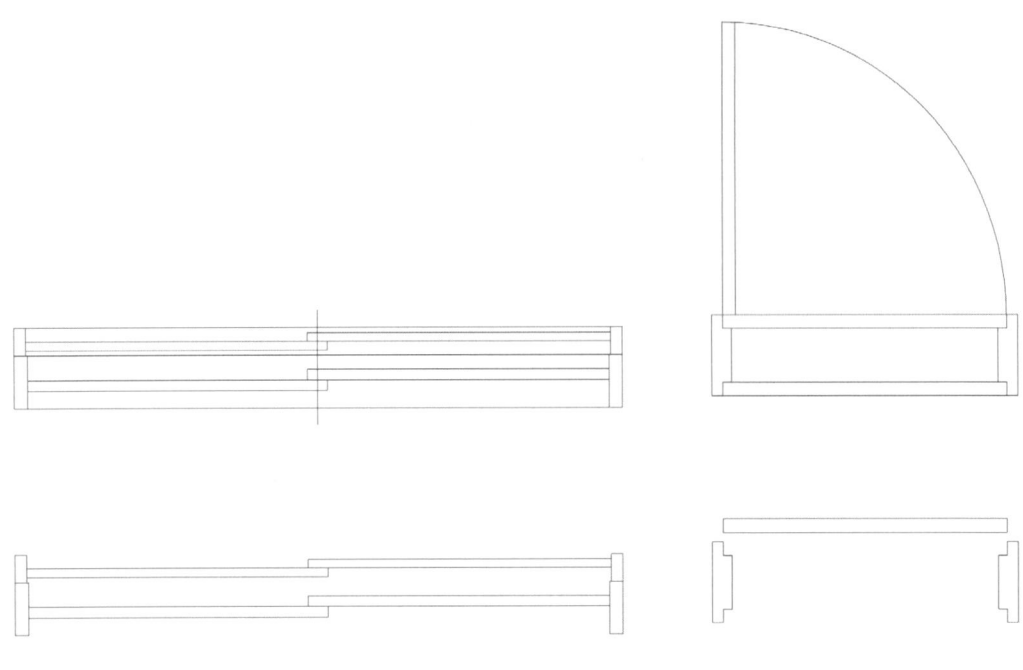

[거실창문의 표현방법]

⑦ 거실창은 위의 그림과 같이 가운데의 세로선을 지우는 것은 ④항의 내용과 같으나. 4짝 창문으로 가운데 표현되어진 사각형의 박스와 같이 선을 나누어 긋는 것이 중요하다.

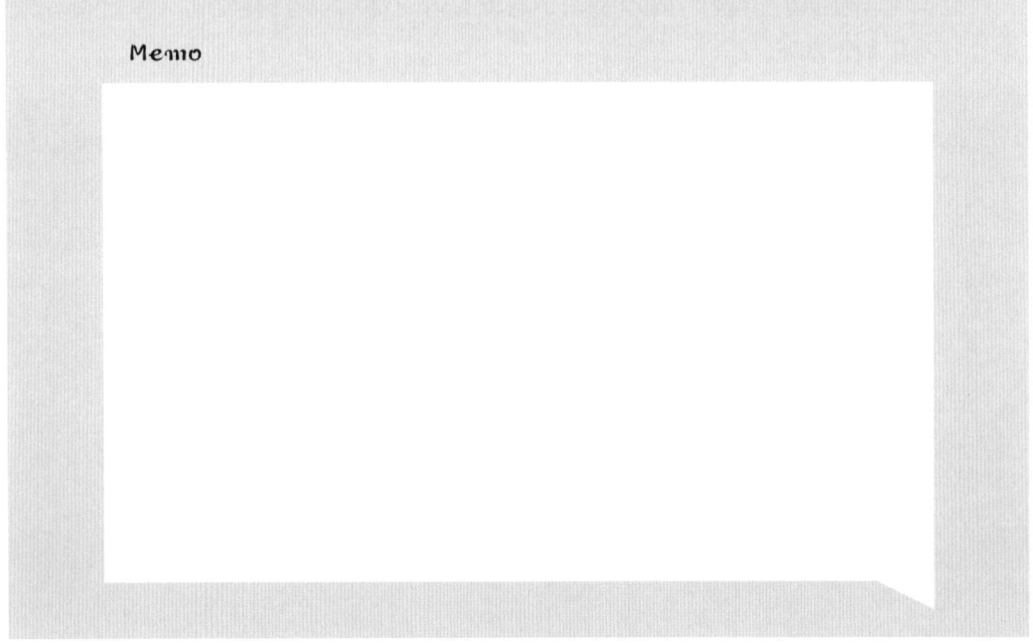

Lesson 02 간단한 기초 작업하기

완성된 벽체도면을 이용해서 기초 작업을 하는데, 지반(G.L)하부에 포함되는 줄기초는 사실 그리지 않고 3차원 도면에서는 지반선 상부에 나와 있는 건축물을 대상으로 표현을 많이 하기 때문에 줄기초보다는 온통기초로 하부를 만들어 450㎜(102page 방바닥 높이, 212page 입면바닥 높이 참고)를 올려 주어 방바닥을 표현한다.

[도면 외곽부분 따내기]

① 완성된 벽체도면에서 벽면 외곽을 중심으로 위의 좌측의 그림과 같이 Rectang(R)의 명령을 사용하여 가운데의 그림과 같이 그리고 Copy(C)의 명령으로 그려진 평면 옆쪽으로 배치한다.

② 우측의 그림과 같이 Trim(T)의 명령을 이용하여 건물 외벽만 보이도록 잘라내어 배치한다.

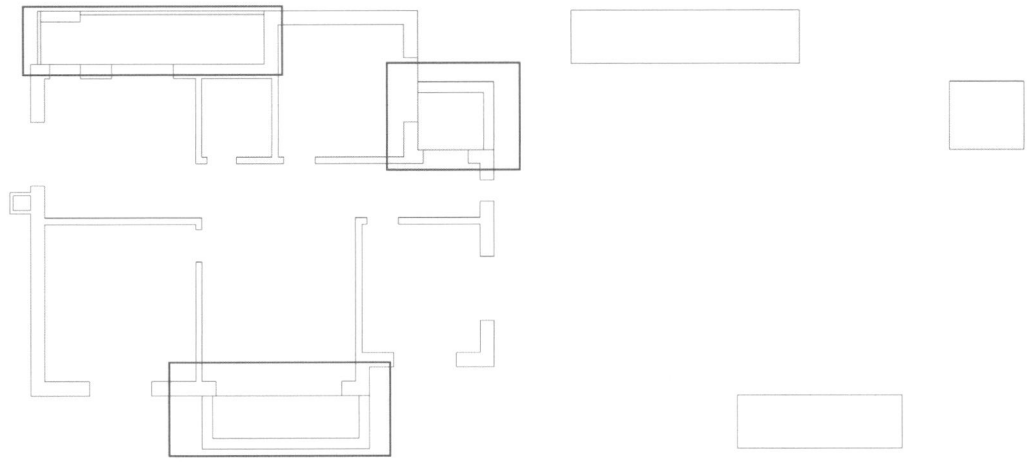

[포치부분 따내기]

① 완성된 벽체도면에서 현관 및 테라스 포치의 외곽선을 중심으로 위의 좌측의 그림과 같이 Rectang(R)의 명령을 사용하여 가운데의 그림과 같이 그리고 Copy(C)의 명령으로 그려진 평면 옆쪽으로 배치한다.

② 우측의 그림과 같이 Trim(T)의 명령을 이용하여 현관 및 테라스 포치의 선만 보이도록 잘라내어 평면과 따로 배치한다.

> **Point**
>
> ▶ **전산응용건축제도 기능사 변경 예상 문제 유형**
> - 앞서 언급한 바와 같이 한국산업인력공단에서 2020년부터 개정을 공고하고 있는데, 전산응용건축제도기능사 시험문제를 변형해서 출제할 경우 기존의 시험문제 유형을 고려하여 변경을 준비했을 가능성이 매우 크다.
> - 다시 말해 단면도 1장과 입면도 1장이였던 기존의 시험방식에서 시간 관계상 큰 변화는 예측하기 힘들다는 점을 고려했을 때, 캐드로 단면도 1장을 출력하고 입면은 출력하지 않거나 평면출력 및 3D로 표현된 입면도 1장일 가능성이 매우 크다.
> - 기존 실내건축산업기사의 과정평가형 기출유형을 토대로 보았을 경우에도 캐드와 스케치업의 재질표현까지 고려하여 출력을 한 것을 추측되므로,
> - 3D표현에서의 줄기초를 포함한 지반선 하부의 입체표현은 나오지 않을 가능성이 매우 크다고 예상된다.

Memo

Lesson 03 건축에 필요한 기본 스케치업 구성

스케치업의 화면구성을 나눈다고 하기에는 안맞는 표현이라 할 수 있겠지만 일반적으로 스케치업의 화면을 보게 되면 아래의 그림과 같이 크게 총 7가지 구성으로 나뉘어 설명한다.

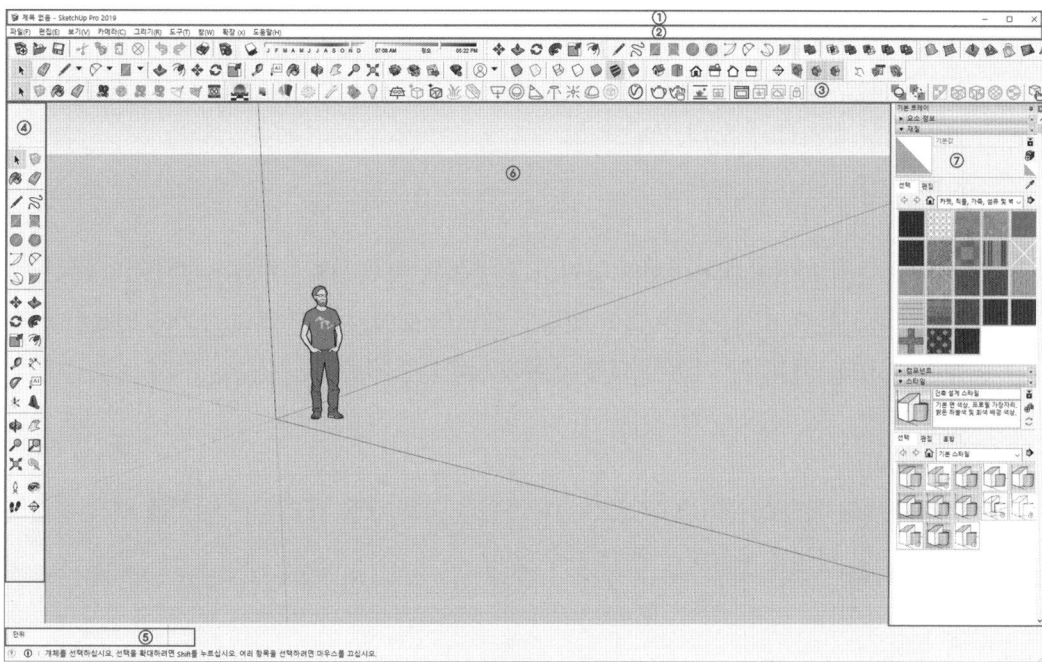

[스케치업의 화면구성]

1 스케치업 기본 화면 구성과 설명

① 타이틀
: 작업파일의 제목, 파일명 등을 나타내고 있다. 여기서 지금 현재 설계자가 사용하는 도면명을 확인할 수 있다.

② Pulldown Menu (풀다운 메뉴)
: 작업에 관련된 명령과 기본적 도구 툴(Tool)을 꺼내어 종류별로 정리된 메뉴이다.

③ 가로 ToolBar
: 아이콘 모양으로 되어있어 직접 단축키를 선택하지 않아도 되어 매우 편리한 기능이다.

④ 세로 ToolBar
: 자주 쓰는 기본적인 툴을 옆쪽으로 배치하면 좀 더 편리하게 아이콘을 신속하게 사용할 수 있어 매우 편리한 기능이다.

⑤ VCB(Value Control Box)
: 캐드의 명령어 창이라고 생각하면 이해가 쉬운데 스케치업에서는 '수치입력상자' 또는 '치수입력상자'라고 볼 수 있다. 이 화면을 통해 정확한 크기의 물체의 크기를 측정하거나 기입 값을 확인할 수 있다.

⑥ 작업화면
: 화면 내 모든 작업이 이루어지는 공간이다. 초기 부팅시 사람모양을 한 모형이 UCS좌표 가운데 나오는데 이는 스케치업이 비율로 작업이 되었을 때 인체의 크기에 비례하여 적정한 크기를 판단하는 기준이 되기 때문에 나타나는 것이다.

⑦ Try(트레이)
: 각종 객체에 대한 옵션이 들어있으며 이 화면을 통해 재질 및 레이어 설정을 쉽게 확인하고 삽입 및 편집을 수월하게 진행할 수 있다.

2 나에게 맞는 툴바 꺼내기

작업에 필요한 툴은 아이콘 모양으로 되어있어 사용이 편리한데, 처음 부팅할 때의 화면을 보면 툴바가 원하는 사양으로 꺼내져 있지 않다. 이를 꺼내서 나에게 맞게 배치해야 도면을 작성하는데 효율성이 높기 때문에 작업 시작 전에 미리 꺼내 놓으면 편리하므로 미리 꺼내놓는 습관을 들이는 것이 좋다.

chapter 01 스케치업으로 평면작업하기

① 위의 그림과 같이 상단의 풀다운 메뉴에서 View를 클릭하고 그 안에 Toolbars를 선택한다.

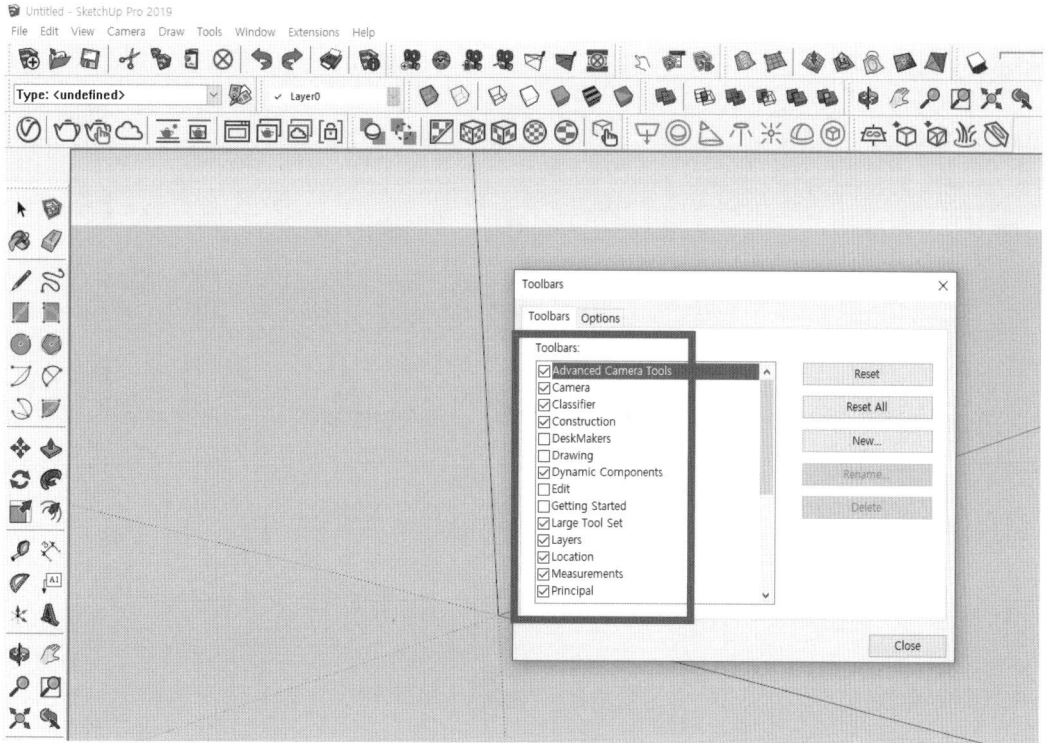

② 위의 그림과 같이 팝업창에서 필요한 툴바를 미리 기억하고 있다가 꺼내어 사용하면 된다.

3 건축도형에서 많이 사용하는 스케치업 기본 단축키

그리기 명령

명령	단축키		설명
LINE (선)	L		선을 그린다.
CIRCLE (원)	C		원을 그린다.
ARC (호)	A		호를 그린다.
RECTANG (직사각형)	R		사각형을 그린다.

편집 명령

명령	단축키		설명
COPY (복사)	Ctrl + C		복사하기
MOVE (이동)	M		이동하기 / 복사하기 (컨트롤키를 누르고 이동하면 직교로 복사가 된다.)
Cut (자르기)	Ctrl + X		잘라 내기
Group (그룹)	G		객체를 묶기
U(명령 취소)	Ctrl + Y		명령취소를 한다.
REDO	Ctrl + Z		재실행 한다.
ERASE (지우기)	E		객체를 지운다. (DEL키로 가능)
OFFSET (간격 띄우기)	F		평행선 그리기
Paint Bucket (재질삽입)	B		재질 삽입하기
Push/Pull (당겨주기/밀어내기)	P		평면을 입체로 당겨 늘이기
ROTATE (회전)	Q		회전하기

편집 명령			
SCALE (축척)	S		객체의 크기 변화하기
Select (선택)	Spacebar		선택툴 변경
follow me (따라가기)			도형을 선으로 방향잡고 따라가기
dimension (치수)			치수기입 하기
protractor (각도자)			방향 전환하기
Tape Measure(줄자)	T		예비보조선 삽입하기

4 좌표의 개념

캐드에서 사용하는 UCS좌표는 절대좌표의 개념인 0,0을 기준으로한 X,Y축의 개념을 내 포하고 있는데 스케치업에서도 그 기능은 동일하다. 다만 해가 뜨는 방향과 지는 방향 및 계절과 환경적 요소를 내표하고 있기 때문에 방향이 포함되어져 있다는 것이 특징적이다. 렌더링을 할 때 중요한 요소이므로 설명을 하고 본문으로 진행하는 것이 좋아서 삽입하였다.

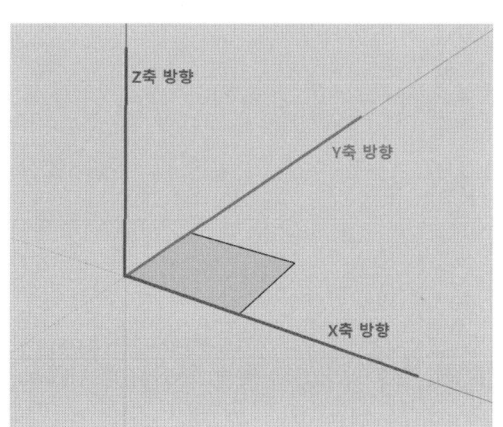 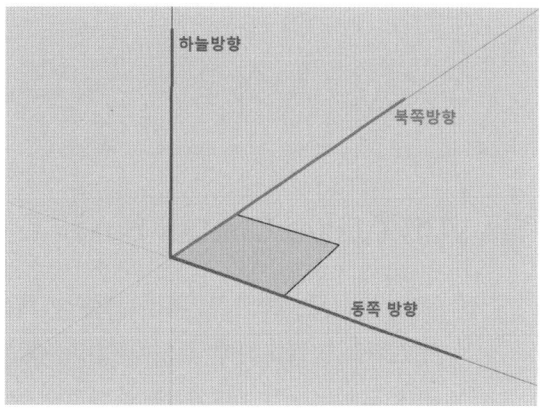

[스케치업 좌표가 지니고 있는 의미]

- 캐드에서의 UCS좌표처럼 첫 시작점은 0,0으로 시작하는 원점으로 되어 있다. 따라서

VCB (Value Control – Box (수치 입력상자))를 기준할 때 시작점으로 잡으면 편리하게 작업을 진행 할 수 있다.

① 위의 그림과 같이 화면에는 세가지 선이 늘 존재하게 되는데, 녹색선과 빨간선, 파란선 이다. 그리고 각각의 선 반대편에 점선도 보이는데 스케치업에서 마이너스 좌표값의 개념은 없지만 점선은 캐드에서 의미하는 상대좌표 값의 마이너스 방향으로 생각하면 이해가 쉽다.

> **Point**
> ▶ 스케치업의 좌표축에서 '양(+)'과 '음(_)'의 방향에 대해 설명하면 보이는 화면상에서 구분은 크게 다르지 않다. 다만 공간에서 화면 객체의 위치를 설명기준이 되지만 그림자 표현에서는 그 차이가 있다. 아래의 그림과 같이 그림자를 표현하면 'Z'축의 '0'을 중심으로 지상과 지하의 차이가 있다는 것을 확인 할 수 있다. 그러므로 Z축의 0은 G.L(땅)의 기준이라 할 수 있겠다.

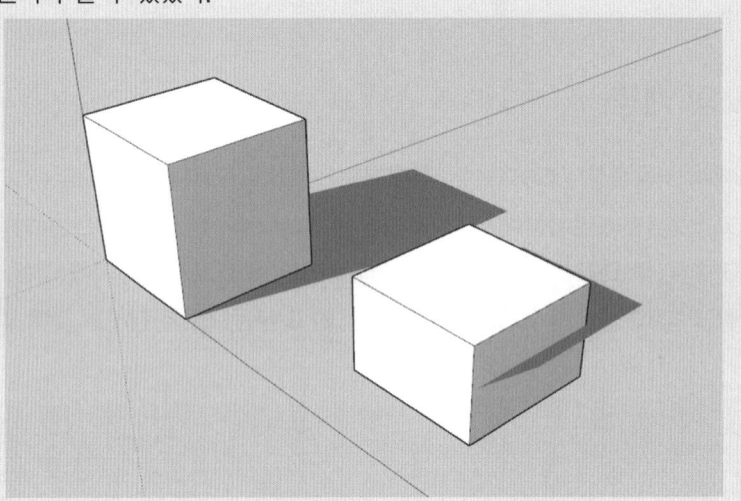

5 VCB (Value Control Box)

① VCB의 사용방법은 기존의 사용방법처럼 입력하는 방법과는 다르다.
캐드처럼 명령어창에 직접 입력하듯이 VCB (오른쪽 아래상자)를 클릭해서 수치를 직접 입력하는 것이 아니라 작업 도중에 치수 입력이 필요할 경우, 키보드 수치를 입력하면 자동으로 VCB에 입력한 수치가 나타나기 때문에 굳이 VCB (오른쪽 아래상자)에 수치를 입력할 필요가 없다.

② VCB의 구성

VCB의 구성은 라벨과 대화상자로 나누어지는데 라벨은 현재 수행하고 있는 명령을 나타내며, 대화상자는 키보드에 입력하는 값이 나타나 진다. 이를 확인하며 도면을 수행하면 보다 정확한 수치를 확인하며 작업이 가능하다.

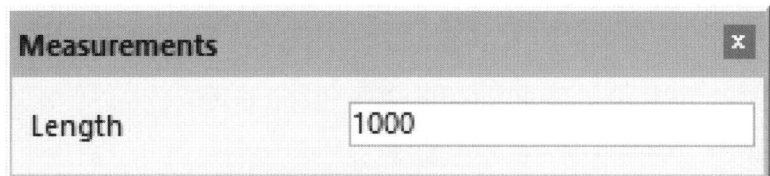

[라벨과 대화상자]

Memo

Lesson 04 캐드평면 스케치업으로 불러오기

스케치업으로 준비된 캐드 평면을 삽입하는 방법을 설명한다.
먼저 아래의 그림과 같이 스케치업을 열면 새모델을 만드는 팝업이 뜨는데 건축과 밀리미터를 반드시 확인하고 선택하여야 한다. 자칫 인치로 출력할 경우 앞서 말한 VCB창의 오류를 범할 수 있으므로 주의를 해야 한다.

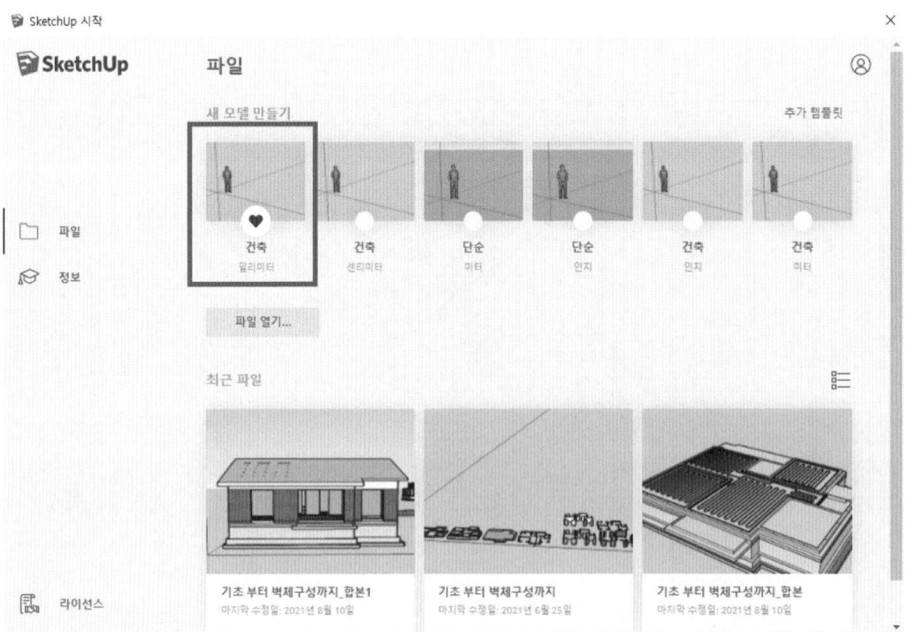

① 새 창이 실행되면 아래의 그림과 같이 풀다운 메뉴에서 파일을 선택한 후 가져오기를 클릭한다.

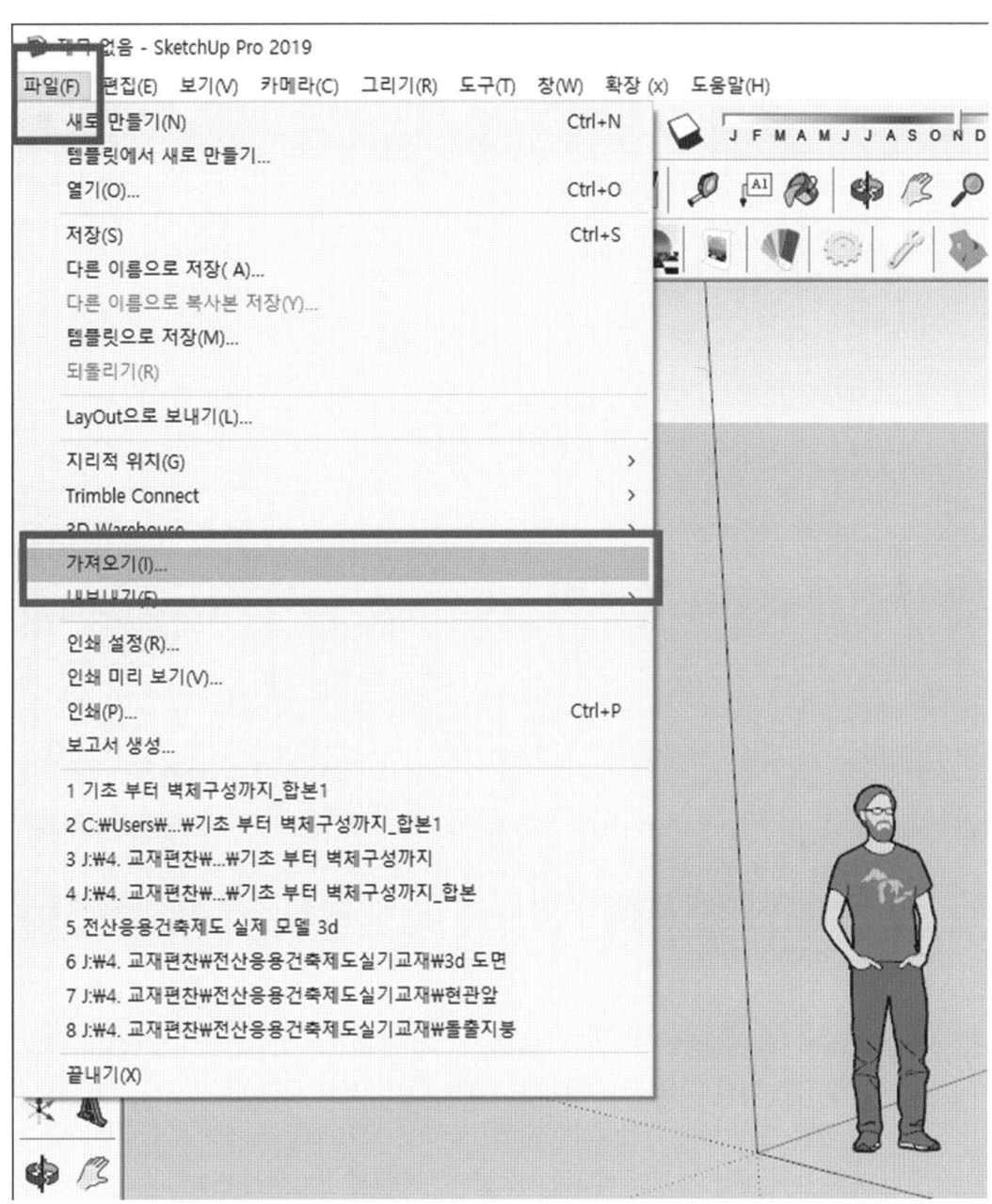

② 가져오기 화면을 선택하면 아래의 그림과 같이 팝업창이 열리는데 여기서 가장 중요한 것은 가져오기 파일이 여러 가지 프로그램의 호환이 되기 때문에 반드시 캐드파일로 변경을 해야 저장된 파일이 보여진다.

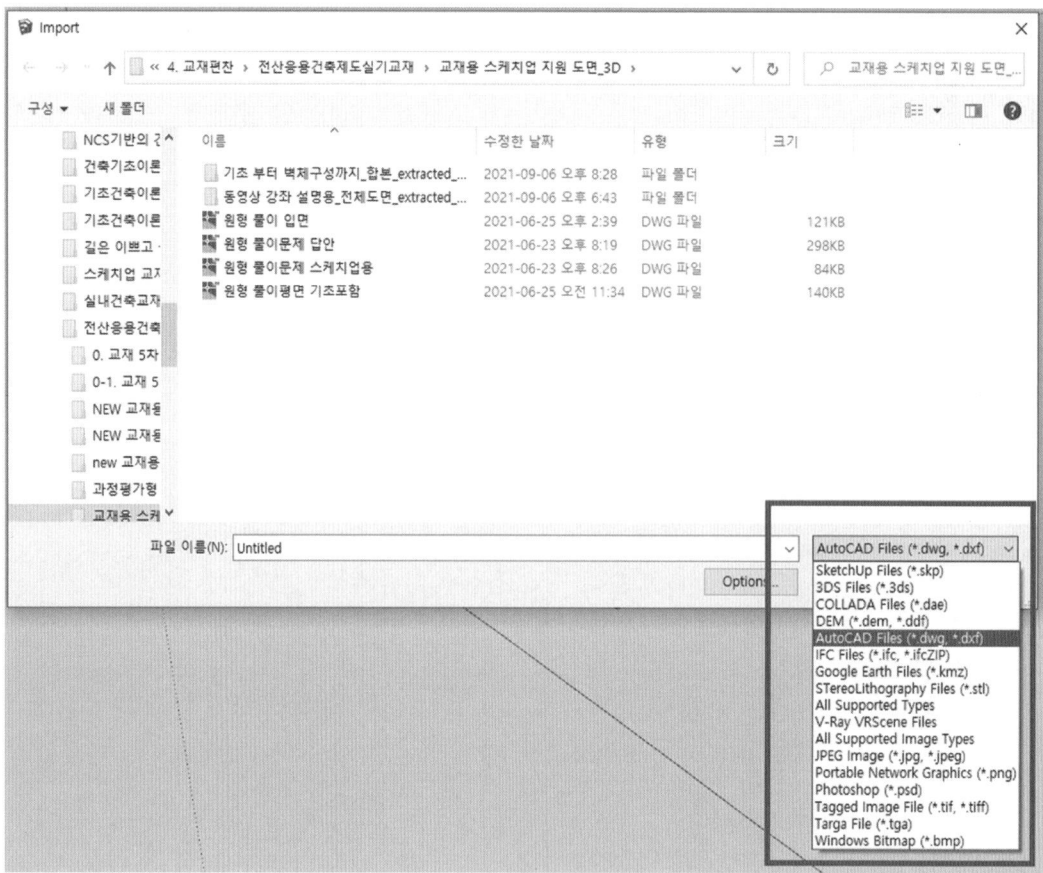

③ 캐드파일로 변경하면 폴더에 저장한 파일이 보여지는데, 비번호로 저장된 본인의 파일 명을 선택하여 열면 된다.

④ 이때 옵션창의 조절방법이 있는데 옵션을 선택하면 아래의 그림과 같이 팝업창이 뜬다.
   - 동일 평면 병합 : 그룹으로 들어오기 때문에 체크헤도 무방하다.
   - 면 방향 : 면방향은 일정하게 가져오기로 하면 되기 때문에 체크 해도 무방하다
   - 재질 가져오기 : 재질은 캐드의 재질을 의미하므로 체크하지 않는다.
   - 그리기 원점 유지 : 그리기 원점은 캐드의 원점으로 들어오기 때문에 체크하지 않는다.
   - 배율 : 밀리미터로 설정

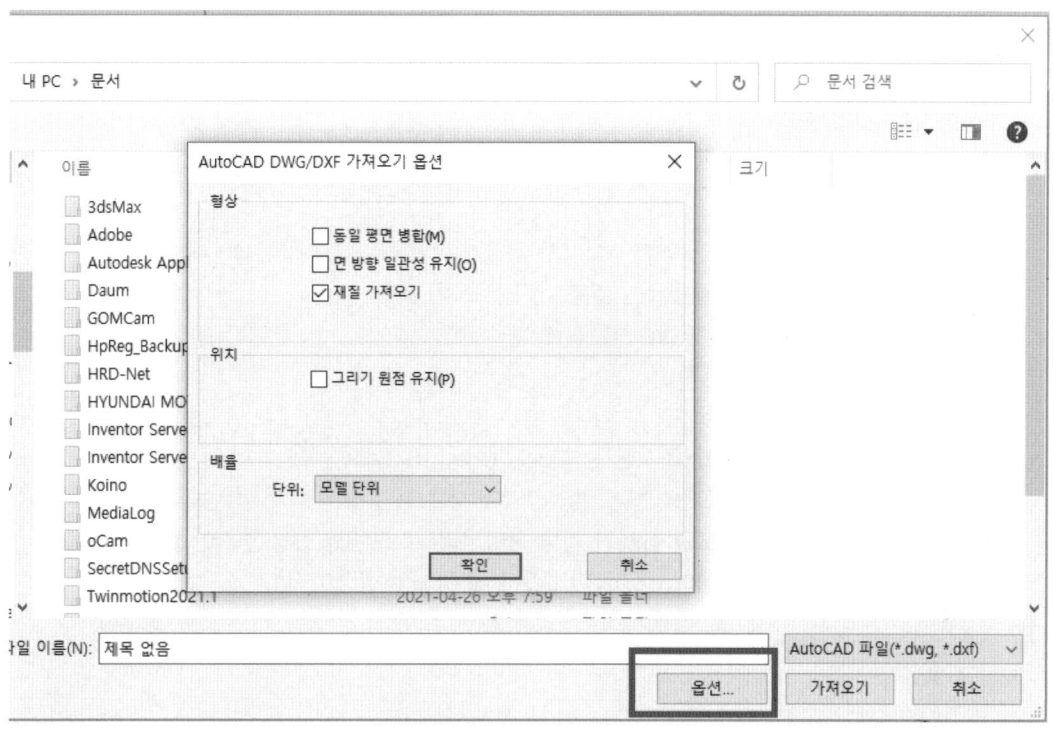

⑤ 가져오기 결과가 아래의 그림처럼 나오면 된다.

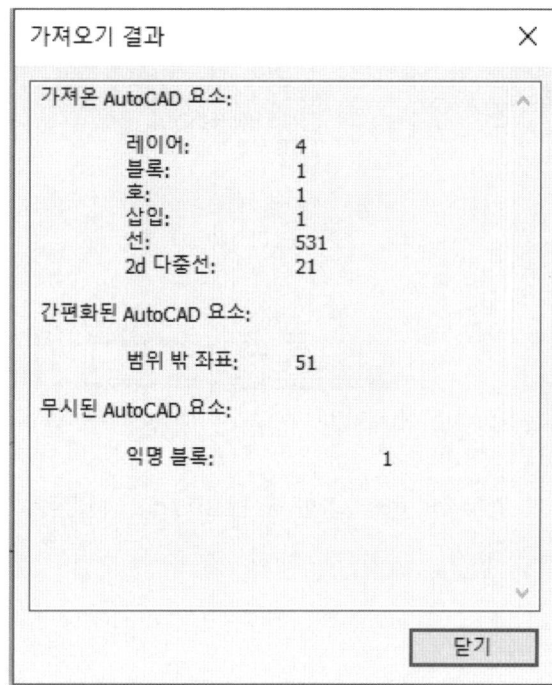

이 결과는 캐드의 레이어가 들어온 부분을 나타내며 캐드에서 사용하지 않는 레이어나 블록 등과 같은 사용하지 않는 내용을 미리 캐드에서 PUrge(PU) 명령을 사용하여 소거하고 전송하는 것이 좋다.

> **Point**
>
> ▶ **PUrge 명령사용법 (불필요한 부분 삭제 / 소거)**
> 영문판 : Command : Purge (단축키 : PU) ↵
> 한글판 : 명령: pu (PURGE) ↵
>
> ▶ 작업 중인 도면에 사용하지 않는 Block, Linetype, Style 등을 삭제 하는 명령이다. 작업 중에 언제나 사용가능하나 작업 영역에 사용 중인 것은 삭제 불가능 하며 Layer의 경우 비어 있는 layer만 삭제가 가능 하다. 외부로 도면을 전송전 사용하면 스케치업 등의 3차원 프로그램에서 용량이 줄어서 보여지는 장점이 있다.

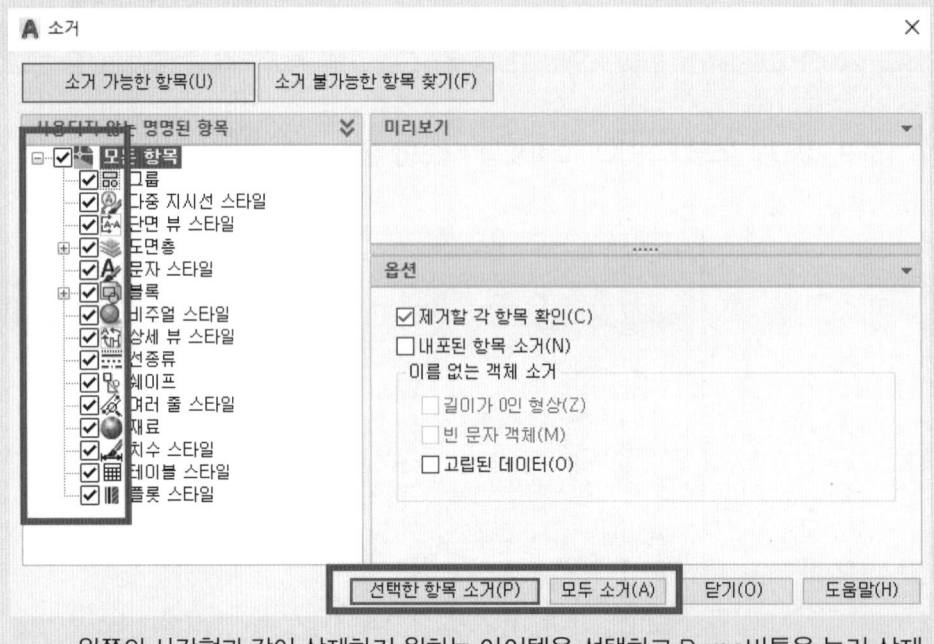

- 왼쪽의 사각형과 같이 삭제하기 원하는 아이템을 선택하고 Purge버튼을 눌러 삭제한다.
- 작업이 끝난 경우 하나하나 삭제하지 않고 Purge All 버튼을 이용하여 한 번에 삭제 할 수 있다.

Chapter 02

스케치업을 이용한 3D 입체 올리기

Lesson 01 3D 바닥 구조 만들기
Lesson 02 벽체 올리기
Lesson 03 지붕 마감하기
Lesson 04 문 창문 작업하기

전산응용
건축제도
기능사실기

Lesson 01 3D 바닥 구조 만들기

1 재질 입력을 위한 그룹핑의 중요성

바닥의 기초는 보통 조적조에서 줄기초를 사용하는 것이 원칙이나 앞서 설명한대로 구조의 단면이 표현되기 보다는 스케치업은 입면 위주의 화면 구성이 주를 이루기 때문에 하부의 기초는 표현하지 않는다.

다만 입면의 재질을 넣기 전 재료별로 분류를 진행해야 하는데 주택의 경우 온수파이프까지의 콘크리트 부분과 조적부분, 그리고 테두리보와 지붕등 크게 4부분으로 나누어 그룹을 형성해야 하며 나머지 부분에 대한 디테일한 부분은 콘크리트 및 도장등 각 부부분이 가지고 있는 재질의 특성을 고려하여 삽입하면 되기 때문에 스케치업상 각 부분의 그룹화가 매우 중요하다.

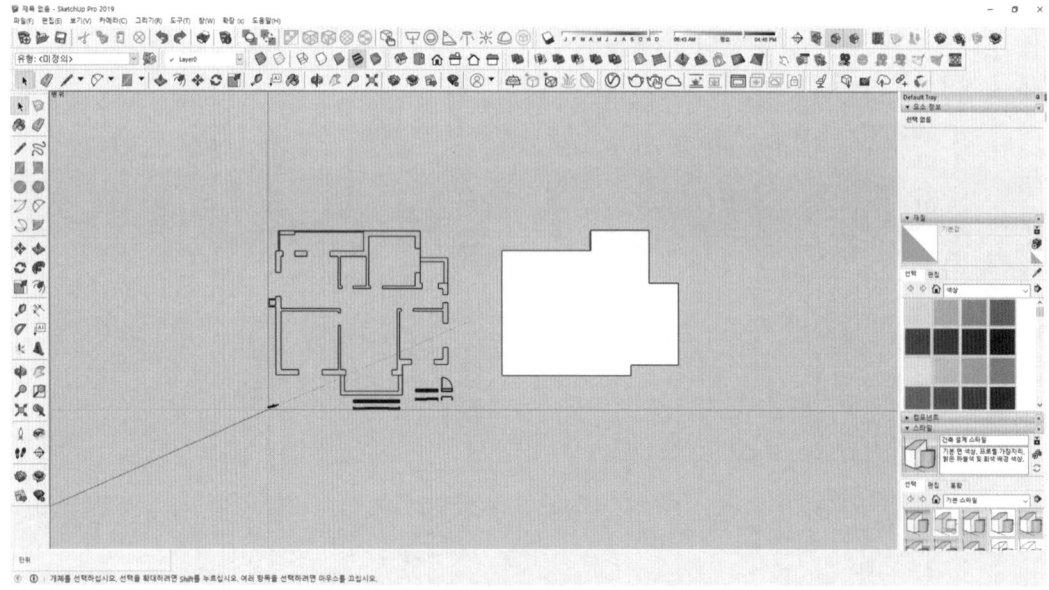

[캐드도면을 스케치업으로 삽입한 상대]

2 기초면 만들기

① 캐드에서 테두리만 따온 도면을 가지고 선그리기 아이콘(L)을 클릭 한 후 우측의 사각형 과 같이 선을 그리면 바로 면으로 인식하여 나타난다. 단, 이때 나타나는 면이 짙은 청색계열의 색으로 보여지면 면이 뒤집혀 있는 상태이므로, 면 반전을 시행해야 한다.

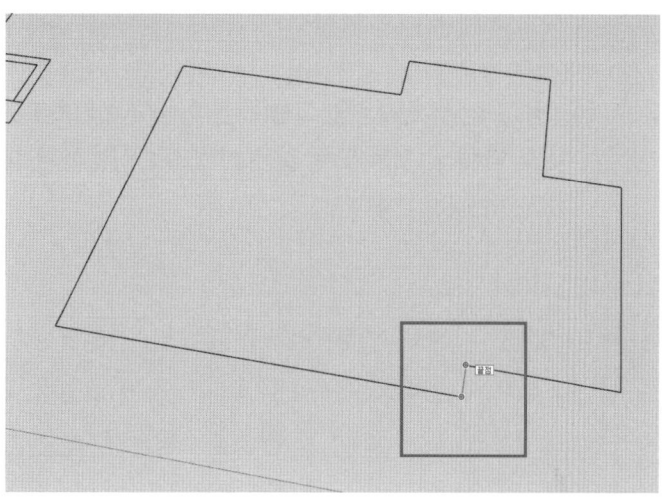

- 면 반전을 시행하지 않으면 마치 고무장갑을 뒤집어서 끼우는 것은 효과가 일어나기 때문에 재질의 뒷부분이 보인다.

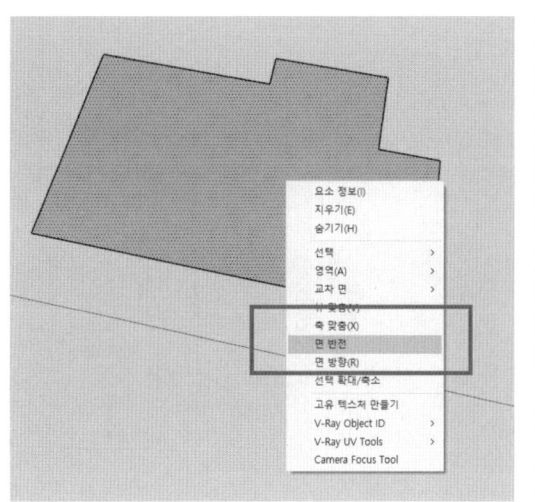 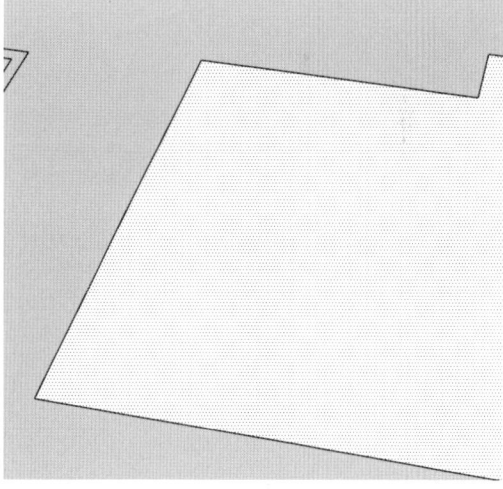

[면 반전 화면]

② 위의 왼쪽 그림과 같이 마우스를 해당면에 클릭 한 후 마우스 우클릭을 하면 설정창이 나타나는데 여기서 면반전을 선택하면 오른쪽 그림과 같이 면의 색상이 밝아진다. 밝은 면의 색상이 나타나면 바른 면으로 돌려진 상태이다.

③ 밀기/끌기의 툴을 이용하여 면을 위 쪽으로 올리고 키보드에 450의 숫자를 입력하고 엔터키를 누르면 아래의 그림과 같이 위쪽으로 450㎜ 만큼 올라오는데 이때, VCB창에서 단위의 확인과 숫자가 450㎜을 가르키고 있는지 확인해야 한다.

④ 그리고 난 후 단축키인 그룹(G)을 이용하여 기초부분을 하나의 객체로 묶으면 완성된다. 이후 벽체 및 지붕 모두 같은 방법으로 진행하기 때문에 처음 사용하는 방법을 제대로 숙지하는 것이 좋다.

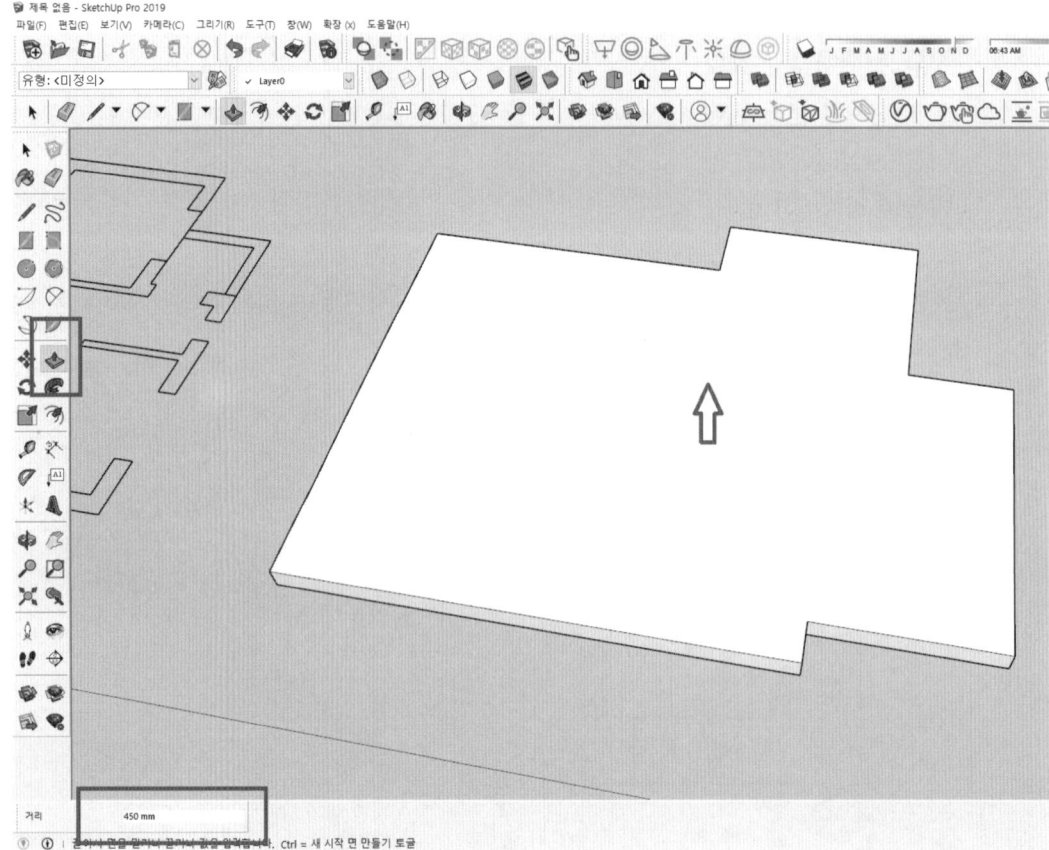

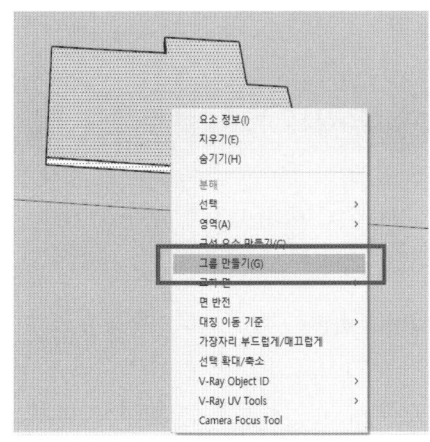 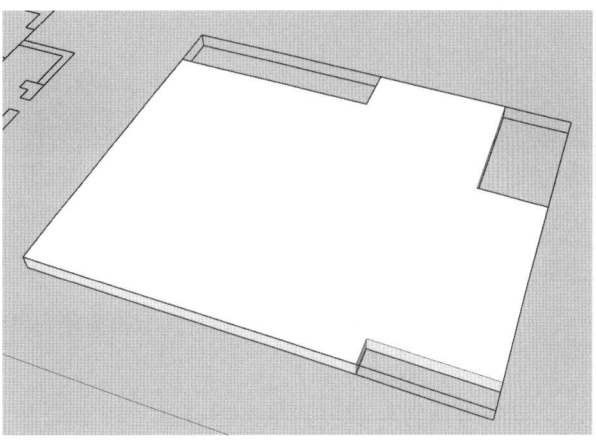

[그룹 만들기와 그룹확인]

2 현관 및 테라스면 만들기

① 캐드에서 테라스와 현관만 따온 도면을 가지고 선그리기 아이콘(L)과 사각형(R)의 아이콘을 클릭 한 후 우측의 사각형과 같이 선을 그리면 바로 면으로 인식하여 나타난다.
단, 이때 나타나는 면이 짙은 청색계열의 색으로 보여지면 면이 뒤집혀 있는 상태이므로, 면 반전을 시행해야 한다.

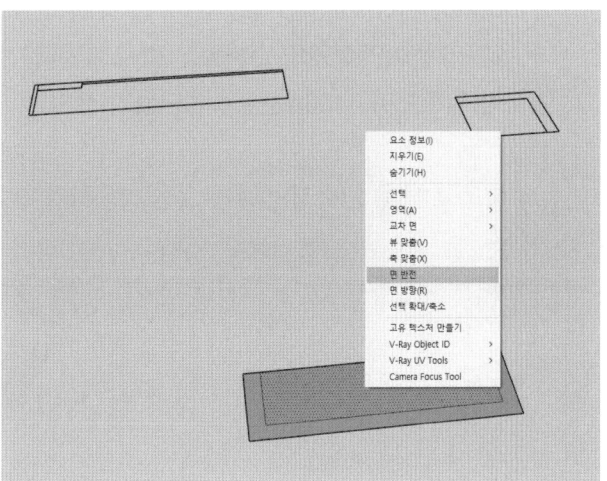

- 면 반전을 시행하지 않으면 마치 고무장갑을 뒤집어서 끼우는 것은 효과가 일어나기 때문에 재질의 뒷부분이 보인다.

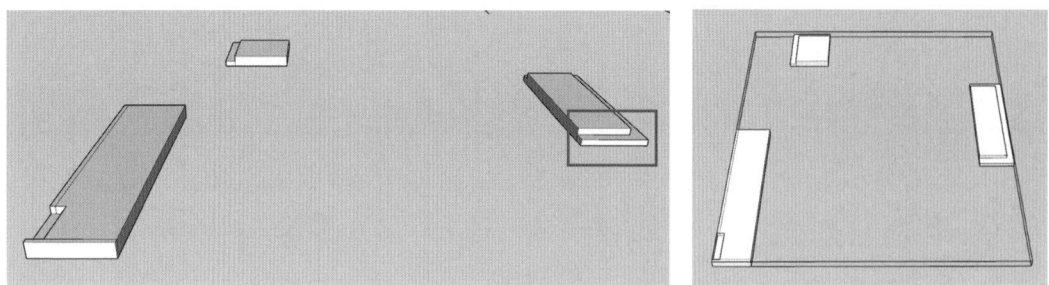

[계단의 단차를 달리하여 입체로 밀어낸 화면]

② 위의 그림과 같이 마우스를 해당 면에 클릭 한 후 마우스 우 클릭을 하면 설정창이 나타나는데 여기서 면 반전을 선택하면 오른쪽 그림과 같이 면의 색상이 밝아진다. 밝은 면의 색상이 나타나면 바른 면으로 돌려진 상태이다.

③ 밀기/끌기의 툴을 이용하여 면을 위 쪽으로 올리고 키보드에 높이 값을 입력하는데 이 때 주의해야 할 점은 계단의 높에 따라 밀어내기의 값이 위의 왼쪽 그림과 같이 달리 보여져야 한다. 계단 하나의 높이가 150인 만큼 150을 한번 입력 후 마지막 계단은 계단 2단의 높이인 300의 숫자를 입력하고 엔터키를 누르면 위의 그림에 있는 사각형과 같이 위쪽으로 3000㎜ 만큼 계단차가 생겨 올라간다.

④ 그리고 난 후 단축키인 그룹(G)을 이용하여 기초부분을 하나의 객체로 묶으면 완성된다.

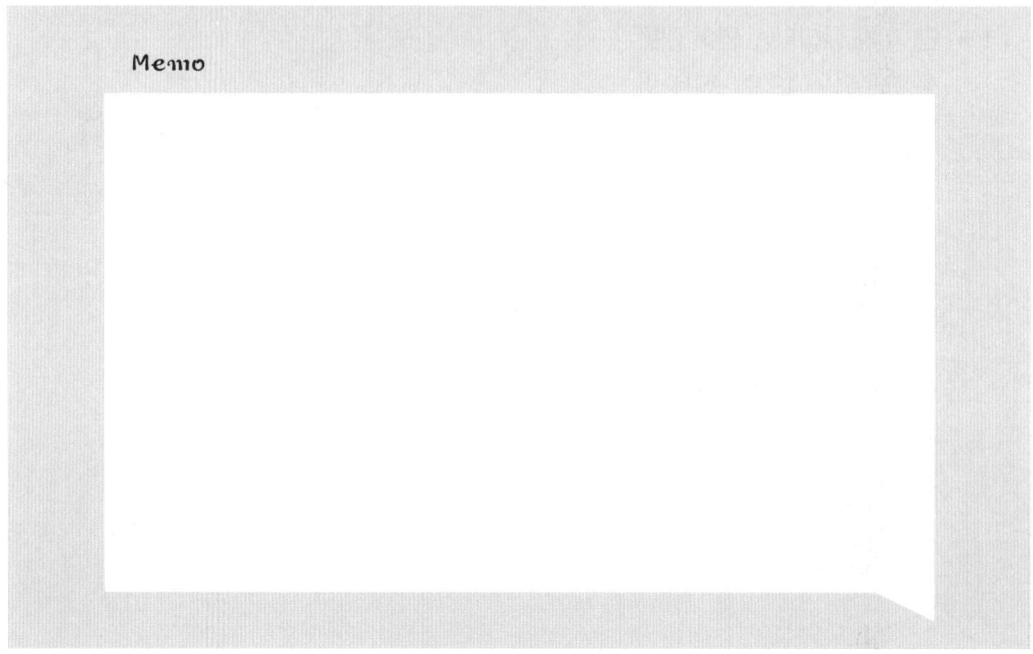

Lesson 02 벽체 올리기

① 캐드에서 벽체만 따온 도면을 가지고 선그리기 아이콘(L)을 클릭 한 후 우측의 사각형 과 같이 선을 그리면 바로 면으로 인식하여 나타난다. 단, 이때 나타나는 면이 짙은 청색계열의 색으로 보여지면 면이 뒤집혀 있는 상태이므로, 면 반전을 시행해야 한다.

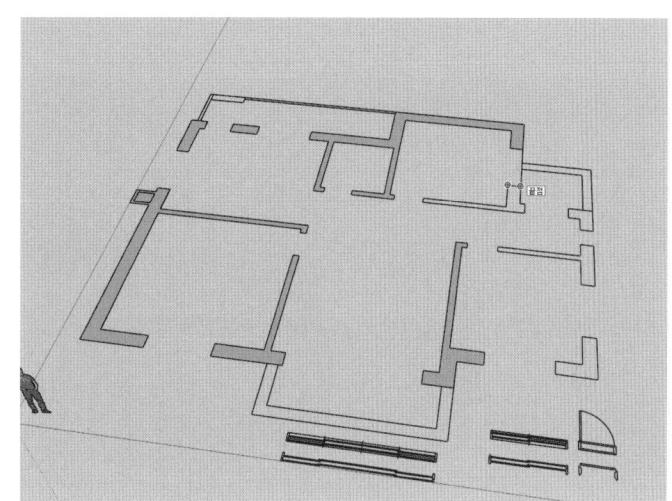

- 면 반전을 시행하지 않으면 마치 고무장갑을 뒤집어서 끼우는 것은 효과가 일어나기 때문에 재질의 뒷부분이 보인다.

Point

▶ 전체를 막힌 면으로 인식할 경우 대체방안
▶ 도면이 자동으로 완성되는 프로그램이어서, 오른쪽의 그림과 같이 원치 않은 부분(굴뚝 등)에서 막혀지게 나타나는 경우가 있는데 이럴 때는 당황하지 말고 사각형 툴(R)을 이용하여 선을 한 번 더 그린 후 면을 선택해서 키보드의 Delete를 이용해서 지우면 된다.

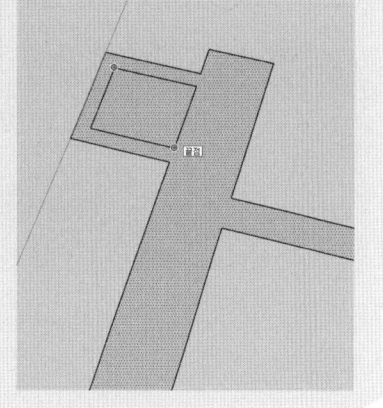

② 면 반전은 기초와 동일하게 아래의 왼쪽 그림과 같이 마우스를 해당 면에 클릭 한 후 마우스 우클릭을 하면 설정창이 나타나고 여기서 면 반전을 선택하면 오른쪽 그림과 같이 면의 색상이 밝아진다. 밝은 면의 색상이 나타나면 바른 면으로 돌려진 상태이다.

③ 아래의 오른쪽 그림과 같이 밀기/끌기의 툴을 이용하여 면을 위쪽으로 올리고 키보드에 반자높이인 2400의 숫자를 입력하고 엔터키를 누르면 위쪽으로 2400㎜ 만큼 올라오는데 이때, VCB창에서 단위의 확인과 숫자가 2400㎜을 가르키고 있는지 확인해야 한다.

④ 그리고 난 후 단축키인 그룹(G)을 이용하여 기초부분을 하나의 객체로 묶으면 완성된다.

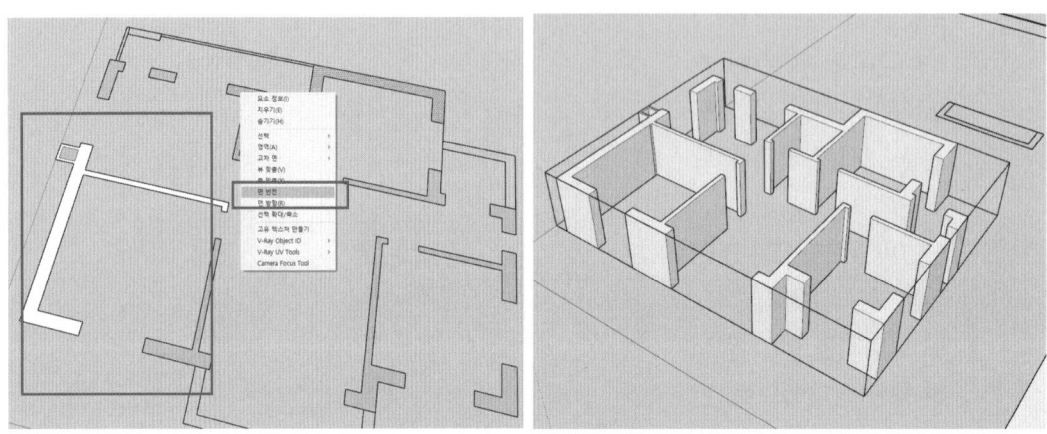

[면 반전 및 벽체 완성 화면]

Point

▶ 재질 입력을 위한 필수 선 정리 작업 시행

▶ 재질 입력시 면에 있는 선들이 정리가 되어 있지 않으면 재질이 나누어져서 입력이 되거나 신속하게 한번에 재질 입력이 어렵기 때문에 면을 완성한 후에 벽체에 있는 조각난 선들을 정리해 주는 것이 좋다.
아래의 그림과 같이 사각형 부분의 선들을 마우스로 클릭한 후 Delete키를 이용하여 삭제한다. 이때 면을 선택하면 면이 깨지기 때문에 주의해서 작업을 해야 한다.

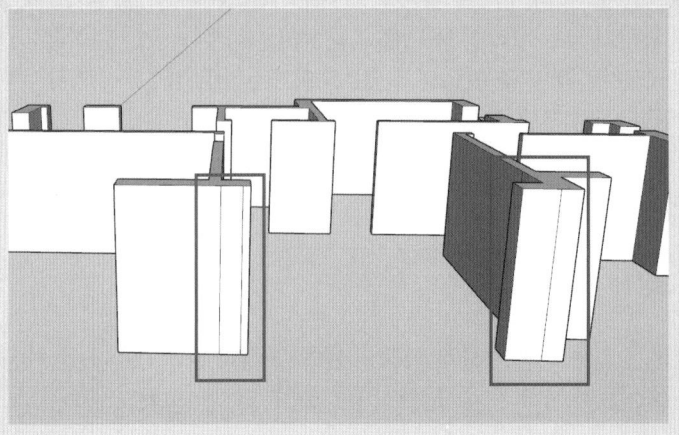

Lesson 03 지붕 마감하기

1 지붕의 기초도면 만들기

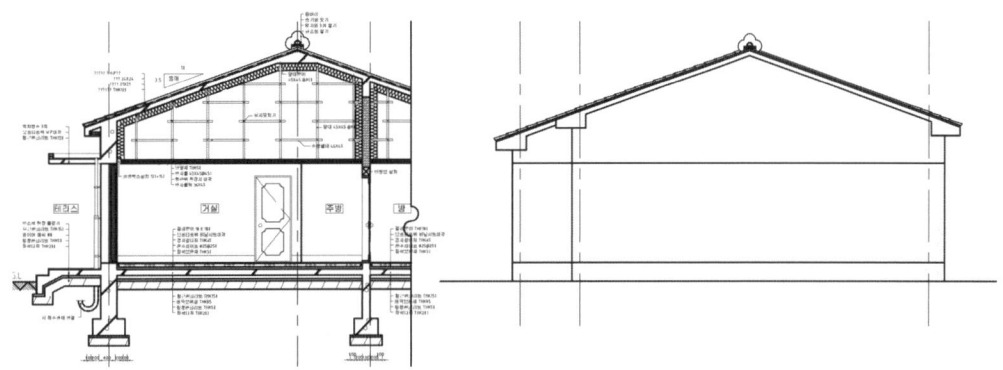

① 위의 그림 왼쪽과 같이 완성된 단면도에서 지붕에 필요한 필수적인 요소만을 남겨두고 모두 삭제하여 오른쪽 그림과 같이 만든다.

② 캐드파일을 위의 왼쪽 스케치업의 가져오기(Lseeon4 캐드평면 스케치업 불러오기 참조)를 하여 지붕도면을 기존의 캐드도면으로 불러 들이고 이동(M)툴을 이용하여 아래의 그림과 같이 빈 공간에 배치한다.

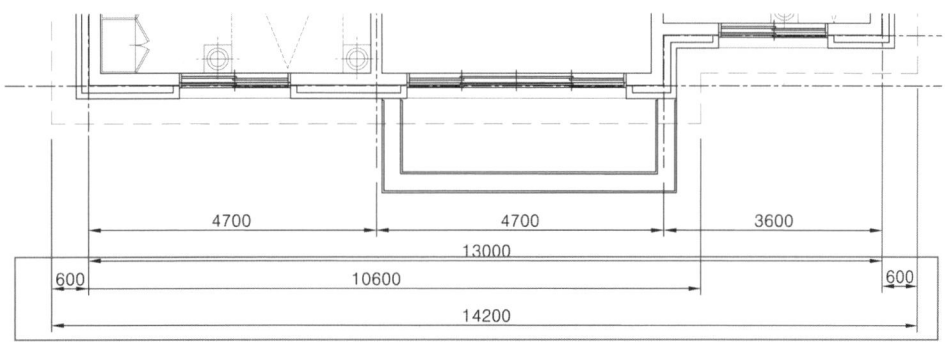

③ 평면상에 지붕의 크기를 고려해야 하는데 처마나옴의 크기가 600㎜가 양쪽으로 나오며, 지붕 각각의 나오는 길이가 다르기 때문에 미리 평면 작업시에 지붕의 크기를 치수로 재어서 기록을 하고 스케치업 작업시 이용하면 좋다.

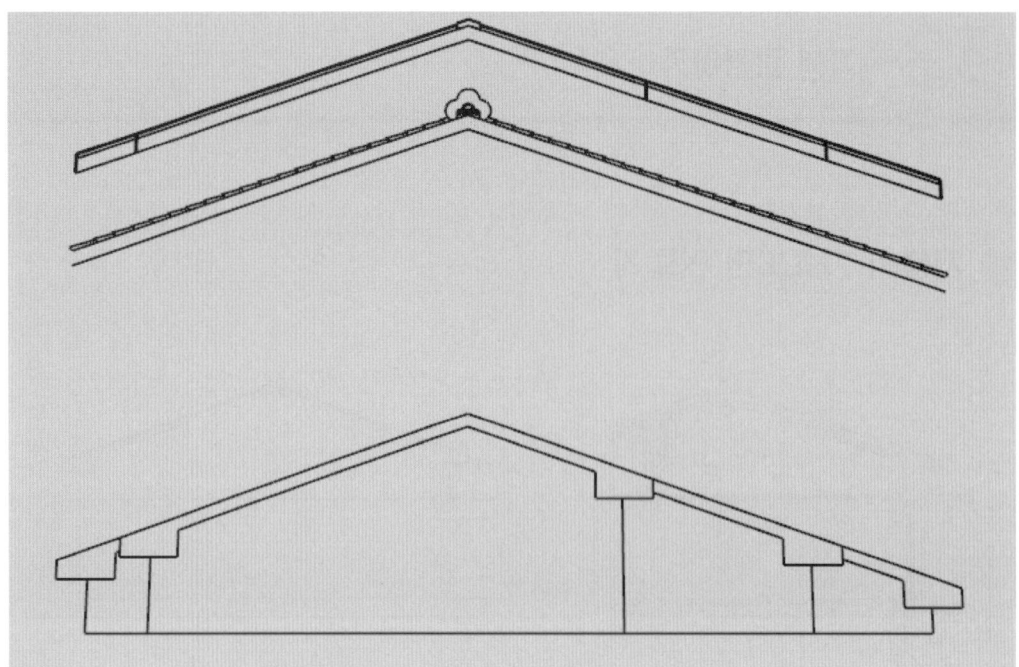

[지붕도면(금속지붕틀-위, 기와지붕-아래/ 테두리보]

④ 테두리보와 지붕도면을 위의 그림과 같이 캐드로 따로 작도를 하고 스케치업에 삽입하여 넣는다.

- 지붕의 기와는 입면작도를 기준 하는데, 현대식 건물에서는 금속재로 만들어지기 때문에 만약 검정형 시험이 변형되어 3D로 작도되어진다면 기와보다는 금속지붕재의 사용으로 나올 가능성이 매우 크다고 생각된다. 다만 아직까지는 정확히 공표된 부분이 없는 관계로 지붕기와로 설계하여 설명하였다.

2 테두리보 만들기

① 원래 줄기초의 도면에 테두리보는 벽체의 상부에만 보가 있지만, 3차원 도면에서는 입면으로 외곽만 보여지기 때문에, 테두리보는 하나의 도형으로 그려져도 무방하다.
따라서 캐드로 작도된 도면을 가지고 Push/Pull의 아이콘을 사용하여 캐드로 만들어진 2차원 도면에 밀어내기로 늘리면 된다.
단, 이때 주의할 점은 지붕의 테두리보는 벽면에 다라 다르기 때문에 주의해서 그려야 한다. 또한 테두리보의 위치를 변경하기 위해 Rotate의 아이콘을 사용하여 회전을 진행하는데 3차원의 경우 기준 객체를 만들어놓고 회전해야 Z축의 회전이 가능하다.
이 점을 주의하여 객체를 전환하면 큰 어려움 없이 충분히 작도가 가능할 것으로 판단된다.

② 테두리보를 밀어내기 위해 우선 임의의 사각형으로 된 입체의 도형을 만들고 그 입체 도형을 오른쪽 그림과 같이 그룹으로 만들어 선이 자동으로 섞이지 않도록 작업을 진행해야 한다.

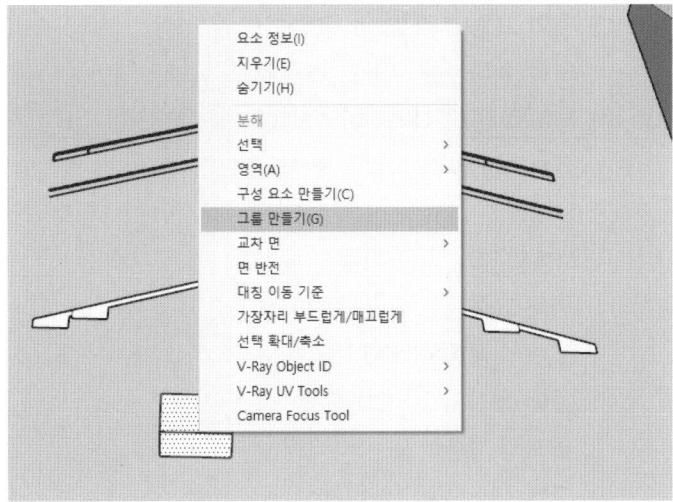

● 그룹화를 하지 않으면 면이 자동으로 합해지기 때문에 깨져서 보여진다. 또한 사각형의 입체도면이 없을 경우 면의 3차원 회전이 어려우므로 만들어두면 편리하다.

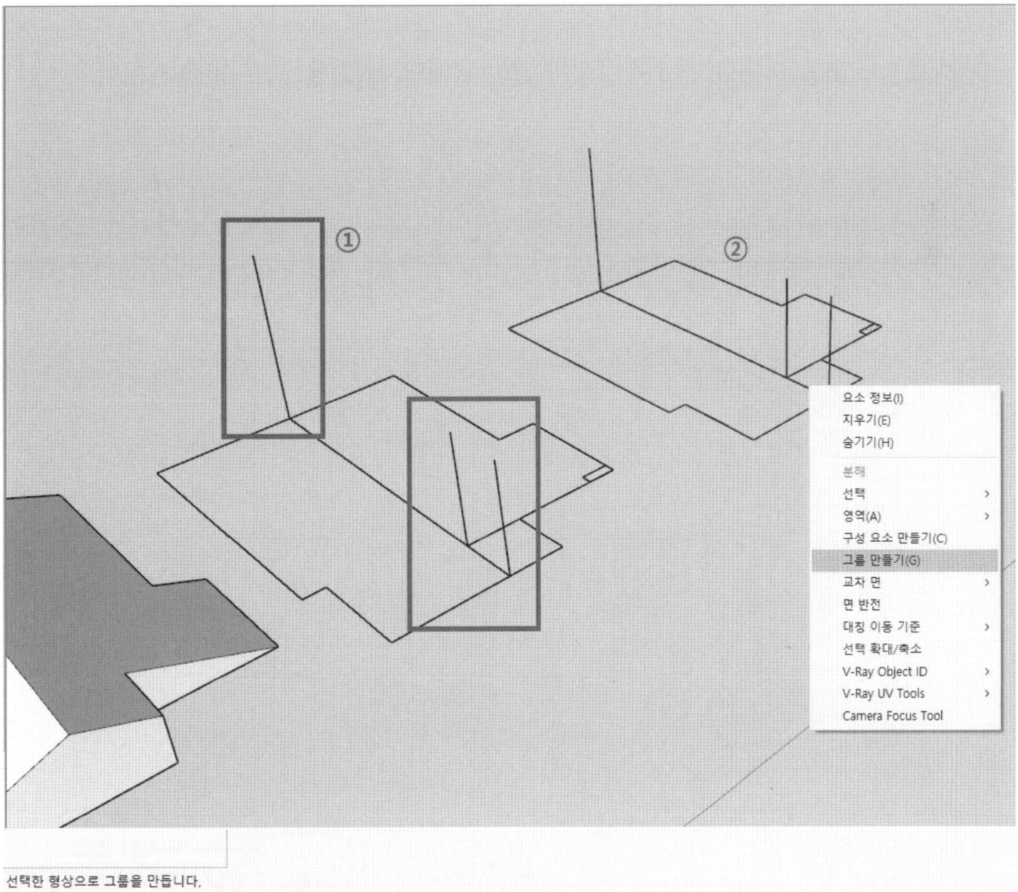

선택한 형상으로 그룹을 만듭니다.

③ 위의 그림에서 1번과 같이 임의의 수직선을 그리고 그룹만들기로 전체그룹화 하여 선이 겹쳐지지 않게 작업을 한다.

④ 지붕의 경사각(물매)를 만들기 위해 그룹으로 되어진 긴지붕 모서리 끝에서(교재 137page 물매 잡기 참고) 1000, 350의 물매의 기준이 되는 사각형을 그려 넣고 임의의 입체의 도형을 이동하여 오른쪽 그림과 같이 물매의 끝으로 맞춘다.

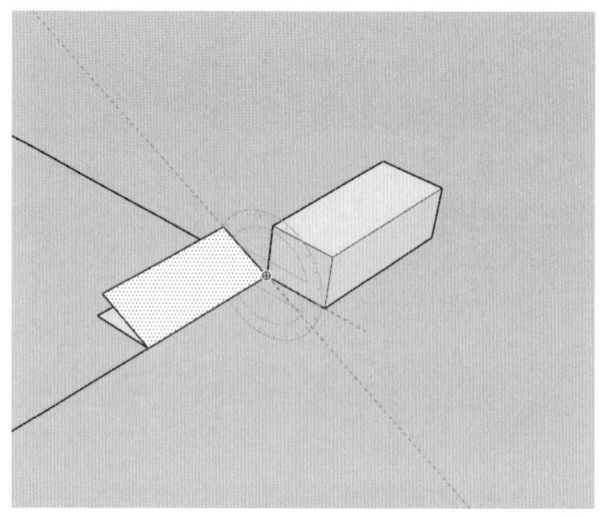

이때 주의할 점은 모두 그룹으로 만들고 작업을 해야 그룹으로 만들어 선이 자동으로 섞이지 않는다.

⑤ 회전의 툴을 이용하여 다시 그림과 같이 물매의사각형을 90도 만큼 세운다.

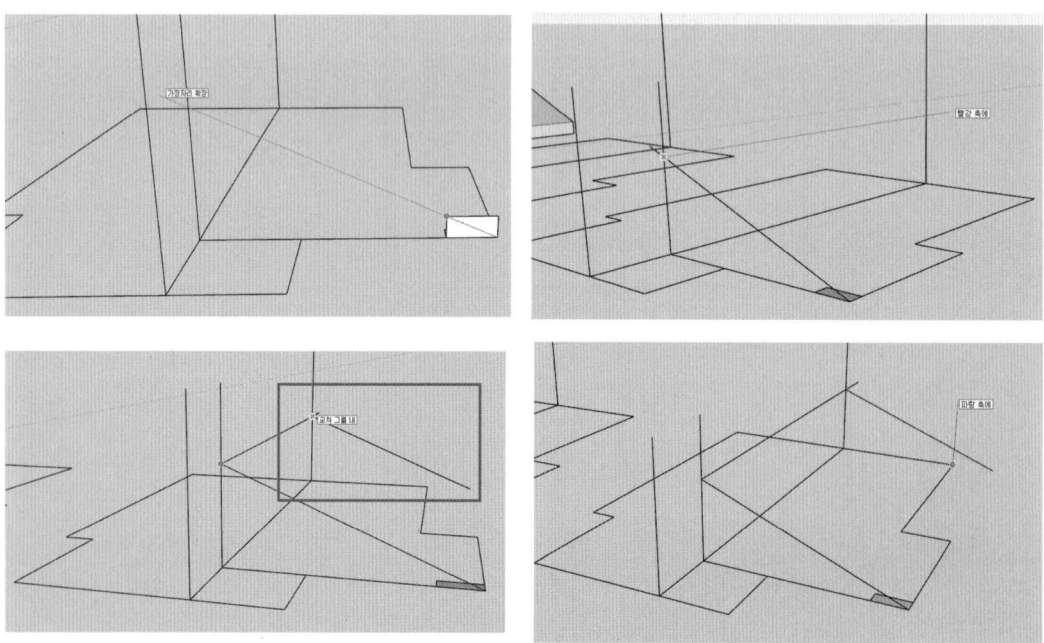

⑥ 위의 네가지 그림과 같이 물매의 선에서 Line(선)의 이동 툴을 이용하여 연장선을 그리

고 각각의 모서리에서 수직방향 전과 서로 교차점에 맞도록 연결하여 선을 그려 넣는다.

이때 주의할 점은 각각의 선이 수직과 수평이 고루 맞아야 하며, 틀리게 되면 지붕 전체가 기울어지기 때문에 주의하여 작도를 해야 한다.

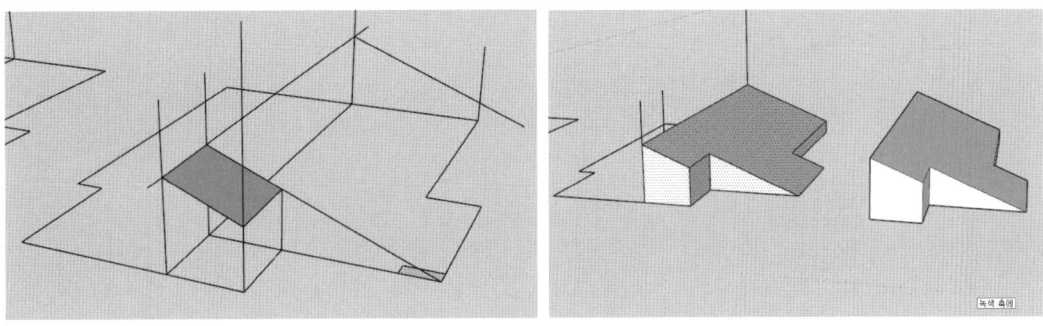

⑦ 선을 모두 그은 후 각 선을 이으면 위의 왼쪽 그림과 같이 면으로 나타나 진다. 이때 면의 방향만 확인하며 뒤집어진 면이 되지 않도록 선로 이어주기만 하면 오른쪽 그림과 같이 테두리보가 완성된다.

⑧ 하나의 테두리보가 완성되면 위의 오른쪽 그림과 같이 방향툴 (Ctrl + 방향키 = 복사)을 이용하여 복사를 한다.

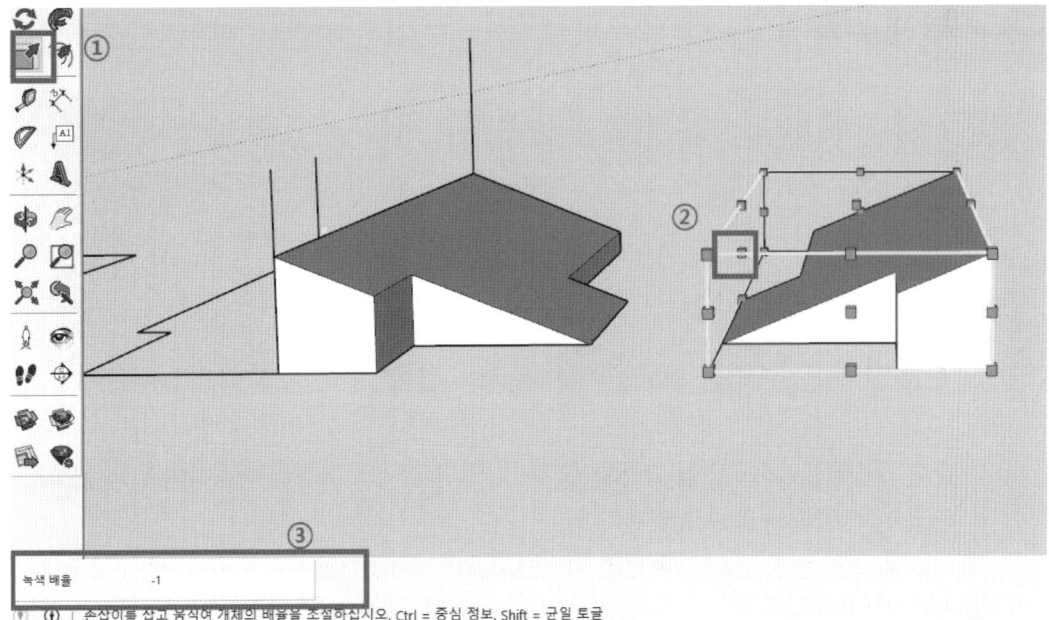

⑨ 복사된 테두리보를 1번과 같이 스케일의 아이콘을 선택한 후 2번과 같이 녹색 사각형의 가운데 부분을 마우스로 클릭한 후 키보드 자판에서 3번과 같이 "-1"을 입력하면 방향이 반대방향으로 Mirror된다. 같은 방법으로 좌표를 이용한 방법도 있지만 좌표의 방향을 알아야 하는 단점이 있기 때문에 위와 같은 방법을 하는 것이 편리하다.

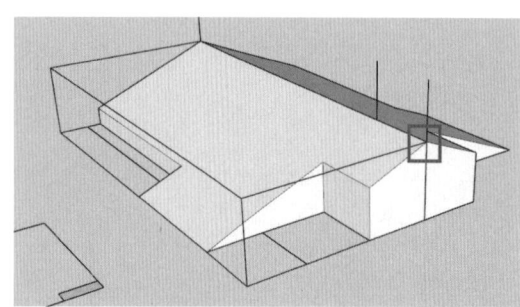 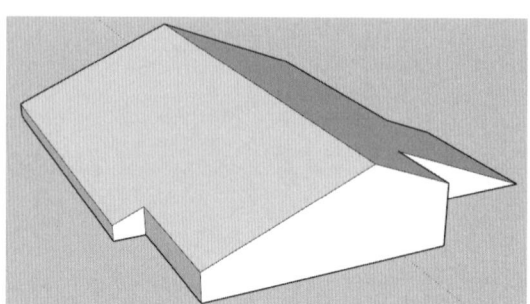

⑩ 대칭된 테두리보를 지붕의 끝선에 맞도록 굵은선의 표시부분과 같이 지붕의 끝선에 맞추어 붙이고 반대쪽 부분의 그룹을 해지하면 편집이 가능하다.

⑪ 분해된 테두리보를 벽체의 선에 맞추어 수정하면 위의 오른쪽 그림과 같이 벽체의 크기에 맞도록 수정되고, 두 개의 테두리보를 다시 하나의 그룹으로 묶으면 테두리보가 완성된다.

3 지붕재 만들기

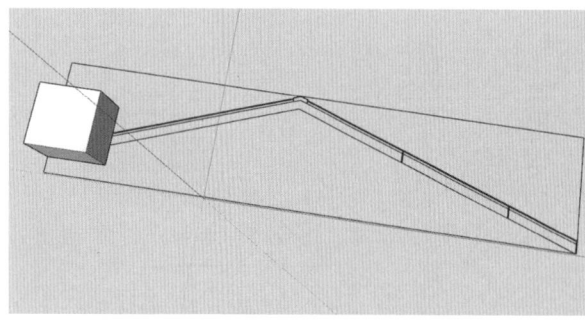 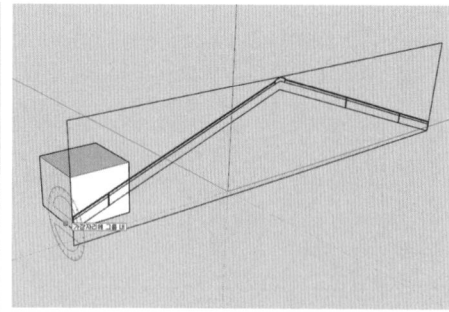

① 금속지붕재의 캐드도면을 그룹화 한 후, 임의의 입체의 도형을 이동하여 위의 왼쪽 그림과 같이 물매의 끝으로 맞춘다.
이때 주의할 점은 모두 그룹으로 만들고 작업을 해야 그룹으로 만들어 선이 자동으로 섞이지 않는다.

② 회전의 툴을 이용하여 다시 위의 오른쪽 그림과 같이 물매의 끝에서 사각형을 90도 만큼 세운다.

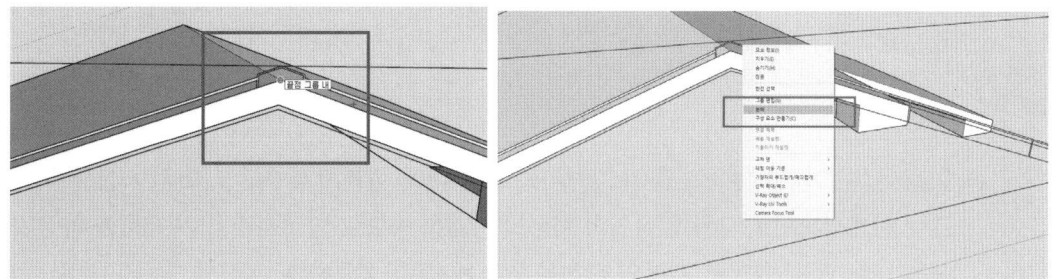

③ 위의 왼쪽 그림과 같이 지붕의 경사각에 끝점을 맞춘후 오른쪽 그림과 같이 그룹되어 있는 지붕재를 분해한다.

④ 선그리기 툴을 이용하여 각각의 금속 지붕재 선을 이으면 면으로 되어지고, 면으로 된 지붕재에 면의 방향을 선택하여 면반전을 실시한다.

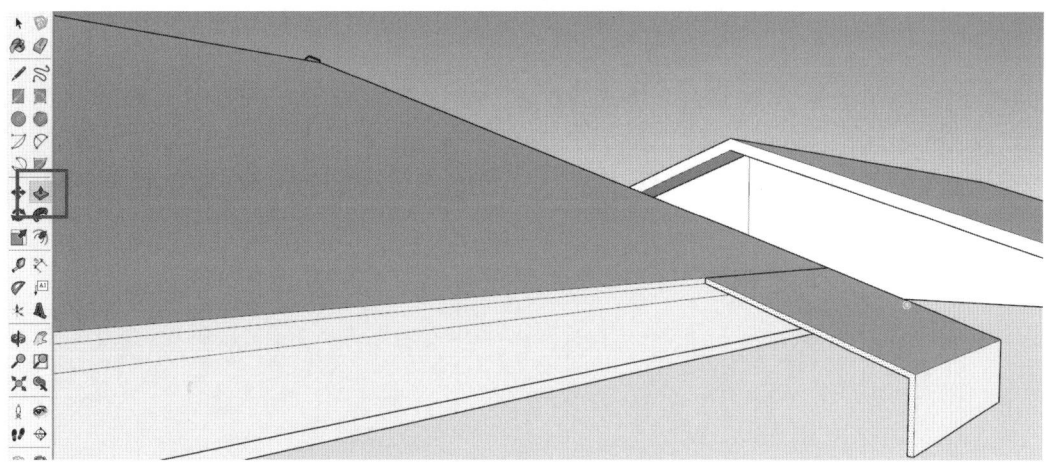

⑤ 밀어내기 툴을 이용하여 위의 그림과 같이 금속지붕재로 지붕상부를 덮는다.

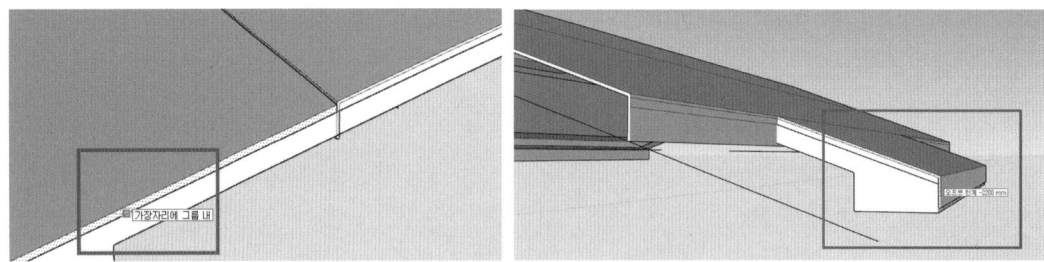

⑥ 이때 위의 그림과 왼쪽과 같이 가장자리 그룹 내에 정확히 맞추면 나머지 지붕들은 오 프셋 한계점까지로 자동 인식되어 지붕의 한계선 밖으로 넘어서지 않기 때문에 하나의 선을 맞출 때 주의해서 지붕의 끝선을 맞추는 것이 중요하다.

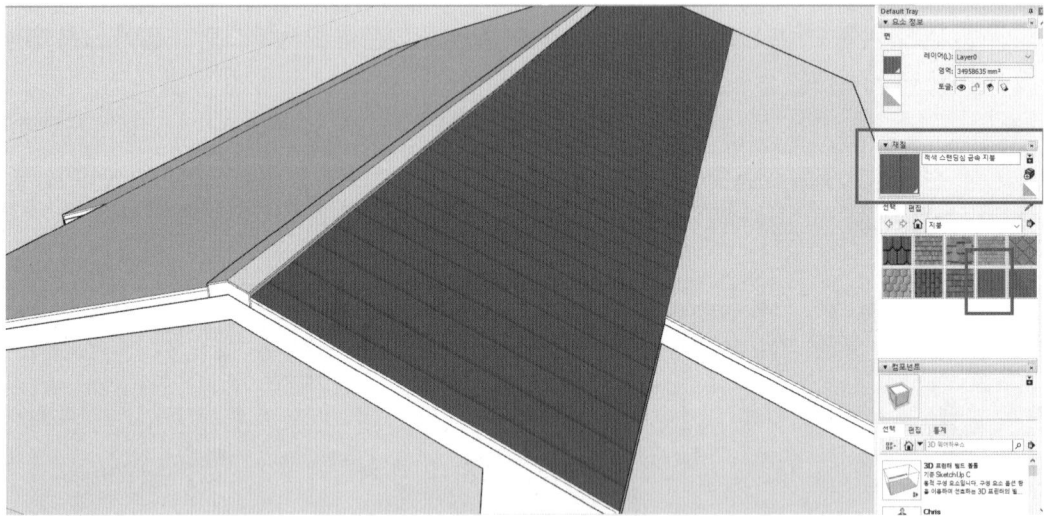

⑦ 지붕이 완료되면 재질에서 적색으로 된 금속 지붕재를 선택하여 재질을 입힌다.

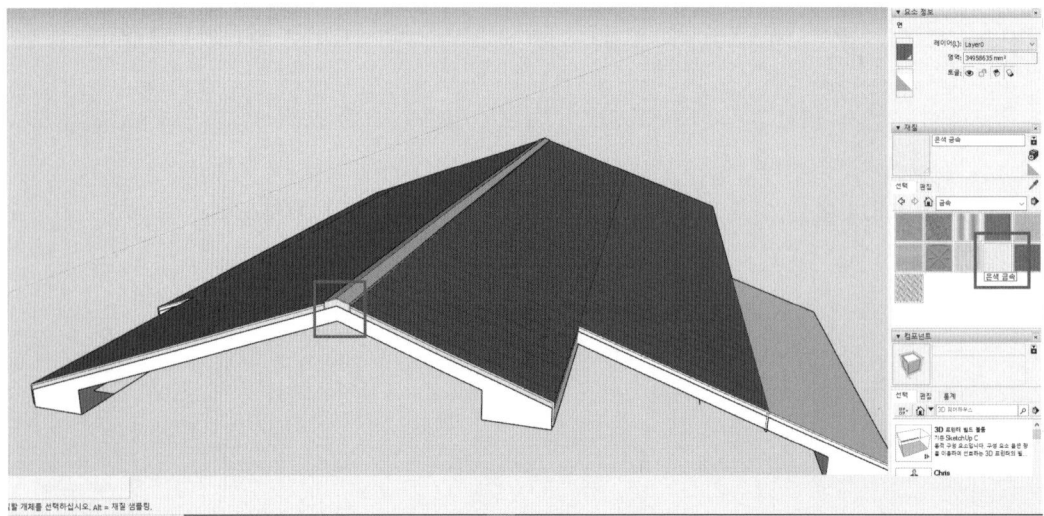

⑧ 용머리와 지붕 측면부분은 금속에서 은색 금속을 선택하면 자연스러운 금속재의 재질이 입혀진다.

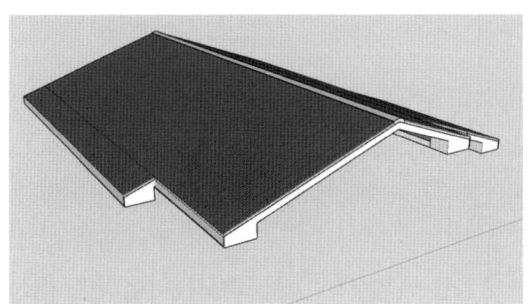 

⑨ 완성된 지붕을 그룹화 시키고 위의 오른쪽 그림과 같이 지붕의 끝선과 맞추어 넣으면 지붕이 완성된다.

Memo

Lesson

04 문 창문 작업하기

스케치업에서 문이나 창문, 집기 등과 같이 이미 만들어져 있는 도형을 3D WareHouse (3d 웨어하우스)를 통해 삽입하는데, 최근 3D WareHouse가 구글이나 페이스북의 아이디와 비밀번호를 공유하고 접속이 되는 점을 감안하면, 시험장에서 로그인을 하기가 어렵다.

또한 수험생이 구글이나 페이스북을 사용하지 않는 수업생이 있을 것을 감안한다면, 검정형 시험이 변경이 되어 3d를 통한 도면이 작도가 되어진다면, 문과 창문은 시험장에서 그려지든지 아니면 소스를 나눠줄 가능성이 매우 크다고 판단되어진다.

물론 본 장에서 스케치업이 실무에서 사용되는 점을 이유로 설명하고 있지만 이미 변경을 공표한 상태에서 변경될 수 있는 가능성이 다분한 시험을 생각하지 않을 수는 없다는 것이다.

따라서 스케치업의 문과 창문의 작도방법을 숙지하는 것이 매우 중요하다고 생각되어진다.

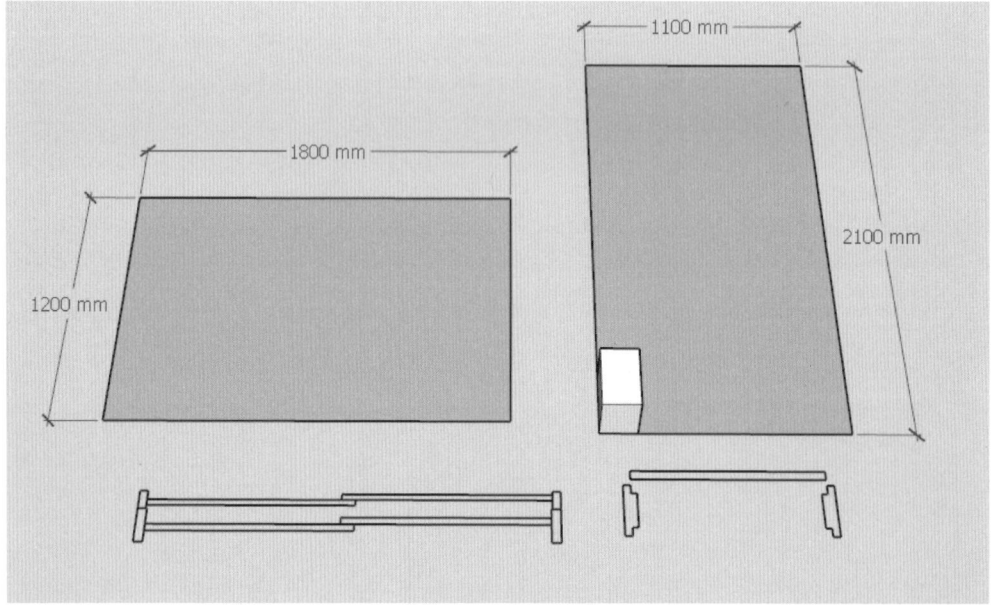

① 먼저 사각형의 툴을 사용하여 현관문의 크기인 (1,100 2,100)의 사각형을 만들고, 창문의 크기인(1,200 , 1,800)의 사각형을 위의 그림과 같이 만든다.

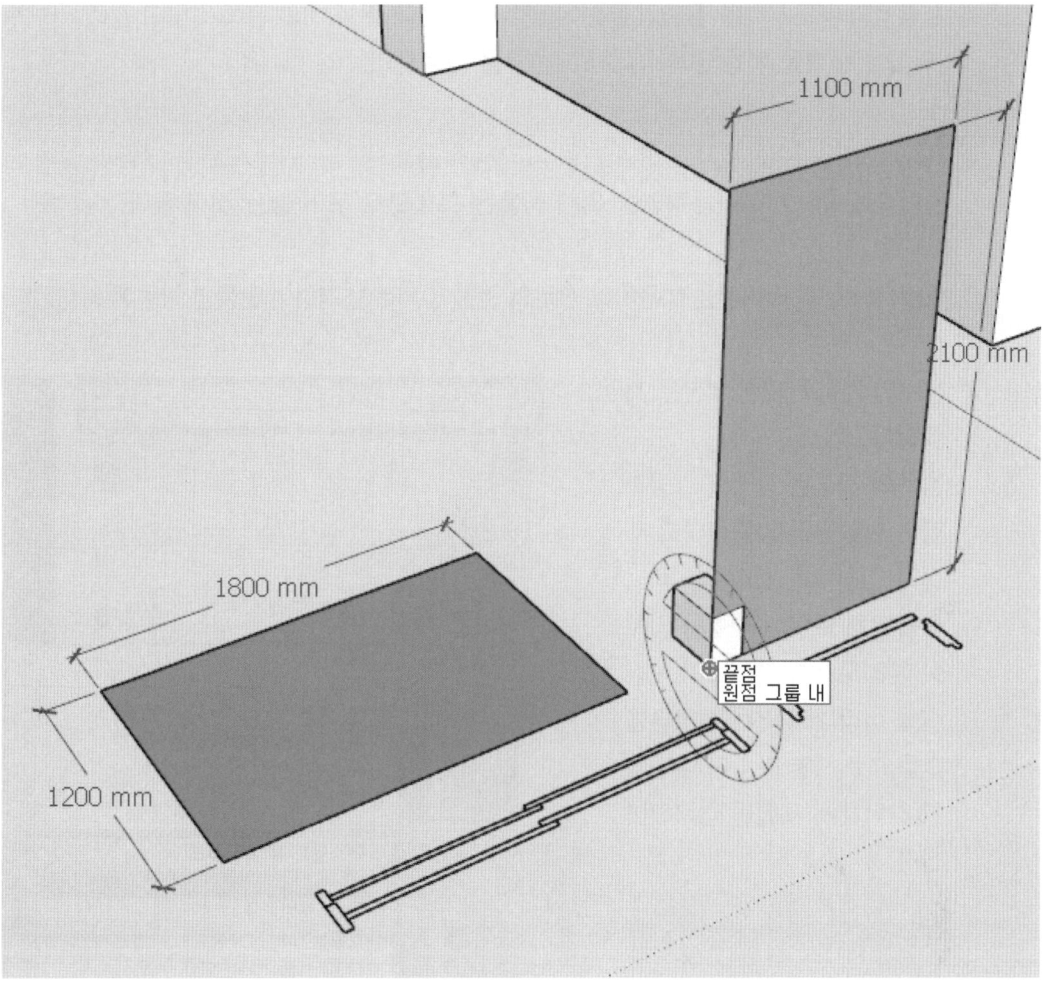

② 문과 창문의 각 모서리진 사각형의 끝에 임의의 입체의 도형을 이동하여 맞춘다.
이때 주의할 점은 임의의 도형은 그룹으로 만들고 작업을 해야 기존 도형과 섞이지 않는다.

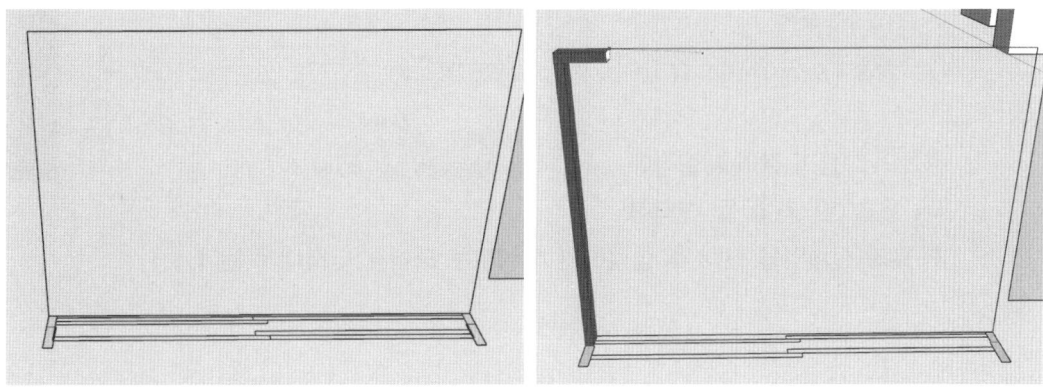

③ 사각형의 끝모서리를 창틀의 끝선에 맞추고 가운데 면을 위의 왼쪽 그림과 같이 키보드의 Delete키를 이용하여 삭제하고 선만을 남겨둔다.

④ Flow me의 아이콘을 이용하여 선을 따라서 창틀을 움직여 위의 오른쪽 그림과 같이 창틀을 만든다. 이때 다음작업을 위해 창틀은 그룹으로 묶어 놓는 것이 좋다.

⑤ Push & pull의 아이콘을 이용하여 창문의 면을 입체로 변경하여 만들면 창문이 완성된다.

⑥ 창문의 가장 중요한 부분은 재질이다.
창문의 재질은 아래의 그림과 같이 한쪽면만 입력한다고 재질이 입혀지는 것이 아니다. 정육면체 모두에 재질을 입혀야 유리로서 투명해보이는 성질을 나타내기 때문에 창틀을 그룹으로 해놓고 나머지 전체를 선택해서 재질을 입력해야 한다.

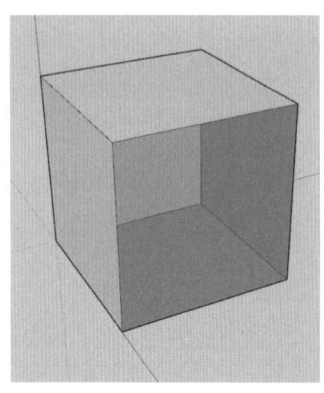

⑦ 왼쪽의 그림과 같이 재질창에서 "유리 및 거울"을 선택한 후 유리 전체면을 선택 후 삽입하면 비춰지는 모습을 나타내게 된다.

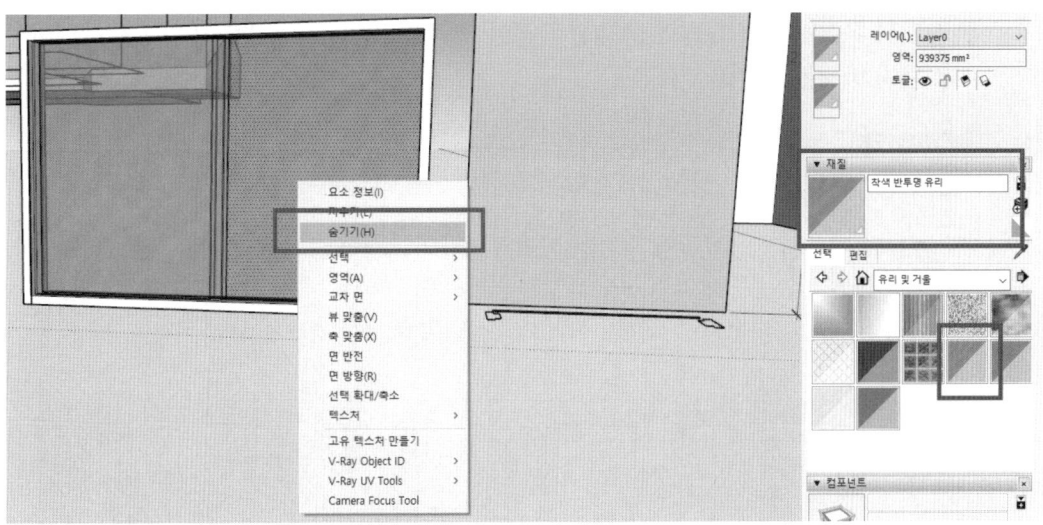

⑧ 이때 전체면이 고루 재질이 삽입이 안될 경우 삽입된 유리면을 선택한 후 마우스를 우 클릭하면 위의 그림과 같이 선택창이 뜨는데 "숨기기"버튼을 클릭하면 면이 숨겨지고 입력이 안된 재질이 나타나고 입력이 안된 재질에 다시 유리 재질을 입력하면 된다.

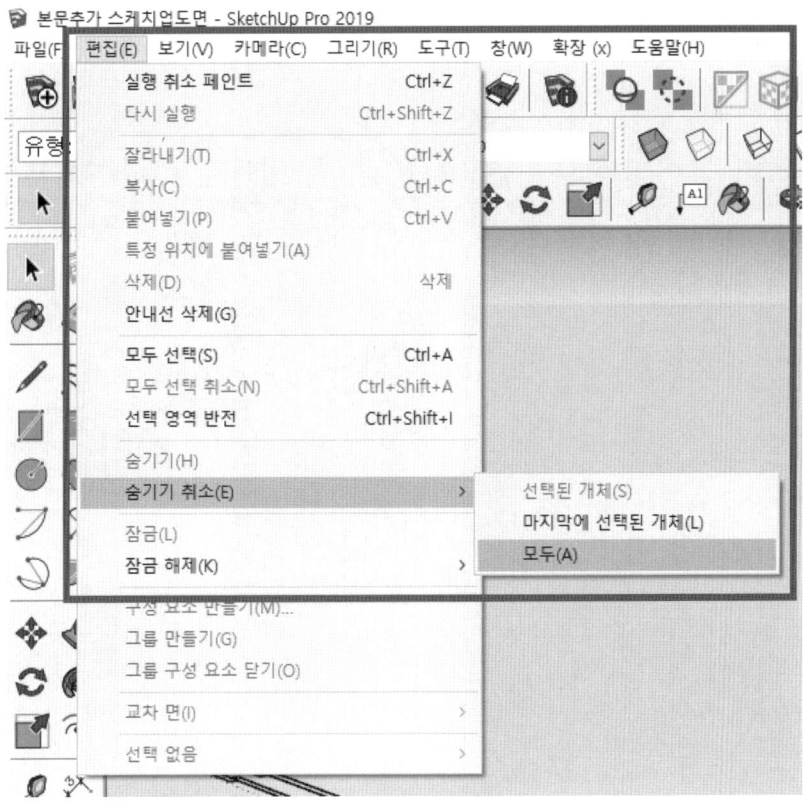

⑨ 숨기기 취소는 위의 그림과 같이 편집 툴을 선택하고 숨기기 취소에서 모두를 선택하면 숨기기가 취소된다.

> **Point**
>
> ➡ 유리 재질 삽입시 확인방법
> ▶ 유리 재질 삽입을 확인 할 수 있는 방법은 아래의 그림과 같이 유리재질 후면을 비췄을 때 후면에 있는 안보이면 재질 삽입이 원활히 이루어지지 않는 것이고 오른쪽 그림과 같이 객체가 다보이면 재질이 적합하게 삽입이 되어진 것으로 보면 된다.

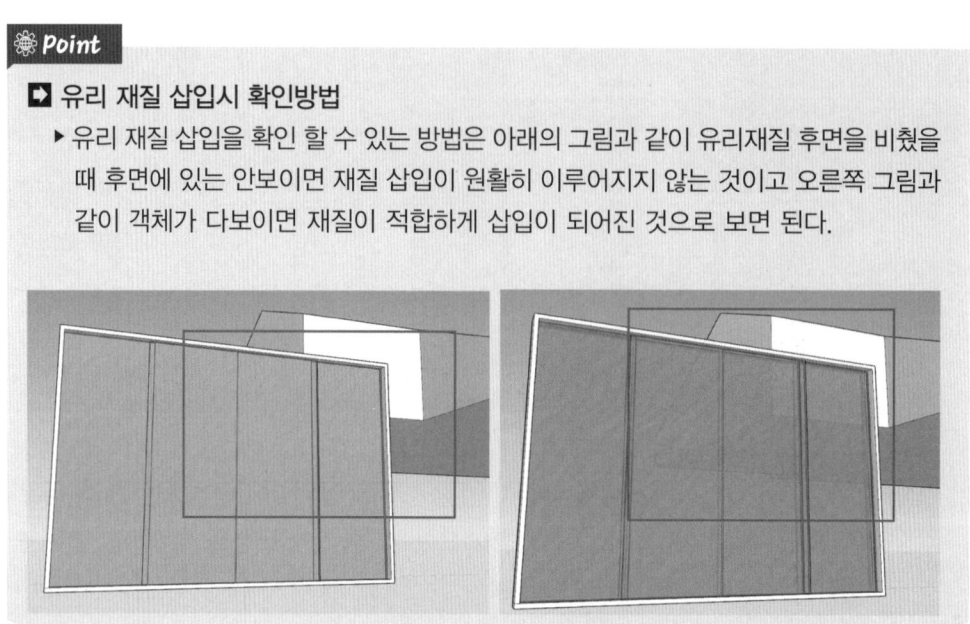

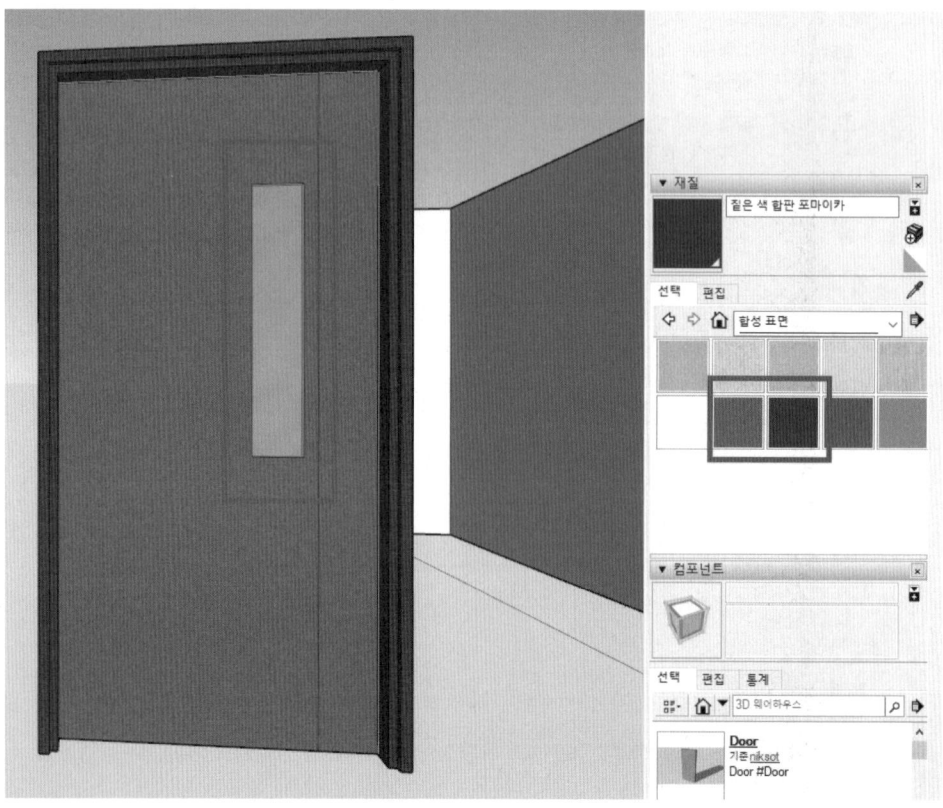

⑩ 문의 작도도 창문과 동일하며, 문의 경우는 위의 그림과 같이 중앙부에 사각형으로 면을 분리하고 유리의 재질을 삽입하면 된다.

이때 문의 재질은 강화문의 성질을 참고하여 위의 그림과 같이 합성표면의 짙은 색 합판 포마이카로 입력하면 좋다.

Memo

Memo

Chapter 03

스케치업 재질 및 마감

Lesson 01 재질 입히기
Lesson 02 Section을 통한 단면 구축하기
Lesson 03 도면 출력하기

전산응용
건축제도
기능사실기

Lesson

01 재질 입히기

재질 입히기는 3D를 이용한 도면 리터칭 작업에서 현실감 있게 도면을 표현하는 가장 좋은 수단으로 스케치업에서는 가장 편리하게 구성되어져 있다.

1 재질의 삽입 및 수정

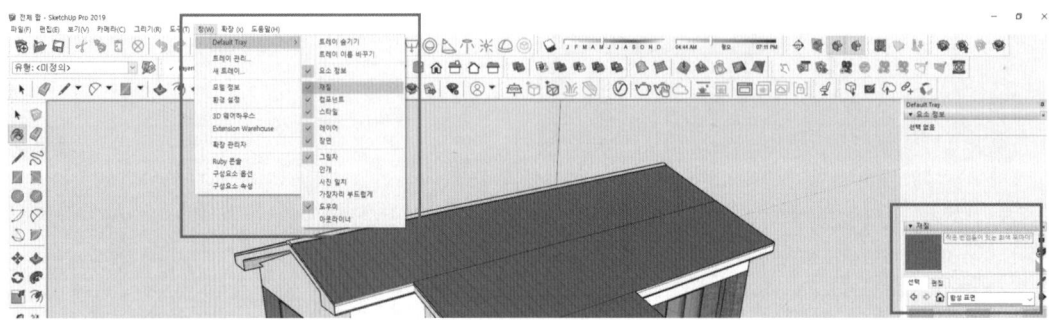

① 메뉴바에서 창에서 Default Try (디폴트 트레이)를 선택하여 [▶]기호를 선택하면 선택 창이 나타나는데 여기서 재질이 체크되어 있는지 확인하고 체크되어 있지 않으면 체크하면 오른쪽의 디폴트트레이 명령창에 재질이 나타나게 된다.

② 재질 삽입은 원하는 객체에 맞는 재질을 선택 후 클릭만 하면 자동으로 재질이 삽입되는데 이때 그룹 되어진 객체는 그 그룹 내에서만 전체 삽입된다.

2 재질의 종류 및 사용처

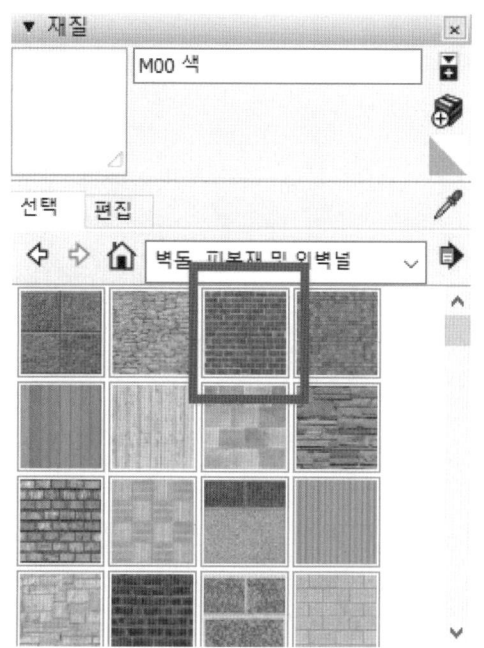

[벽돌재질 - 건축벽면]

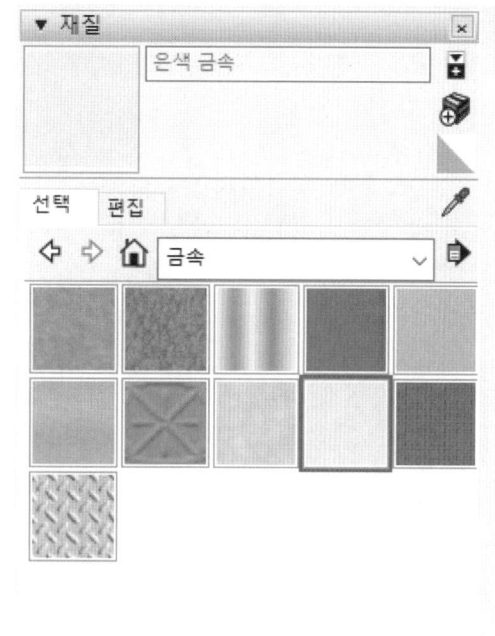

[금속재질 - 금속지붕 측면]

[콘크리트재질 - 건축테두리보 및 하부면]

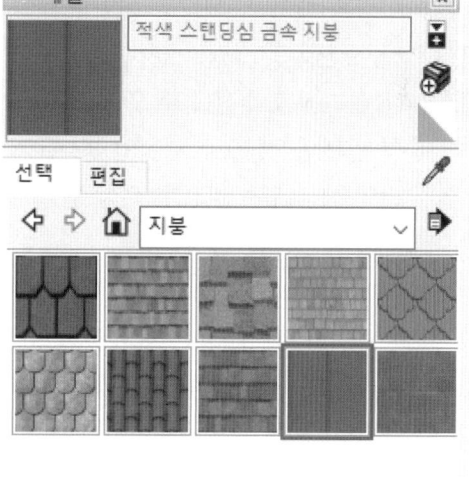

[지붕재질 - 금속지붕면]

유리재질 [창 및 문]

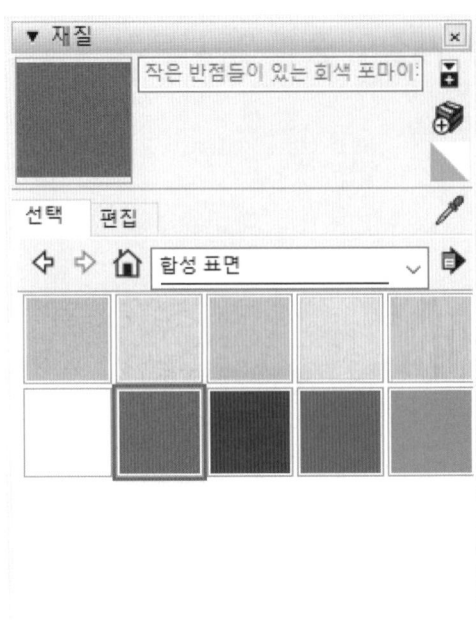

강화문 재질 [현관문]

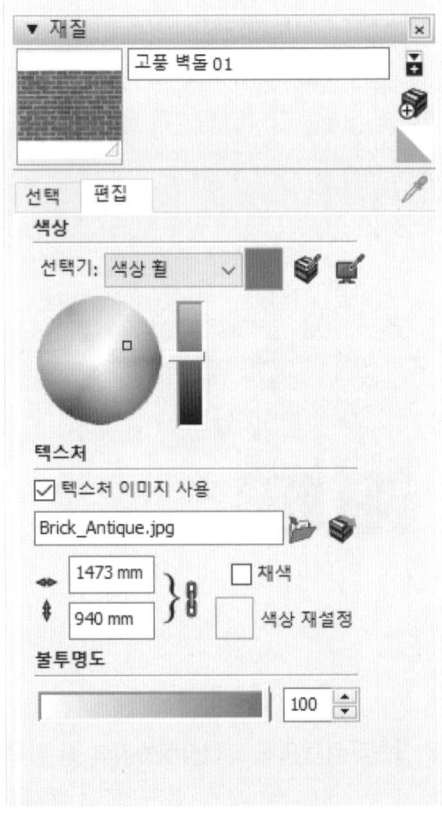

① 재질은 필요에 따라 수정해야 한다. 도면의 크기가 너무 클 경우 재질의 크기에 대해 수정을 하거나, 색상의 변화를 해야 하는데, 오른쪽의 그림과 같이 재질의 편집 탭에서 재질을 수정할 수 있다.
첫 번째는 색상으로 재질의 색상은 둥근 컬러의 색상에서 선택 후 색상 휠을 통해 명도의 선택을 할 수 있다.

② 텍스쳐의 크기는 오른쪽 아래의 그림과 같이 크기를 조정할 수 있는데, 도면의 크기에 따라 재질의 크기를 고려해서 조정해야 한다.
이때, 크기는 동시에 움직이는 것이 좋다. 한쪽만 움직이게 될 경우 재질의 특성이 깨져서 자칫 벽돌등 재질의 크기가 변하기 때문에 재질의 크기는 가급적 건드리지 않는 것이 좋다.

Lesson 02 Section을 통한 단면 구축하기

스케치업에서 단면도를 쉽게 구현할 수 있는데, 실무에서 도면을 사용하다보면 단면 구축이 필요할 경우가 반드시 발생한다.

이럴 경우를 대비해서 편안하게 단면을 확인하는 방법을 설명하고자 하는데, 변경되는 시험문제에서는 앞서 말한 대로 단면도보다는 입면위주로 나올 가능성이 매우 크기 때문에 단면의 방법은 익히지 않아도 무방할지 모르나 실제 실무에서 사용한다는 것을 전제로 집필하였기 때문에 이 부분을 어필하고 넘어가도록 한다.

① 먼저 아래의 그림과 같이 전체 도면을 선택한 후 전체 도면을 그룹화 시켜야 한다. 그룹화를 시키지 않으면 면이 서로 섞여 Section 작업 완료 후 분할이 어렵기 때문에 반드시 해야 한다.

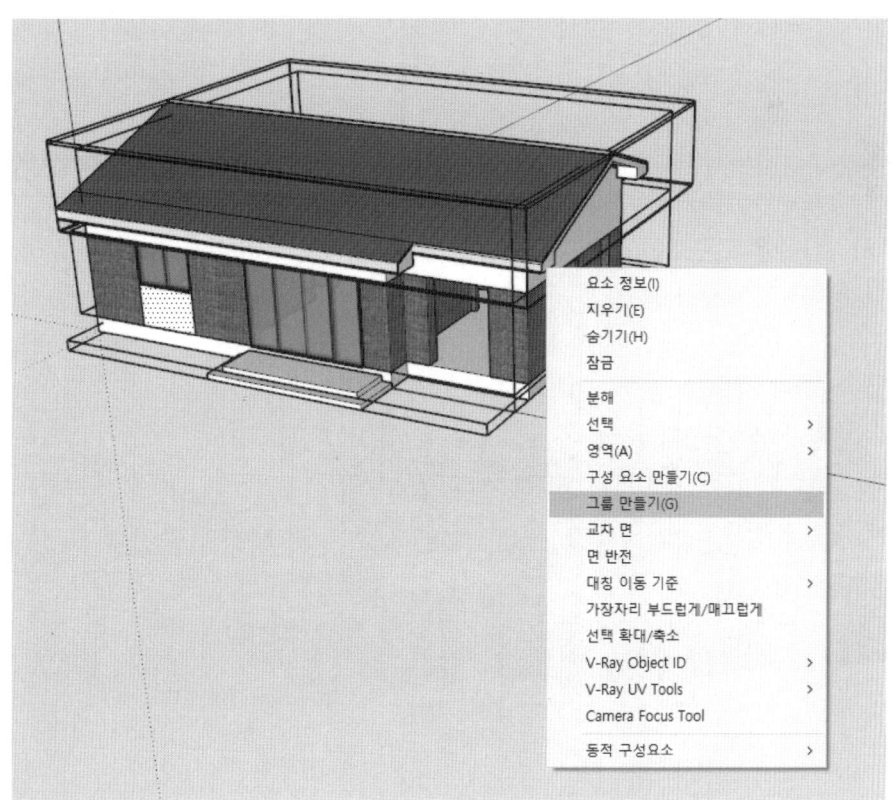

② 완료된 그룹 옆쪽으로 사각형의 크기를 절단할 단면의 크기만큼 작도하고 그 사각형 또한 그룹으로 마감한다.

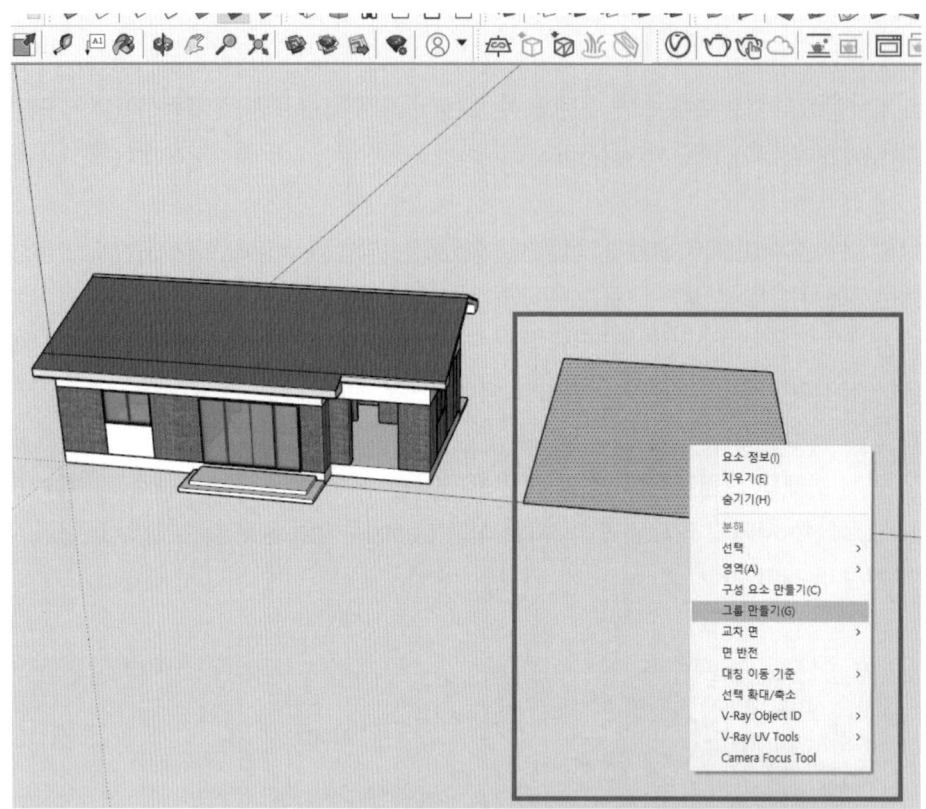

③ 사각형을 완료된 도면의 모서리에 대고 회전툴을 이용하여 아래의 그림과 같이 90도로 세운다.

④ 잘려진 면의 표현을 위해 절단할 위치로 Move툴을 이용하여 움직여 정확한 위치를 잡고 Section툴을 열어 Section위치를 선정한다.

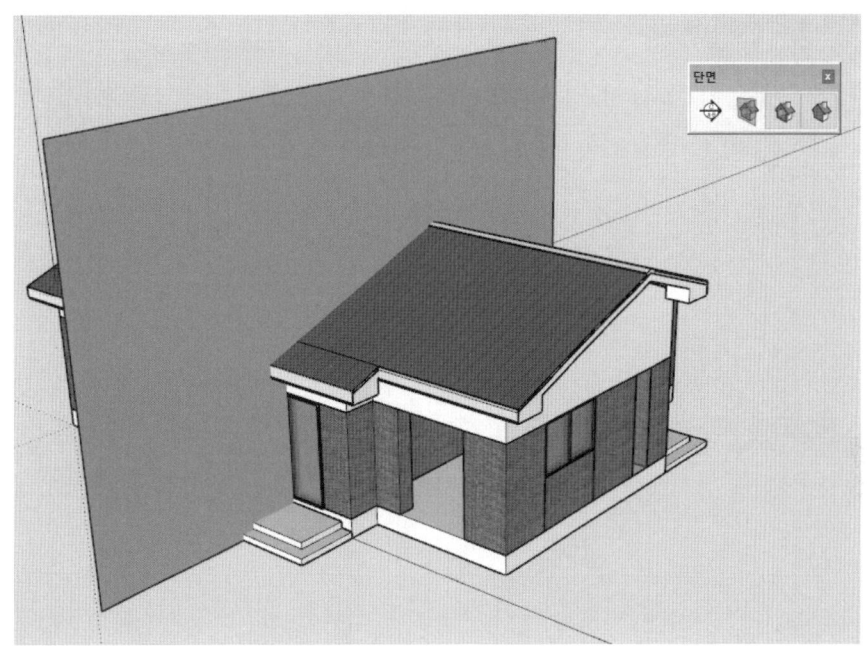

② 잘려진 면에 아래의 그림과 같이 Section을 선택한 후 마우스로 클릭하면 단면의 이름 저장 팝업창이 나타나고 단면의 명칭을 저장하면 단면표현이 완성된다.

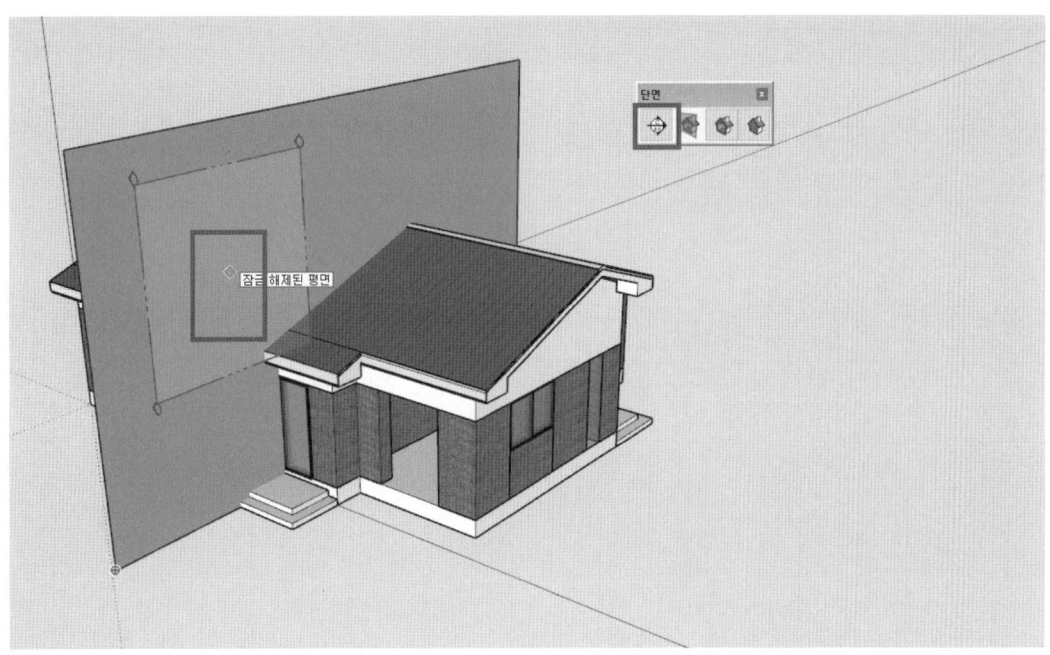

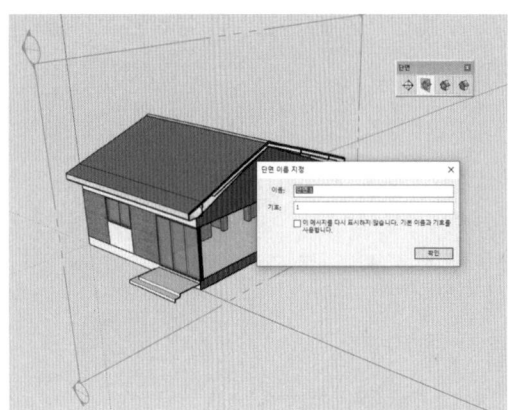 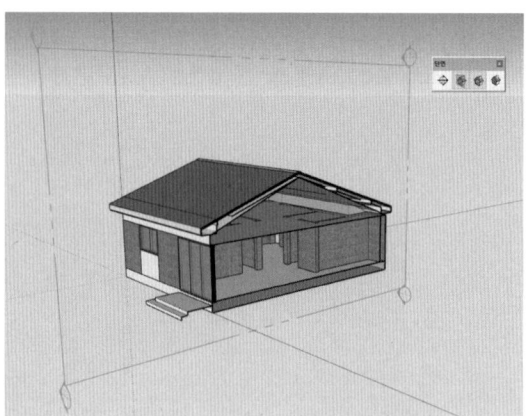

Memo

Lesson 03 도면 출력하기

도면의 출력은 캐드도면의 출력처럼 어렵지 않다. 다만 해상도 부분에서 V-ray를 사용하느냐 하지 않느냐에서 차이가 있다. 그러나 V-ray는 별도의 프로그램으로 만약 검정형 시험으로 문제가 기출 될 경우 V-ray를 사용하지 않을 수 있을 가능성이 매우 크다.
다만 실무에서 사용하는 부분이 있으므로 2가지의 경우를 모두 포함하여 설명하고자 한다.

1 공통사항

우리가 3D를 교재에 편입한 이유는 사실 검정형 시험의 교체를 위함은 아니다.
실무에서 사용되는 도면이 스케치업으로 출력되어지는 경우가 많아 자격증 시험을 준비하는 수험생이 스케치업에서 건축으로 주로 표현되는 부분을 간단히 숙지하는 것이 좋은 판단에서 이다.

그런데 앞서 말한 바와 같이 2020년부터 한국산업인력공단에서 큐넷을 통해 검정형 시험의 변경을 고지해 왔고, 우리 수험생에게 초보적 지식을 전파하기 위해서 반드시 필요한 부분만을 요약하여 작성을 하게 되었기 때문에 실제 스케치업만을 공부하는 학생에게는 위 내용은 다소 차이가 있거나 약하다는 생각을 가질 것이다.

스케치업 프로그램은 전문 스케치업 교재를 통해 준비하고, 본 교재는 스케치업으로 3d를 건축으로 구현하는 최소한의 표현방법만을 중점으로 삼고자 하였기 때문에 다소 실제 스케치업과는 차이가 있을 수 있음을 양해해주기를 바란다.

따라서 인쇄방법이나 저장방법도 변경될 검정형고시에 준하여 설명을 하고자 한다.

먼저 바탕화면에 아래의 그림과 같이 비번호 폴더를 생성 후 비번호 폴더에 JPG 파일로 저장해야 한다.

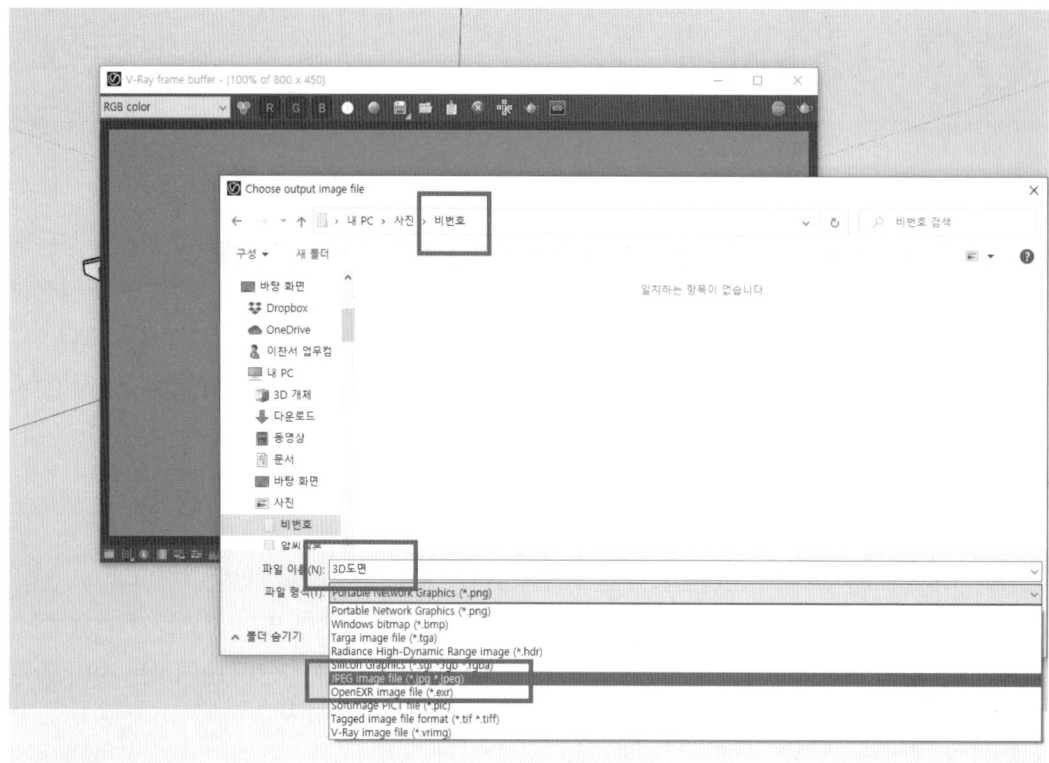

2 V-ray를 사용한 출력방법

① V-ray 사용시에는 반드시 렌더 아웃풋에서 해상도를 선택해야 하는데, 해상도가 너무 높을 경우는 출력 및 저장에 시간이 매우 많이 소요된다.
따라서 처음 작업시에는 낮은 해상도로 작업을 하며 수시로 V-ray 렌더를 확인하며 작업하는 습관을 가지는 것이 좋다.

② 마지막 출력전에는 최상의 해상도로 조정하거나 해상도 출력에 대한 기준이 있다면 오른쪽의 그림과 같이 렌더링 아웃풋에서 해상도를 조건에 맞게 설정하여 출력하면 된다.

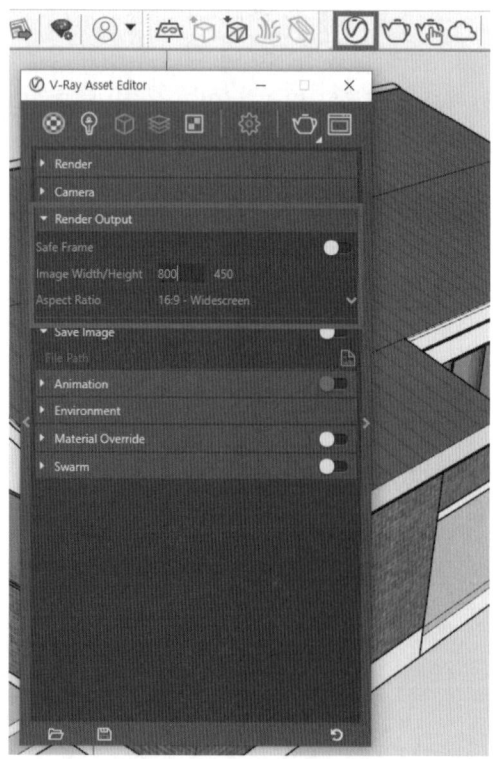

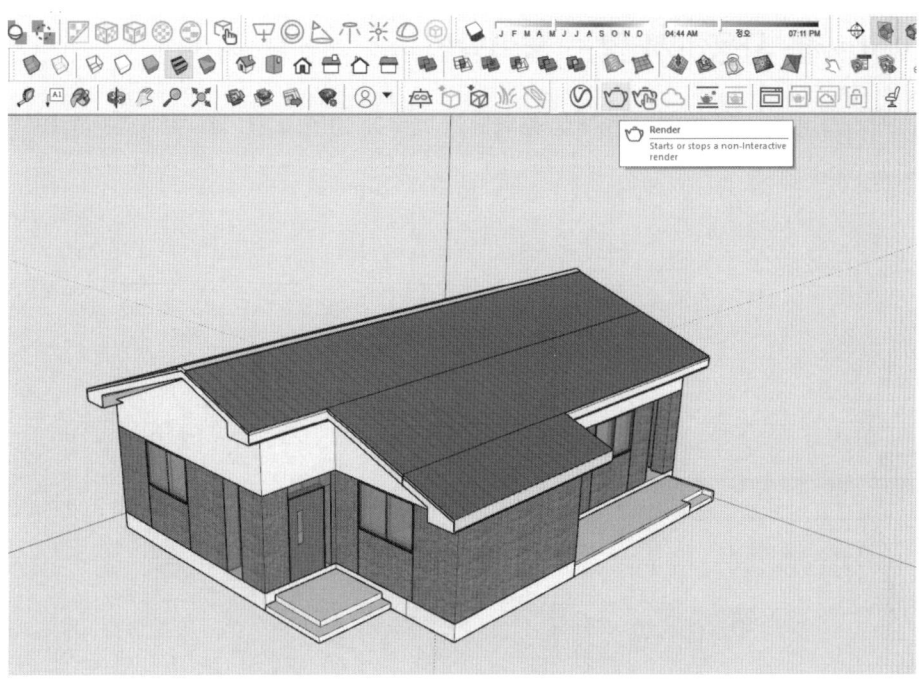

③ 렌더링의 주전자 모양 아이콘을 선택하여 렌더링의 화면을 보고 적절한 해상도의 구현이 되었는지 확인 후 1번 공통사항과 같이 디스켓모양의 아이콘을 클릭하여 저장한다.

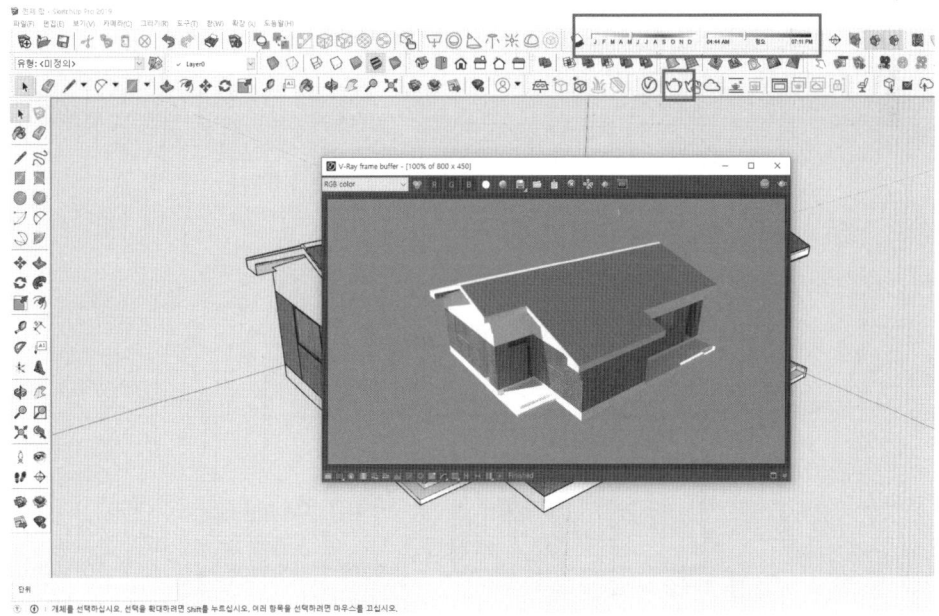

④ 이때 위의 그림과 같이 시간과 계절을 조정하여 낮시간대 밝은 상태에서 도면을 출력하는 것이 좋다.

3 V-ray를 사용하지 않는 출력방법

스케치업은 화면이 보여지는 대로 출력되기 때문에 화면의 크기를 최대로 만들어 놓고 출력을 해야 한다.

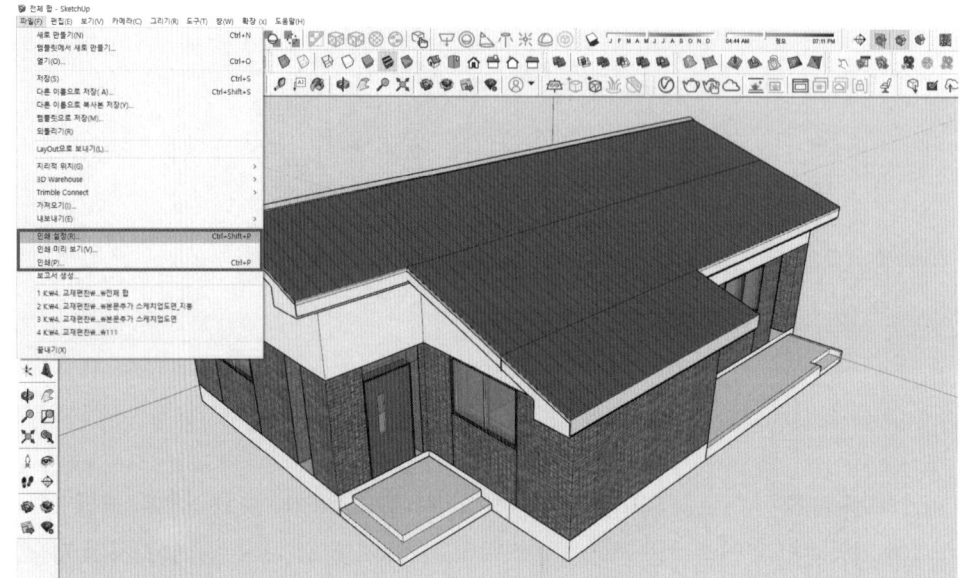

① 위의 그림과 같이 파일 메뉴에서 인쇄 설정을 선택한다.

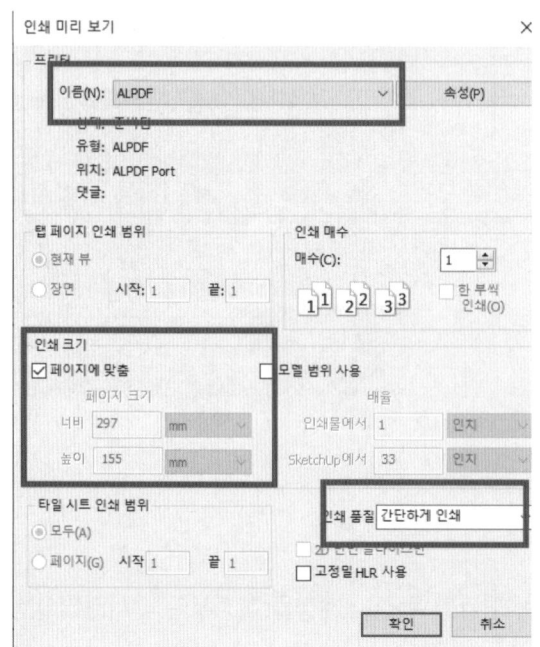

② 위의 그림에서 중요한 부분은 페이지 맞춤 부분인데 처음은 페이지 맞춤이 인치로 설정되어 있다. 페이지 맞춤에서 √되어진 부분을 해지하고 인치로 변경하면 용지의 크기를 가늠할 수 있다.
만약 용지의 크기가 잘못되어 있으면 수동으로 조정한다.

③ 인쇄품질은 간단하게 인쇄로 하되, 만약 조건이 주어지면 그 조건에 맞게 수정하면 된다.

④ 오른쪽의 그림과 같이 프린터의 명칭을 설정하고 용지의 크기를 선택한다.

⑤ 용지의 가로방향 및 세로방향을 설정한후 미리보기를 반드시 한다.

⑥ 출력버튼을 누르기 전 PDF 파일로 출력을 미리 해본 후 적정한 상태를 확인하고 나서 종이 출력을 하는 것이 좋다.

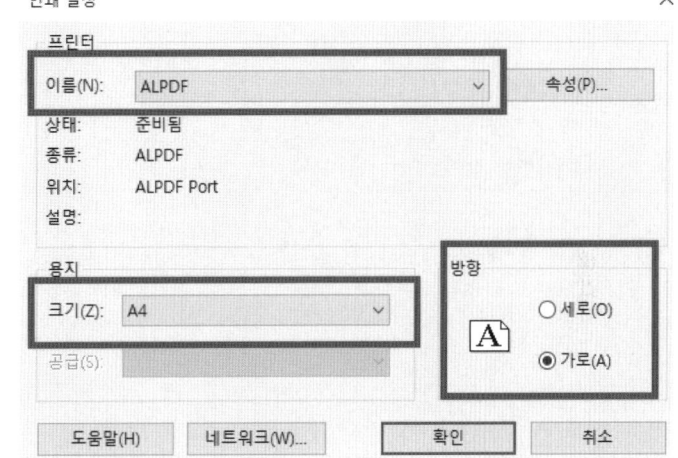

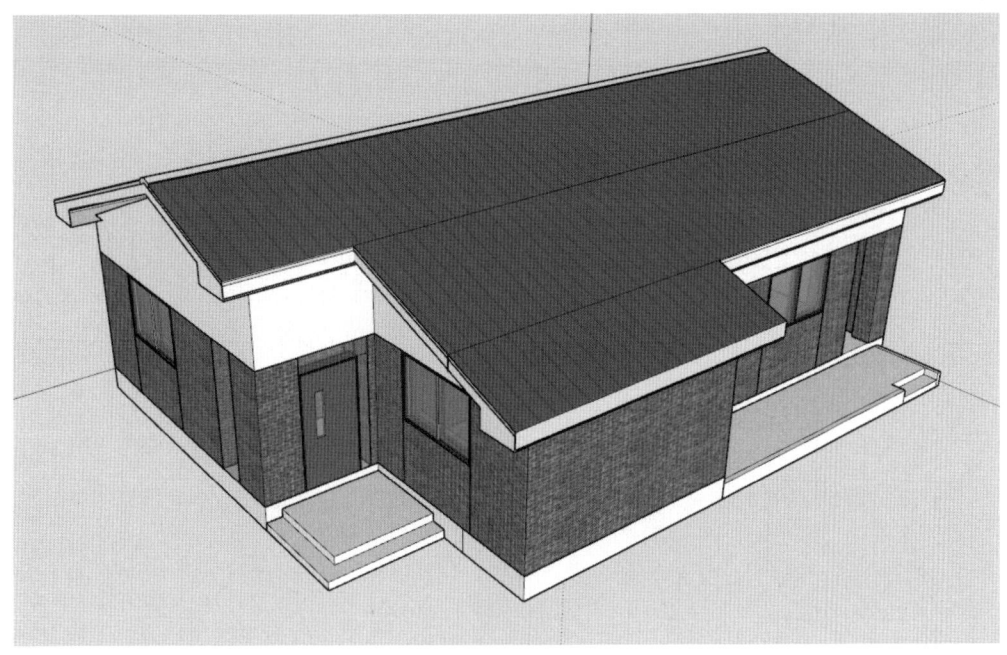

[완성된 도면]

Memo

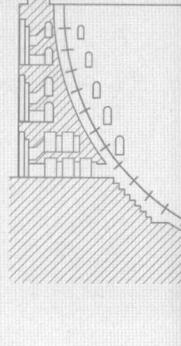

PART

05

기출문제 및 정답

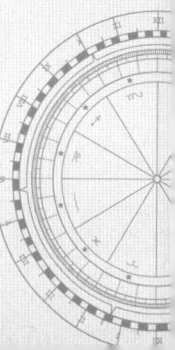

자격종목	전산응용건축제도기능사	작품명	주택

비번호(등번호) _____

시험시간 : 표준시간 4시간 10분, 연장시간 없음

1. 요구사항

1) 주어진 평면도를 보고 CAD를 이용하여 아래 조건에 맞게 다음 도면을 작도한 후 지급된 용지에 본인이 직접 흑백으로 출력하여 USB메모리에 저장하여 함께 제출 하시오.

① A부분 단면상세도를 1/40로 작도하시오.
② 남측 입면도를 축척 1/50로 작도하되 벽면재료 표시 및 주위의 배경 등, 도면 효과를 충분히 고려하시오.

조 건

기초 및 지하실 벽체 : 철근콘크리트 구조로 한다.
단열재 : 외벽 120mm, 바닥 85mm, 지붕 180mm로 하시오.
벽체 : 외벽 – 외부로부터 붉은 벽돌 0.5B, 단열재 120mm,
　　　　　　시멘트벽돌 1.0B로 하고 외부마감은 제물치장으로 하시오.
　　　 내벽 – 두께 1.0B 시멘트벽돌 쌓기로 하시오.
지붕 : 철근콘크리트 경사슬래브 위 시멘트 기와잇기 마감으로 하시오. (물매 3.5/10이상)
처마나옴 : 벽체 중심에서 600mm
반자높이 : 2,400mm, 처마반자 설치
창호 : 목재창호로 하되 2중 창인 경우 외부 창호는 알루미늄 새시로 하시오.
각실의 난방 : 온수파이프 온돌난방으로 하시오.
1층 바닥슬래브와 기초는 일체식으로 표현하시오.

평면도에 표기되지 않은 현관 및 캐노피는 작도하지 않습니다.
기타 각부분의 마감, 치수 등 주어지지 않은 조건은 KS건축제도 통칙에 따릅니다.

2) 선의 통일을 기하기 위하여 아래와 같이 선의 색을 정리하여 출력한다.

　　흰색 – (7–white) – 0.3mm　　　녹색 – (3–green) – 0.2mm
　　노랑 – (2–yellow) – 0.4mm　　하늘색 – (4–cyan) – 0.3mm
　　빨강 – (1–red) – 0.2mm　　　파랑 – (5–blue) – 0.1mm

자격종목	전산응용건축제도기능사	작품명	주택

2. 수험자 유의사항

* 다음 유의사항을 고려하여 요구사항을 완성하시오.

1) 명기되지 않은 조건은 건축법, 건축구조 및 건축제도 원칙에 따릅니다.
2) 시험 시작전 바탕화면에 본인 비번호로 폴더를 생성하고, 폴더 안에 작업내용을 저장하도록 합니다.
3) 정전 및 기계고장 등에 의한 자료손실을 방지하기 위하여 수시로 저장합니다.
4) 다음과 같은 경우는 부정행위로 처리됩니다.
   ① 노트 및 서적, 디스켓을 소지하거나 주고받는 행위
   ② 건물의 구조부분의 상세나 글씨 등을 사전에 블록으로 설정하여 지참해 사용하는 경우
5) 작업이 끝나면 감독위원의 확인을 받은 후 문제지를 제출하고 본부요원이 입회하에 본인이 직접 A3용지에 흑백으로 도면을 출력하도록 합니다.
   이때 수험자의 운영미숙으로 도면이 출력되지 않는 경우나 출력시간이 20분을 초과할 경우는 실격 됩니다.
6) 장비 조작 미숙으로 장비의 파손 및 고장을 일으킬 염려가 있을 경우 실격됩니다.
7) 다음과 같은 경우는 채점대상에서 제외됩니다.
   가) 시험시간(표준시간 및 연장시간 포함) 내에 요구사항을 완성하지 못한 경우
   나) 시험시간 내에 제출된 작품이라도 다음과 같은 경우
      (1) 주어진 조건을 지키지 않고 작도한 경우
      (2) 요구한 전 도면을 작도하지 않은 경우
      (3) 건축제도 통칙을 준수하지 않거나 건축 CAD의 기능이 없는 상태에서 완성된 도면으로 시험위원 전원이 합의하여 판단한 경우
8) 수험번호, 성명은 도면 좌측상단에 아래와 같이 표제란을 만들어 기재합니다.

9) 감독위원은 시험 시작후 수검자에게 표제란을 우선 작도 후 도면을 작도하도록 하여야 하며 수험자가 감독위원의 동지시를 따르지 않을 경우 실격 처리 됩니다.
10) 테두리선의 여백은 10mm로 합니다.

| 자격종목 | 전산응용건축제도기능사 | 기출문제 | 3번 | 척도 | 1/100 |

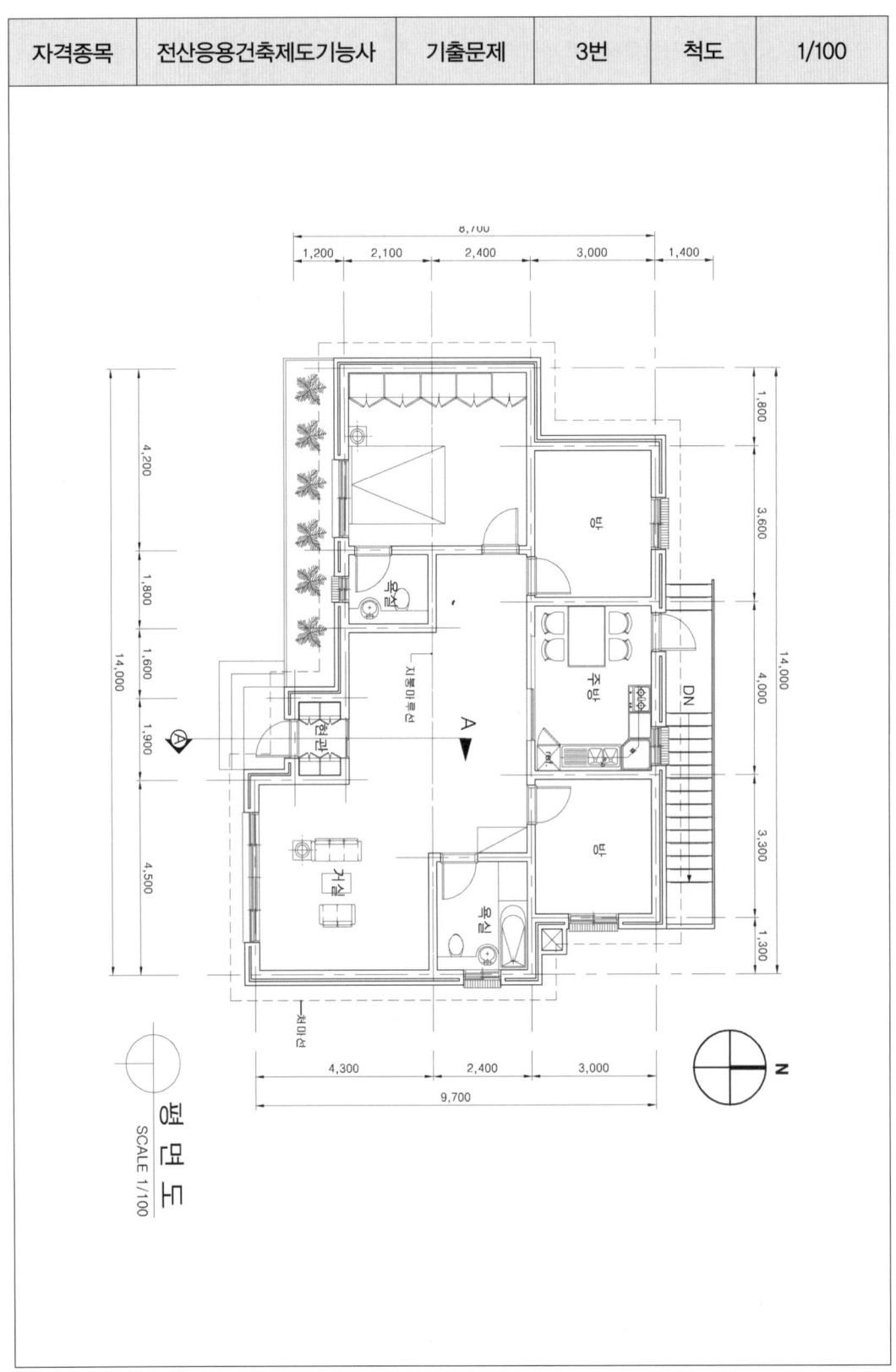

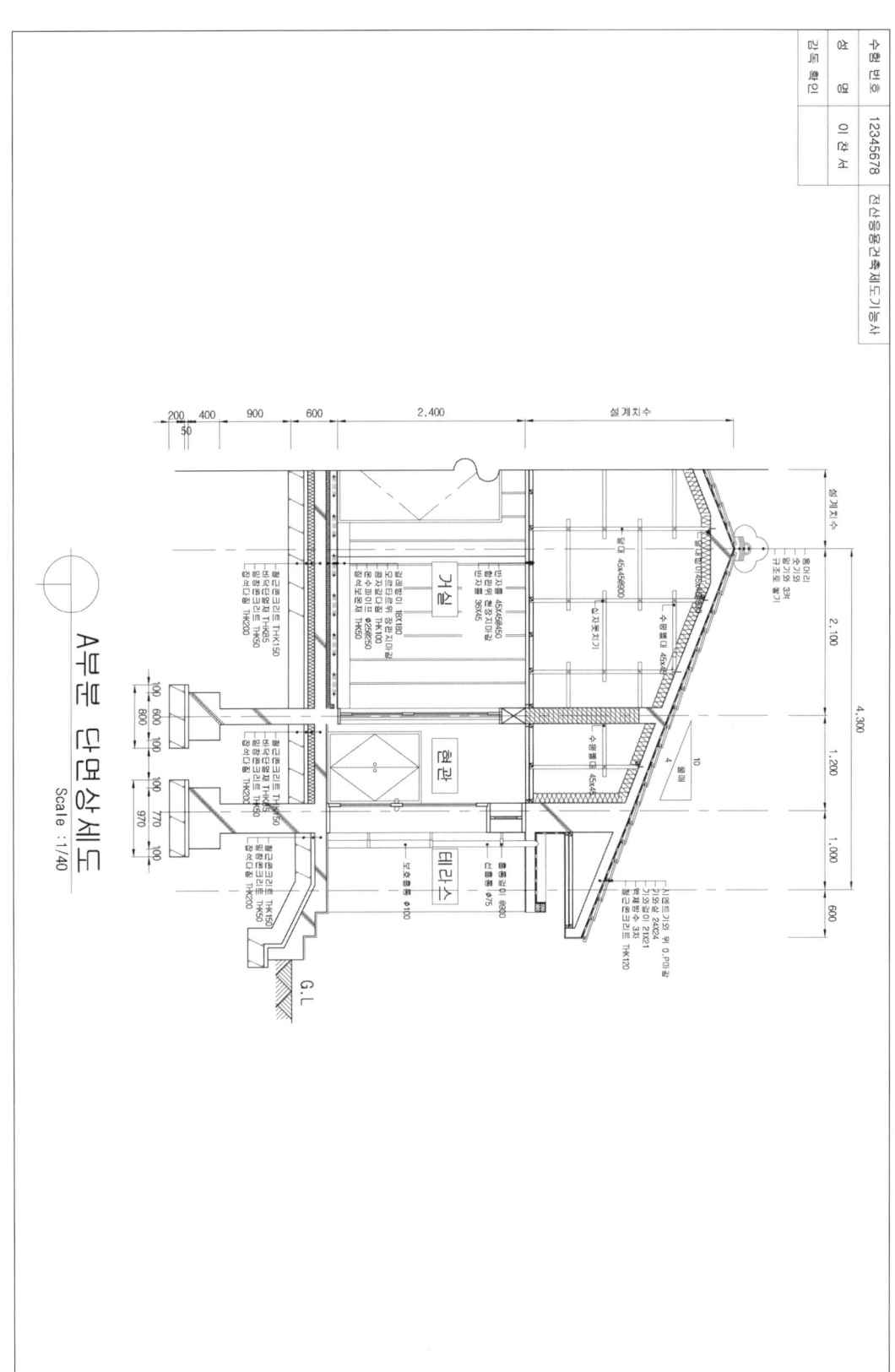

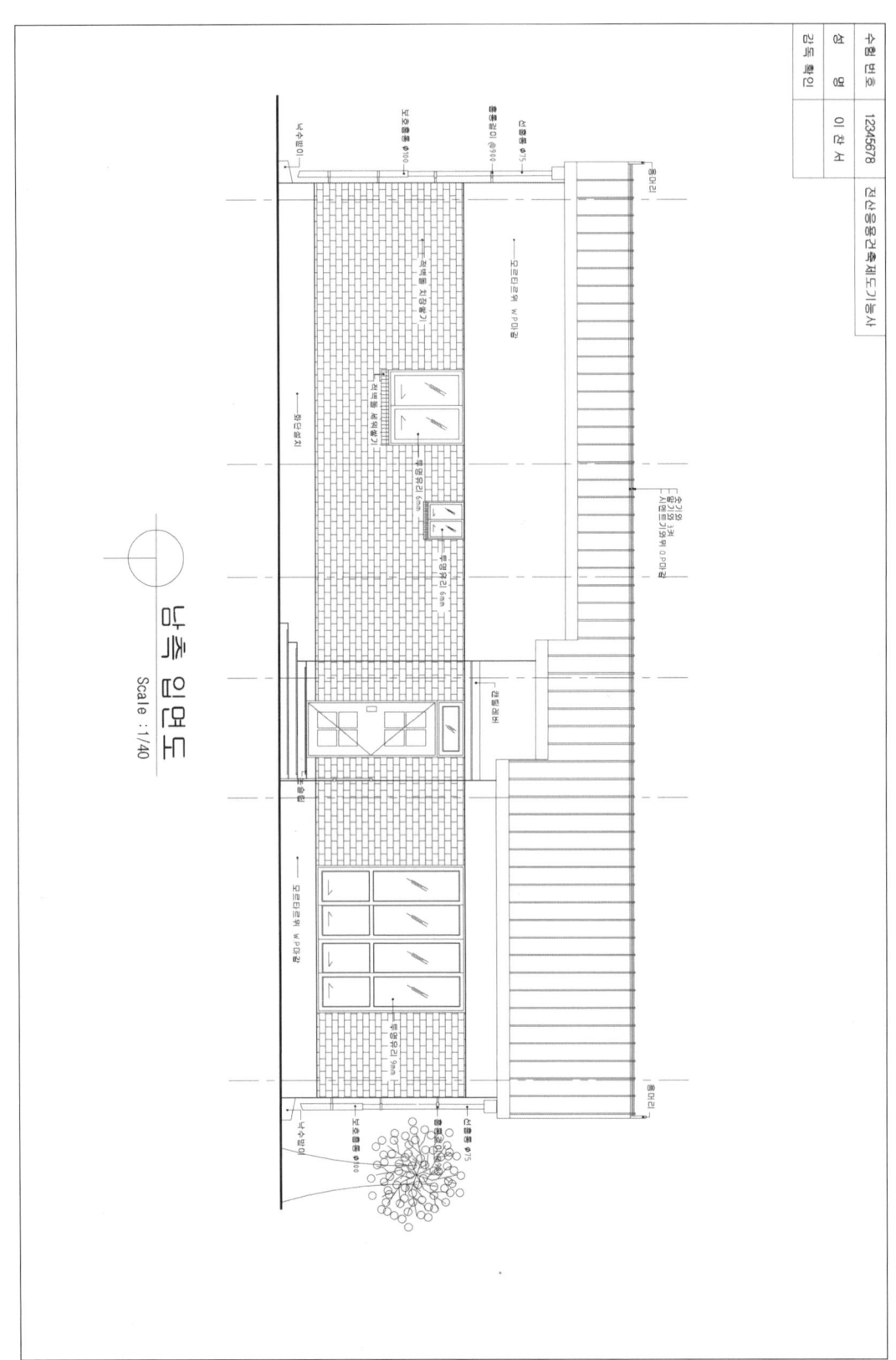

자격종목	전산응용건축제도기능사	작품명	주택

비번호(등번호) _____

시험시간 : 표준시간 4시간 10분, 연장시간 없음

1. 요구사항

1) 주어진 평면도를 보고 CAD를 이용하여 아래 조건에 맞게 다음 도면을 작도한 후 지급된 용지에 본인이 직접 흑백으로 출력하여 USB메모리에 저장하여 함께 제출 하시오.

　① A부분 단면상세도를 1/40로 작도하시오.
　② 남측 입면도를 축척 1/50로 작도하되 벽면재료 표시 및 주위의 배경 등, 도면 효과를 충분히 고려하시오.

조건

기초 및 지하실 벽체 : 철근콘크리트 구조로 한다.
단열재 : 외벽 70mm, 바닥 80mm, 지붕 120mm로 하시오.
벽체 : 외벽 – 외부로 부터 붉은 벽돌 0.5B, 단열재 70mm,
　　　　　　시멘트벽돌1.0B로 하고 외부마감은 제물치장으로 하시오.
　　　내벽 – 두께 1.0B 시멘트벽돌 쌓기로 하시오.
지붕 : 철근콘크리트 경사슬래브 위 시멘트 기와잇기 마감으로 하시오. (물매 4/10이상)
처마나옴 : 벽체 중심에서 600mm
반자높이 : 2,400mm, 처마반자 설치
창호 : 목재창호로 하되 2중 창인 경우 외부 창호는 알루미늄 새시로 하시오.
각실의 난방 : 온수파이프 온돌난방으로 하시오.
1층 바닥슬래브와 기초는 일체식으로 표현하시오.

평면도에 표기되지 않은 현관 및 캐노피는 작도하지 않습니다.
기타 각부분의 마감, 치수 등 주어지지 않은 조건은 KS건축제도 통칙에 따릅니다.

2) 선의 통일을 기하기 위하여 아래와 같이 선의 색을 정리하여 출력한다.

　　흰색 – (7-white) – 0.3mm　　　녹색 – (3-green) – 0.2mm
　　노랑 – (2-yellow) – 0.4mm　　하늘색 – (4-cyan) – 0.3mm
　　빨강 – (1-red) – 0.2mm　　　　파랑 – (5-blue) – 0.1mm

자격종목	전산응용건축제도기능사	작품명	주택

2. 수험자 유의사항

* 다음 유의사항을 고려하여 요구사항을 완성하시오.

1) 명기되지 않은 조건은 건축법, 건축구조 및 건축제도 원칙에 따릅니다.
2) 시험 시작전 바탕화면에 본인 비번호로 폴더를 생성하고, 폴더 안에 작업내용을 저장하도록 합니다.
3) 정전 및 기계고장 등에 의한 자료손실을 방지하기 위하여 수시로 저장합니다.
4) 다음과 같은 경우는 부정행위로 처리됩니다.
   ① 노트 및 서적, 디스켓을 소지하거나 주고받는 행위.
   ② 건물의 구조부분의 상세나 글씨 등을 사전에 블록으로 설정하여 지참해 사용하는 경우
5) 작업이 끝나면 감독위원의 확인을 받은 후 문제지를 제출하고 본부요원이 입회하에 본인이 직접 A3용지에 흑백으로 도면을 출력하도록 합니다.
   이때 수험자의 운영미숙으로 도면이 출력되지 않는 경우나 출력시간이 20분을 초과할 경우는 실격 됩니다.
6) 장비 조작 미숙으로 장비의 파손 및 고장을 일으킬 염려가 있을 경우 실격됩니다.
7) 다음과 같은 경우는 채점대상에서 제외됩니다.
   가) 시험시간(표준시간 및 연장시간 포함) 내에 요구사항을 완성하지 못한 경우
   나) 시험시간 내에 제출된 작품이라도 다음과 같은 경우
      (1) 주어진 조건을 지키지 않고 작도한 경우
      (2) 요구한 전 도면을 작도하지 않은 경우
      (3) 건축제도 통칙을 준수하지 않거나 건축 CAD의 기능이 없는 상태에서 완성된 도면으로 시험위원 전원이 합의하여 판단한 경우
8) 수험번호, 성명은 도면 좌측상단에 아래와 같이 표제란을 만들어 기재합니다.

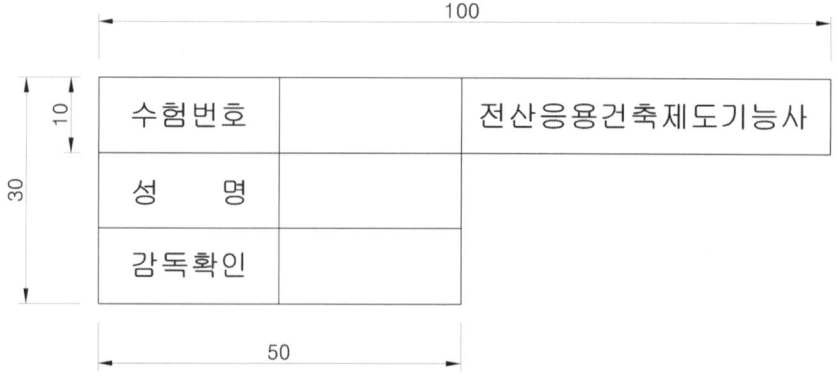

9) 감독위원은 시험 시작후 수검자에게 표제란을 우선 작도 후 도면을 작도하도록 하여야 하며 수험자가 감독위원의 동지시를 따르지 않을 경우 실격 처리 됩니다.
10) 테두리선의 여백은 10mm로 합니다.

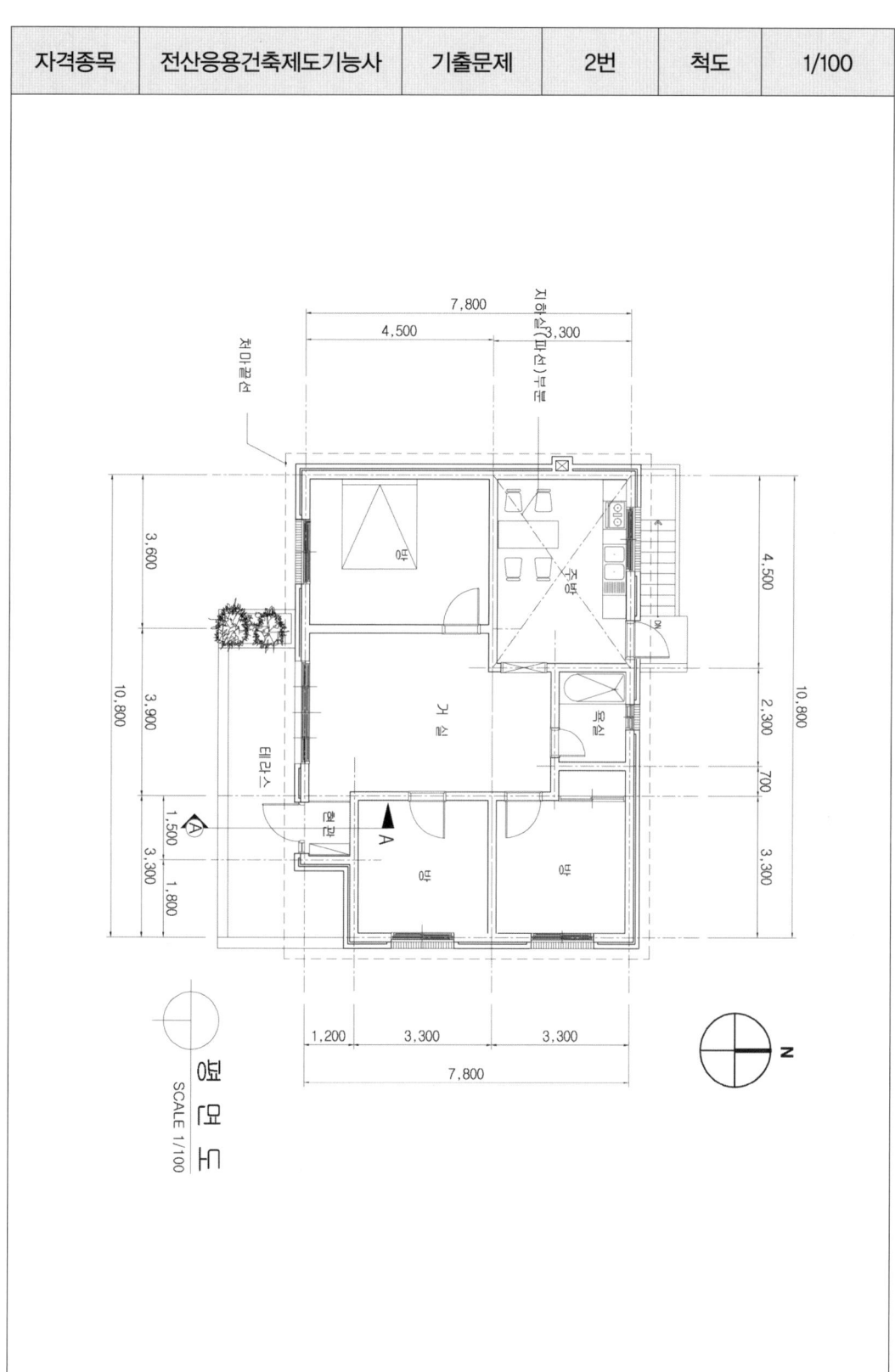

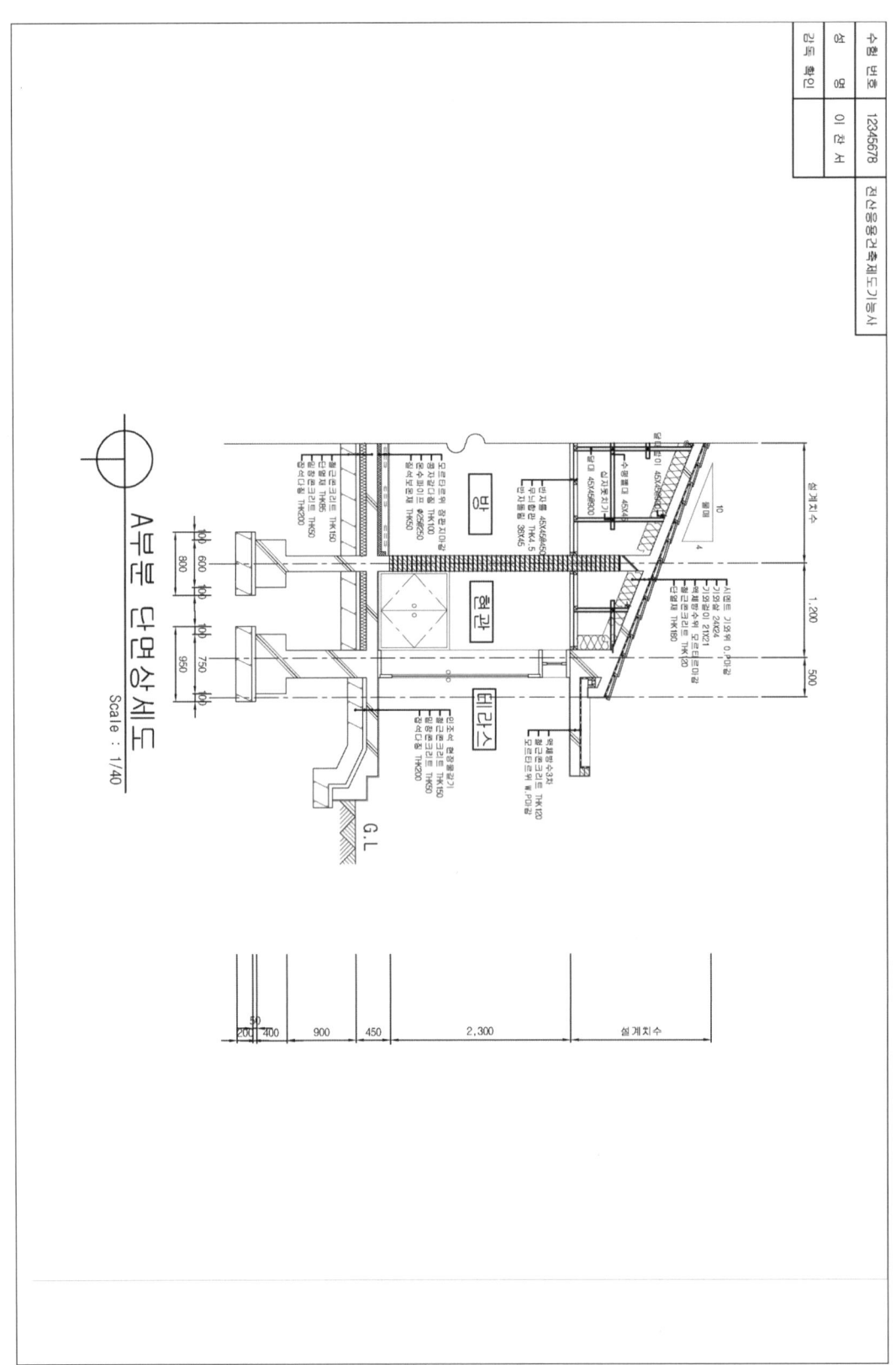

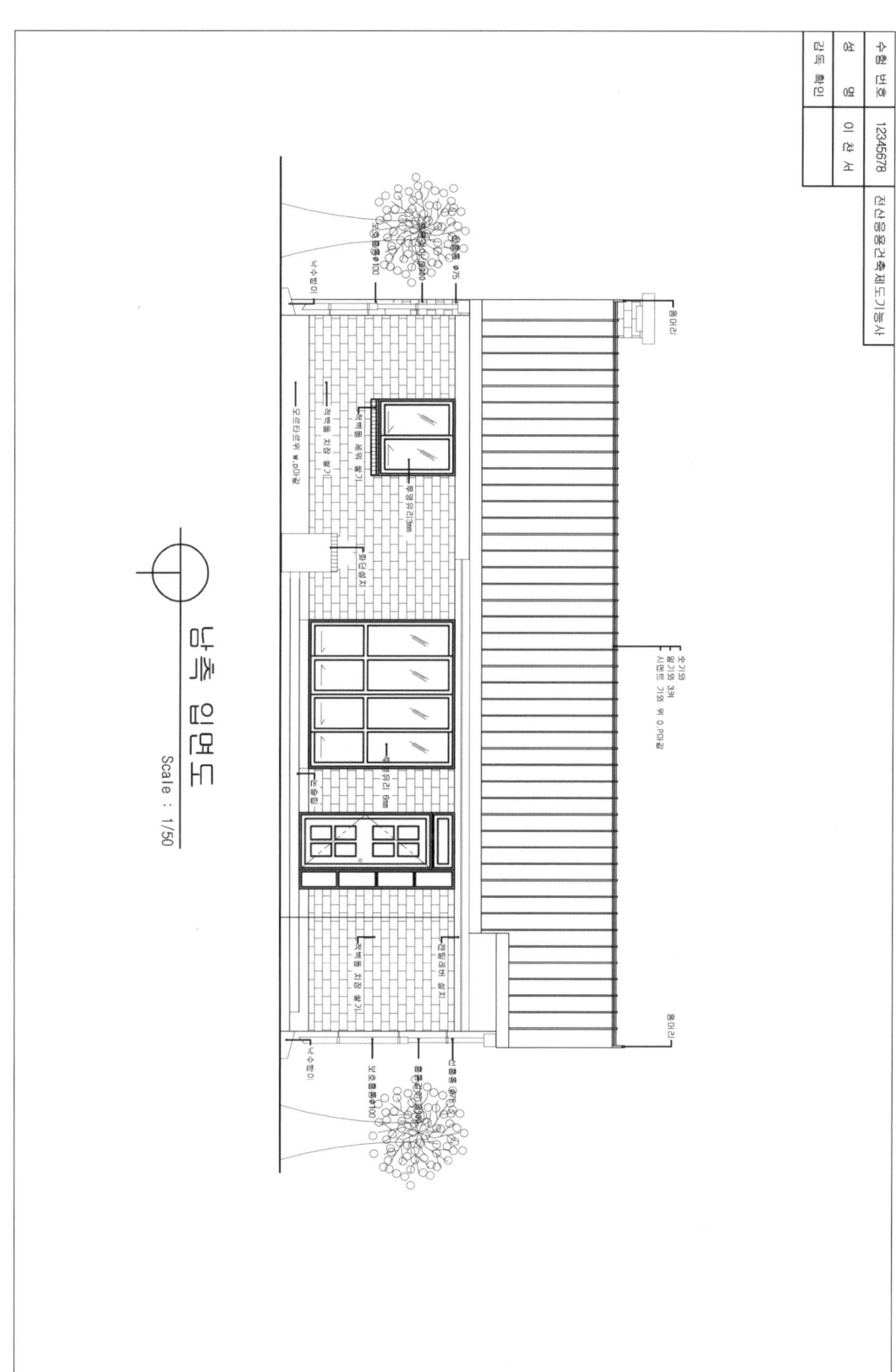

자격종목	전산응용건축제도기능사	작품명	주택

비번호(등번호) _____

시험시간 : 표준시간 4시간 10분, 연장시간 없음

1. 요구사항

1) 주어진 평면도를 보고 CAD를 이용하여 아래 조건에 맞게 다음 도면을 작도한 후 지급된 용지에 본인이 직접 흑백으로 출력하여 USB메모리에 저장하여 함께 제출 하시오.

① A부분 단면상세도를 1/40로 작도하시오.
② 남측 입면도를 축척 1/50로 작도하되 벽면재료 표시 및 주위의 배경 등, 도면 효과를 충분히 고려하시오.

조건

기초 및 지하실 벽체 : 철근콘크리트 구조로 한다.
단열재 : 외벽 120mm, 바닥 85mm, 지붕 180mm로 하시오.
벽체 : 외벽 – 외부로 부터 붉은 벽돌 0.5B, 단열재 120mm,
　　　　　시멘트벽돌 1.0B로 하고 외부마감은 제물치장으로 하시오.
　　　내벽 – 두께 1.0B 시멘트벽돌 쌓기로 하시오.
지붕 : 철근콘크리트 경사슬래브 위 시멘트 기와잇기 마감으로 하시오. (물매 3.5/10이상)
처마나옴 : 벽체 중심에서 600mm
반자높이 : 2,400mm, 처마반자 설치
창호 : 목재창호로 하되 2중 창인 경우 외부 창호는 알루미늄 새시로 하시오.
각실의 난방 : 온수파이프 온돌난방으로 하시오.
1층 바닥슬래브와 기초는 일체식으로 표현하시오.

평면도에 표기되지 않은 현관 및 캐노피는 작도하지 않습니다.
기타 각부분의 마감, 치수 등 주어지지 않은 조건은 KS건축제도 통칙에 따릅니다.

2) 선의 통일을 기하기 위하여 아래와 같이 선의 색을 정리하여 출력한다.

　　흰색 – (7–white) – 0.3mm　　　녹색 – (3–green) – 0.2mm
　　노랑 – (2–yellow) – 0.4mm　　　하늘색 – (4–cyan) – 0.3mm
　　빨강 – (1–red) – 0.2mm　　　　파랑 – (5–blue) – 0.1mm

자격종목	전산응용건축제도기능사	작품명	주택

2. 수험자 유의사항

* 다음 유의사항을 고려하여 요구사항을 완성하시오.

1) 명기되지 않은 조건은 건축법, 건축구조 및 건축제도 원칙에 따릅니다.
2) 시험 시작전 바탕화면에 본인 비번호로 폴더를 생성하고, 폴더 안에 작업내용을 저장하도록 합니다.
3) 정전 및 기계고장 등에 의한 자료손실을 방지하기 위하여 수시로 저장합니다.
4) 다음과 같은 경우는 부정행위로 처리됩니다.
   ① 노트 및 서적, 디스켓을 소지하거나 주고받는 행위.
   ② 건물의 구조부분의 상세나 글씨 등을 사전에 블록으로 설정하여 지참해 사용하는 경우
5) 작업이 끝나면 감독위원의 확인을 받은 후 문제지를 제출하고 본부요원이 입회하에 본인이 직접 A3용지에 흑백으로 도면을 출력하도록 합니다.
   이때 수험자의 운영미숙으로 도면이 출력되지 않는 경우나 출력시간이 20분을 초과할 경우는 실격 됩니다.
6) 장비 조작 미숙으로 장비의 파손 및 고장을 일으킬 염려가 있을 경우 실격됩니다.
7) 다음과 같은 경우는 채점대상에서 제외됩니다.
   가) 시험시간(표준시간 및 연장시간 포함) 내에 요구사항을 완성하지 못한 경우
   나) 시험시간 내에 제출된 작품이라도 다음과 같은 경우
      (1) 주어진 조건을 지키지 않고 작도한 경우
      (2) 요구한 전 도면을 작도하지 않은 경우
      (3) 건축제도 통칙을 준수하지 않거나 건축 CAD의 기능이 없는 상태에서 완성된 도면으로 시험위원 전원이 합의하여 판단한 경우
8) 수험번호, 성명은 도면 좌측상단에 아래와 같이 표제란을 만들어 기재합니다.

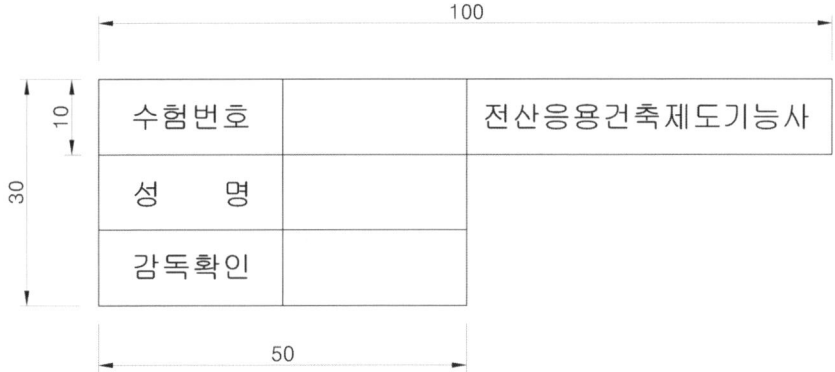

9) 감독위원은 시험 시작후 수검자에게 표제란을 우선 작도 후 도면을 작도하도록 하여야 하며 수험자가 감독위원의 동지시를 따르지 않을 경우 실격 처리 됩니다.
10) 테두리선의 여백은 10mm로 합니다.

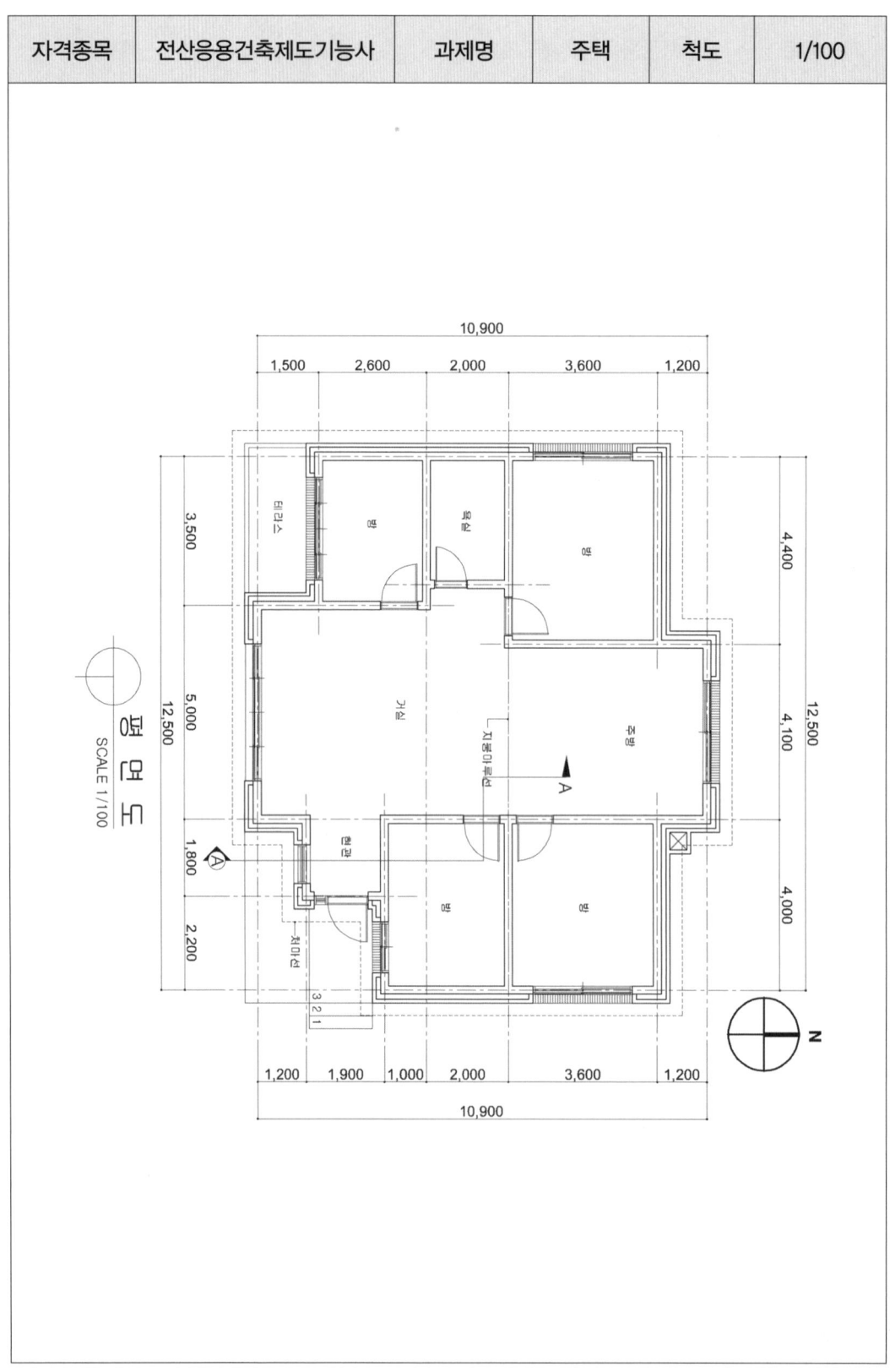

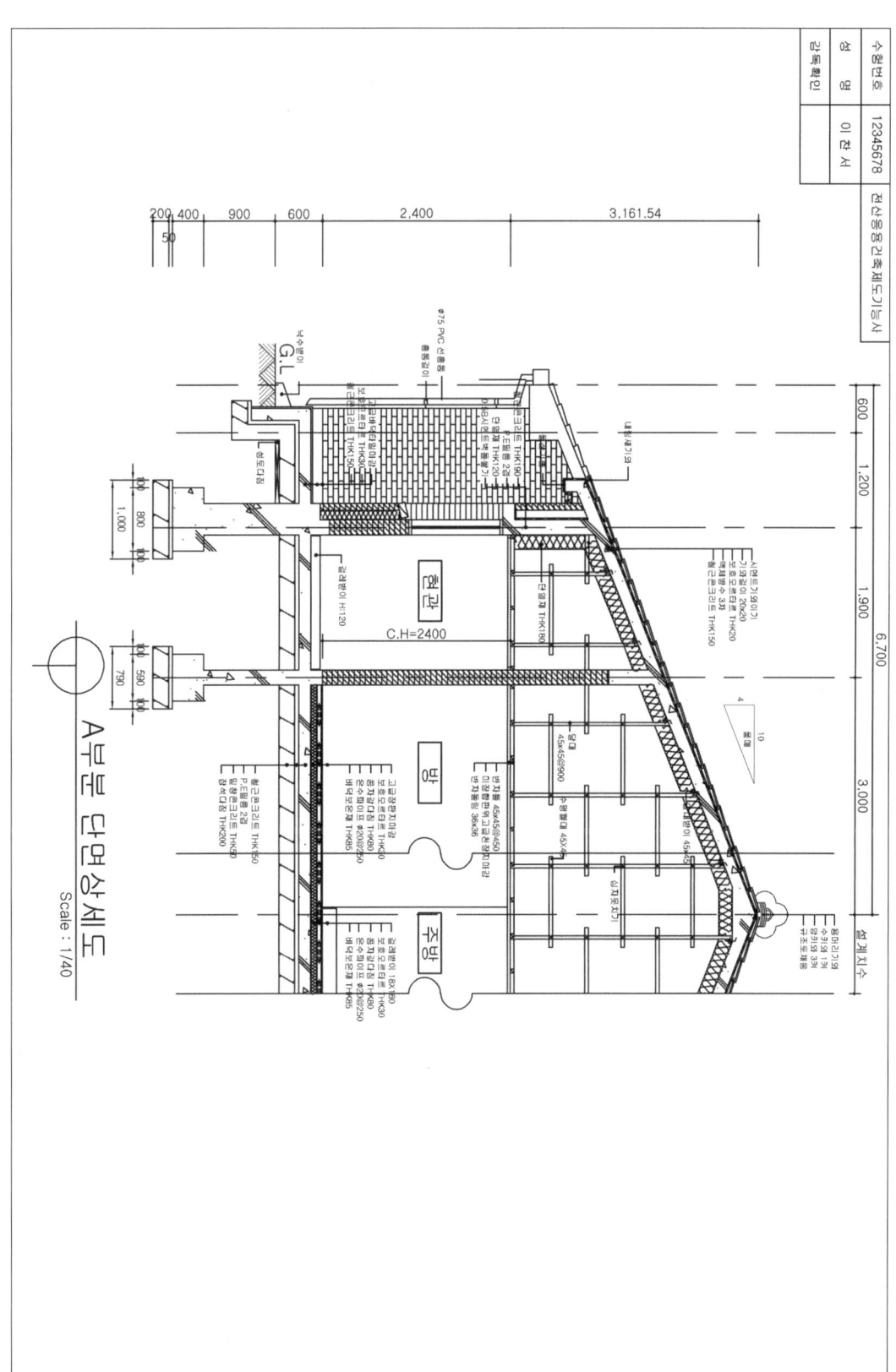

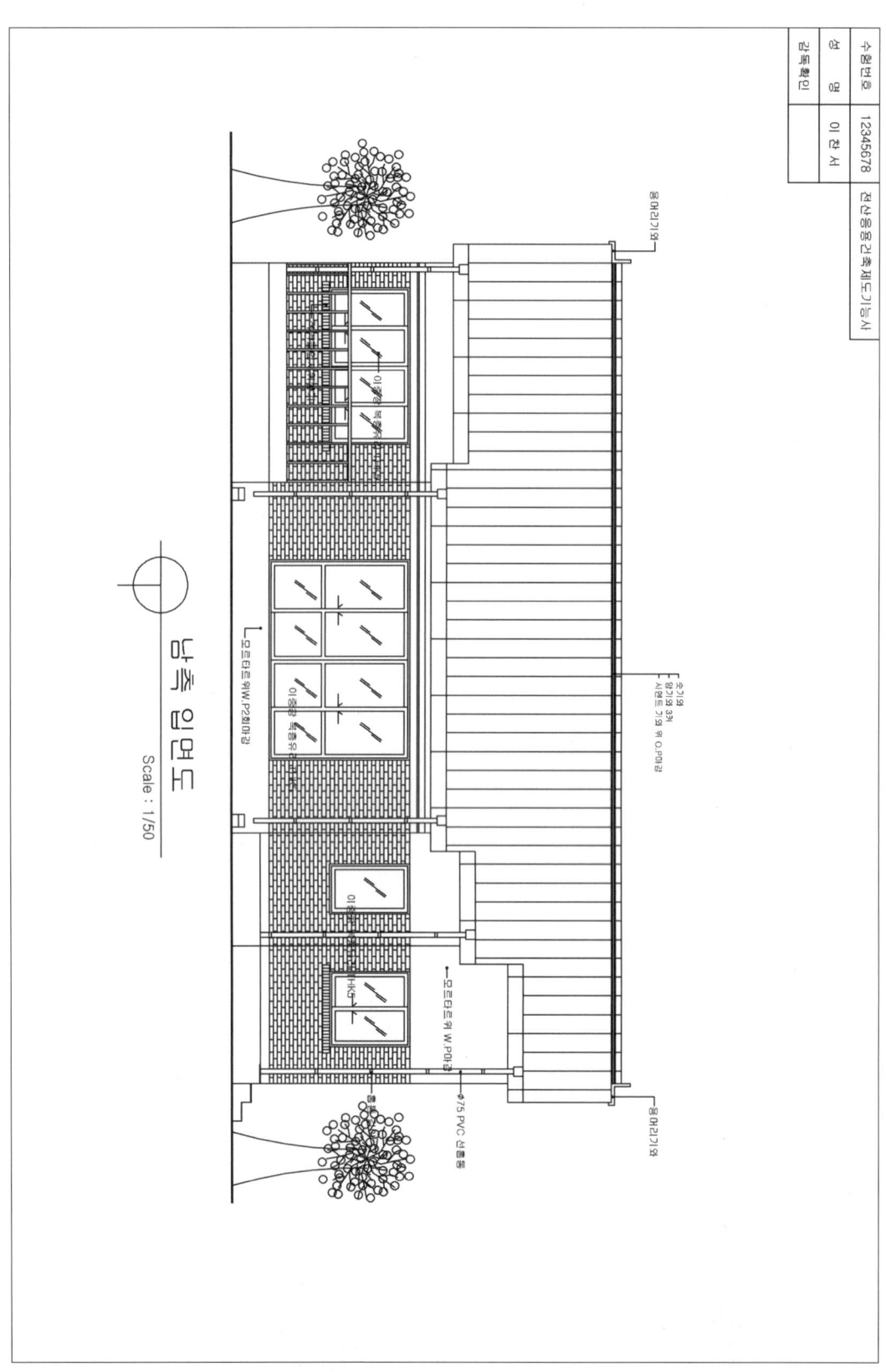

자격종목	전산응용건축제도기능사	작품명	주택

비번호(등번호)

시험시간 : 표준시간 4시간 10분, 연장시간 없음

1. 요구사항

1) 주어진 평면도를 보고 CAD를 이용하여 아래 조건에 맞게 다음 도면을 작도한 후 지급된 용지에 본인이 직접 흑백으로 출력하여 USB메모리에 저장하여 함께 제출 하시오.

   ① A부분 단면상세도를 1/40로 작도하시오.
   ② 남측 입면도를 축척 1/50로 작도하되 벽면재료 표시 및 주위의 배경 등, 도면 효과를 충분히 고려하시오.

[조 건]

기초 및 지하실 벽체 : 철근콘크리트 구조로 한다.
단열재 : 외벽 120mm, 바닥 85mm, 지붕 180mm로 하시오.
벽체 : 외벽 – 외부로 부터 붉은 벽돌 0.5B, 단열재 120mm,
　　　　　시멘트벽돌 1.0B로 하고 외부마감은 제물치장으로 하시오.
　　　내벽 – 두께 1.0B 시멘트벽돌 쌓기로 하시오.
지붕 : 철근콘크리트 경사슬래브 위 시멘트 기와잇기 마감으로 하시오. (물매 3.5/10이상)
처마나옴 : 벽체 중심에서 600mm
반자높이 : 2,400mm, 처마반자 설치
창호 : 목재창호로 하되 2중 창인 경우 외부 창호는 알루미늄 새시로 하시오.
각실의 난방 : 온수파이프 온돌난방으로 하시오.
1층 바닥슬래브와 기초는 일체식으로 표현하시오.

평면도에 표기되지 않은 현관 및 캐노피는 작도하지 않습니다.
기타 각부분의 마감, 치수 등 주어지지 않은 조건은 KS건축제도 통칙에 따릅니다.

2) 선의 통일을 기하기 위하여 아래와 같이 선의 색을 정리하여 출력한다.

　　흰색 – (7-white) – 0.3mm　　　녹색 – (3-green) – 0.2mm
　　노랑 – (2-yellow) – 0.4mm　　하늘색 – (4-cyan) – 0.3mm
　　빨강 – (1-red) – 0.2mm　　　　파랑 – (5-blue) – 0.1mm

자격종목	전산응용건축제도기능사	작품명	주택

2. 수험자 유의사항

   * 다음 유의사항을 고려하여 요구사항을 완성하시오.

   1) 명기되지 않은 조건은 건축법, 건축구조 및 건축제도 원칙에 따릅니다.
   2) 시험 시작전 바탕화면에 본인 비번호로 폴더를 생성하고, 폴더 안에 작업내용을 저장하도록 합니다.
   3) 정전 및 기계고장 등에 의한 자료손실을 방지하기 위하여 수시로 저장합니다.
   4) 다음과 같은 경우는 부정행위로 처리됩니다.
      ① 노트 및 서적, 디스켓을 소지하거나 주고받는 행위.
      ② 건물의 구조부분의 상세나 글씨 등을 사전에 블록으로 설정하여 지참해 사용하는 경우
   5) 작업이 끝나면 감독위원의 확인을 받은 후 문제지를 제출하고 본부요원이 입회하에 본인이 직접 A3용지에 흑백으로 도면을 출력하도록 합니다.
      이때 수험자의 운영미숙으로 도면이 출력되지 않는 경우나 출력시간이 20분을 초과할 경우는 실격 됩니다.
   6) 장비 조작 미숙으로 장비의 파손 및 고장을 일으킬 염려가 있을 경우 실격됩니다.
   7) 다음과 같은 경우는 채점대상에서 제외됩니다.
      가) 시험시간(표준시간 및 연장시간 포함) 내에 요구사항을 완성하지 못한 경우
      나) 시험시간 내에 제출된 작품이라도 다음과 같은 경우
         (1) 주어진 조건을 지키지 않고 작도한 경우
         (2) 요구한 전 도면을 작도하지 않은 경우
         (3) 건축제도 통칙을 준수하지 않거나 건축 CAD의 기능이 없는 상태에서 완성된 도면으로 시험위원 전원이 합의하여 판단한 경우
   8) 수험번호, 성명은 도면 좌측상단에 아래와 같이 표제란을 만들어 기재합니다.

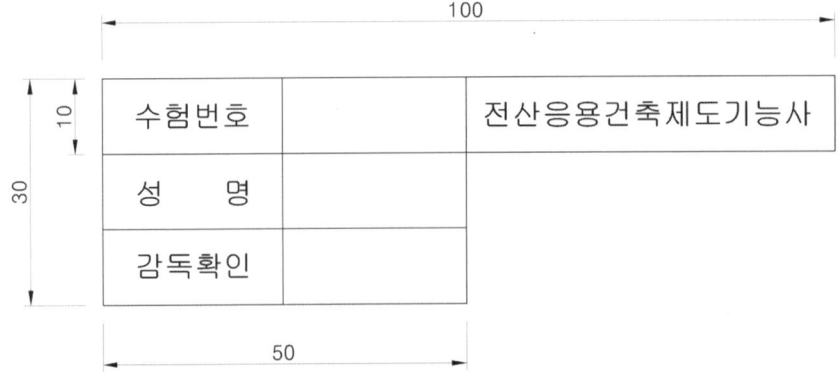

   9) 감독위원은 시험 시작후 수검자에게 표제란을 우선 작도 후 도면을 작도하도록 하여야 하며 수험자가 감독위원의 동지시를 따르지 않을 경우 실격 처리 됩니다.
   10) 테두리선의 여백은 10mm로 합니다.

| 자격종목 | 전산응용건축제도기능사 | 기출문제 | 주택 | 척도 | 1/100 |

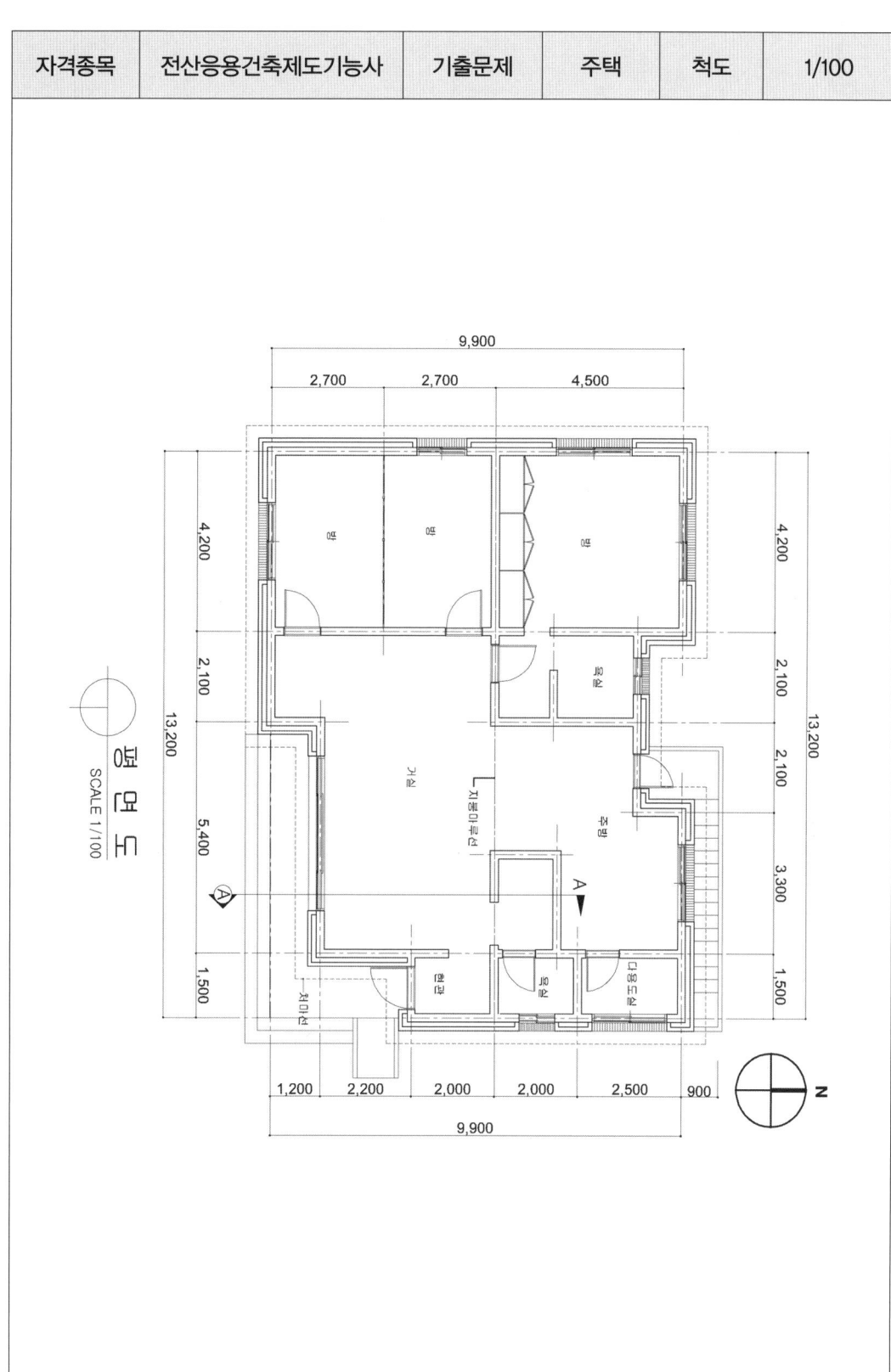

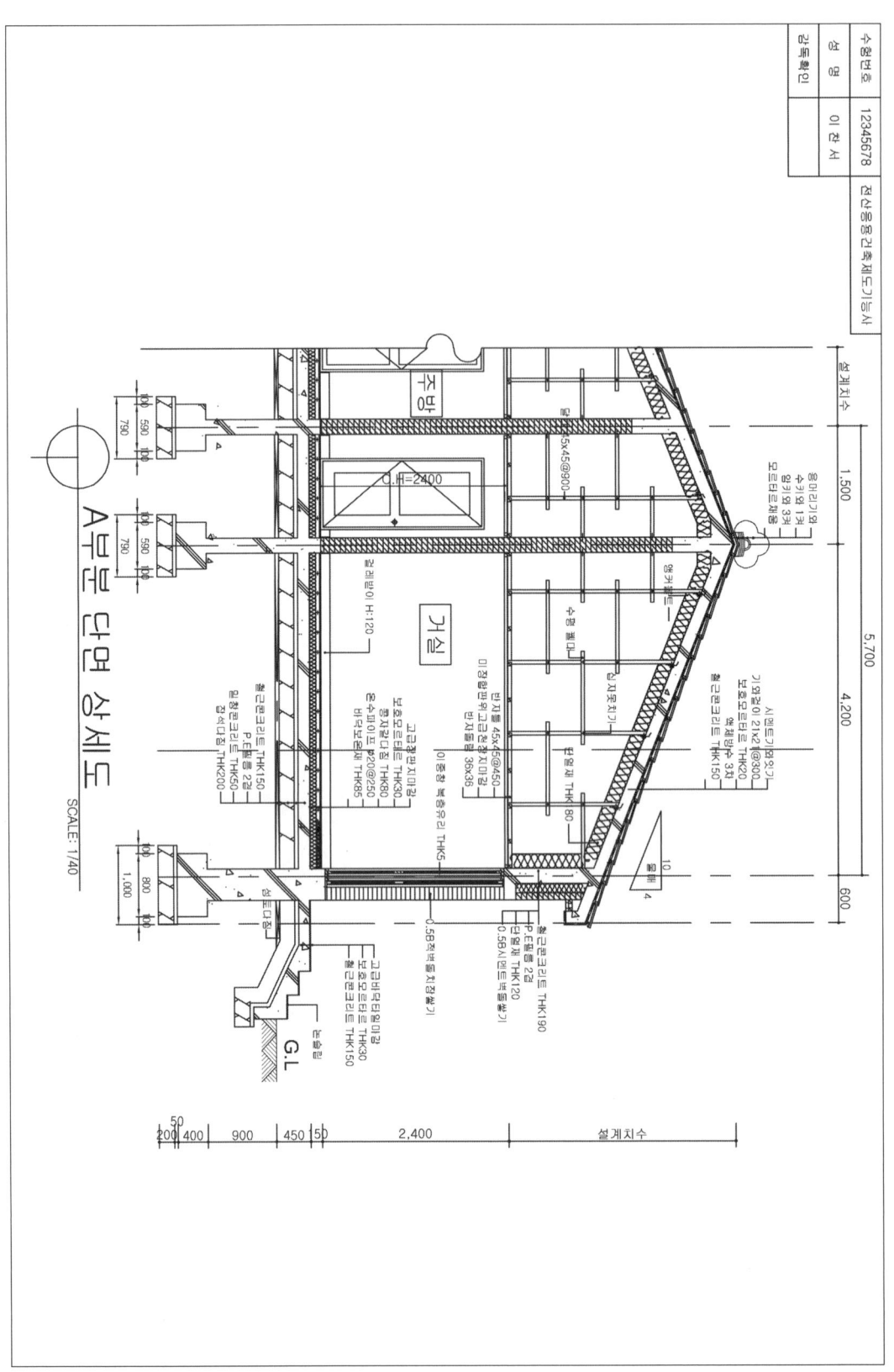

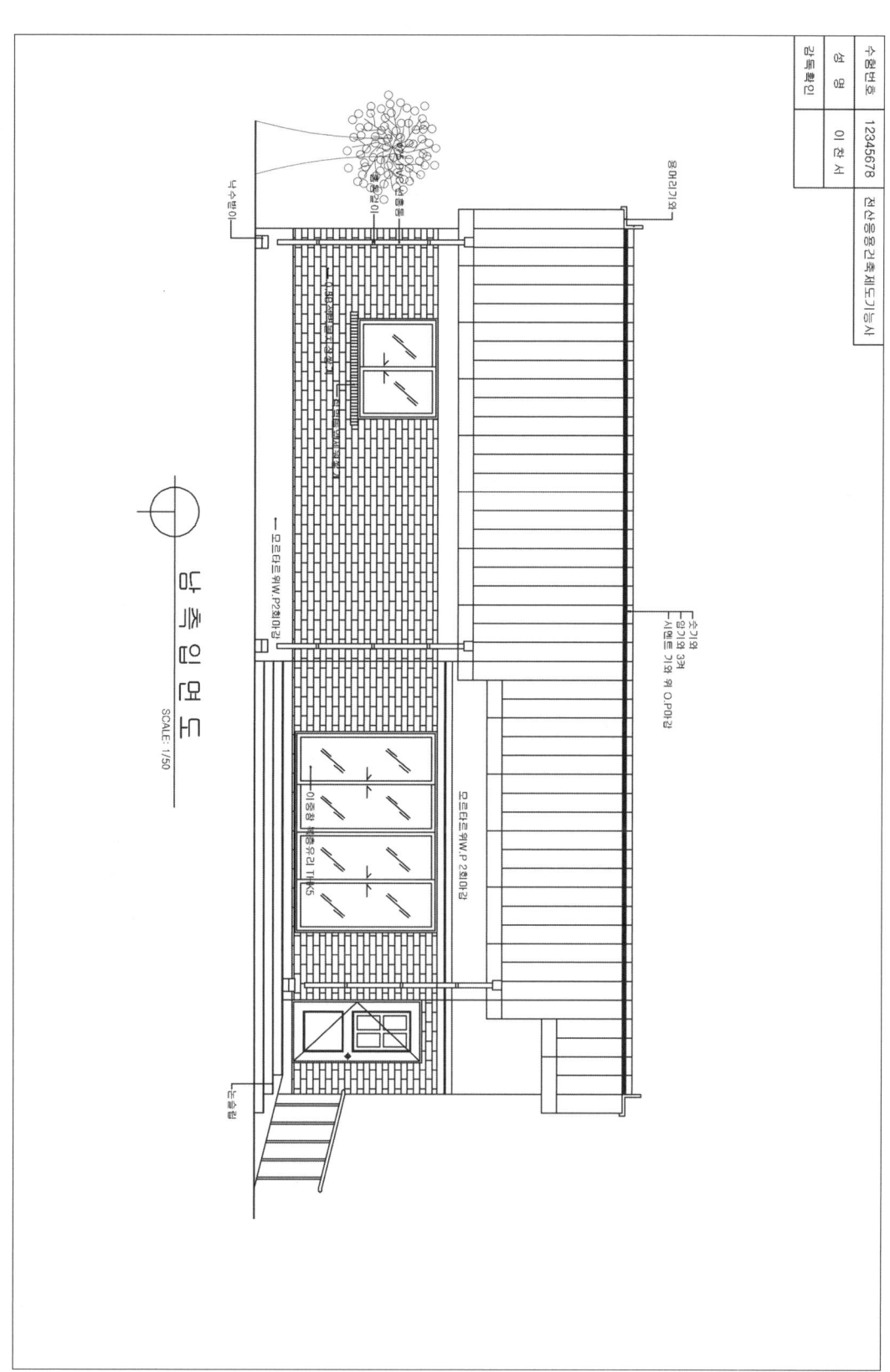

자격종목	전산응용건축제도기능사	작품명	주택

비번호(등번호) _____

시험시간 : 표준시간 4시간 10분, 연장시간 없음

1. 요구사항

1) 주어진 평면도를 보고 CAD를 이용하여 아래 조건에 맞게 다음 도면을 작도한 후 지급된 용지에 본인이 직접 흑백으로 출력하여 USB메모리에 저장하여 함께 제출 하시오.

　① A부분 단면상세도를 1/40로 작도하시오.
　② 남측 입면도를 축척 1/50로 작도하되 벽면재료 표시 및 주위의 배경 등, 도면 효과를 충분히 고려하시오.

조 건

기초 및 지하실 벽체 : 철근콘크리트 구조로 한다.
단열재 : 외벽 120mm, 바닥 85mm, 지붕 180mm로 하시오.
벽체 : 외벽 – 외부로 부터 붉은 벽돌 0.5B, 단열재 120mm,
　　　　　　 시멘트벽돌 1.0B로 하고 외부마감은 제물치장으로 하시오.
　　　 내벽 – 두께 1.0B 시멘트벽돌 쌓기로 하시오.
지붕 : 철근콘크리트 경사슬래브 위 시멘트 기와잇기 마감으로 하시오. (물매 3.5/10이상)
처마나옴 : 벽체 중심에서 600mm
반자높이 : 2,400mm, 처마반자 설치
창호 : 목재창호로 하되 2중 창인 경우 외부 창호는 알루미늄 새시로 하시오.
각실의 난방 : 온수파이프 온돌난방으로 하시오.
1층 바닥슬래브와 기초는 일체식으로 표현하시오.

평면도에 표기되지 않은 현관 및 캐노피는 작도하지 않습니다.
기타 각부분의 마감, 치수 등 주어지지 않은 조건은 KS건축제도 통칙에 따릅니다.

2) 선의 통일을 기하기 위하여 아래와 같이 선의 색을 정리하여 출력한다.

　　흰색 – (7–white) – 0.3mm　　　녹색 – (3–green) – 0.2mm
　　노랑 – (2–yellow) – 0.4mm　　하늘색 – (4–cyan) – 0.3mm
　　빨강 – (1–red) – 0.2mm　　　　파랑 – (5–blue) – 0.1mm

자격종목	전산응용건축제도기능사	작품명	주택

2. 수험자 유의사항

* 다음 유의사항을 고려하여 요구사항을 완성하시오.

1) 명기되지 않은 조건은 건축법, 건축구조 및 건축제도 원칙에 따릅니다.
2) 시험 시작전 바탕화면에 본인 비번호로 폴더를 생성하고, 폴더 안에 작업내용을 저장하도록 합니다.
3) 정전 및 기계고장 등에 의한 자료손실을 방지하기 위하여 수시로 저장합니다.
4) 다음과 같은 경우는 부정행위로 처리됩니다.
   ① 노트 및 서적, 디스켓을 소지하거나 주고받는 행위.
   ② 건물의 구조부분의 상세나 글씨 등을 사전에 블록으로 설정하여 지참해 사용하는 경우
5) 작업이 끝나면 감독위원의 확인을 받은 후 문제지를 제출하고 본부요원이 입회하에 본인이 직접 A3용지에 흑백으로 도면을 출력하도록 합니다.
   이때 수험자의 운영미숙으로 도면이 출력되지 않는 경우나 출력시간이 20분을 초과할 경우는 실격 됩니다.
6) 장비 조작 미숙으로 장비의 파손 및 고장을 일으킬 염려가 있을 경우 실격됩니다.
7) 다음과 같은 경우는 채점대상에서 제외됩니다.
   가) 시험시간(표준시간 및 연장시간 포함) 내에 요구사항을 완성하지 못한 경우
   나) 시험시간 내에 제출된 작품이라도 다음과 같은 경우
      (1) 주어진 조건을 지키지 않고 작도한 경우
      (2) 요구한 전 도면을 작도하지 않은 경우
      (3) 건축제도 통칙을 준수하지 않거나 건축 CAD의 기능이 없는 상태에서 완성된 도면으로 시험위원 전원이 합의하여 판단한 경우
8) 수험번호, 성명은 도면 좌측상단에 아래와 같이 표제란을 만들어 기재합니다.

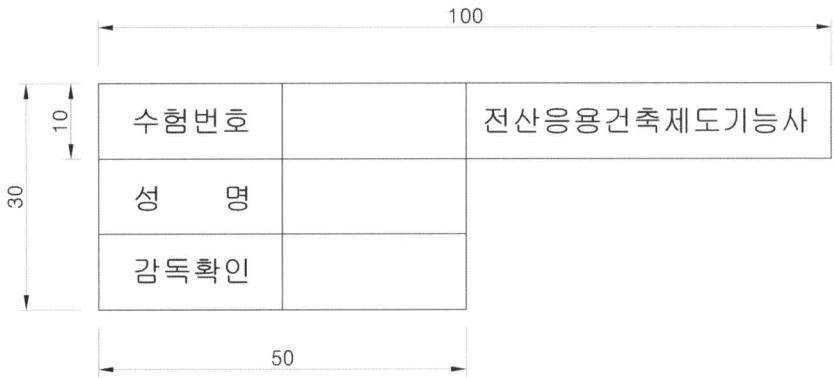

9) 감독위원은 시험 시작후 수검자에게 표제란을 우선 작도 후 도면을 작도하도록 하여야 하며 수험자가 감독위원의 동지시를 따르지 않을 경우 실격 처리 됩니다.
10) 테두리선의 여백은 10mm로 합니다.

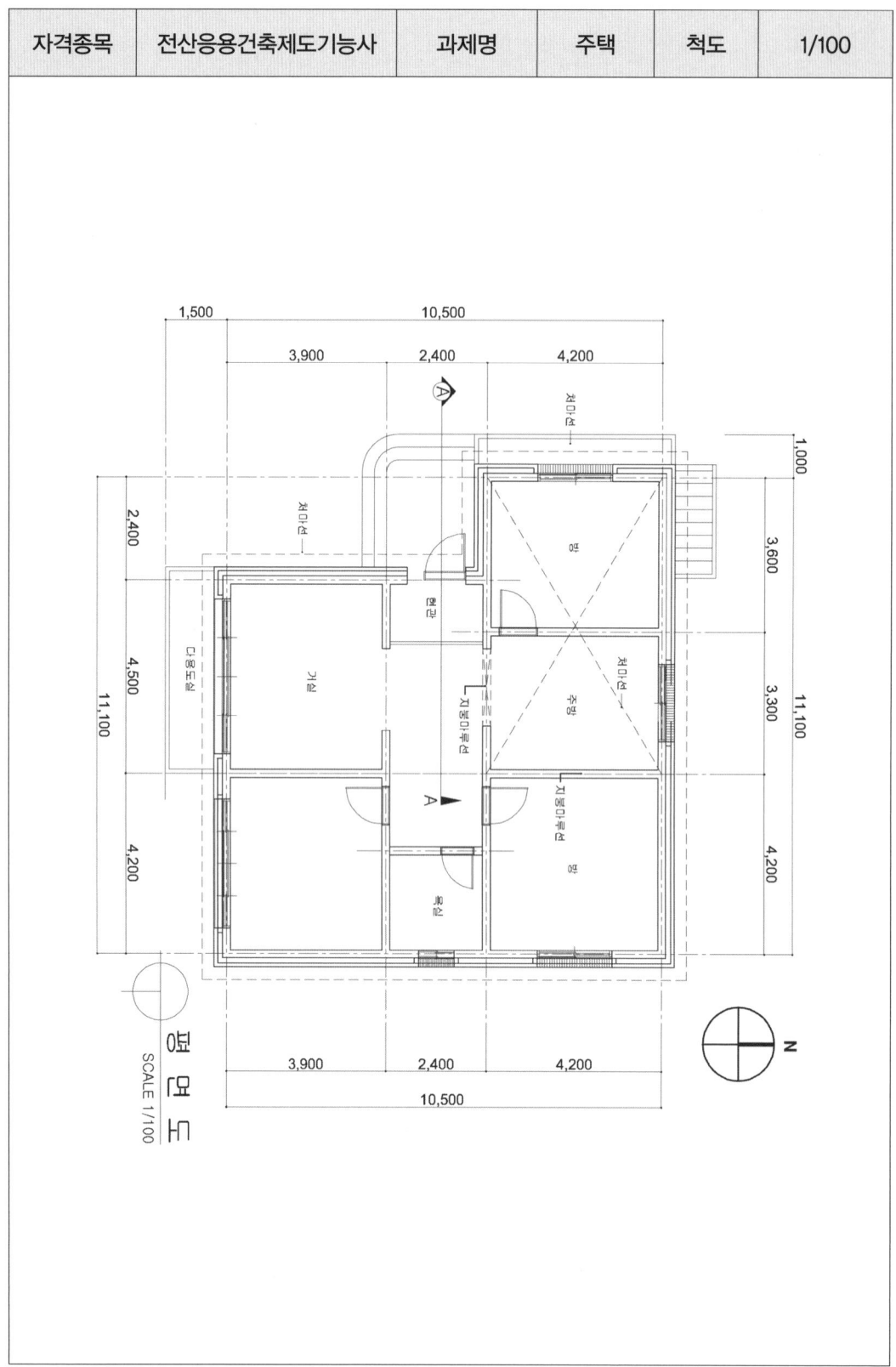

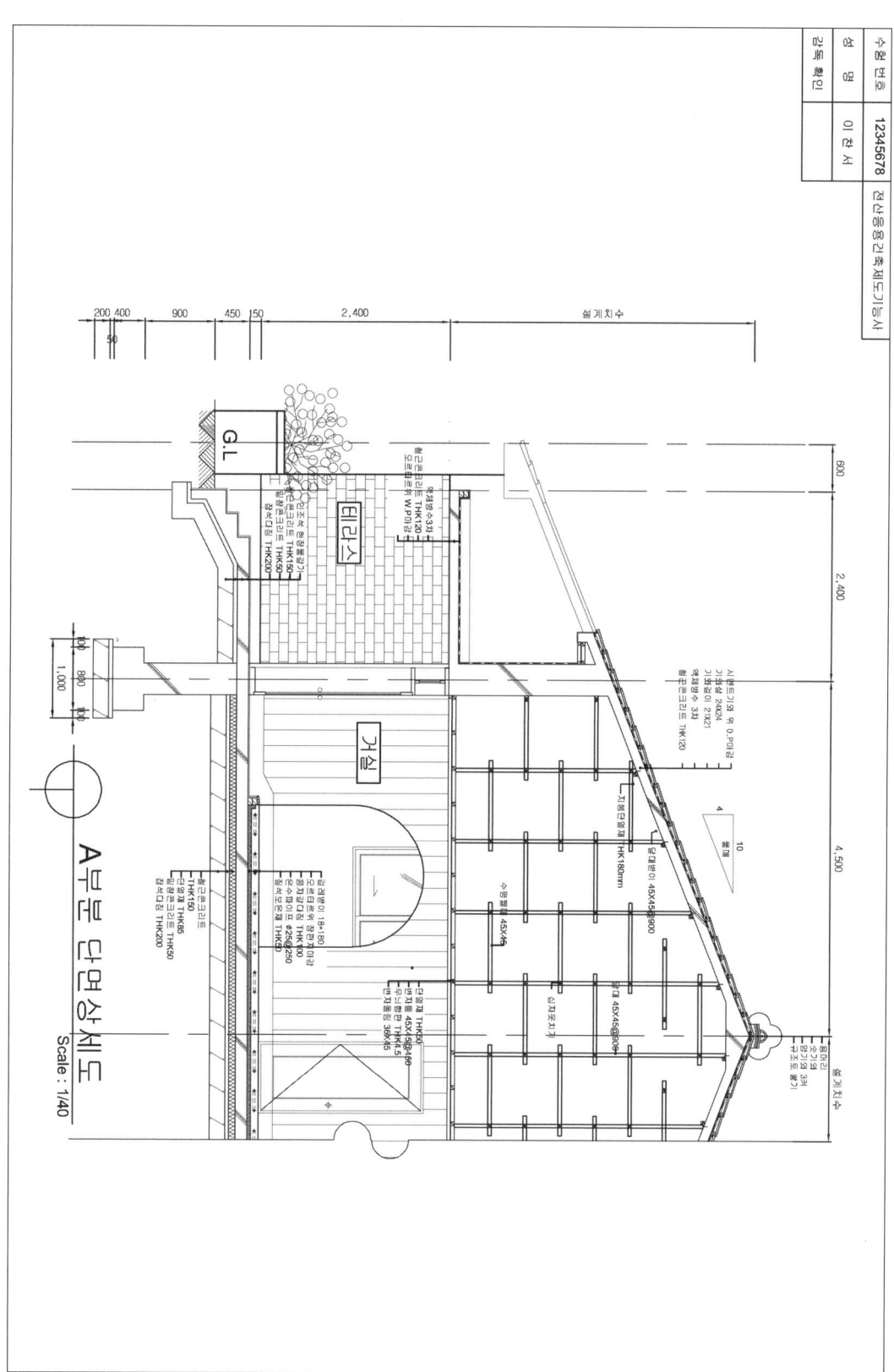

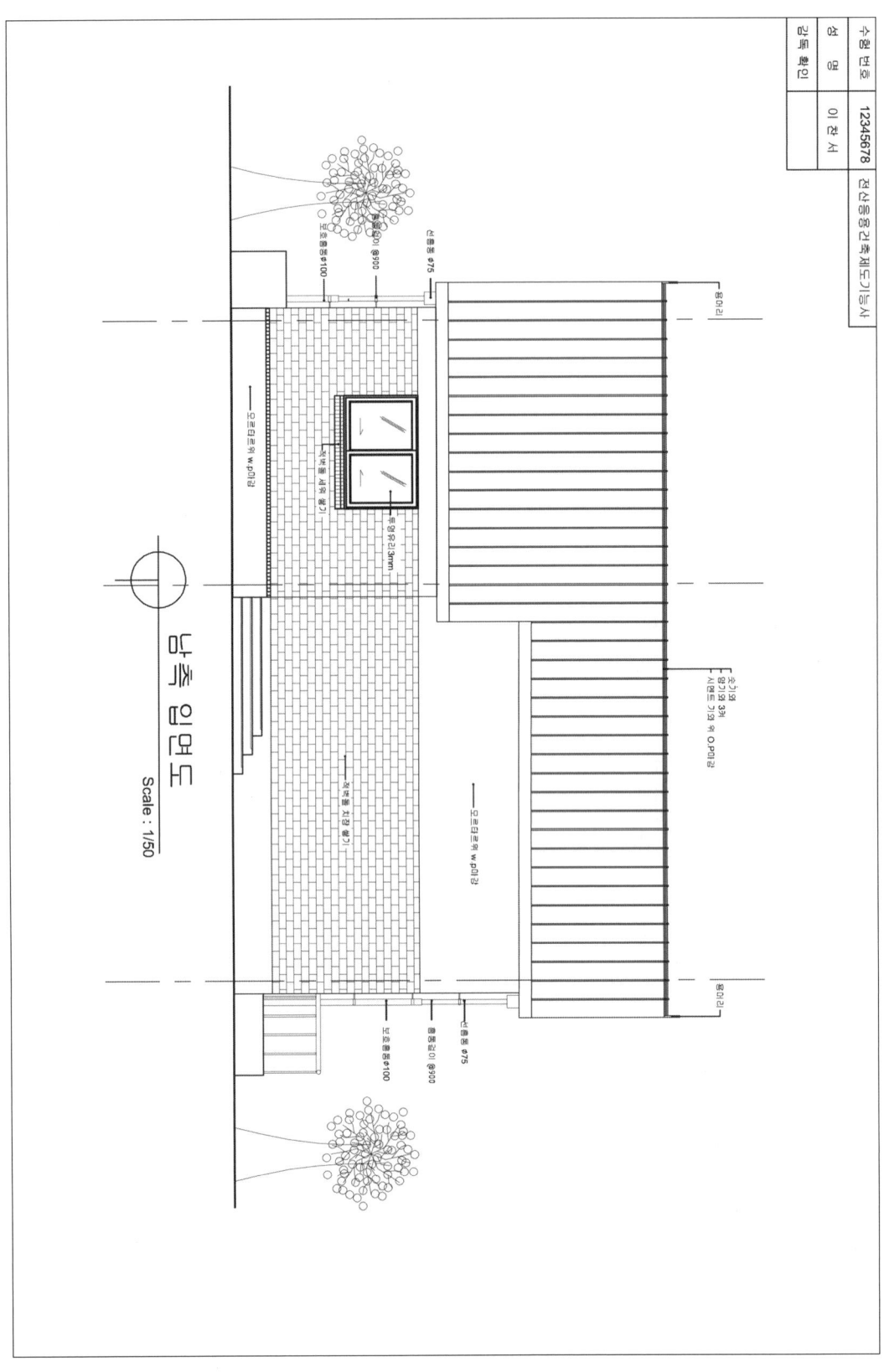

자격종목	전산응용건축제도기능사	작품명	주택

비번호(등번호) _____

시험시간 : 표준시간 4시간 10분, 연장시간 없음

1. **요구사항**

   1) 주어진 평면도를 보고 CAD를 이용하여 아래 조건에 맞게 다음 도면을 작도한 후 지급된 용지에 본인이 직접 흑백으로 출력하여 USB메모리에 저장하여 함께 제출 하시오.

   ① A부분 단면상세도를 1/40로 작도하시오.
   ② 남측 입면도를 축척 1/50로 작도하되 벽면재료 표시 및 주위의 배경 등, 도면 효과를 충분히 고려하시오.

   조 건

   기초 및 지하실 벽체 : 철근콘크리트 구조로 한다.
   단열재 : 외벽 120mm, 바닥 85mm, 지붕 180mm로 하시오.
   벽체 : 외벽 – 외부로 부터 붉은 벽돌 0.5B, 단열재 120mm,
   　　　　　　시멘트벽돌 1.0B로 하고 외부마감은 제물치장으로 하시오.
   　　　내벽 – 두께 1.0B 시멘트벽돌 쌓기로 하시오.
   지붕 : 철근콘크리트 경사슬래브 위 시멘트 기와잇기 마감으로 하시오. (물매 3.5/10이상)
   처마나옴 : 벽체 중심에서 600mm
   반자높이 : 2,400mm, 처마반자 설치
   창호 : 목재창호로 하되 2중 창인 경우 외부 창호는 알루미늄 새시로 하시오.
   각실의 난방 : 온수파이프 온돌난방으로 하시오.
   1층 바닥슬래브와 기초는 일체식으로 표현하시오.

   평면도에 표기되지 않은 현관 및 캐노피는 작도하지 않습니다.
   기타 각부분의 마감, 치수 등 주어지지 않은 조건은 KS건축제도 통칙에 따릅니다.

   2) 선의 통일을 기하기 위하여 아래와 같이 선의 색을 정리하여 출력한다.
   　　흰색 – (7–white) – 0.3mm　　　녹색 – (3–green) – 0.2mm
   　　노랑 – (2–yellow) – 0.4mm　　　하늘색 – (4–cyan) – 0.3mm
   　　빨강 – (1–red) – 0.2mm　　　　파랑 – (5–blue) – 0.1mm

자격종목	전산응용건축제도기능사	작품명	주택

2. 수험자 유의사항

* 다음 유의사항을 고려하여 요구사항을 완성하시오.

1) 명기되지 않은 조건은 건축법, 건축구조 및 건축제도 원칙에 따릅니다.
2) 시험 시작전 바탕화면에 본인 비번호로 폴더를 생성하고, 폴더 안에 작업내용을 저장하도록 합니다.
3) 정전 및 기계고장 등에 의한 자료손실을 방지하기 위하여 수시로 저장합니다.
4) 다음과 같은 경우는 부정행위로 처리됩니다.
   ① 노트 및 서적, 디스켓을 소지하거나 주고받는 행위.
   ② 건물의 구조부분의 상세나 글씨 등을 사전에 블록으로 설정하여 지참해 사용하는 경우
5) 작업이 끝나면 감독위원의 확인을 받은 후 문제지를 제출하고 본부요원이 입회하에 본인이 직접 A3용지에 흑백으로 도면을 출력하도록 합니다.
   이때 수험자의 운영미숙으로 도면이 출력되지 않는 경우나 출력시간이 20분을 초과할 경우는 실격 됩니다.
6) 장비 조작 미숙으로 장비의 파손 및 고장을 일으킬 염려가 있을 경우 실격됩니다.
7) 다음과 같은 경우는 채점대상에서 제외됩니다.
   가) 시험시간(표준시간 및 연장시간 포함) 내에 요구사항을 완성하지 못한 경우
   나) 시험시간 내에 제출된 작품이라도 다음과 같은 경우
      (1) 주어진 조건을 지키지 않고 작도한 경우
      (2) 요구한 전 도면을 작도하지 않은 경우
      (3) 건축제도 통칙을 준수하지 않거나 건축 CAD의 기능이 없는 상태에서 완성된 도면으로 시험위원 전원이 합의하여 판단한 경우
8) 수험번호, 성명은 도면 좌측상단에 아래와 같이 표제란을 만들어 기재합니다.

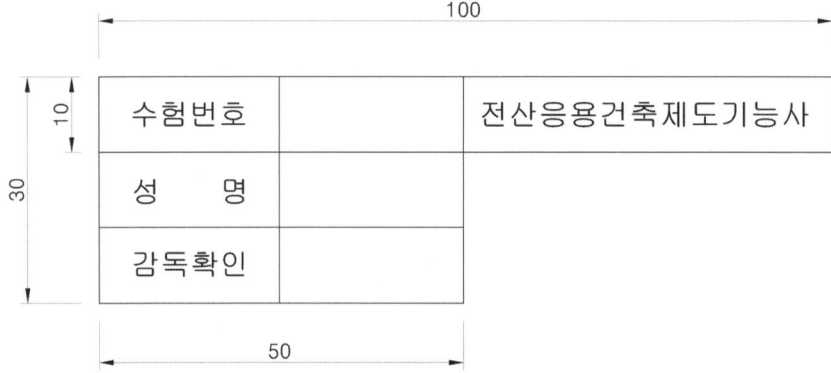

9) 감독위원은 시험 시작후 수검자에게 표제란을 우선 작도 후 도면을 작도하도록 하여야 하며 수험자가 감독위원의 동지시를 따르지 않을 경우 실격 처리 됩니다.
10) 테두리선의 여백은 10mm로 합니다.

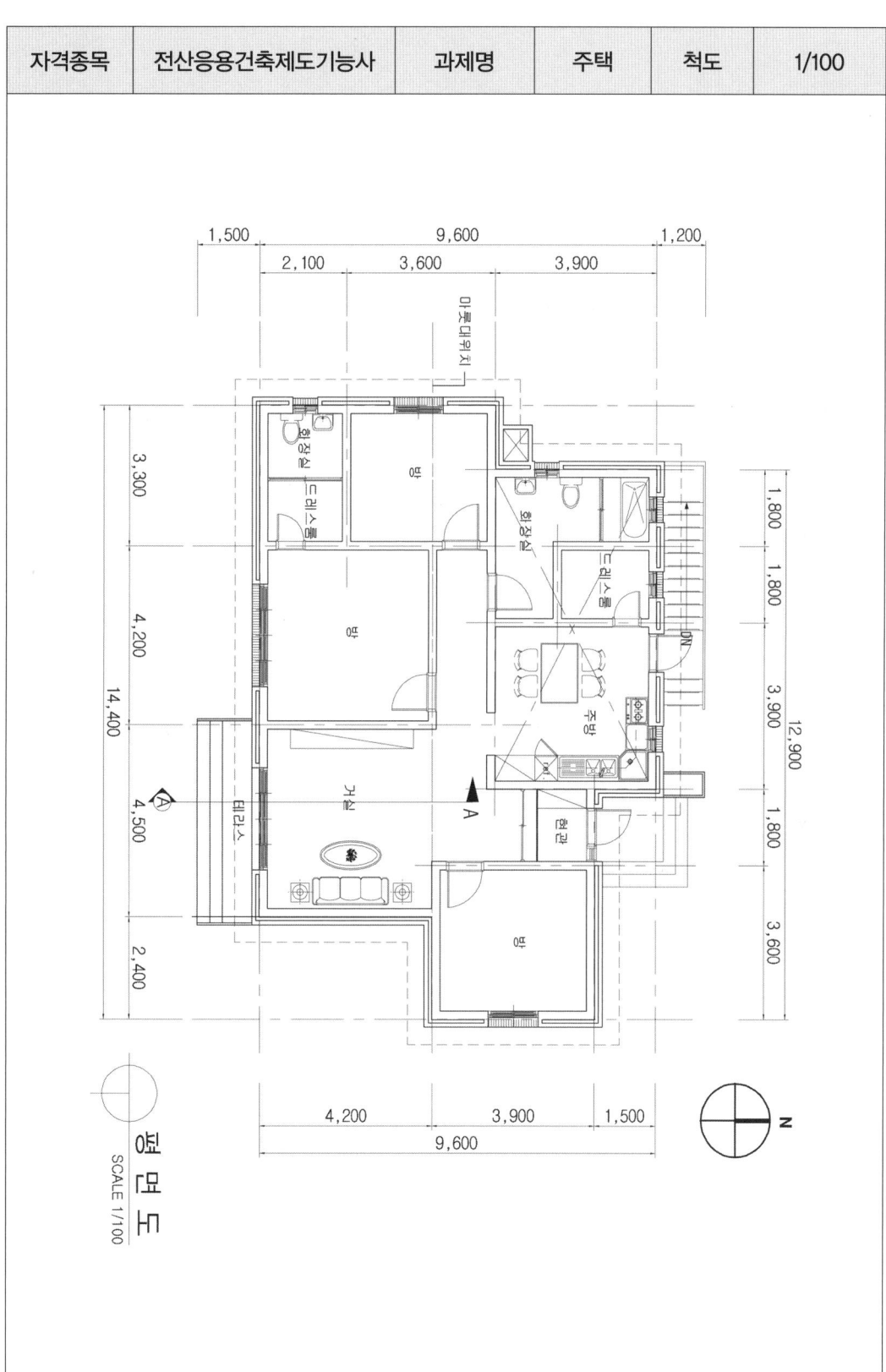

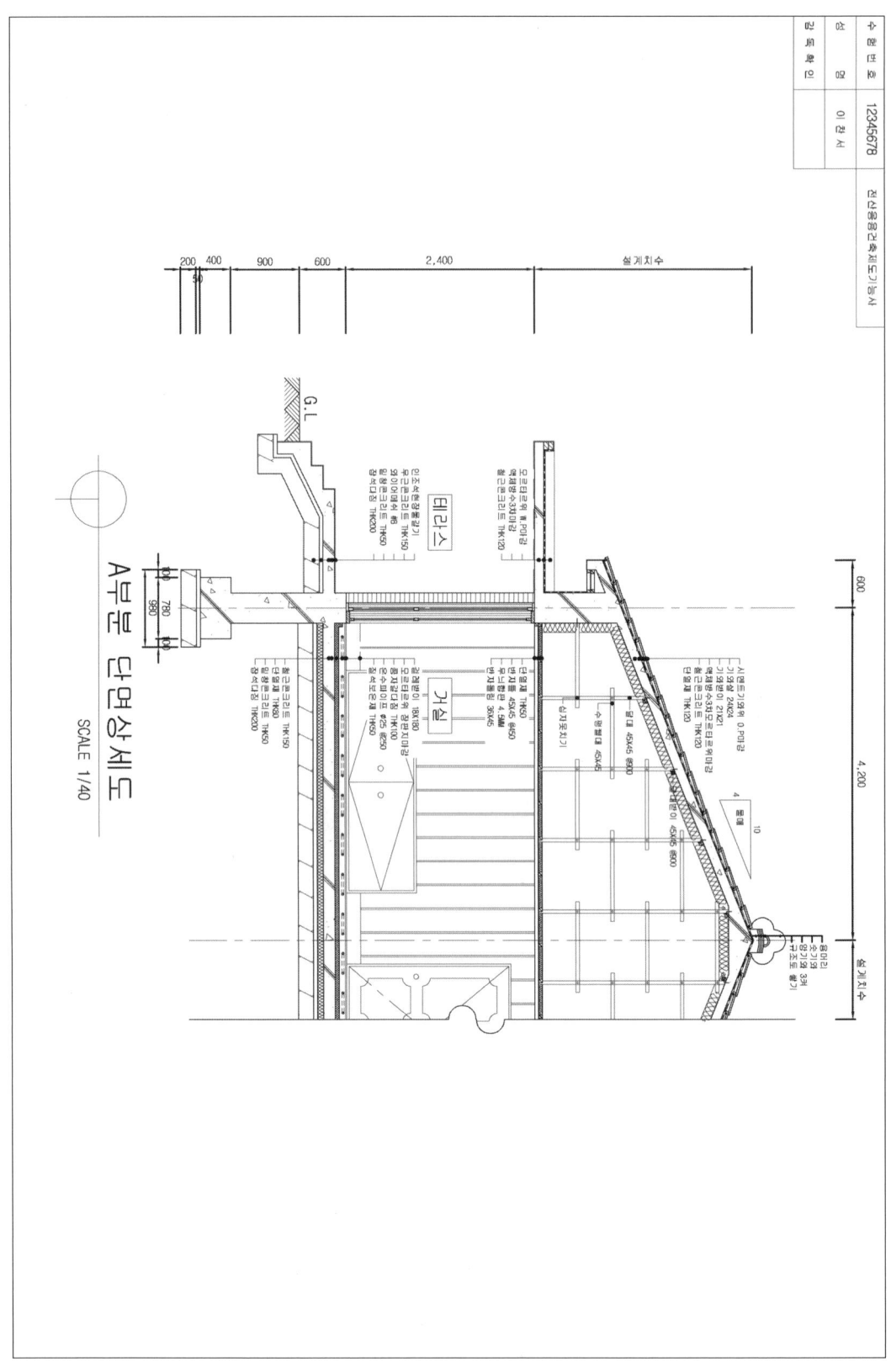

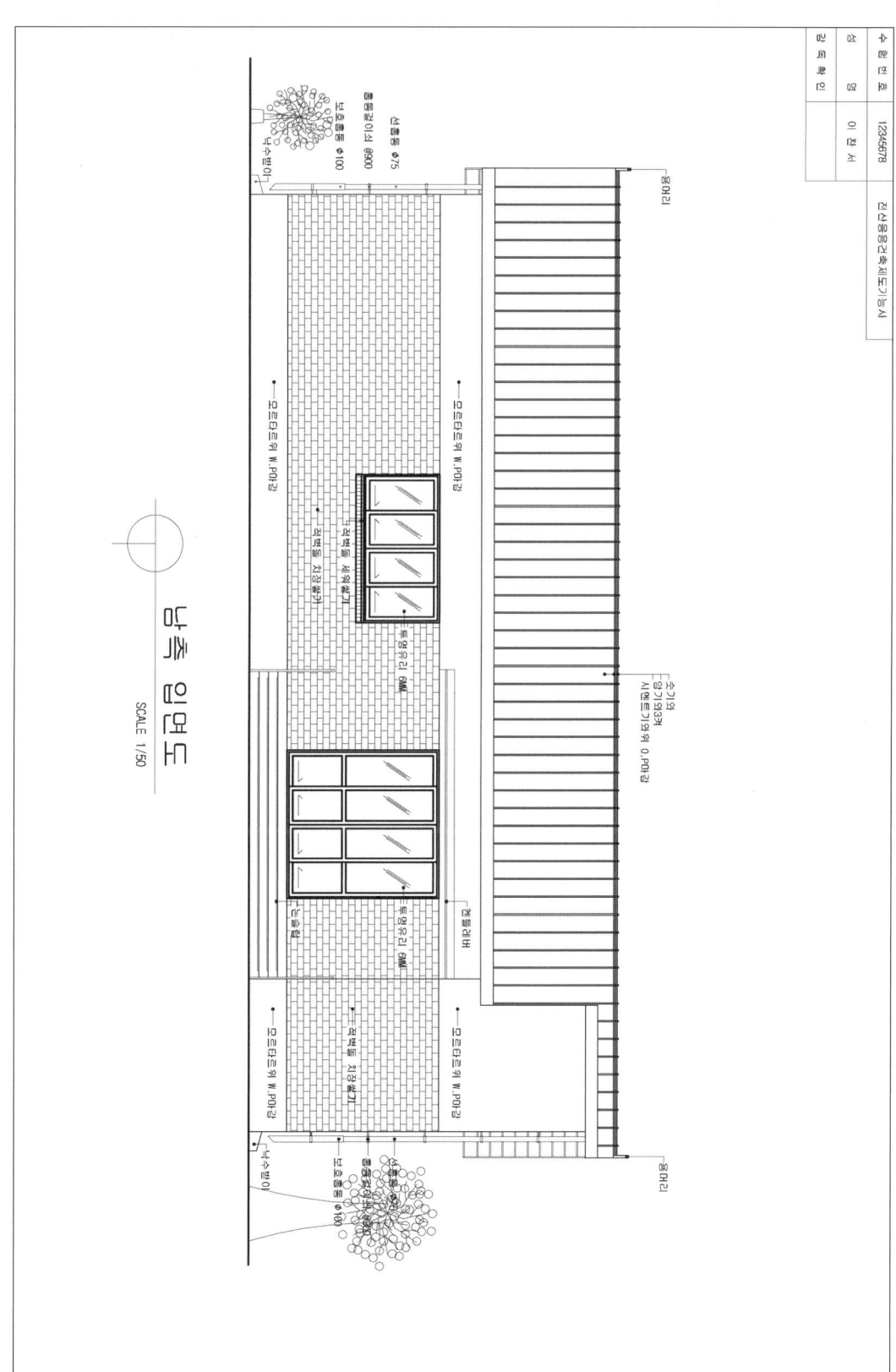

자격종목	전산응용건축제도기능사	작품명	주택

비번호(등번호) _____

시험시간 : 표준시간 4시간 10분, 연장시간 없음

1. 요구사항

1) 주어진 평면도를 보고 CAD를 이용하여 아래 조건에 맞게 다음 도면을 작도한 후 지급된 용지에 본인이 직접 흑백으로 출력하여 USB메모리에 저장하여 함께 제출 하시오.

  ① A부분 단면상세도를 1/40로 작도하시오.
  ② 남측 입면도를 축척 1/50로 작도하되 벽면재료 표시 및 주위의 배경 등, 도면 효과를 충분히 고려하시오.

조건

기초 및 지하실 벽체 : 철근콘크리트 구조로 한다.
단열재 : 외벽 120mm, 바닥 85mm, 지붕 180mm로 하시오.
벽체 : 외벽 – 외부로 부터 붉은 벽돌 0.5B, 단열재 120mm,
       시멘트벽돌 1.0B로 하고 외부마감은 제물치장으로 하시오.
    내벽 – 두께 1.0B 시멘트벽돌 쌓기로 하시오.
지붕 : 철근콘크리트 경사슬래브 위 시멘트 기와잇기 마감으로 하시오. (물매 3.5/10이상)
처마나옴 : 벽체 중심에서 600mm
반자높이 : 2,400mm, 처마반자 설치
창호 : 목재창호로 하되 2중 창인 경우 외부 창호는 알루미늄 새시로 하시오.
각실의 난방 : 온수파이프 온돌난방으로 하시오.
1층 바닥슬래브와 기초는 일체식으로 표현하시오.

평면도에 표기되지 않은 현관 및 캐노피는 작도하지 않습니다.
기타 각부분의 마감, 치수 등 주어지지 않은 조건은 KS건축제도 통칙에 따릅니다.

2) 선의 통일을 기하기 위하여 아래와 같이 선의 색을 정리하여 출력한다.

  흰색 – (7-white) – 0.3mm   녹색 – (3-green) – 0.2mm
  노랑 – (2-yellow) – 0.4mm   하늘색 – (4-cyan) – 0.3mm
  빨강 – (1-red) – 0.2mm   파랑 – (5-blue) – 0.1mm

자격종목	전산응용건축제도기능사	작품명	주택

2. 수험자 유의사항

* 다음 유의사항을 고려하여 요구사항을 완성하시오.

1) 명기되지 않은 조건은 건축법, 건축구조 및 건축제도 원칙에 따릅니다.
2) 시험 시작전 바탕화면에 본인 비번호로 폴더를 생성하고, 폴더 안에 작업내용을 저장하도록 합니다.
3) 정전 및 기계고장 등에 의한 자료손실을 방지하기 위하여 수시로 저장합니다.
4) 다음과 같은 경우는 부정행위로 처리됩니다.
    ① 노트 및 서적, 디스켓을 소지하거나 주고받는 행위.
    ② 건물의 구조부분의 상세나 글씨 등을 사전에 블록으로 설정하여 지참해 사용하는 경우
5) 작업이 끝나면 감독위원의 확인을 받은 후 문제지를 제출하고 본부요원이 입회하에 본인이 직접 A3용지에 흑백으로 도면을 출력하도록 합니다.
    이때 수험자의 운영미숙으로 도면이 출력되지 않는 경우나 출력시간이 20분을 초과할 경우는 실격 됩니다.
6) 장비 조작 미숙으로 장비의 파손 및 고장을 일으킬 염려가 있을 경우 실격됩니다.
7) 다음과 같은 경우는 채점대상에서 제외됩니다.
    가) 시험시간(표준시간 및 연장시간 포함) 내에 요구사항을 완성하지 못한 경우
    나) 시험시간 내에 제출된 작품이라도 다음과 같은 경우
        (1) 주어진 조건을 지키지 않고 작도한 경우
        (2) 요구한 전 도면을 작도하지 않은 경우
        (3) 건축제도 통칙을 준수하지 않거나 건축 CAD의 기능이 없는 상태에서 완성된 도면으로 시험위원 전원이 합의하여 판단한 경우
8) 수험번호, 성명은 도면 좌측상단에 아래와 같이 표제란을 만들어 기재합니다.

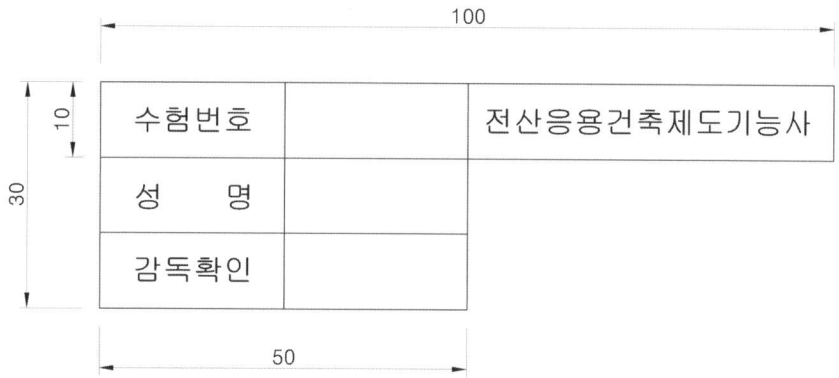

9) 감독위원은 시험 시작후 수검자에게 표제란을 우선 작도 후 도면을 작도하도록 하여야 하며 수험자가 감독위원의 동지시를 따르지 않을 경우 실격 처리 됩니다.
10) 테두리선의 여백은 10mm로 합니다.

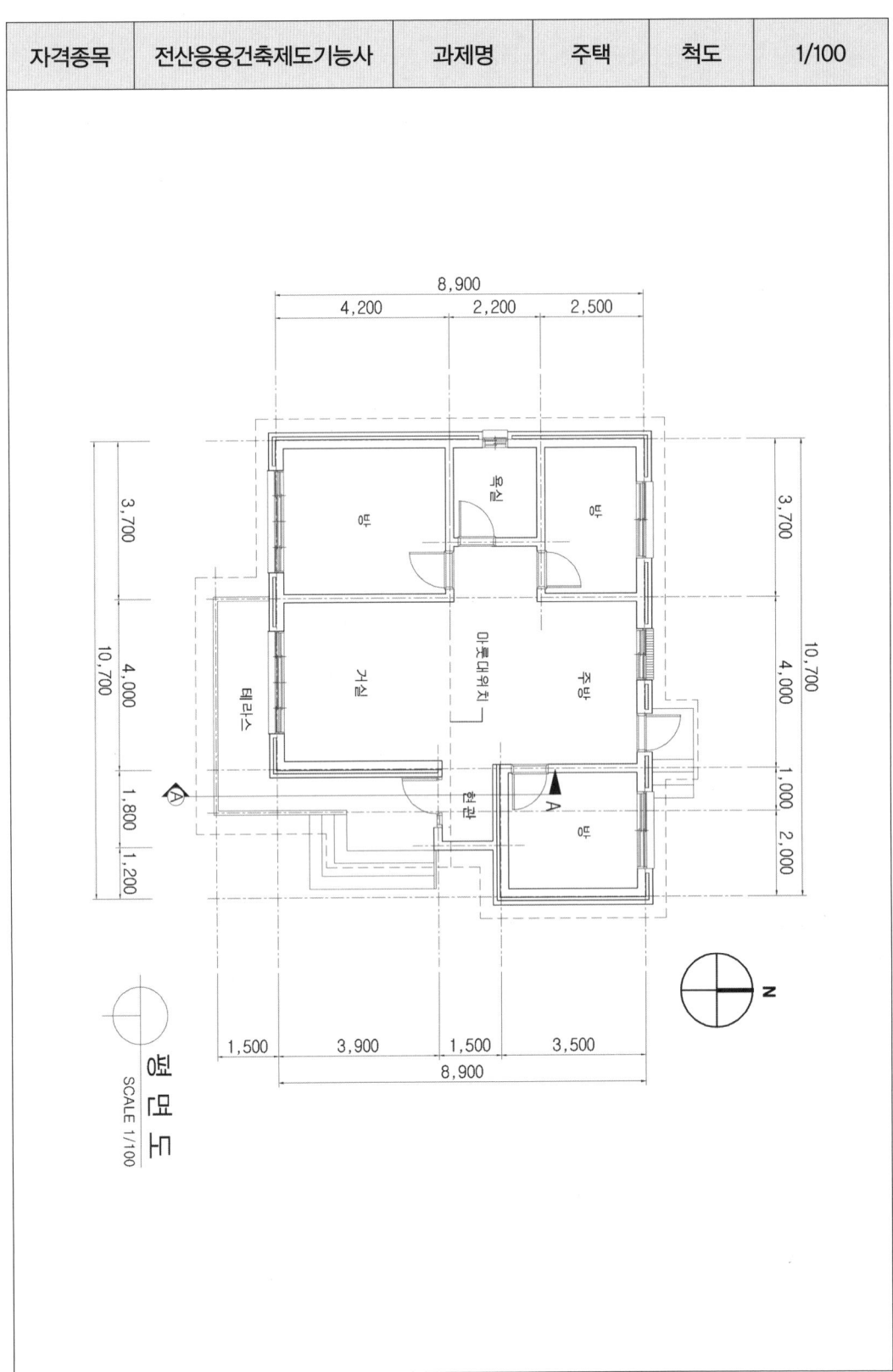

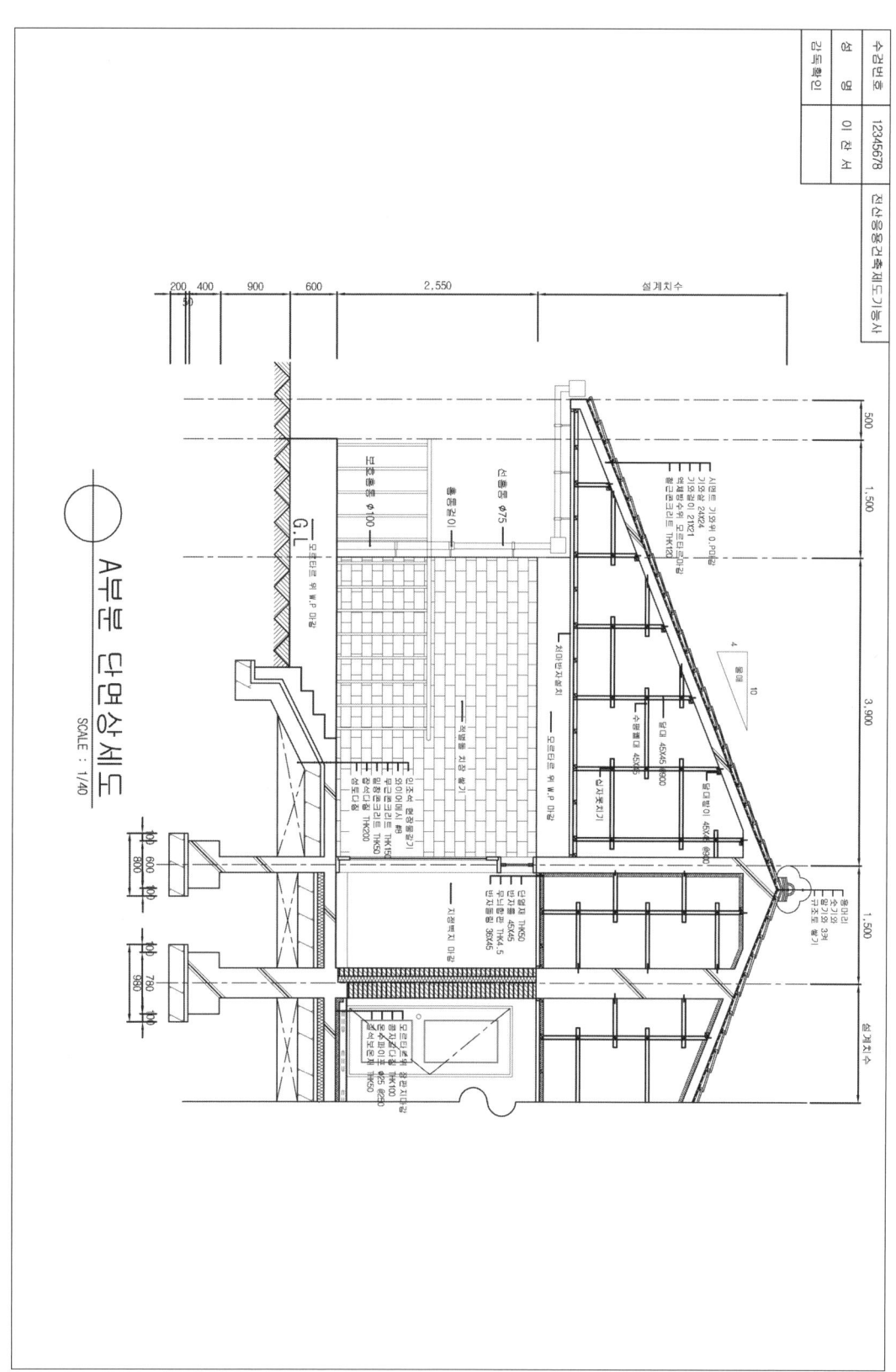

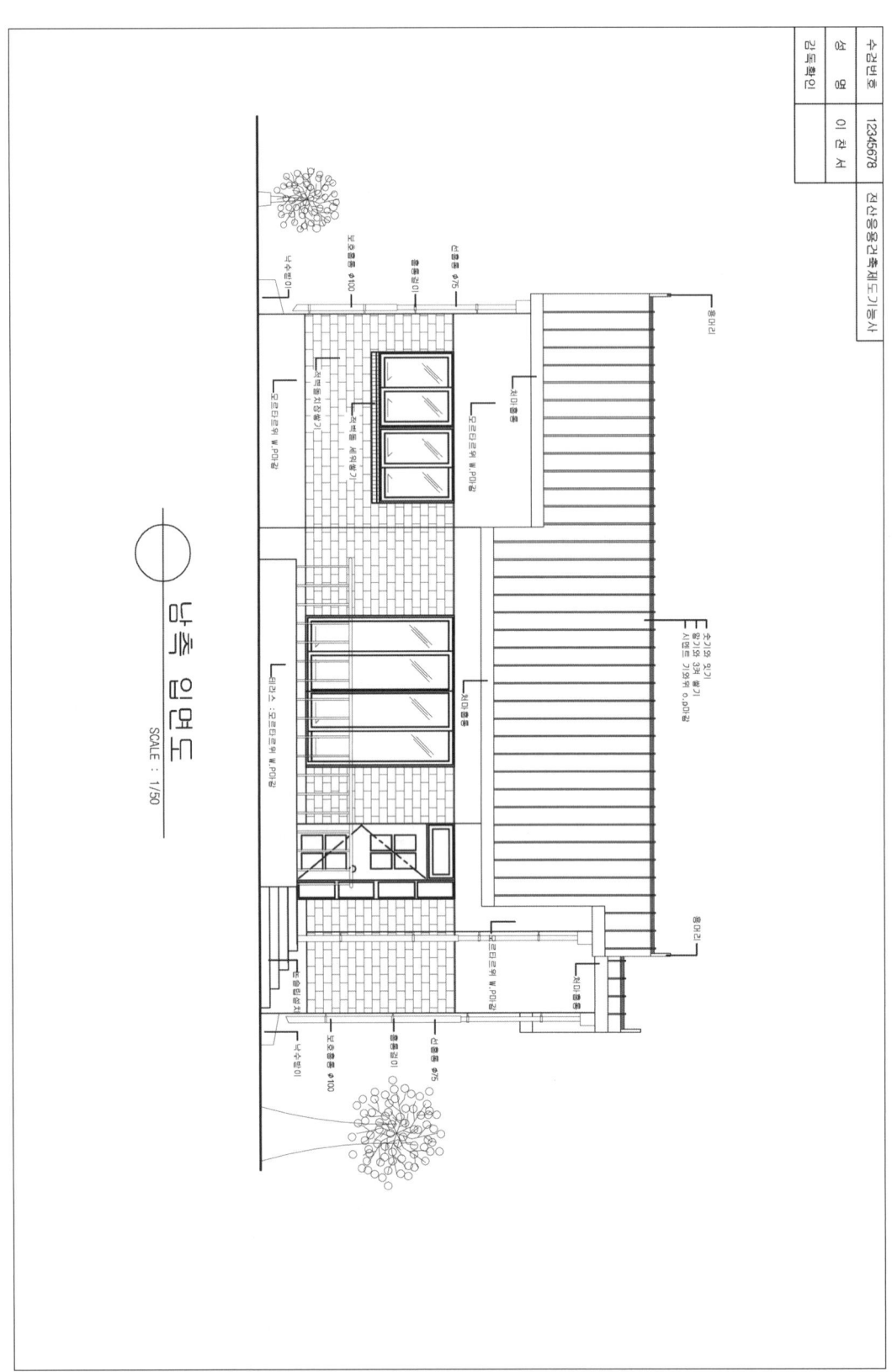

자격종목	전산응용건축제도기능사	작품명	주택

비번호(등번호) _____

시험시간 : 표준시간 4시간 10분, 연장시간 없음

1. 요구사항

1) 주어진 평면도를 보고 CAD를 이용하여 아래 조건에 맞게 다음 도면을 작도한 후 지급된 용지에 본인이 직접 흑백으로 출력하여 USB메모리에 저장하여 함께 제출 하시오.

① A부분 단면상세도를 1/40로 작도하시오.
② 남측 입면도를 축척 1/50로 작도하되 벽면재료 표시 및 주위의 배경 등, 도면 효과를 충분히 고려하시오.

조건

기초 및 지하실 벽체 : 철근콘크리트 구조로 한다.
단열재 : 외벽 120mm, 바닥 85mm, 지붕 180mm로 하시오.
벽체 : 외벽 – 외부로 부터 붉은 벽돌 0.5B, 단열재 120mm,
　　　　　　시멘트벽돌 1.0B로 하고 외부마감은 제물치장으로 하시오.
　　　내벽 – 두께 1.0B 시멘트벽돌 쌓기로 하시오.
지붕 : 철근콘크리트 경사슬래브 위 시멘트 기와잇기 마감으로 하시오. (물매 3.5/10이상)
처마나옴 : 벽체 중심에서 600mm
반자높이 : 2,400mm, 처마반자 설치
창호 : 목재창호로 하되 2중 창인 경우 외부 창호는 알루미늄 새시로 하시오.
각실의 난방 : 온수파이프 온돌난방으로 하시오.
1층 바닥슬래브와 기초는 일체식으로 표현하시오.

평면도에 표기되지 않은 현관 및 캐노피는 작도하지 않습니다.
기타 각부분의 마감, 치수 등 주어지지 않은 조건은 KS건축제도 통칙에 따릅니다.

2) 선의 통일을 기하기 위하여 아래와 같이 선의 색을 정리하여 출력한다.

　흰색 – (7-white) – 0.3mm　　　녹색 – (3-green) – 0.2mm
　노랑 – (2-yellow) – 0.4mm　　하늘색 – (4-cyan) – 0.3mm
　빨강 – (1-red) – 0.2mm　　　파랑 – (5-blue) – 0.1mm

자격종목	전산응용건축제도기능사	작품명	주택

2. 수험자 유의사항

* 다음 유의사항을 고려하여 요구사항을 완성하시오.

1) 명기되지 않은 조건은 건축법, 건축구조 및 건축제도 원칙에 따릅니다.
2) 시험 시작전 바탕화면에 본인 비번호로 폴더를 생성하고, 폴더 안에 작업내용을 저장하도록 합니다.
3) 정전 및 기계고장 등에 의한 자료손실을 방지하기 위하여 수시로 저장합니다.
4) 다음과 같은 경우는 부정행위로 처리됩니다.
   ① 노트 및 서적, 디스켓을 소지하거나 주고받는 행위.
   ② 건물의 구조부분의 상세나 글씨 등을 사전에 블록으로 설정하여 지참해 사용하는 경우
5) 작업이 끝나면 감독위원의 확인을 받은 후 문제지를 제출하고 본부요원이 입회하에 본인이 직접 A3용지에 흑백으로 도면을 출력하도록 합니다.
   이때 수험자의 운영미숙으로 도면이 출력되지 않는 경우나 출력시간이 20분을 초과할 경우는 실격 됩니다.
6) 장비 조작 미숙으로 장비의 파손 및 고장을 일으킬 염려가 있을 경우 실격됩니다.
7) 다음과 같은 경우는 채점대상에서 제외됩니다.
   가) 시험시간(표준시간 및 연장시간 포함) 내에 요구사항을 완성하지 못한 경우
   나) 시험시간 내에 제출된 작품이라도 다음과 같은 경우
      (1) 주어진 조건을 지키지 않고 작도한 경우
      (2) 요구한 전 도면을 작도하지 않은 경우
      (3) 건축제도 통칙을 준수하지 않거나 건축 CAD의 기능이 없는 상태에서 완성된 도면으로 시험위원 전원이 합의하여 판단한 경우
8) 수험번호, 성명은 도면 좌측상단에 아래와 같이 표제란을 만들어 기재합니다.

9) 감독위원은 시험 시작후 수검자에게 표제란을 우선 작도 후 도면을 작도하도록 하여야 하며 수험자가 감독위원의 동지시를 따르지 않을 경우 실격 처리 됩니다.
10) 테두리선의 여백은 10mm로 합니다.

| 자격종목 | 전산응용건축제도기능사 | 과제명 | 주택 | 척도 | 1/100 |

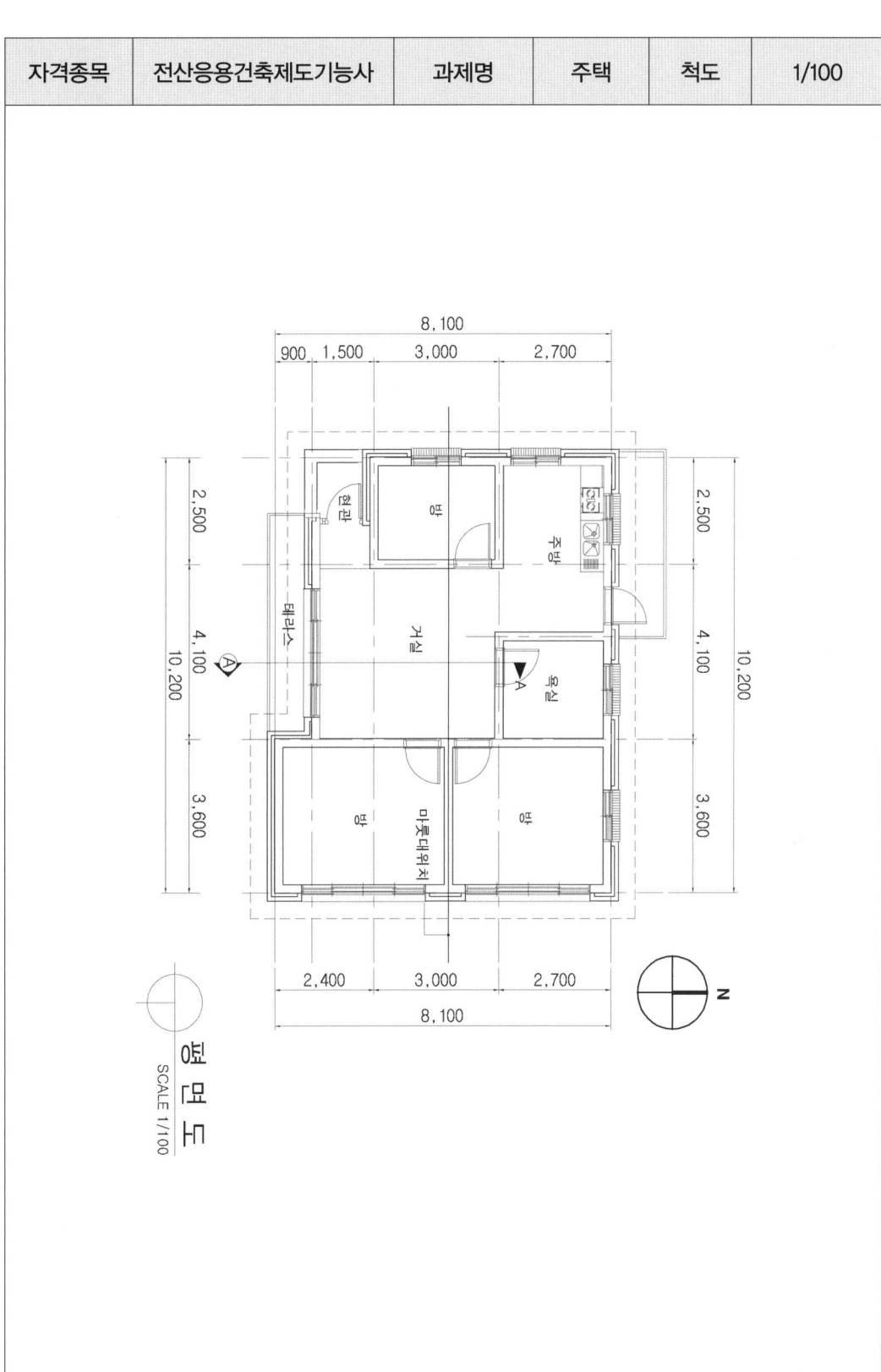

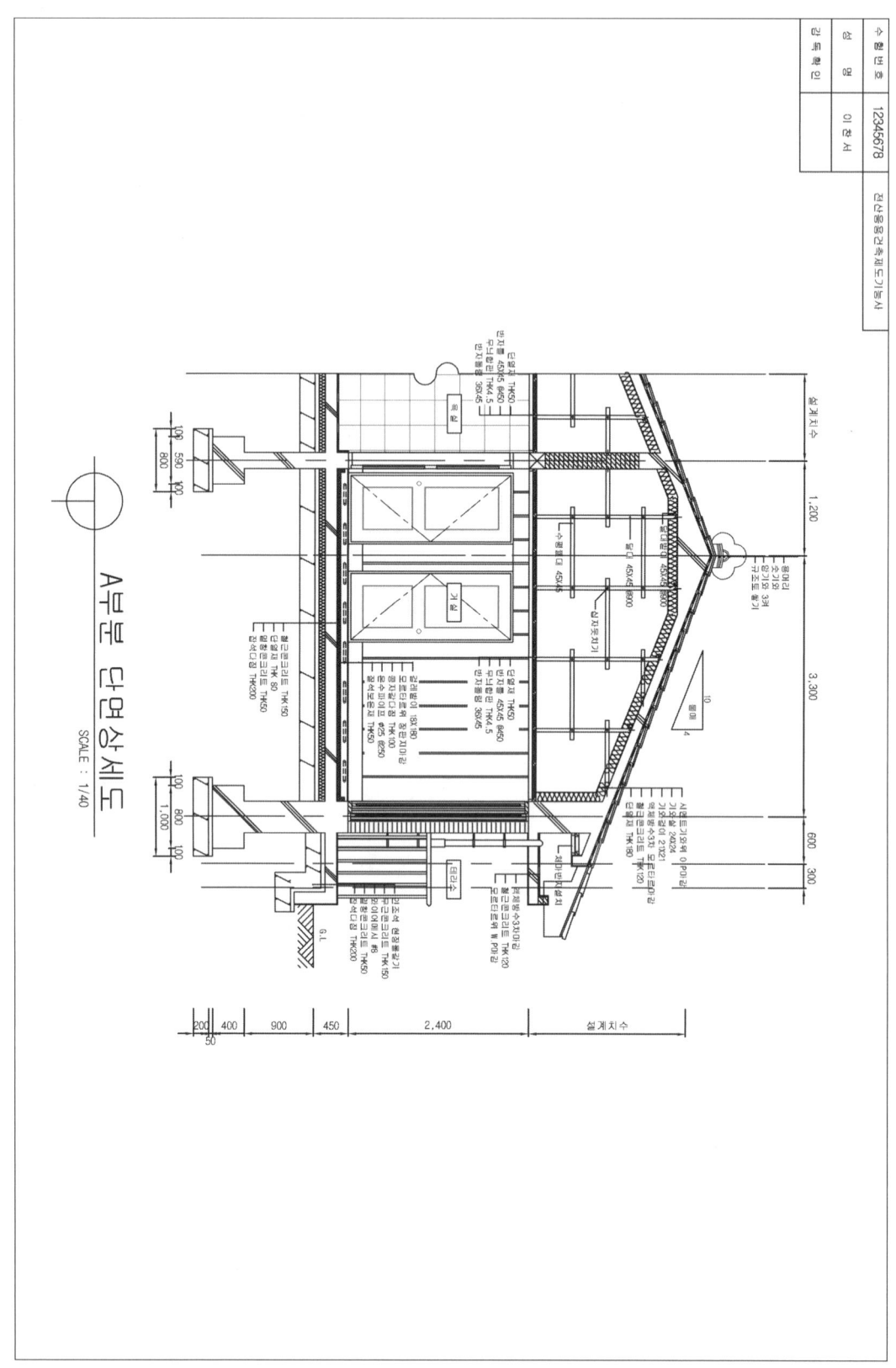

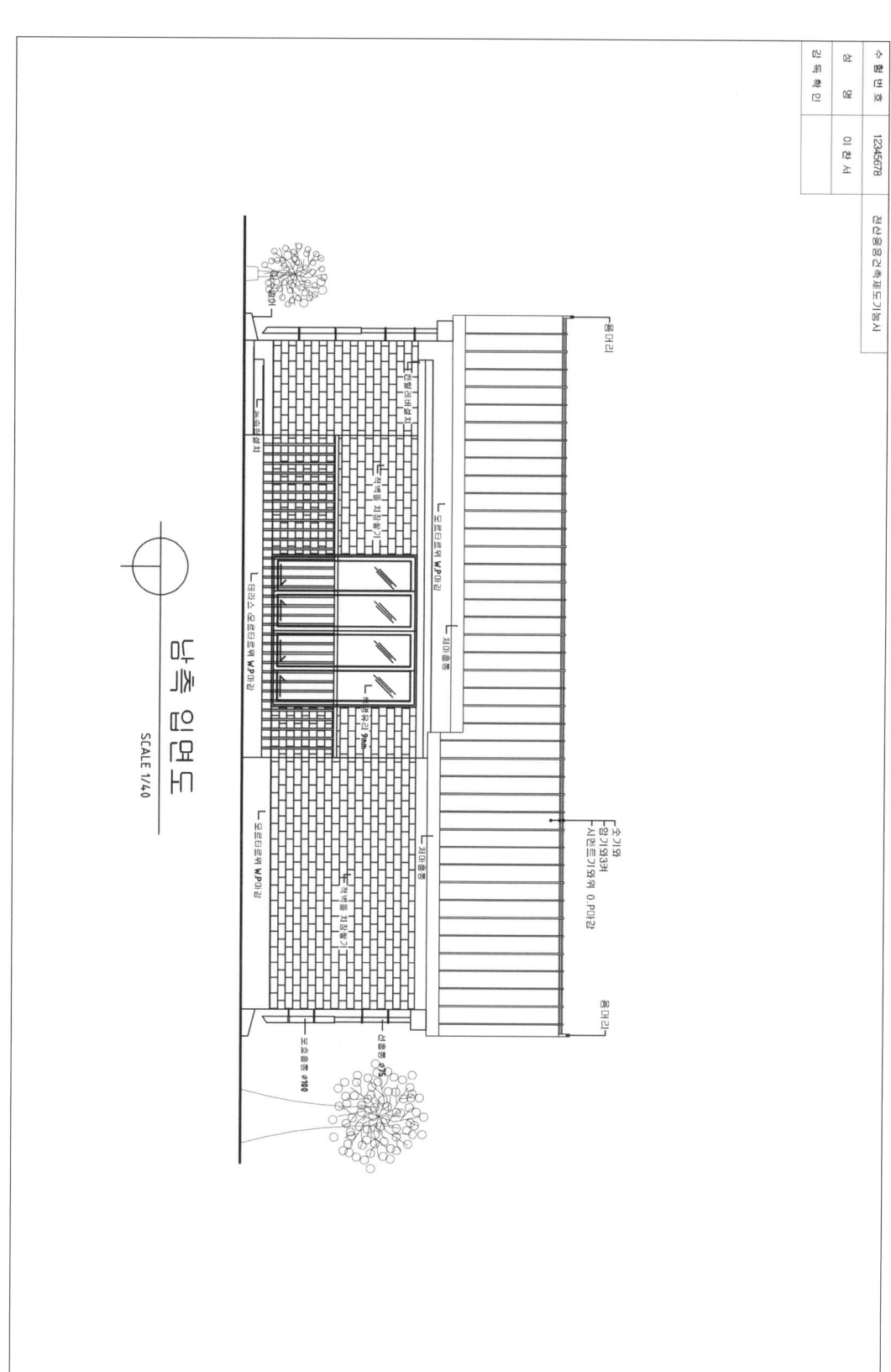

자격종목	전산응용건축제도기능사	작품명	주택

비번호(등번호) _____

시험시간 : 표준시간 4시간 10분, 연장시간 없음

1. 요구사항

1) 주어진 평면도를 보고 CAD를 이용하여 아래 조건에 맞게 다음 도면을 작도한 후 지급된 용지에 본인이 직접 흑백으로 출력하여 USB메모리에 저장하여 함께 제출 하시오.

   ① A부분 단면상세도를 1/40로 작도하시오.
   ② 남측 입면도를 축척 1/50로 작도하되 벽면재료 표시 및 주위의 배경 등, 도면 효과를 충분히 고려하시오.

> **조건**
>
> 기초 및 지하실 벽체 : 철근콘크리트 구조로 한다.
> 단열재 : 외벽 120mm, 바닥 85mm, 지붕 180mm로 하시오.
> 벽체 : 외벽 – 외부로 부터 붉은 벽돌 0.5B, 단열재 120mm,
>   시멘트벽돌 1.0B로 하고 외부마감은 제물치장으로 하시오.
>   내벽 – 두께 1.0B 시멘트벽돌 쌓기로 하시오.
> 지붕 : 철근콘크리트 경사슬래브 위 시멘트 기와잇기 마감으로 하시오. (물매 3.5/10이상)
> 처마나옴 : 벽체 중심에서 600mm
> 반자높이 : 2,400mm, 처마반자 설치
> 창호 : 목재창호로 하되 2중 창인 경우 외부 창호는 알루미늄 새시로 하시오.
> 각실의 난방 : 온수파이프 온돌난방으로 하시오.
> 1층 바닥슬래브와 기초는 일체식으로 표현하시오.
>
> 평면도에 표기되지 않은 현관 및 캐노피는 작도하지 않습니다.
> 기타 각부분의 마감, 치수 등 주어지지 않은 조건은 KS건축제도 통칙에 따릅니다.

2) 선의 통일을 기하기 위하여 아래와 같이 선의 색을 정리하여 출력한다.

   흰색 – (7–white) – 0.3mm   녹색 – (3–green) – 0.2mm
   노랑 – (2–yellow) – 0.4mm   하늘색 – (4–cyan) – 0.3mm
   빨강 – (1–red) – 0.2mm   파랑 – (5–blue) – 0.1mm

자격종목	전산응용건축제도기능사	작품명	주택

2. 수험자 유의사항

* 다음 유의사항을 고려하여 요구사항을 완성하시오.

1) 명기되지 않은 조건은 건축법, 건축구조 및 건축제도 원칙에 따릅니다.
2) 시험 시작전 바탕화면에 본인 비번호로 폴더를 생성하고, 폴더 안에 작업내용을 저장하도록 합니다.
3) 정전 및 기계고장 등에 의한 자료손실을 방지하기 위하여 수시로 저장합니다.
4) 다음과 같은 경우는 부정행위로 처리됩니다.
   ① 노트 및 서적, 디스켓을 소지하거나 주고받는 행위.
   ② 건물의 구조부분의 상세나 글씨 등을 사전에 블록으로 설정하여 지참해 사용하는 경우
5) 작업이 끝나면 감독위원의 확인을 받은 후 문제지를 제출하고 본부요원이 입회하에 본인이 직접 A3용지에 흑백으로 도면을 출력하도록 합니다.
   이때 수험자의 운영미숙으로 도면이 출력되지 않는 경우나 출력시간이 20분을 초과할 경우는 실격 됩니다.
6) 장비 조작 미숙으로 장비의 파손 및 고장을 일으킬 염려가 있을 경우 실격됩니다.
7) 다음과 같은 경우는 채점대상에서 제외됩니다.
   가) 시험시간(표준시간 및 연장시간 포함) 내에 요구사항을 완성하지 못한 경우
   나) 시험시간 내에 제출된 작품이라도 다음과 같은 경우
      (1) 주어진 조건을 지키지 않고 작도한 경우
      (2) 요구한 전 도면을 작도하지 않은 경우
      (3) 건축제도 통칙을 준수하지 않거나 건축 CAD의 기능이 없는 상태에서 완성된 도면으로 시험위원 전원이 합의하여 판단한 경우
8) 수험번호, 성명은 도면 좌측상단에 아래와 같이 표제란을 만들어 기재합니다.

9) 감독위원은 시험 시작후 수검자에게 표제란을 우선 작도 후 도면을 작도하도록 하여야 하며 수험자가 감독위원의 동지시를 따르지 않을 경우 실격 처리 됩니다.
10) 테두리선의 여백은 10mm로 합니다.

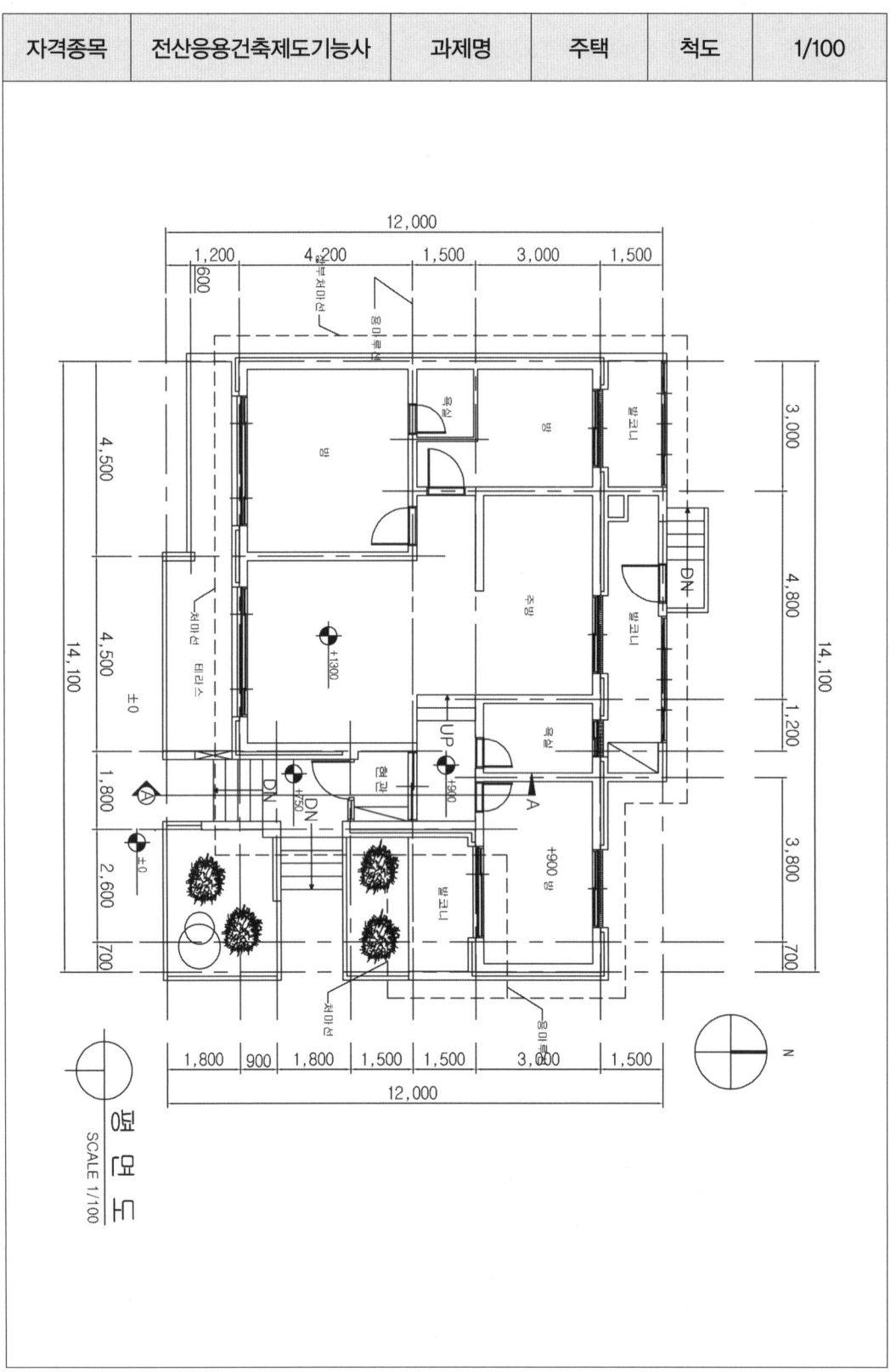

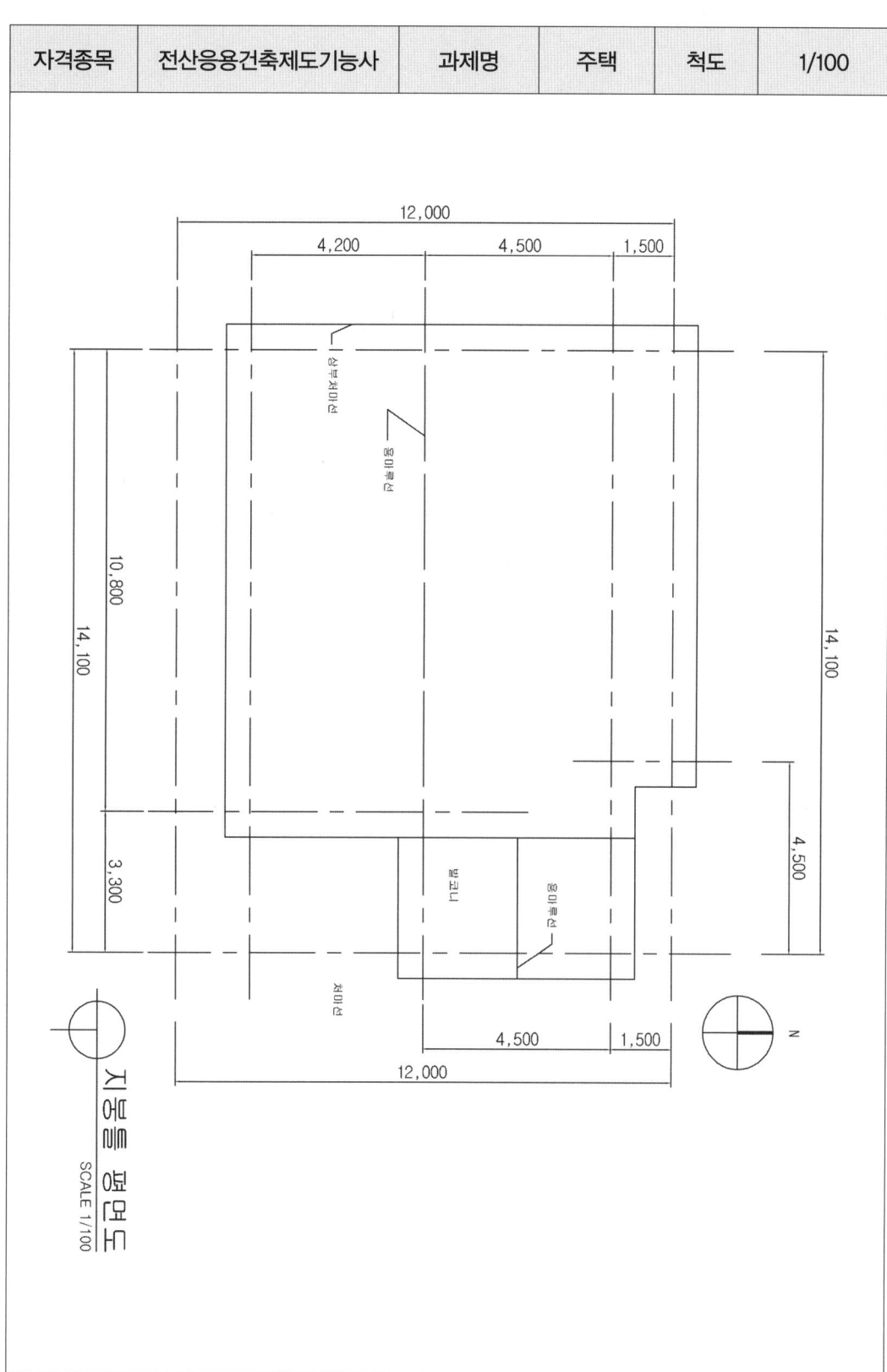

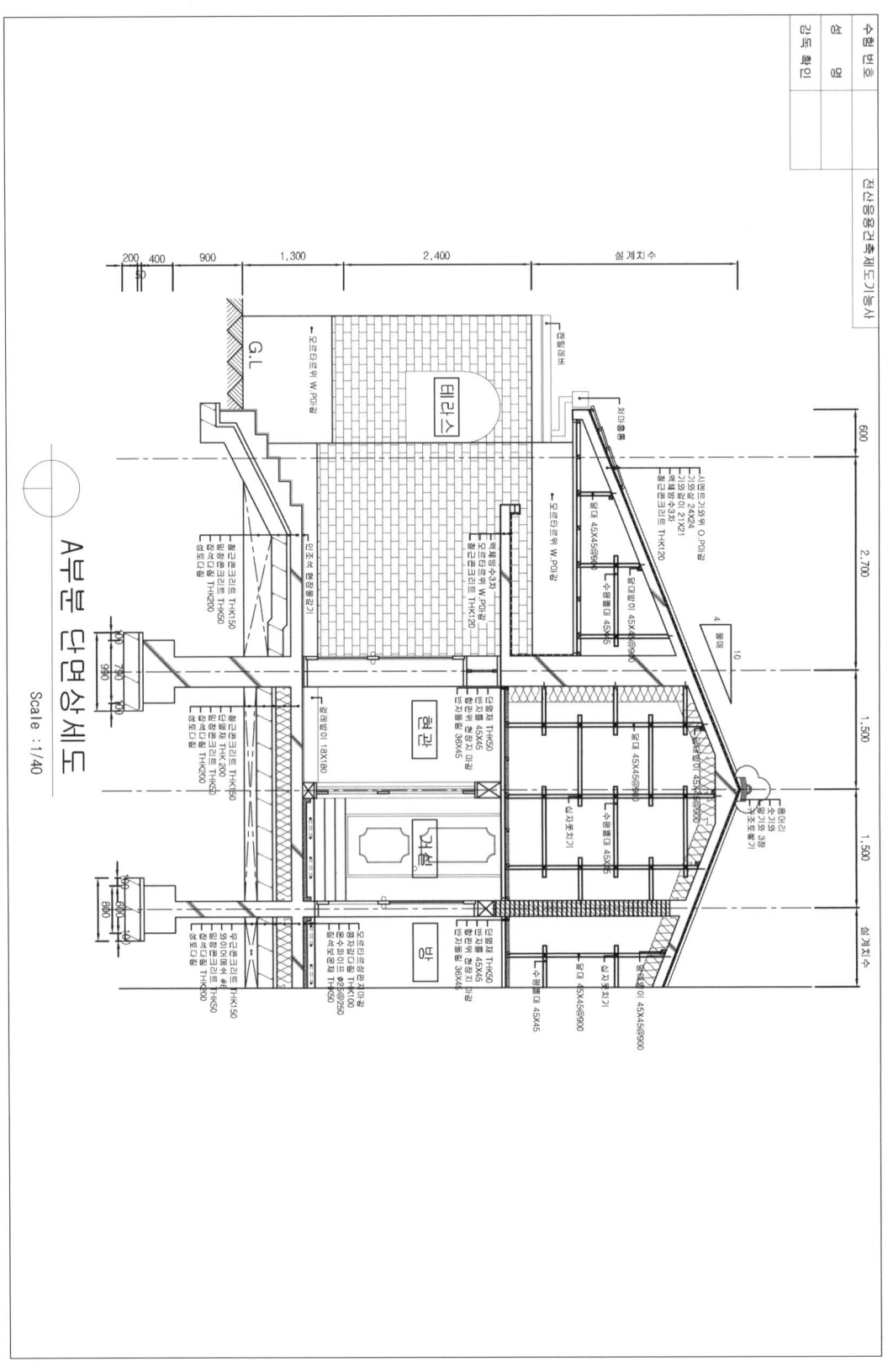

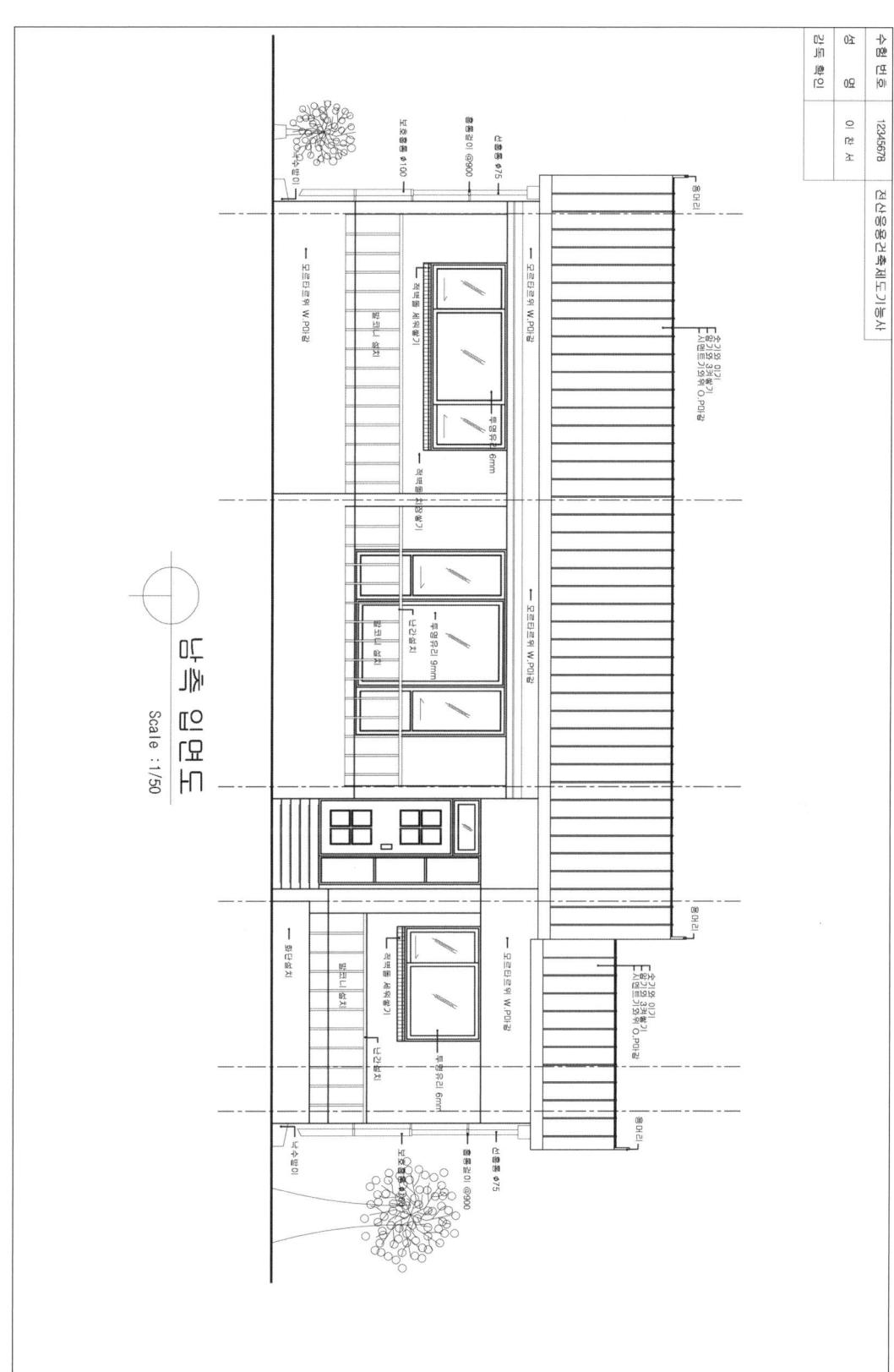

자격종목	전산응용건축제도기능사	작품명	주택

비번호(등번호) _____

시험시간 : 표준시간 4시간 10분, 연장시간 없음

1. 요구사항

1) 주어진 평면도를 보고 CAD를 이용하여 아래 조건에 맞게 다음 도면을 작도한 후 지급된 용지에 본인이 직접 흑백으로 출력하여 USB메모리에 저장하여 함께 제출 하시오.

① A부분 단면상세도를 1/40로 작도하시오.
② 남측 입면도를 축척 1/50로 작도하되 벽면재료 표시 및 주위의 배경 등, 도면 효과를 충분히 고려하시오.

> **조건**
>
> 기초 및 지하실 벽체 : 철근콘크리트 구조로 한다.
> 단열재 : 외벽 120mm, 바닥 85mm, 지붕 180mm로 하시오.
> 벽체 : 외벽 – 외부로 부터 붉은 벽돌 0.5B, 단열재 120mm,
> 　　　　　　시멘트벽돌 1.0B로 하고 외부마감은 제물치장으로 하시오.
> 　　　내벽 – 두께 1.0B 시멘트벽돌 쌓기로 하시오.
> 지붕 : 철근콘크리트 경사슬래브 위 시멘트 기와잇기 마감으로 하시오. (물매 3.5/10이상)
> 처마나옴 : 벽체 중심에서 600mm
> 반자높이 : 2,400mm, 처마반자 설치
> 창호 : 목재창호로 하되 2중 창인 경우 외부 창호는 알루미늄 새시로 하시오.
> 각실의 난방 : 온수파이프 온돌난방으로 하시오.
> 1층 바닥슬래브와 기초는 일체식으로 표현하시오.
>
> 평면도에 표기되지 않은 현관 및 캐노피는 작도하지 않습니다.
> 기타 각부분의 마감, 치수 등 주어지지 않은 조건은 KS건축제도 통칙에 따릅니다.

2) 선의 통일을 기하기 위하여 아래와 같이 선의 색을 정리하여 출력한다.

　　흰색 – (7-white) – 0.3mm　　　　녹색 – (3-green) – 0.2mm
　　노랑 – (2-yellow) – 0.4mm　　　하늘색 – (4-cyan) – 0.3mm
　　빨강 – (1-red) – 0.2mm　　　　　파랑 – (5-blue) – 0.1mm

자격종목	전산응용건축제도기능사	작품명	주택

2. 수험자 유의사항

* 다음 유의사항을 고려하여 요구사항을 완성하시오.

1) 명기되지 않은 조건은 건축법, 건축구조 및 건축제도 원칙에 따릅니다.
2) 시험 시작전 바탕화면에 본인 비번호로 폴더를 생성하고, 폴더 안에 작업내용을 저장하도록 합니다.
3) 정전 및 기계고장 등에 의한 자료손실을 방지하기 위하여 수시로 저장합니다.
4) 다음과 같은 경우는 부정행위로 처리됩니다.
   ① 노트 및 서적, 디스켓을 소지하거나 주고받는 행위.
   ② 건물의 구조부분의 상세나 글씨 등을 사전에 블록으로 설정하여 지참해 사용하는 경우
5) 작업이 끝나면 감독위원의 확인을 받은 후 문제지를 제출하고 본부요원이 입회하에 본인이 직접 A3용지에 흑백으로 도면을 출력하도록 합니다.
   이때 수험자의 운영미숙으로 도면이 출력되지 않는 경우나 출력시간이 20분을 초과할 경우는 실격 됩니다.
6) 장비 조작 미숙으로 장비의 파손 및 고장을 일으킬 염려가 있을 경우 실격됩니다.
7) 다음과 같은 경우는 채점대상에서 제외됩니다.
   가) 시험시간(표준시간 및 연장시간 포함) 내에 요구사항을 완성하지 못한 경우
   나) 시험시간 내에 제출된 작품이라도 다음과 같은 경우
      (1) 주어진 조건을 지키지 않고 작도한 경우
      (2) 요구한 전 도면을 작도하지 않은 경우
      (3) 건축제도 통칙을 준수하지 않거나 건축 CAD의 기능이 없는 상태에서 완성된 도면으로 시험위원 전원이 합의하여 판단한 경우
8) 수험번호, 성명은 도면 좌측상단에 아래와 같이 표제란을 만들어 기재합니다.

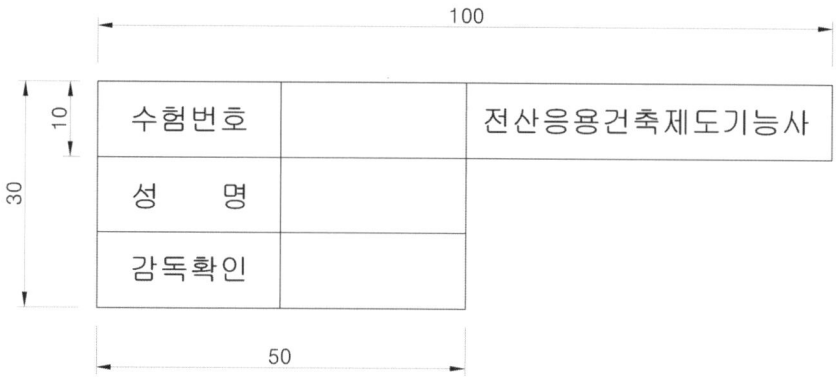

9) 감독위원은 시험 시작후 수검자에게 표제란을 우선 작도 후 도면을 작도하도록 하여야 하며 수험자가 감독위원의 동지시를 따르지 않을 경우 실격 처리 됩니다.
10) 테두리선의 여백은 10mm로 합니다.

| 자격종목 | 전산응용건축제도기능사 | 과제명 | 주택 | 척도 | 1/100 |

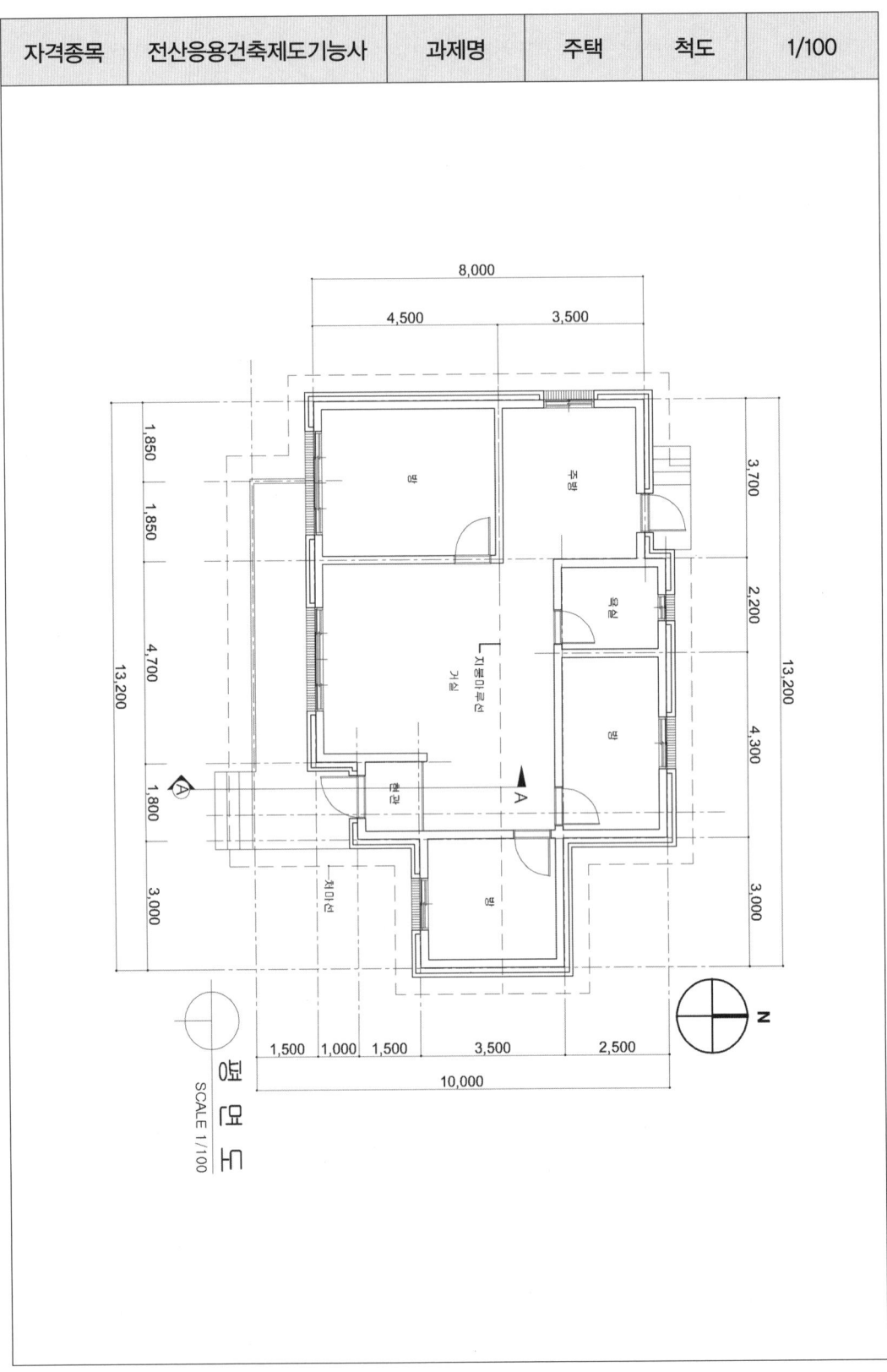

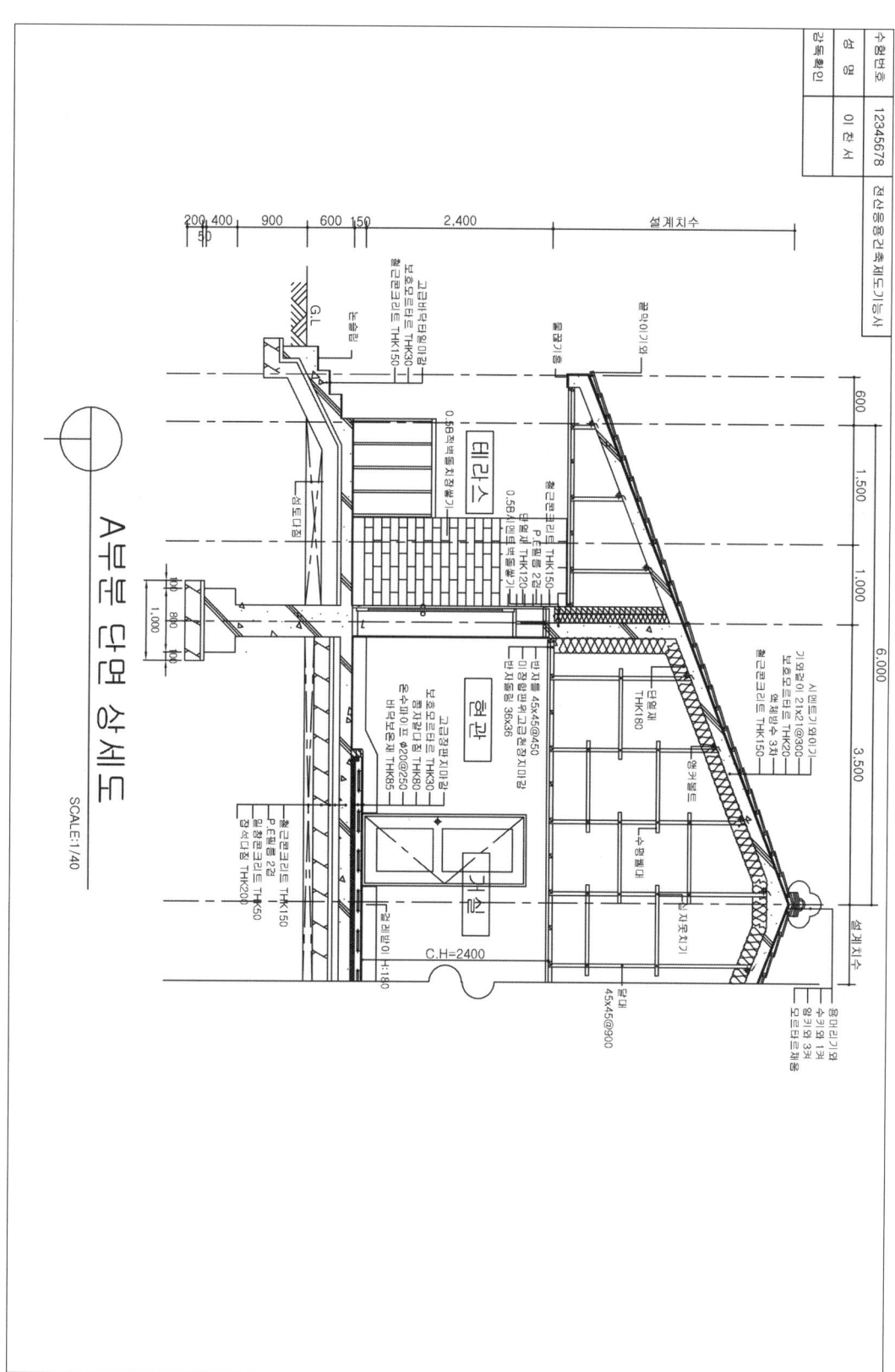

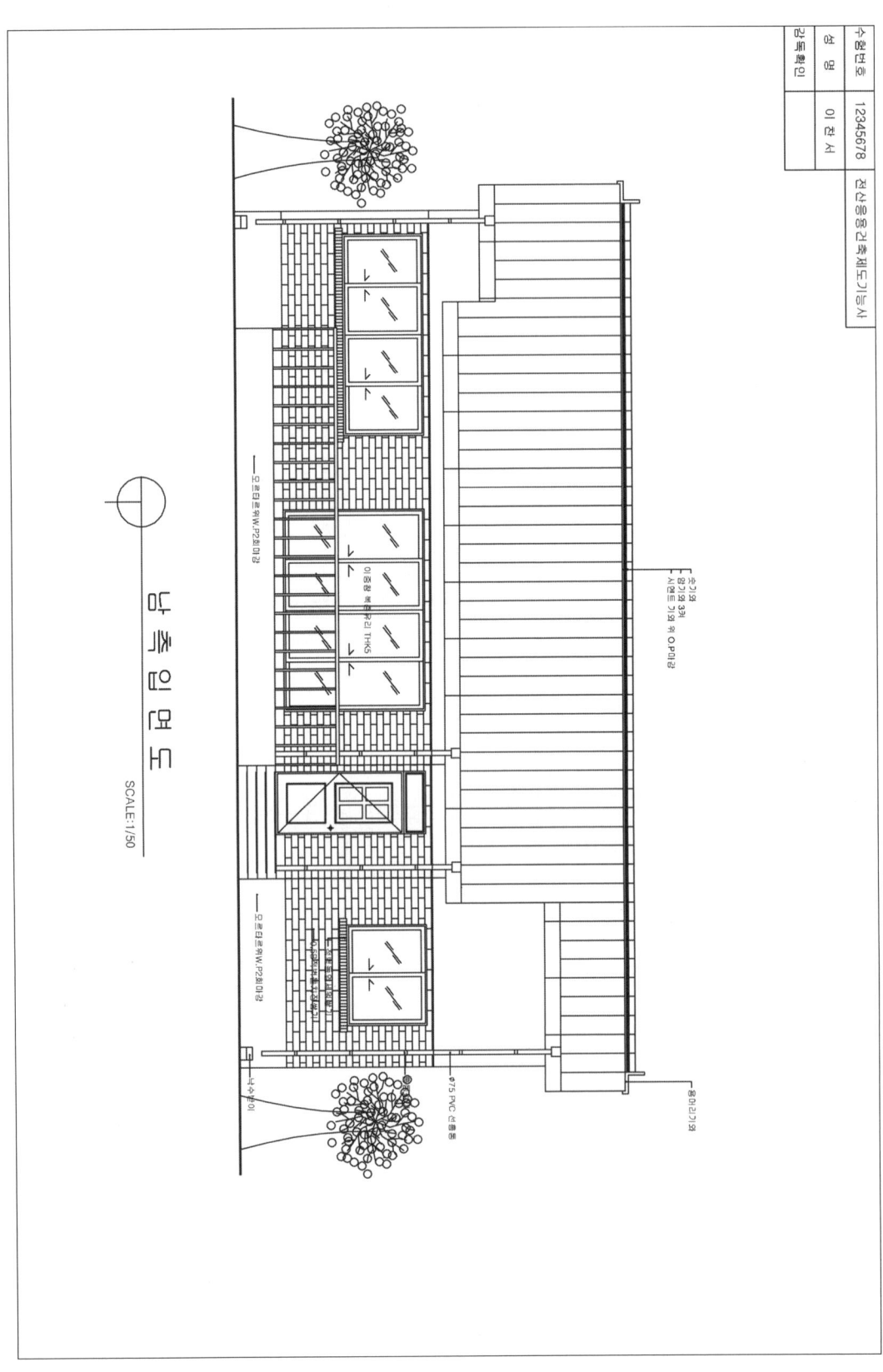

자격종목	전산응용건축제도기능사	작품명	주택

비번호(등번호) _____

시험시간 : 표준시간 4시간 10분, 연장시간 없음

1. 요구사항

1) 주어진 평면도를 보고 CAD를 이용하여 아래 조건에 맞게 다음 도면을 작도한 후 지급된 용지에 본인이 직접 흑백으로 출력하여 USB메모리에 저장하여 함께 제출 하시오.

① A부분 단면상세도를 1/40로 작도하시오.
② 남측 입면도를 축척 1/50로 작도하되 벽면재료 표시 및 주위의 배경 등, 도면 효과를 충분히 고려하시오.

조건

기초 및 지하실 벽체 : 철근콘크리트 구조로 한다.
단열재 : 외벽 120mm, 바닥 85mm, 지붕 180mm로 하시오.
벽체 : 외벽 – 외부로 부터 붉은 벽돌 0.5B, 단열재 120mm,
　　　　　　시멘트벽돌 1.0B로 하고 외부마감은 제물치장으로 하시오.
　　　내벽 – 두께 1.0B 시멘트벽돌 쌓기로 하시오.
지붕 : 철근콘크리트 경사슬래브 위 시멘트 기와잇기 마감으로 하시오. (물매 3.5/10이상)
처마나옴 : 벽체 중심에서 600mm
반자높이 : 2,400mm, 처마반자 설치
창호 : 목재창호로 하되 2중 창인 경우 외부 창호는 알루미늄 새시로 하시오.
각실의 난방 : 온수파이프 온돌난방으로 하시오.
1층 바닥슬래브와 기초는 일체식으로 표현하시오.

평면도에 표기되지 않은 현관 및 캐노피는 작도하지 않습니다.
기타 각부분의 마감, 치수 등 주어지지 않은 조건은 KS건축제도 통칙에 따릅니다.

2) 선의 통일을 기하기 위하여 아래와 같이 선의 색을 정리하여 출력한다.

　　흰색 – (7–white) – 0.3mm　　　　녹색 – (3–green) – 0.2mm
　　노랑 – (2–yellow) – 0.4mm　　　　하늘색 – (4–cyan) – 0.3mm
　　빨강 – (1–red) – 0.2mm　　　　　파랑 – (5–blue) – 0.1mm

자격종목	전산응용건축제도기능사	작품명	주택

2. 수험자 유의사항

* 다음 유의사항을 고려하여 요구사항을 완성하시오.

1) 명기되지 않은 조건은 건축법, 건축구조 및 건축제도 원칙에 따릅니다.
2) 시험 시작전 바탕화면에 본인 비번호로 폴더를 생성하고, 폴더 안에 작업내용을 저장하도록 합니다.
3) 정전 및 기계고장 등에 의한 자료손실을 방지하기 위하여 수시로 저장합니다.
4) 다음과 같은 경우는 부정행위로 처리됩니다.
   ① 노트 및 서적, 디스켓을 소지하거나 주고받는 행위.
   ② 건물의 구조부분의 상세나 글씨 등을 사전에 블록으로 설정하여 지참해 사용하는 경우
5) 작업이 끝나면 감독위원의 확인을 받은 후 문제지를 제출하고 본부요원이 입회하에 본인이 직접 A3용지에 흑백으로 도면을 출력하도록 합니다.
   이때 수험자의 운영미숙으로 도면이 출력되지 않는 경우나 출력시간이 20분을 초과할 경우는 실격 됩니다.
6) 장비 조작 미숙으로 장비의 파손 및 고장을 일으킬 염려가 있을 경우 실격됩니다.
7) 다음과 같은 경우는 채점대상에서 제외됩니다.
   가) 시험시간(표준시간 및 연장시간 포함) 내에 요구사항을 완성하지 못한 경우
   나) 시험시간 내에 제출된 작품이라도 다음과 같은 경우
      (1) 주어진 조건을 지키지 않고 작도한 경우
      (2) 요구한 전 도면을 작도하지 않은 경우
      (3) 건축제도 통칙을 준수하지 않거나 건축 CAD의 기능이 없는 상태에서 완성된 도면으로 시험위원 전원이 합의하여 판단한 경우
8) 수험번호, 성명은 도면 좌측상단에 아래와 같이 표제란을 만들어 기재합니다.

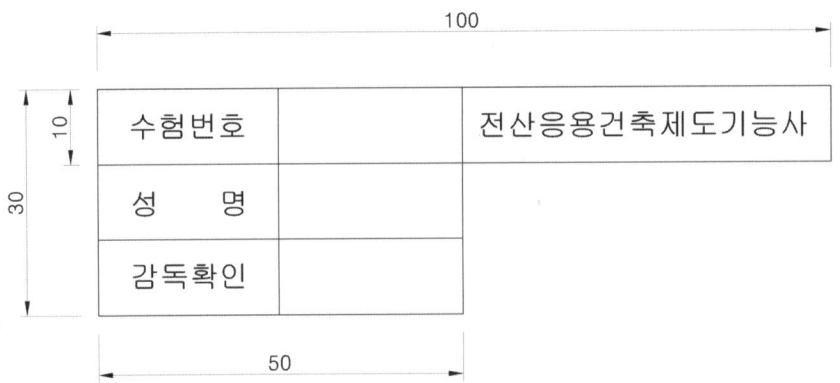

9) 감독위원은 시험 시작후 수검자에게 표제란을 우선 작도 후 도면을 작도하도록 하여야 하며 수험자가 감독위원의 동지시를 따르지 않을 경우 실격 처리 됩니다.
10) 테두리선의 여백은 10mm로 합니다.

| 자격종목 | 전산응용건축제도기능사 | 과제명 | 주택 | 척도 | 1/100 |

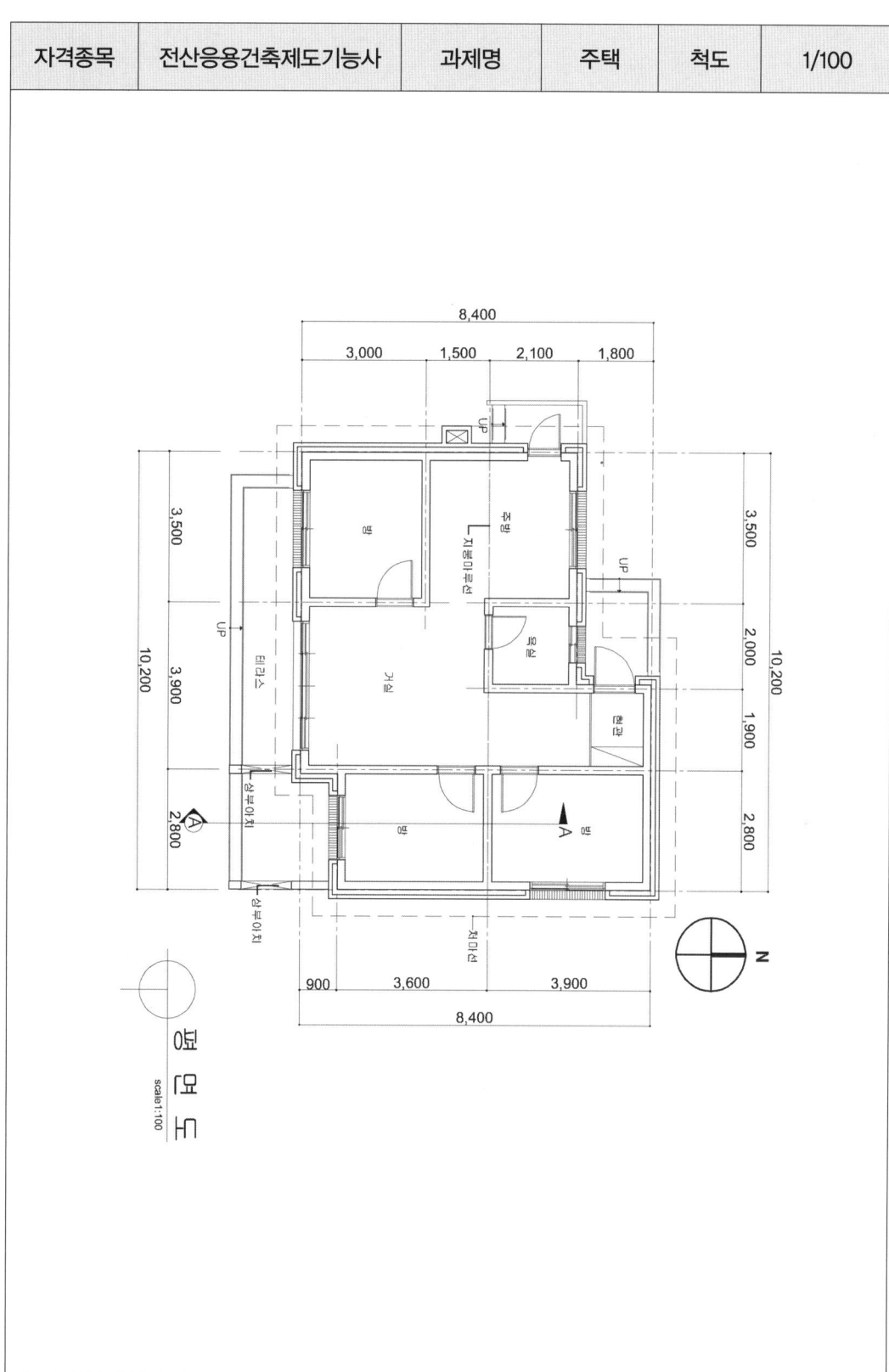

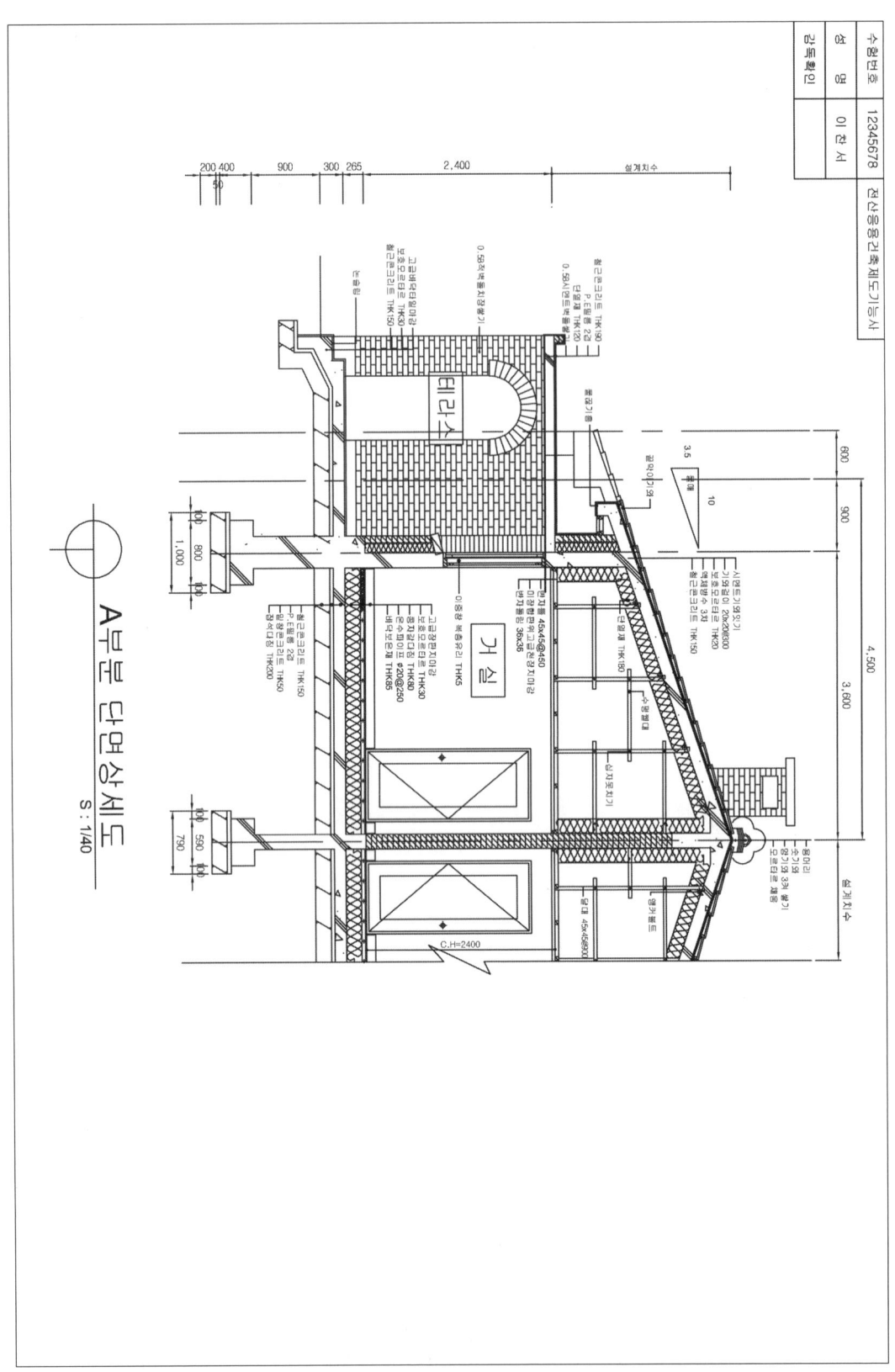

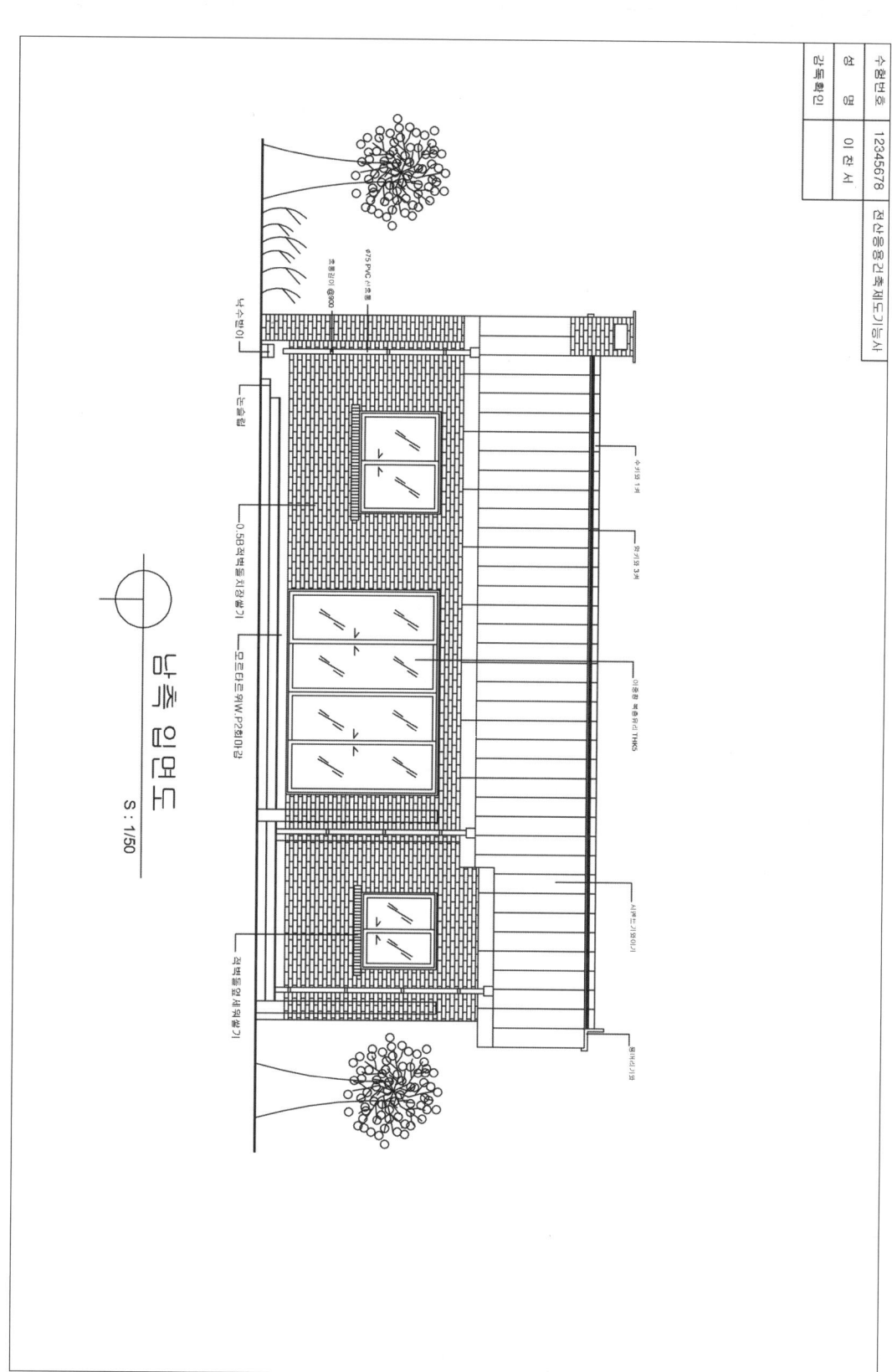

자격종목	전산응용건축제도기능사	작품명	주택

비번호(등번호) _____

시험시간 : 표준시간 4시간 10분, 연장시간 없음

1. 요구사항

1) 주어진 평면도를 보고 CAD를 이용하여 아래 조건에 맞게 다음 도면을 작도한 후 지급된 용지에 본인이 직접 흑백으로 출력하여 USB메모리에 저장하여 함께 제출 하시오.

① A부분 단면상세도를 1/40로 작도하시오.
② 남측 입면도를 축척 1/50로 작도하되 벽면재료 표시 및 주위의 배경 등, 도면 효과를 충분히 고려하시오.

조건

기초 및 지하실 벽체 : 철근콘크리트 구조로 한다.
단열재 : 외벽 120mm, 바닥 85mm, 지붕 180mm로 하시오.
벽체 : 외벽 – 외부로 부터 붉은 벽돌 0.5B, 단열재 120mm,
           시멘트벽돌 1.0B로 하고 외부마감은 제물치장으로 하시오.
       내벽 – 두께 1.0B 시멘트벽돌 쌓기로 하시오.
지붕 : 철근콘크리트 경사슬래브 위 시멘트 기와잇기 마감으로 하시오. (물매 3.5/10이상)
처마나옴 : 벽체 중심에서 600mm
반자높이 : 2,400mm, 처마반자 설치
창호 : 목재창호로 하되 2중 창인 경우 외부 창호는 알루미늄 새시로 하시오.
각실의 난방 : 온수파이프 온돌난방으로 하시오.
1층 바닥슬래브와 기초는 일체식으로 표현하시오.

평면도에 표기되지 않은 현관 및 캐노피는 작도하지 않습니다.
기타 각부분의 마감, 치수 등 주어지지 않은 조건은 KS건축제도 통칙에 따릅니다.

2) 선의 통일을 기하기 위하여 아래와 같이 선의 색을 정리하여 출력한다.

흰색 – (7-white) – 0.3mm   녹색 – (3-green) – 0.2mm
노랑 – (2-yellow) – 0.4mm   하늘색 – (4-cyan) – 0.3mm
빨강 – (1-red) – 0.2mm   파랑 – (5-blue) – 0.1mm

자격종목	전산응용건축제도기능사	작품명	주택

2. 수험자 유의사항

* 다음 유의사항을 고려하여 요구사항을 완성하시오.

1) 명기되지 않은 조건은 건축법, 건축구조 및 건축제도 원칙에 따릅니다.
2) 시험 시작전 바탕화면에 본인 비번호로 폴더를 생성하고, 폴더 안에 작업내용을 저장하도록 합니다.
3) 정전 및 기계고장 등에 의한 자료손실을 방지하기 위하여 수시로 저장합니다.
4) 다음과 같은 경우는 부정행위로 처리됩니다.
   ① 노트 및 서적, 디스켓을 소지하거나 주고받는 행위.
   ② 건물의 구조부분의 상세나 글씨 등을 사전에 블록으로 설정하여 지참해 사용하는 경우
5) 작업이 끝나면 감독위원의 확인을 받은 후 문제지를 제출하고 본부요원이 입회하에 본인이 직접 A3용지에 흑백으로 도면을 출력하도록 합니다.
   이때 수험자의 운영미숙으로 도면이 출력되지 않는 경우나 출력시간이 20분을 초과할 경우는 실격 됩니다.
6) 장비 조작 미숙으로 장비의 파손 및 고장을 일으킬 염려가 있을 경우 실격됩니다.
7) 다음과 같은 경우는 채점대상에서 제외됩니다.
   가) 시험시간(표준시간 및 연장시간 포함) 내에 요구사항을 완성하지 못한 경우
   나) 시험시간 내에 제출된 작품이라도 다음과 같은 경우
      (1) 주어진 조건을 지키지 않고 작도한 경우
      (2) 요구한 전 도면을 작도하지 않은 경우
      (3) 건축제도 통칙을 준수하지 않거나 건축 CAD의 기능이 없는 상태에서 완성된 도면으로 시험위원 전원이 합의하여 판단한 경우
8) 수험번호, 성명은 도면 좌측상단에 아래와 같이 표제란을 만들어 기재합니다.

9) 감독위원은 시험 시작후 수검자에게 표제란을 우선 작도 후 도면을 작도하도록 하여야 하며 수험자가 감독위원의 동지시를 따르지 않을 경우 실격 처리 됩니다.
10) 테두리선의 여백은 10mm로 합니다.

| 자격종목 | 전산응용건축제도기능사 | 과제명 | 주택 | 척도 | 1/100 |

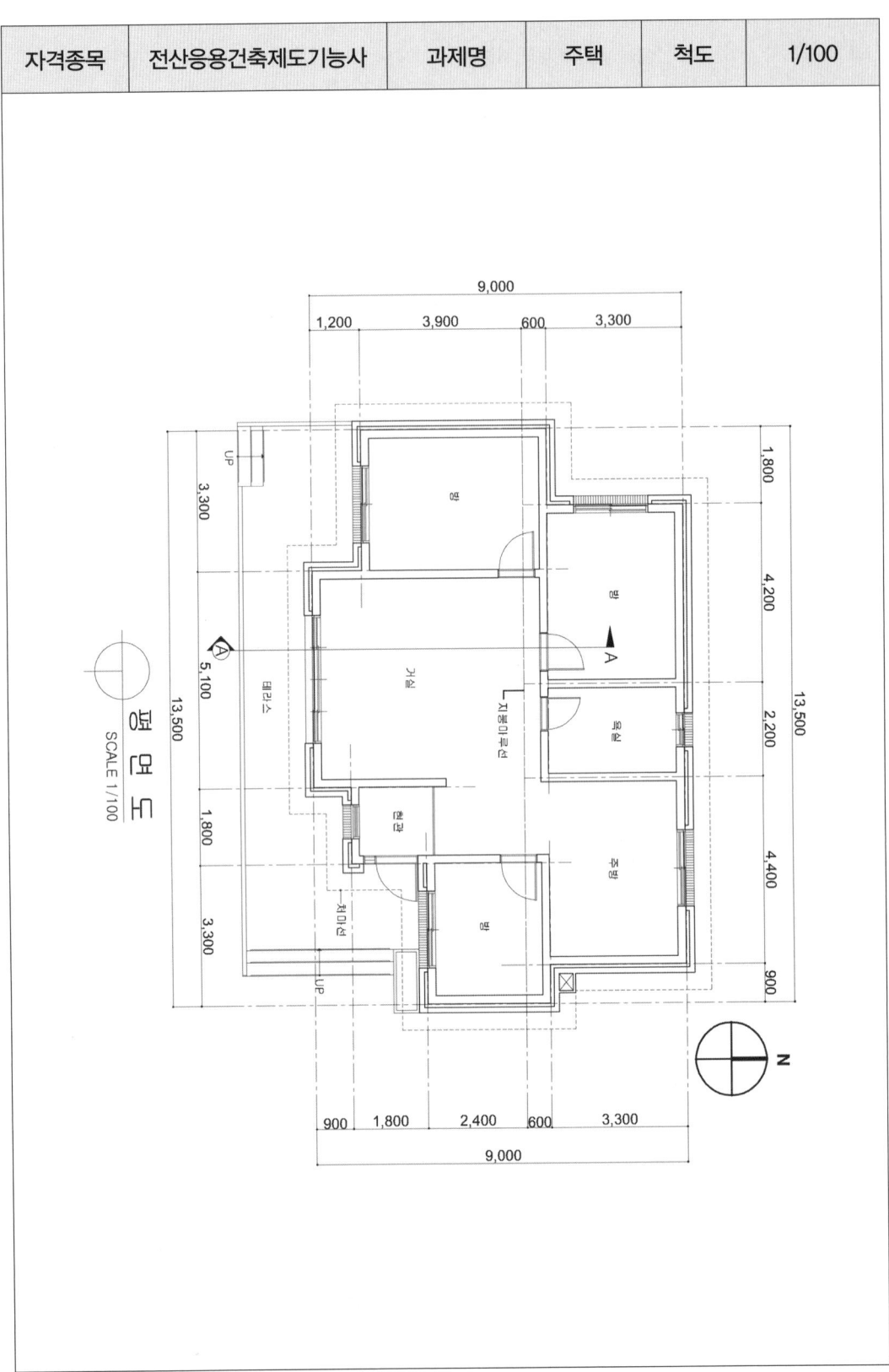

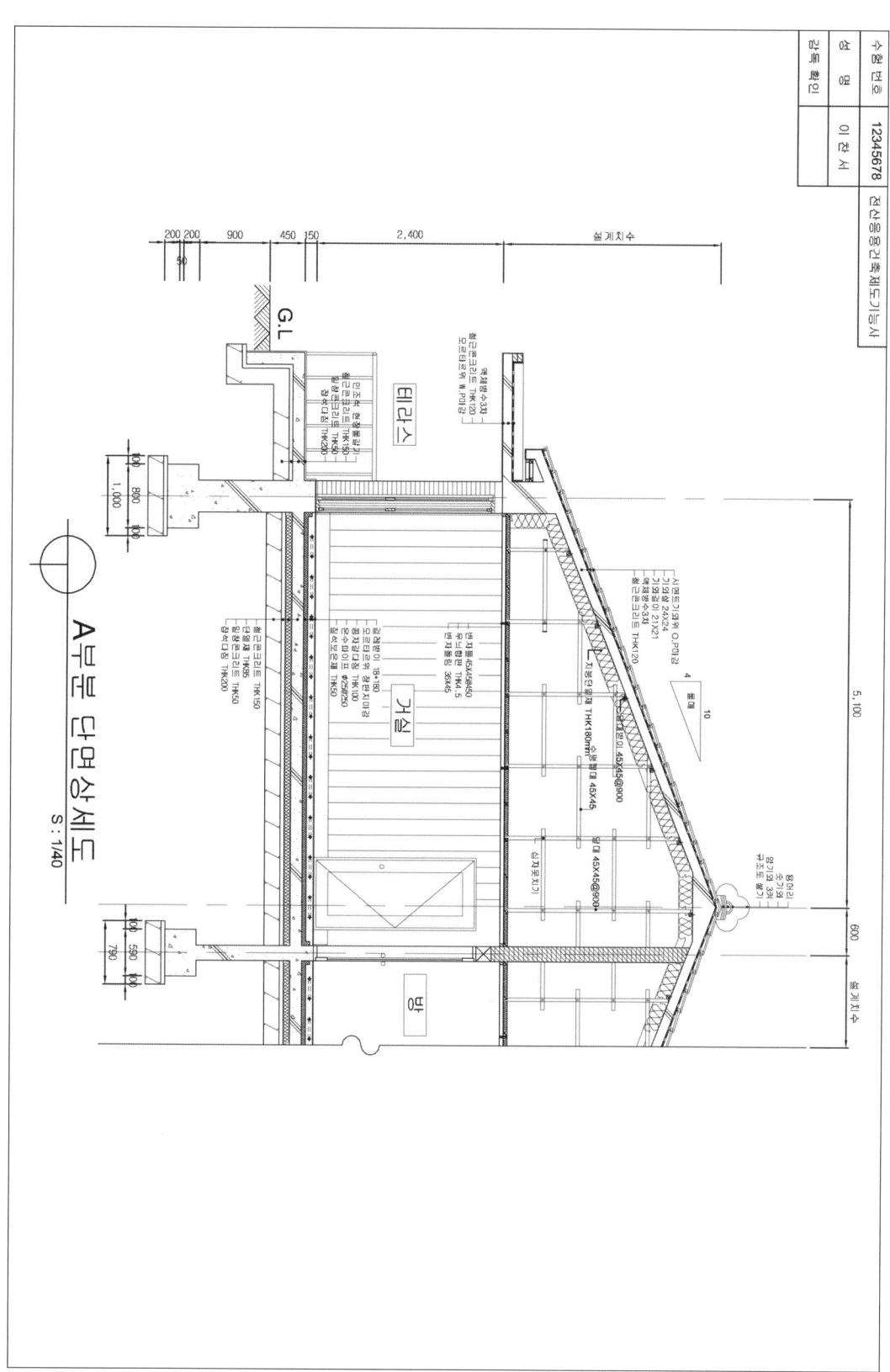

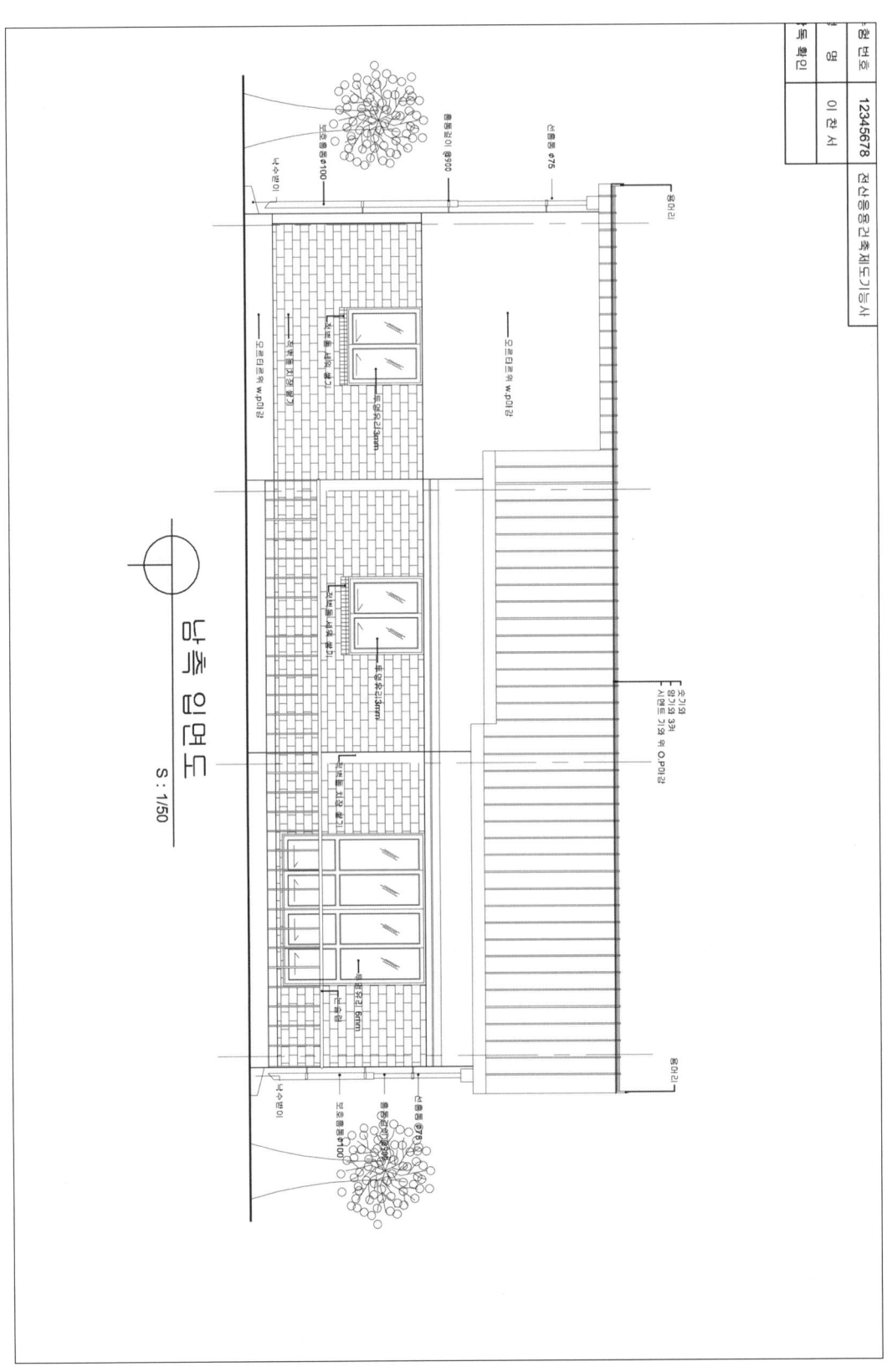

자격종목	전산응용건축제도기능사	작품명	주택

비번호(등번호) _____

시험시간 : 표준시간 4시간 10분, 연장시간 없음

1. 요구사항

1) 주어진 평면도를 보고 CAD를 이용하여 아래 조건에 맞게 다음 도면을 작도한 후 지급된 용지에 본인이 직접 흑백으로 출력하여 USB메모리에 저장하여 함께 제출 하시오.

① A부분 단면상세도를 1/40로 작도하시오.
② 남측 입면도를 축척 1/50로 작도하되 벽면재료 표시 및 주위의 배경 등, 도면 효과를 충분히 고려하시오.

조건

기초 및 지하실 벽체 : 철근콘크리트 구조로 한다.
단열재 : 외벽 120mm, 바닥 85mm, 지붕 180mm로 하시오.
벽체 : 외벽 – 외부로 부터 붉은 벽돌 0.5B, 단열재 120mm,
　　　　　시멘트벽돌 1.0B로 하고 외부마감은 제물치장으로 하시오.
　　　내벽 – 두께 1.0B 시멘트벽돌 쌓기로 하시오.
지붕 : 철근콘크리트 경사슬래브 위 시멘트 기와잇기 마감으로 하시오. (물매 3.5/10이상)
처마나옴 : 벽체 중심에서 600mm
반자높이 : 2,400mm, 처마반자 설치
창호 : 목재창호로 하되 2중 창인 경우 외부 창호는 알루미늄 새시로 하시오.
각실의 난방 : 온수파이프 온돌난방으로 하시오.
1층 바닥슬래브와 기초는 일체식으로 표현하시오.

평면도에 표기되지 않은 현관 및 캐노피는 작도하지 않습니다.
기타 각부분의 마감, 치수 등 주어지지 않은 조건은 KS건축제도 통칙에 따릅니다.

2) 선의 통일을 기하기 위하여 아래와 같이 선의 색을 정리하여 출력한다.

　　흰색 – (7-white) – 0.3mm　　　녹색 – (3-green) – 0.2mm
　　노랑 – (2-yellow) – 0.4mm　　하늘색 – (4-cyan) – 0.3mm
　　빨강 – (1-red) – 0.2mm　　　파랑 – (5-blue) – 0.1mm

자격종목	전산응용건축제도기능사	작품명	주택

2. 수험자 유의사항

* 다음 유의사항을 고려하여 요구사항을 완성하시오.

1) 명기되지 않은 조건은 건축법, 건축구조 및 건축제도 원칙에 따릅니다.
2) 시험 시작전 바탕화면에 본인 비번호로 폴더를 생성하고, 폴더 안에 작업내용을 저장하도록 합니다.
3) 정전 및 기계고장 등에 의한 자료손실을 방지하기 위하여 수시로 저장합니다.
4) 다음과 같은 경우는 부정행위로 처리됩니다.
    ① 노트 및 서적, 디스켓을 소지하거나 주고받는 행위.
    ② 건물의 구조부분의 상세나 글씨 등을 사전에 블록으로 설정하여 지참해 사용하는 경우
5) 작업이 끝나면 감독위원의 확인을 받은 후 문제지를 제출하고 본부요원이 입회하에 본인이 직접 A3용지에 흑백으로 도면을 출력하도록 합니다.
    이때 수험자의 운영미숙으로 도면이 출력되지 않는 경우나 출력시간이 20분을 초과할 경우는 실격 됩니다.
6) 장비 조작 미숙으로 장비의 파손 및 고장을 일으킬 염려가 있을 경우 실격됩니다.
7) 다음과 같은 경우는 채점대상에서 제외됩니다.
    가) 시험시간(표준시간 및 연장시간 포함) 내에 요구사항을 완성하지 못한 경우
    나) 시험시간 내에 제출된 작품이라도 다음과 같은 경우
        (1) 주어진 조건을 지키지 않고 작도한 경우
        (2) 요구한 전 도면을 작도하지 않은 경우
        (3) 건축제도 통칙을 준수하지 않거나 건축 CAD의 기능이 없는 상태에서 완성된 도면으로 시험위원 전원이 합의하여 판단한 경우
8) 수험번호, 성명은 도면 좌측상단에 아래와 같이 표제란을 만들어 기재합니다.

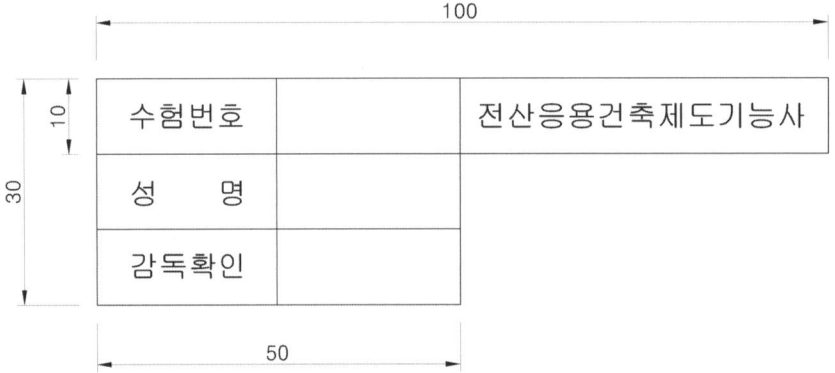

9) 감독위원은 시험 시작후 수검자에게 표제란을 우선 작도 후 도면을 작도하도록 하여야 하며 수험자가 감독위원의 동지시를 따르지 않을 경우 실격 처리 됩니다.
10) 테두리선의 여백은 10mm로 합니다.

자격종목	전산응용건축제도기능사	과제명	주택	척도	1/100

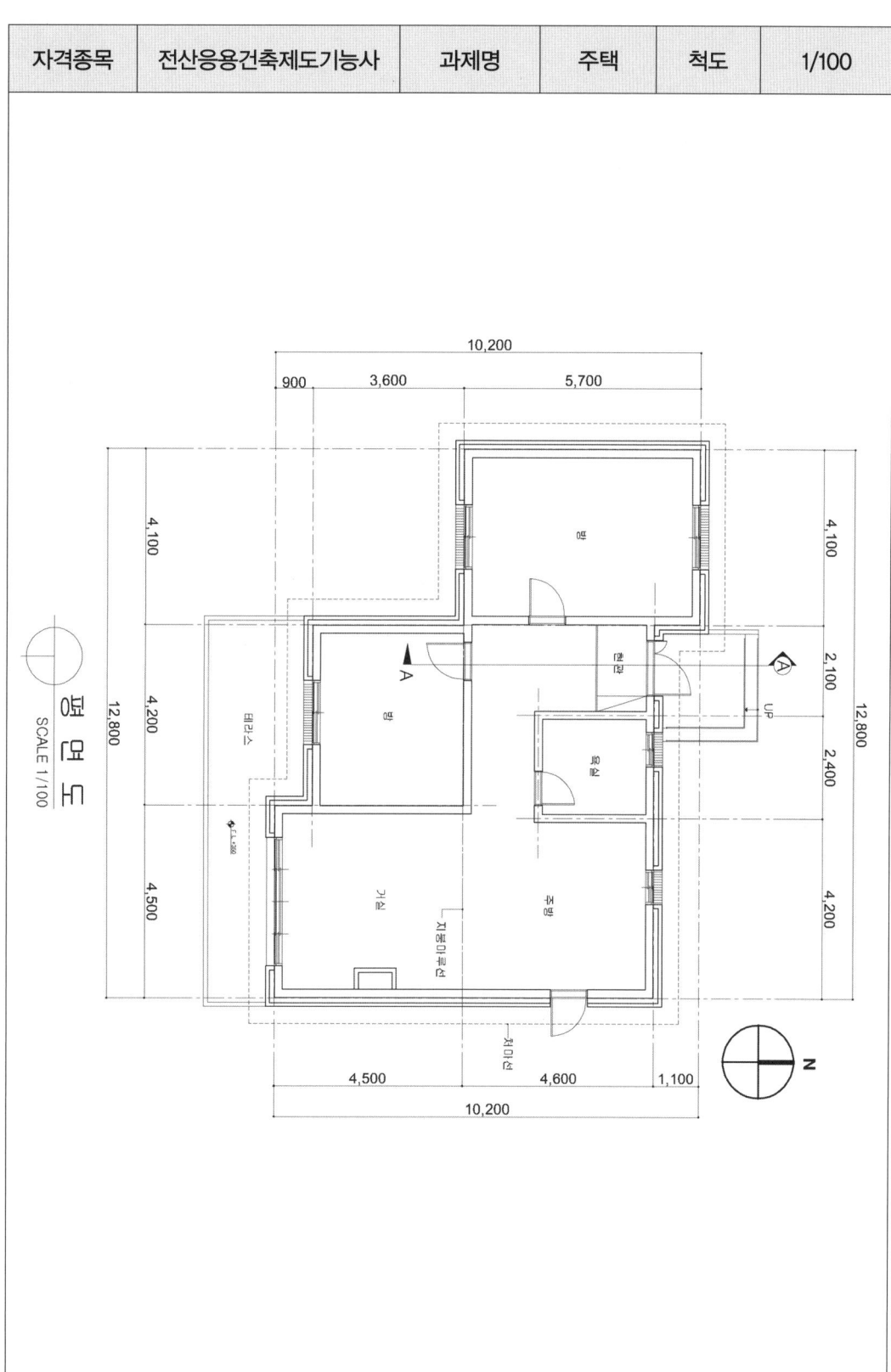

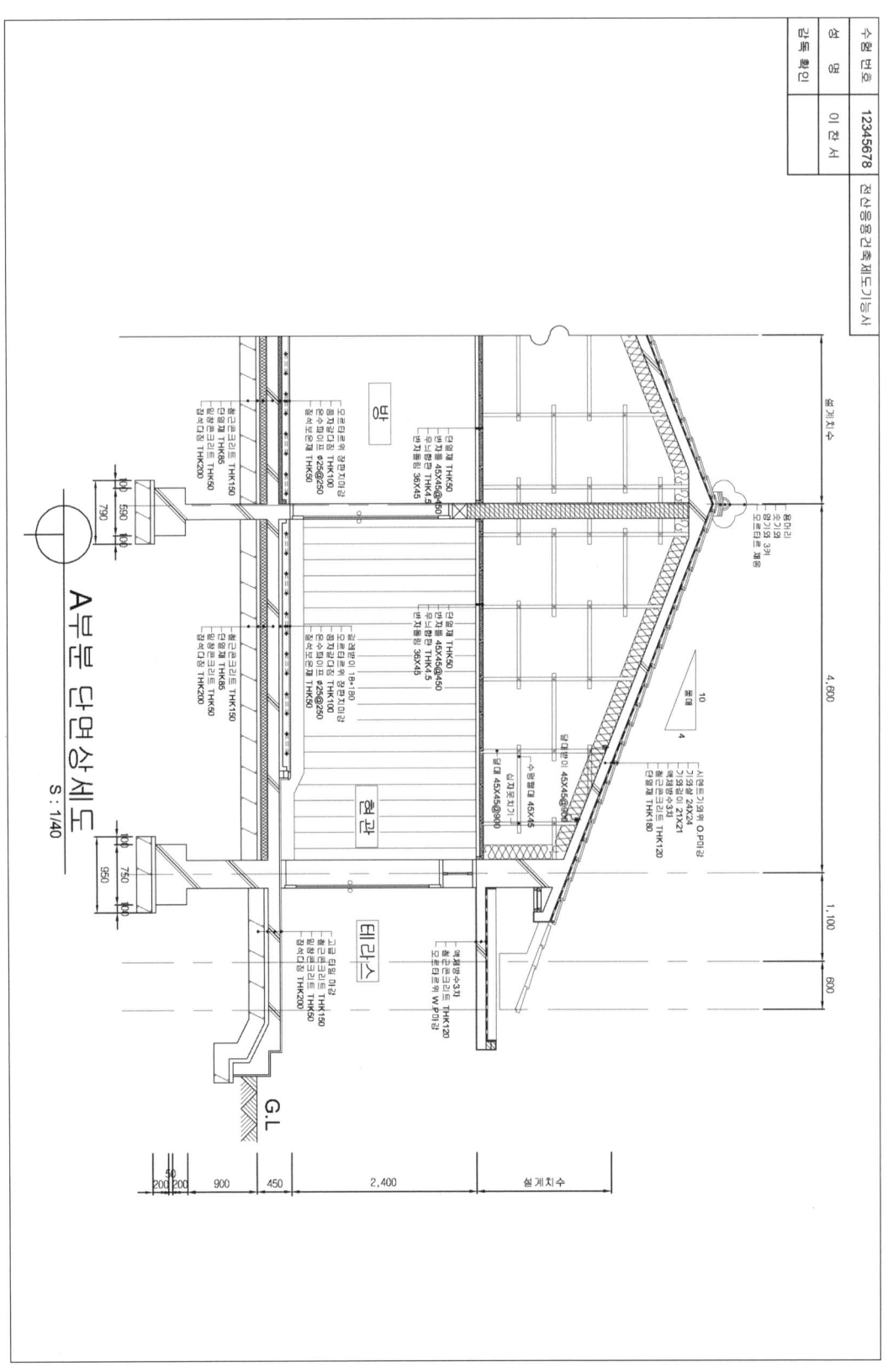

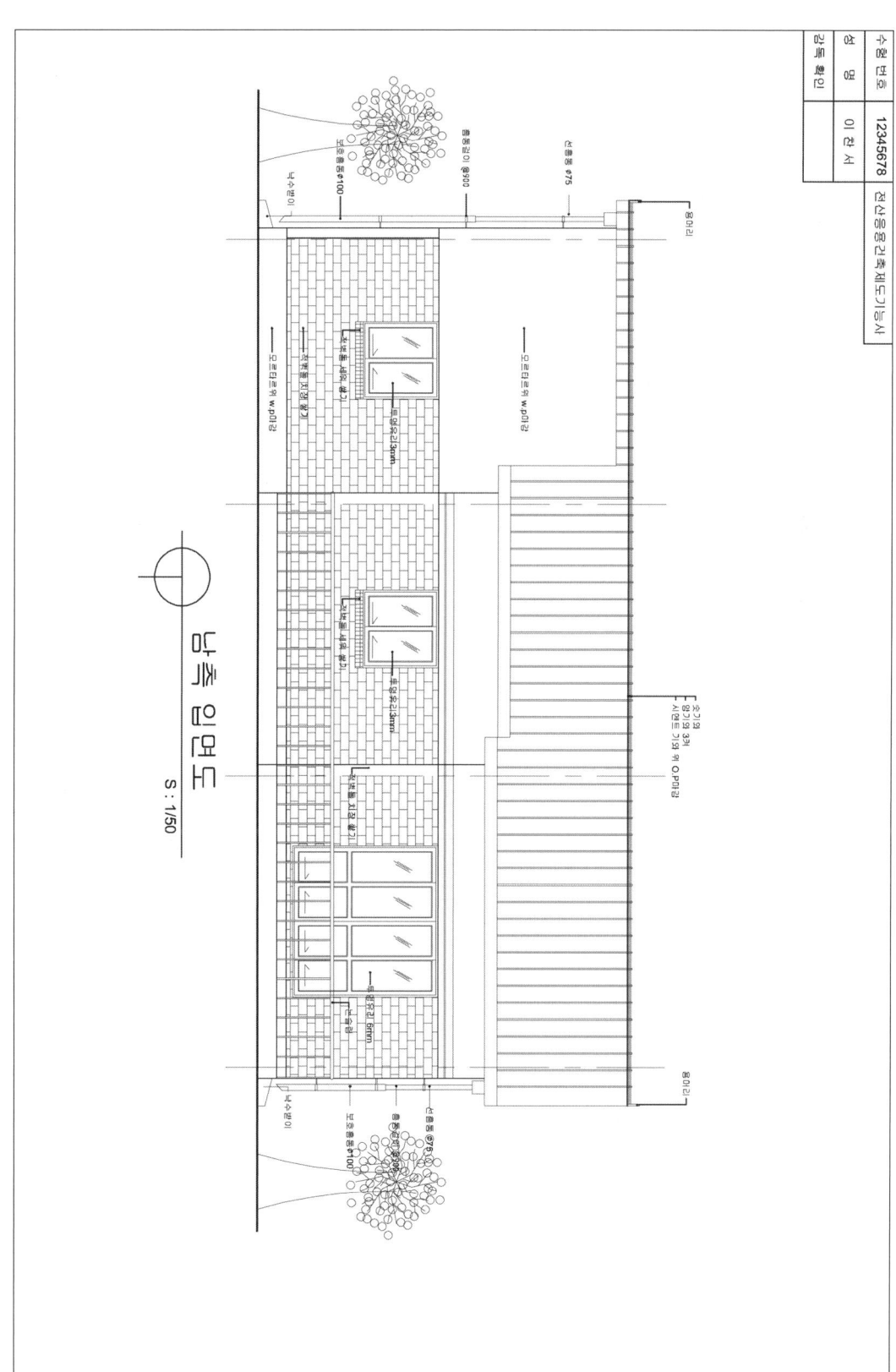

Memo

전산응용건축제도기능사 실기

발 행 / 2021년 10월 5일	판 권
	소 유

저 자 / 이 찬 서
펴 낸 이 / 정 창 희
펴 낸 곳 / 동일출판사
주 소 / 서울시 강서구 곰달래로31길7 (2층)
전 화 / (02) 2608-8250
팩 스 / (02) 2608-8265
등록번호 / 제109-90-92166호

이 책의 어느 부분도 동일출판사 발행인의 승인문서 없이 사진 복사 및 정보 재생 시스템을 비롯한 다른 수단을 통해 복사 및 재생하여 이용할 수 없습니다.

ISBN 978-89-381-1425-9 13540
값 / 26,000원